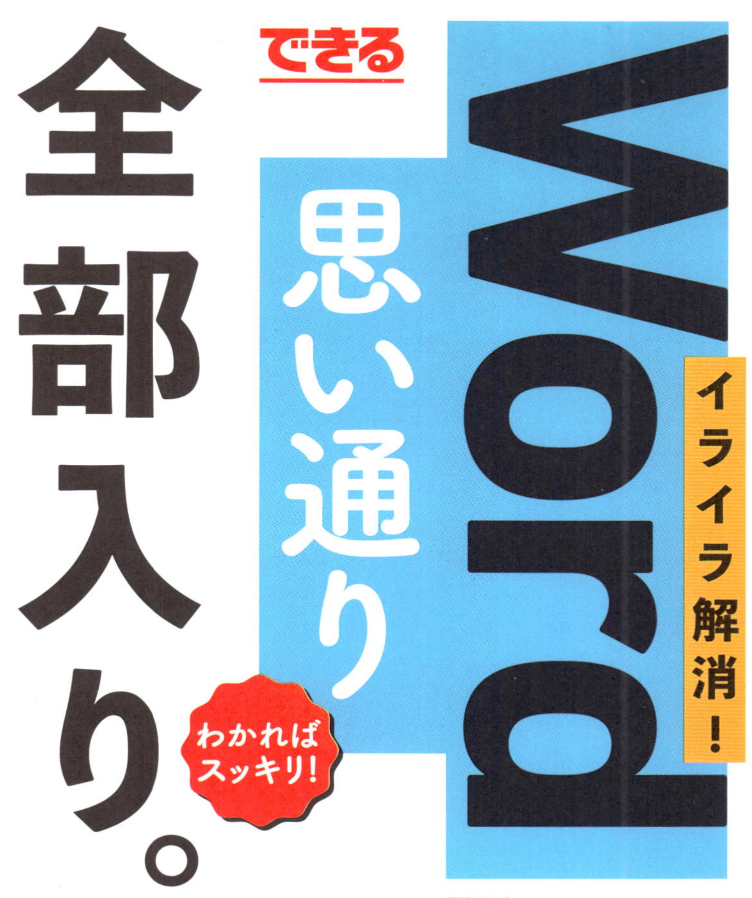
できる
Word
イライラ解消！
思い通り
全部入り。
わかればスッキリ！

石田かのこ 著

JN247716

インプレス

はじめに

わたしは、WordやPowerPointでの書類や資料の作成、Excelでの計算処理でも、多少の時間を費やしたとしてもイマがんばって調べて試して、アトでラクをしたいという気持ちが人一倍強いユーザーです。

そんなわたしが最も頻繁に使うのがクセモノだと思われがちなWord。これまでいっぱい調べて、いっぱい試して、いっぱい失敗して、いっぱい時間をかけてたどりついたWordを思い通りに使いこなすための糸口を、本書にまとめました。

Wordなどのビジネス アプリケーションは、もはやパソコンの中にあって当たり前で、製品のすべてを把握していなくても作りたいものを作ることができ、まったくの初心者であっても少しレクチャーをしてもらえれば使い始められる、そんなツールです。このようなツールを使うとき、言うまでもなく経験値が作業効率に影響を及ぼしますが、重要な仕組みや機能を理解しているか、していないか、操作方法をたくさん知っているか、知らないか、ただそれだけの違いが全体の効率に顕著にあらわれます。

きっと本当に大切なことは、機能を暗記することでも、たくさんのショートカットキーを知っていることでもなく、きちんと仕組みを理解し、機能を組み合わせて、ときには調べながら、作業や思考の流れを止めない使い方ができるかどうかなのだと思います。

自分がやるべき仕事を抱える忙しい毎日の中で、調べたり試したりする時間を捻出するのは容易ではありません。皆様よりも少し先にわたしが使った時間や経験から得られた“大切な基礎”と“活用に必要なこと”を本書にすべて詰めました。ぜひ手元に置いて、興味や関心を持ったそのときに活用いただけたら幸いです。

2020年2月 石田 かのこ

Word思い通り 全部入り。

イライラ解消！ わかればスッキリ！

contents もくじ

Chapter 3 入力や編集を行うときに知っておくべきこと 077

Chapter 4 複数ページにわたる文書を作るときに知っておくべきこと

Chapter 5　文書のデザインは「機能」を使って整える　157

サンプルファイルのダウンロードサービス

本書で紹介しているサンプルファイルをダウンロードいただくことができます。実際にWordの動作を確認しながら本書をお読みいただくことで、より深い理解を得られるでしょう。サンプルファイルのダウンロード方法は、P.319を参照してください。

Chapter

1

Wordを使い始める前に知っておくべきこと

001 Wordは思い通りに使えない！と感じるのはなぜか

Wordの思い(動き)とユーザーの思い(やりたいこと)

「思い通りに使えなくてイライラする」「Wordは勝手に○○する」というキーワードは、Wordを語るときにセットのように使われます。

「(私の) 思い通りにWordが動いてくれない」「(私が) 想定していたのと違う結果になった」ということなのでしょう。では、その想定ってなんなのでしょうか。あくまでも著者の私見ではありますが、いくつか考えてみました。

Excelが基準になっている

Excelだったらこうするとこうなるのに Wordはこうなってしまう、と感じ、そのため (Excelもわたしも悪くない) Wordが悪い！となるようです。

製品ごとに違いがあって当たり前なのですが、あまりにもExcelが浸透していて操作の基準になりすぎているように感じます。

オート○○の数の多さ

Wordには自動的に実行されるオート○○という機能がたくさんあり、その大半が既定で有効になっています。たとえば、「勝手に②がつく」といわれている理由の1つはこの機能が働いているからです。Excelにもあるのですが、数が少ないのであまり気にならないのでしょう。オート○○機能の数が多いWordは、体感的にたくさんの場面で遭遇するため、勝手に○○をする！と感じられてしまうのだと思います。

Office製品はなんとなく使えてしまうところがすごいところではあるのですが、仕事で使うのならばきちんと製品の特長や操作方法を学習するべきです。自分の思い (やりたいこと) 通りにするには、ユーザーがWordの思い (既定の設定、動きなどの特徴) を知ることが、結局は近道です。

Excelの［オートコレクト］-［入力オートフォーマット］

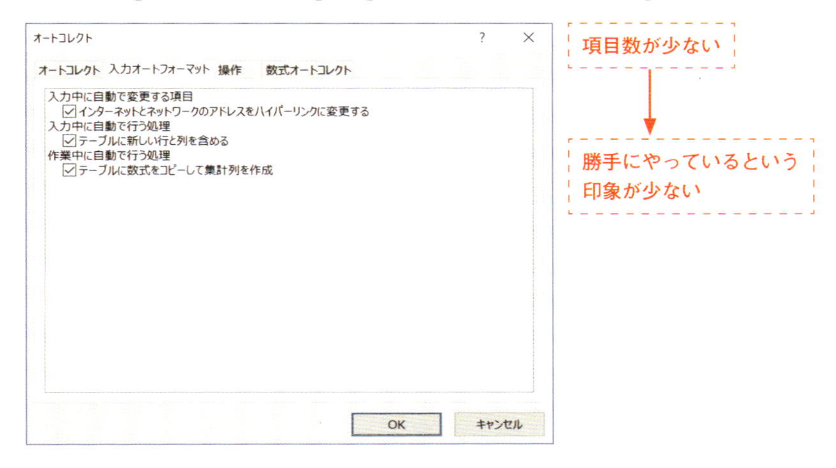
オートコレクト
オートコレクト 入力オートフォーマット 操作 数式オートコレクト
入力中に自動で変更する項目
インターネットとネットワークのアドレスをハイパーリンクに変更する
入力中に自動で行う処理
テーブルに新しい行と列を含める
作業中に自動で行う処理
テーブルに数式をコピーして集計列を作成
OK
キャンセル
項目数が少ない
勝手にやっているという印象が少ない

Wordの［オートコレクト］-［入力オートフォーマット］

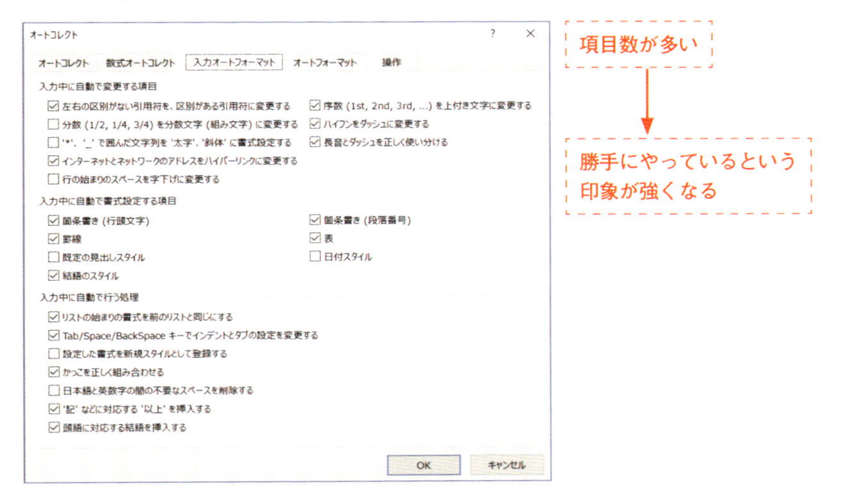
オートコレクト
オートコレクト 数式オートコレクト 入力オートフォーマット オートフォーマット 操作
入力中に自動で変更する項目
左右の区別がない引用符を、区別がある引用符に変更する
序数 (1st, 2nd, 3rd, ...) を上付き文字に変更する
分数 (1/2, 1/4, 3/4) を分数文字 (組み文字) に変更する
ハイフンをダッシュに変更する
'*'、'_' で囲んだ文字列を '太字'、'斜体' に書式設定する
長音とダッシュを正しく使い分ける
インターネットとネットワークのアドレスをハイパーリンクに変更する
行の始まりのスペースを字下げに変更する
入力中に自動で書式設定する項目
箇条書き (行頭文字)
箇条書き (段落番号)
罫線
表
既定の見出しスタイル
日付スタイル
結語のスタイル
入力中に自動で行う処理
リストの始まりの書式を前のリストと同じにする
Tab/Space/BackSpace キーでインデントとタブの設定を変更する
設定した書式を新規スタイルとして登録する
かっこを正しく組み合わせる
日本語と英数字の間の不要なスペースを削除する
'記' などに対応する '以上' を挿入する
頭語に対応する結語を挿入する
OK
キャンセル
項目数が多い
勝手にやっているという印象が強くなる

ここもポイント ［入力オートフォーマット］とは

文字列などを入力して確定したときに、自動的に（オート）書式（フォーマット）を適用する処理です。たとえば、ExcelでもWordでも、メールアドレスやURLを入力して確定すると文字に色と下線がつき、クリックしてジャンプできるハイパーリンクに変換されます。

はじめに

002 Wordはどんな製品か、なにが得意か

Excelは表計算ソフト、Wordは文書作成ソフト

Officeアプリケーション（ソフト）にはそれぞれに得意分野があり、専用の機能がそれぞれのアプリケーションに搭載されています。

たとえば、Excelには数値の計算や分析をするための機能が搭載されており、グラフなどで視覚化することも得意です。

Wordは**文書作成ソフト**であり、文字列からなる文章だけでなく、表や図を含む読み物としてのドキュメントを作成するための機能が搭載されていて、文書（ファイル）を効率よく編集、更新することが得意です。

「WordよりもExcelのほうが使いやすいから」などの理由で、Excelでドキュメント作成をしているケースがありますが、すべてをExcelだけで行うことには限界があり、努力と工夫だけではいつまでたっても大幅な効率化を図ることはできません。

Excel、Word、PowerPointが得意なこと

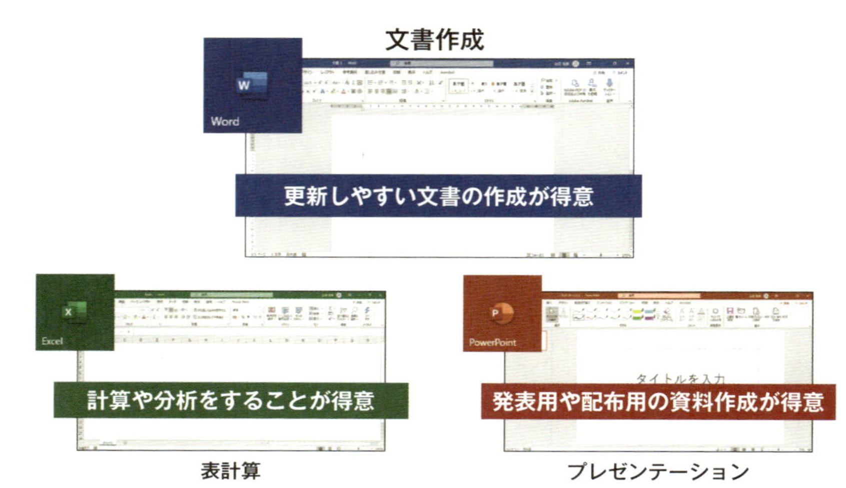
文書作成
Word
更新しやすい文書の作成が得意
Excel
計算や分析をすることが得意
表計算
PowerPoint
タイトルを入力
発表用や配布用の資料作成が得意
プレゼンテーション

「なんでもExcelでやる」をやめる

契約書や報告書、マニュアルを作成するときには、パラグラフごとに番号を振ったり目次を作成したりしますが、Excelにはこれらの専用機能はありません。したがって、Excelで作成する場合はユーザーが時間をかけてなんとかするしかなく、マクロでの対応を検討することもあります。マクロが悪いといっているのではありません。そのアプリケーションでやるべきこととそうでないことがあり、**Excelが不得手なことが得意なWord**のことを知ってほしいのです。

1ページしかなく更新も印刷もしないドキュメントなら、どのアプリケーションで作っても違いはありませんし、自分が一番使いやすいアプリケーションで作るのが一番速いかもしれません。しかし、定期的に修正をして組織で使用していくドキュメントの場合は、専用の機能を持つアプリケーション、すなわちWordを使ったほうが結局は効率がよい場面が多々あります。

組織にとって**「ファイル」ではなく「機能」を使って**ドキュメント作成をするメリットはたくさんあります。そのメリットを享受するためには、組織内のユーザーがWordの勉強をして、誰か一人ではなく皆が同じレベルでWordを活用できるようになることが望まれます。

更新できるWordの目次機能

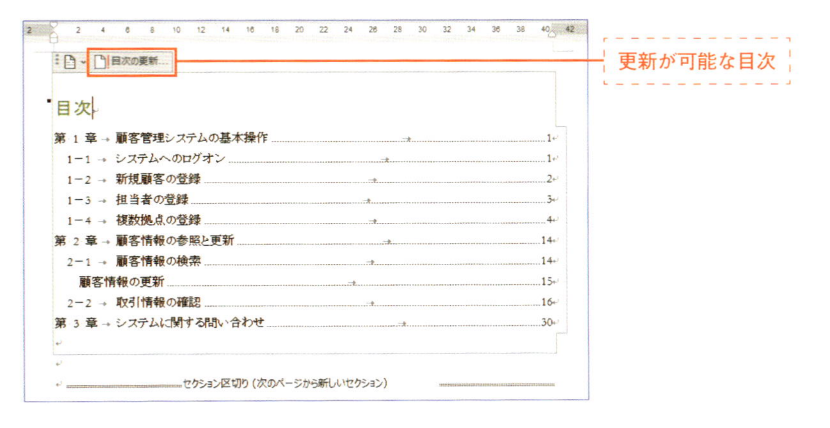
目次の更新...
更新が可能な目次
目次
第 1 章 → 顧客管理システムの基本操作 1
1-1 → システムへのログオン 1
1-2 → 新規顧客の登録 2
1-3 → 担当者の登録 3
1-4 → 複数拠点の登録 4
第 2 章 → 顧客情報の参照と更新 14
2-1 → 顧客情報の検索 14
顧客情報の更新 15
2-2 → 取引情報の確認 16
第 3 章 → システムに関する問い合わせ 30
セクション区切り (次のページから新しいセクション)

003 「ファイル＝文書」を構成する要素について

Excelがブック、Wordは文書、PowerPointはプレゼンテーション

Wordのファイルのことを**文書**といいます。

文書の形式（ファイルの種類）には、「Word文書（*.docx）」やWord 97から2003までのバージョンで使用していた「Word 97-2003文書（*.doc）」などの種類があります。

ページとセクションを知る

用紙1枚の1つの面に出力する単位が**ページ**です。1ページに収まらない文字列などが配置されると自動的に次ページが準備されます。もちろん強制的に好きな位置で改ページすることも可能です。

また、合わせて知っておきたい単位として、Wordの文書の中を区切る**セクション**という単位があります。普段はあまり気にしていないかもしれませんが、文書を新規作成したとき、すでに1つのセクション（セクション1）が存在しており、下図のように追加されたすべてのページがセクション1に含まれます。文書内のすべてのページで、場所によって異なる設定をする必要がないのならセクションを分けずにセクション1のみを利用します。

文書がセクション1だけで構成されているイメージ

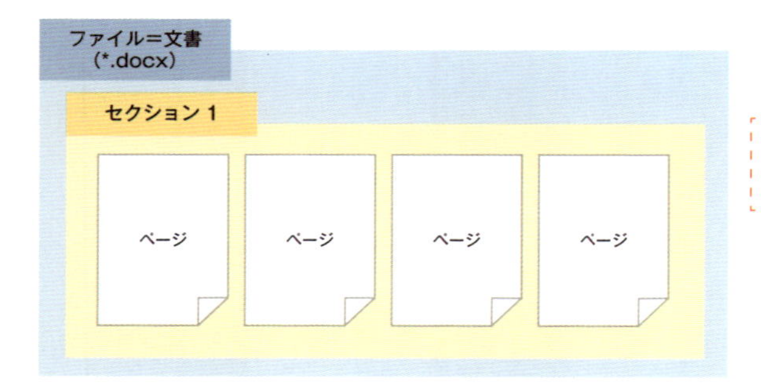
ファイル＝文書
(*.docx)
セクション 1
ページ
ページ
ページ
ページ

すべてのページがセクション1に含まれる

文書は複数のセクションを分けることがある

たとえば、「基本的にはA4で、最後の1ページだけA3の横置きにして図面を配置したい」などというときには、文書を2つのセクションに分けてセクションごとに用紙のサイズなどのページ設定をして対応します。

自分はセクションを分けた覚えがなくても、**ほかのユーザーが作成した文書の場合は文書内が複数のセクションに分かれている可能性がある**ということを知っておくべきです。

文書が複数のセクションで構成されているイメージ

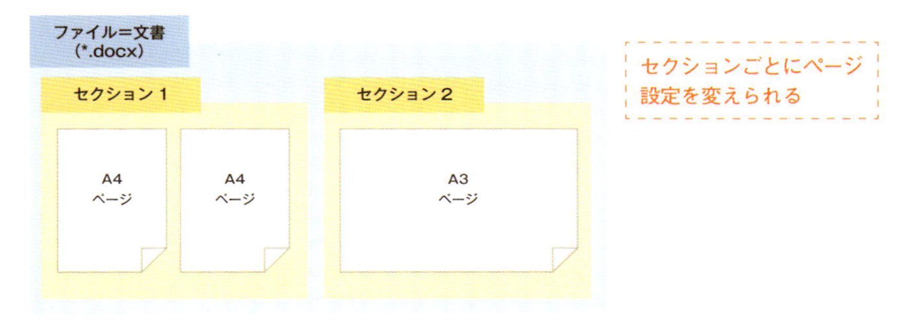
ファイル=文書
(*.docx)
セクション１
A4
ページ
A4
ページ
セクション２
A3
ページ
セクションごとにページ設定を変えられる

カーソルの位置に注目して作業する

文字列などを入力する位置に表示される縦棒を**カーソル**といいます。

設定を行うときはカーソルの位置が重要になるため、「○○にカーソルをおいて」という記載があるときは、クリックなどでその位置にカーソルが表示されている状態にして操作してください。

キーボードでカーソルを移動する

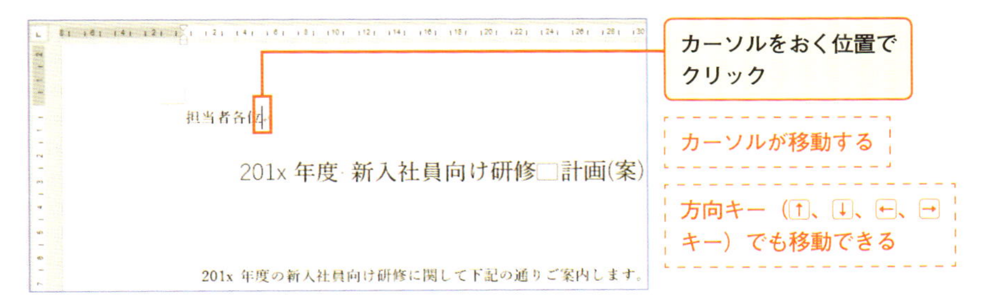
担当者各位
201x 年度 新入社員向け研修 計画(案)
201x 年度の新入社員向け研修に関して下記の通りご案内します。
カーソルをおく位置でクリック
カーソルが移動する
方向キー（↑、↓、←、→キー）でも移動できる

文書の保存

004 名前を付けて保存とファイルの共有について

[名前を付けて保存]ダイアログボックスをすばやく表示する

上書き保存はCtrl+Sキーで行う方もかなりいらっしゃるのですが、名前を付けて保存となると［ファイル］タブをクリック→バックステージ ビューの［名前を付けて保存］を選んで……という操作をされる方が多いように感じます（［ファイル］タブをクリックしたときに表示される画面のことをバックステージ ビューといいます）。

バックステージ ビューの［名前を付けて保存］の画面は保存場所の選択ができるようになっているため、とりあえずデスクトップに保存したいだけなのに！という場合などはちょっと面倒くさいと感じます。

F12**キー**で［名前を付けて保存］ダイアログボックスを開く、という操作も覚えておき、使い分けるとよいでしょう。

バックステージ ビューの［名前を付けて保存］画面

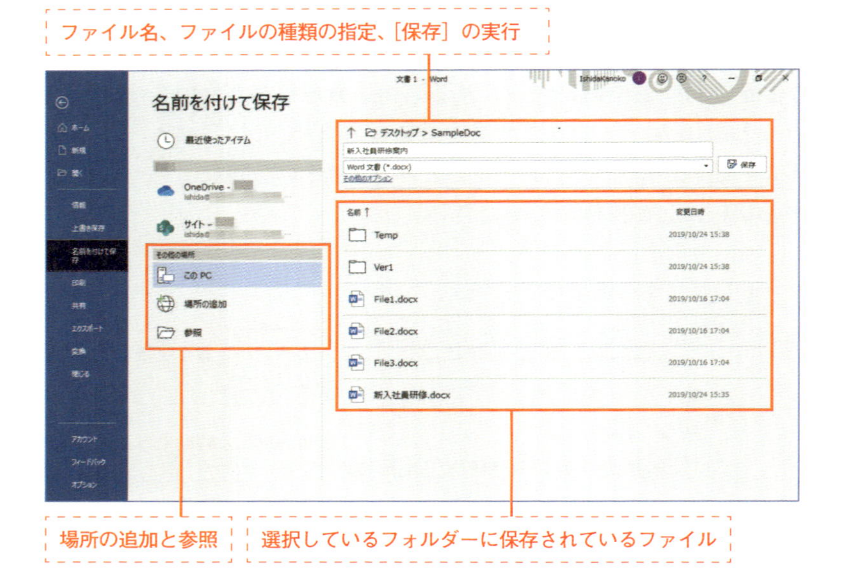
ファイル名、ファイルの種類の指定、［保存］の実行
文書 1 - Word
IshidaKanoko
名前を付けて保存
ホーム
新規
開く
情報
上書き保存
名前を付けて保存
印刷
共有
エクスポート
変換
閉じる
アカウント
フィードバック
オプション
最近使ったアイテム
OneDrive -
サイト -
その他の場所
この PC
場所の追加
参照
デスクトップ > SampleDoc
新入社員研修案内
Word 文書 (*.docx)
保存
その他のオプション
名前
変更日時
Temp 2019/10/24 15:38
Ver1 2019/10/24 15:38
File1.docx 2019/10/16 17:04
File2.docx 2019/10/16 17:04
File3.docx 2019/10/16 17:04
新入社員研修.docx 2019/10/24 15:35
場所の追加と参照
選択しているフォルダーに保存されているファイル

F12キーで［名前を付けて保存］ダイアログボックスを開く

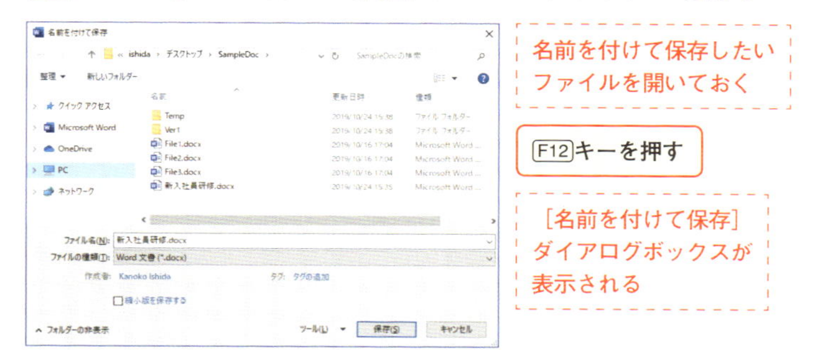
名前を付けて保存
ishida › デスクトップ › SampleDoc
整理 新しいフォルダー
クイック アクセス
Microsoft Word
OneDrive
PC
ネットワーク
Temp
Ver1
File1.docx
File2.docx
File3.docx
新入社員研修.docx
ファイル名(N): 新入社員研修.docx
ファイルの種類(T): Word 文書 (*.docx)
作成者: Kanoko Ishida
タグ: タグの追加
縮小版を保存する
フォルダーの非表示
ツール(L)
保存(S)
キャンセル
名前を付けて保存したいファイルを開いておく
F12キーを押す
［名前を付けて保存］ダイアログボックスが表示される

新規文書をCtrl+Sキーで保存するとき

新規文書で名前を付けて保存をしようとしたとき、Ctrl＋Sキーを使うとバックステージ ビューが表示されます。新規文書の保存もCtrl＋Sキーで実行したいのにバックステージ ビューは邪魔！という方は、［キーボード ショートカットを使ってファイルを開いたり保存したりするときにBackstageを表示しない］をオンにしてください。

バックステージ ビューの表示に関する設定

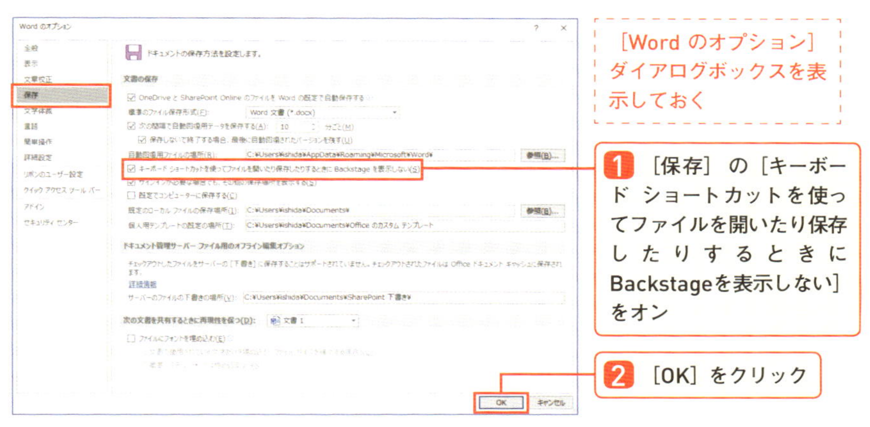
Word のオプション
全般
表示
文章校正
保存
文字体裁
言語
簡単操作
詳細設定
リボンのユーザー設定
クイック アクセス ツール バー
アドイン
セキュリティ センター
ドキュメントの保存方法を設定します。
文書の保存
キーボード ショートカットを使ってファイルを開いたり保存したりするときに Backstage を表示しない(S)
OK
キャンセル
［Word のオプション］ダイアログボックスを表示しておく
1 ［保存］の［キーボード ショートカットを使ってファイルを開いたり保存したりするときにBackstageを表示しない］をオン
2 ［OK］をクリック

ここもポイント ｜ ［Word のオプション］ダイアログボックスの表示

［ファイル］タブをクリックし［オプション］をクリックして表示できます。または、Altキー→Tキー→O（オー）キーのアクセスキーでも表示できます。

005 リボンやウィンドウ、ダイアログボックスについて

リボンのボタンは必ずグループに属する

Wordの画面上部にあるコマンドボタンが配置されている領域を**リボン**といいます。リボンの［ホーム］や［挿入］などと表示されている部分を**タブ**といい、タブをクリックしたり、キーボードで操作したりして、リボンの表示内容を切り替えられます。

リボンのタブの中は**グループ**という単位で区切られており、関連するコマンドがまとめられています。たとえば既定の（カスタマイズをしていない）［ホーム］タブには、［クリップボード］グループ、［フォント］グループ、［段落］グループの順でグループが配置されています。

なお、リボンにはすべてのコマンドが表示されているわけではないので、リボンにない設定を行うときには**ダイアログボックス起動ツール（グループの右下にある小さな矢印）**をクリックするなどして、ダイアログボックスやウィンドウを表示して設定などを行うことがあります。

リボンは「タブ」-「グループ」-「コマンド」で構成されている

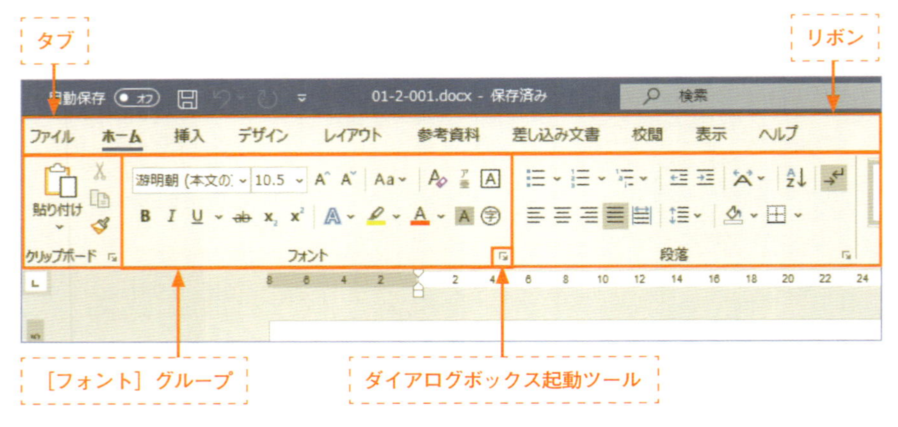
タブ
リボン
自動保存
オフ
01-2-001.docx - 保存済み
検索
ファイル
ホーム
挿入
デザイン
レイアウト
参考資料
差し込み文書
校閲
表示
ヘルプ
貼り付け
クリップボード
游明朝 (本文の
10.5
フォント
段落
［フォント］グループ
ダイアログボックス起動ツール

ボタンの位置やサイズはいつも同じではない

リボンのグループやボタンは、**画面の解像度が高かったり、ウィンドウサイズが大きかったりすると大きく**表示されます。これは解像度などによってサイズや形状が変わる可能性があるということです。

下図の「低解像度／幅が狭い」のようにウィンドウの横幅が狭いときにはグループは1つのボタンで表示されることもあり、これをクリックしてからでないと使いたいボタンをクリックできないということもあります。

本書と操作環境に違いがある可能性があるのはもちろんのこと、実務でもその時々によってコマンドの表示される位置や形が変わることがあるため、ボタンの位置や形で覚えようとしてはいけません。

ボタンに表示されている文字と正式なコマンド名が異なることもあるため、**コマンドボタンにマウスポインターを合わせて（乗せて）**コマンド名と機能の概要を確認して利用することをおすすめします。

解像度によるリボンの表示の違い

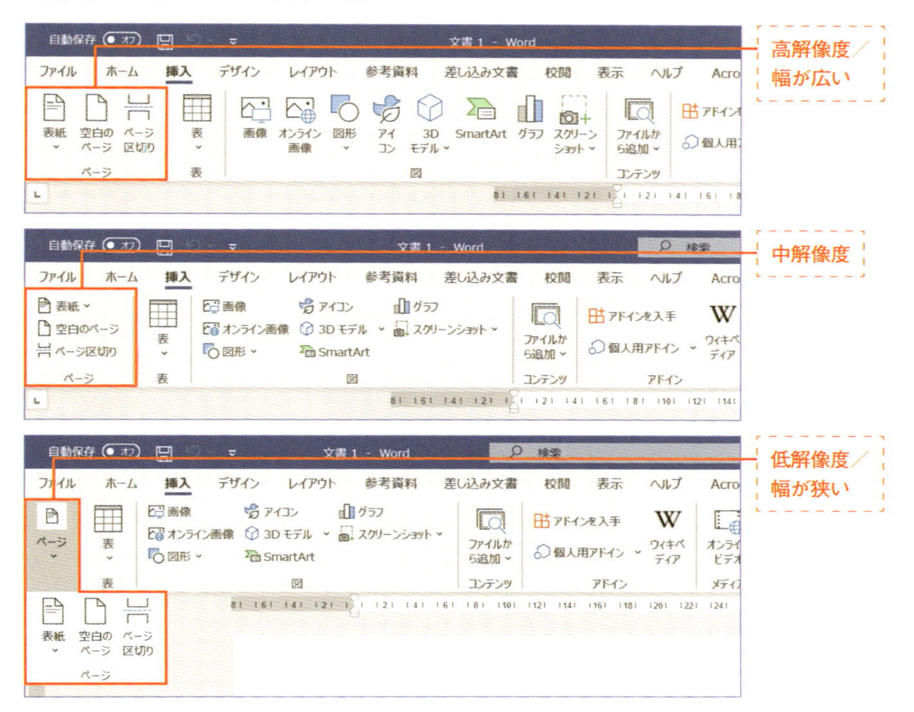
高解像度／幅が広い
中解像度
低解像度／幅が狭い
自動保存
文書 1 - Word
ファイル
ホーム
挿入
デザイン
レイアウト
参考資料
差し込み文書
校閲
表示
ヘルプ
表紙
空白のページ
ページ区切り
ページ
表
画像
オンライン画像
図形
アイコン
3D モデル
SmartArt
グラフ
スクリーンショット
図
ファイルから追加
コンテンツ
アドインを入手
個人用アドイン
ウィキペディア
アドイン
検索

006 ショートカットキーとアクセスキーについて

ショートカットキーで実行できるコマンド

リボンなどのコマンドボタンをクリックする代わりに、決められた**キーでコマンドを実行**できるのが**ショートカットキー**です。

1つのキーだけで実行できるショートカットキーや、2つまたは3つのキーを組み合わせて実行するコマンドもあります。

保存や印刷プレビュー、コピーや一部の書式設定など、Office共通のショートカットキーもあり、これらはExcelでもPowerPointでも活用できます。

また、アプリケーションのバージョンアップによって画面が変わると慣れるまでは一時的に作業効率が落ちてしまいがちですが、ショートカットキーはバージョンが異なっても変わることはほとんどないため、スピードを落とさずに作業を進めることができます。

自分が頻繁に利用する機能や設定に関しては、繰り返し使って覚えることをおすすめします（いつか覚えるだろう、ではなく、覚えるつもりで使うことが大事）。なお、下図のようにボタンに**マウスポインターを合わせたときに名前の後ろに括弧でショートカットキーが表示される**ボタンもあります。ショートカットキーがあってもボタンには表示されないコマンドもあるので、興味のあるコマンドはヘルプで調べてみるとよいでしょう。

リボンでショートカットキーを確認する

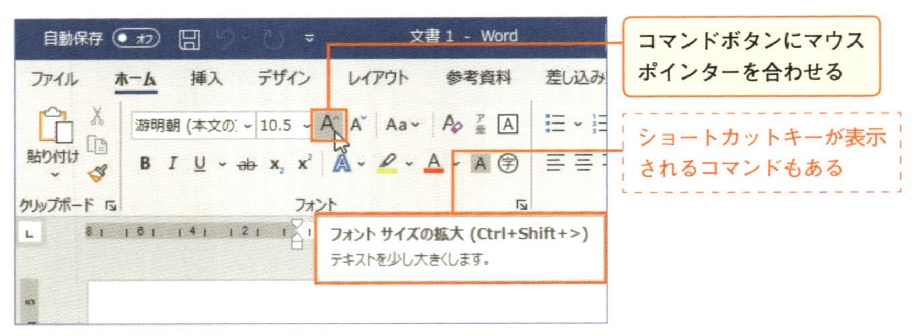
自動保存
オフ
文書 1 - Word
ファイル
ホーム
挿入
デザイン
レイアウト
参考資料
差し込み
貼り付け
游明朝 (本文の
10.5
クリップボード
フォント
フォント サイズの拡大 (Ctrl+Shift+>)
テキストを少し大きくします。
コマンドボタンにマウスポインターを合わせる
ショートカットキーが表示されるコマンドもある

ショートカットキーではない、アクセスキーも使える

リボンはキー操作でタブを切り替えたり、コマンドを選択して実行したりできます。これを行うためのキー（またはその操作）を**アクセスキー**といいます。

同時に複数のキーを押すショートカットキーと違い、リボンを操作するアクセスキーは**1つずつWordに伝えるように順番にキーを押して**いきます（1つキーを押したらキーボードから指を離すイメージ）。

Alt**キー**を押すとリボンにアルファベットや数字が表示され、順番に押していくことでコマンドの実行にたどり着けるようになっています。

一時的にマウスが使えないけれど作業を継続したいときや、ショートカットキーの割り当てはないけれど、頻繁に実行したいからキー操作を覚えておきたい、というコマンドはアクセスキーを覚えておくとよいです。

例）アクセスキーで表示倍率を100%にする

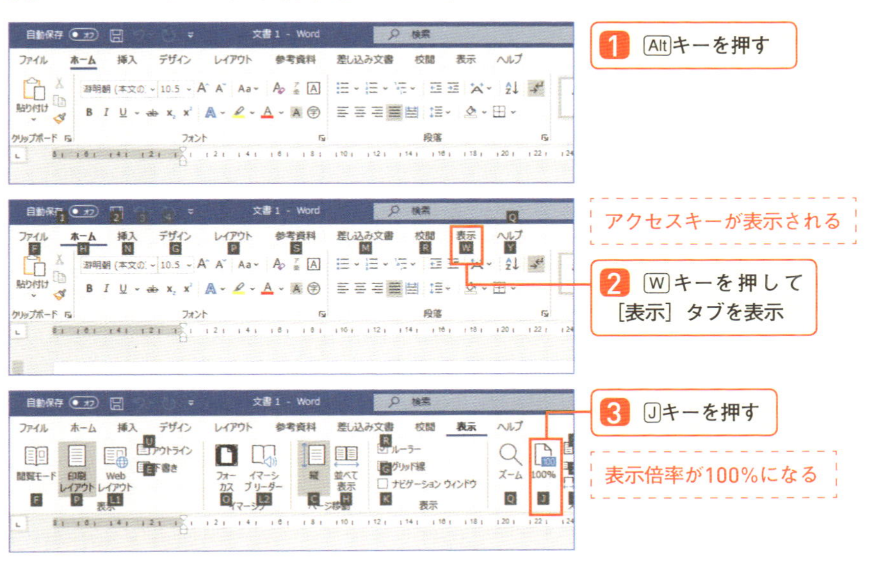
1 Altキーを押す
アクセスキーが表示される
2 Wキーを押して［表示］タブを表示
3 Jキーを押す
表示倍率が100%になる

ここもポイント | Office 2003 以前のメニューを呼び出す

Office 2003 以前のメニューをキー操作で呼び出すときにもAltキーを使うことがあります。たとえば、Altキー→Tキーを押して（いったん指を離し）O（オー）キーを押すと［Word のオプション］ダイアログボックスが表示されます。

007 Wordの画面に表示しておくべきモノ

なにでどうなっているのかをわかるようにしておく

Wordの文書に「□□□」のような白い四角形が並んでいるのを見たことがある方もいらっしゃるでしょう。「□」は全角スペースを、「・」は半角スペースを表している（印刷はされない）**編集記号**です。

編集記号の表示がオフのままだと画面に編集記号が表示されず、「なにによってこの空間があるのか」「どんな設定によってこの位置にこの文字があるのか」がわからず、思い通りに編集したり目的の状態にしたりすることができません。

たとえば、下図の「研修」という文字と「計画（案）」という文字の間や、研修項目と日付の間に空間がありますが、これらが半角スペースや全角スペース、またはそれ以外の方法で設けられている空間なのかがわかりません。また、「201x年度の……」の左側に1文字分の字下げがありますが、なぜそうなっているのかもわかりにくいでしょう。

「なぜこの状態なのか」をわかりやすくして効率よく編集するために、**編集記号やルーラーは表示**して利用すべきです。

編集記号が表示されていないとわかりにくい

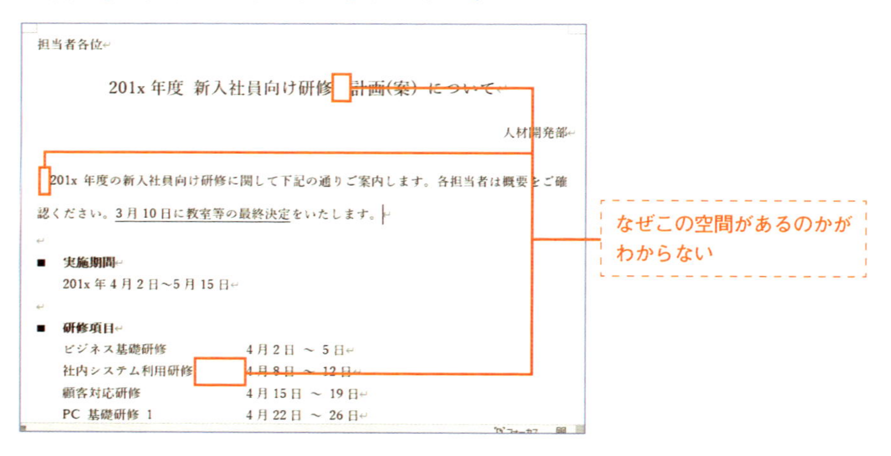
担当者各位

201x 年度 新入社員向け研修 計画(案) について

人材開発部

201x 年度の新入社員向け研修に関して下記の通りご案内します。各担当者は概要をご確認ください。3 月 10 日に教室等の最終決定をいたします。

■ **実施期間**

201x 年 4 月 2 日～5 月 15 日

■ **研修項目**

ビジネス基礎研修 4 月 2 日 ～ 5 日
社内システム利用研修 4 月 8 日 ～ 12 日
顧客対応研修 4 月 15 日 ～ 19 日
PC 基礎研修 1 4 月 22 日 ～ 26 日

なぜこの空間があるのかがわからない

編集記号を表示する

01-007-編集記号の表示.docx

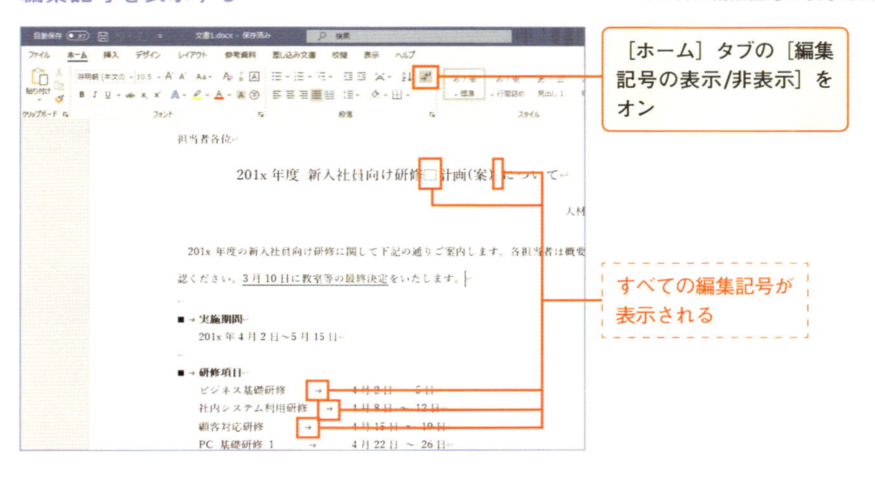
［ホーム］タブの［編集記号の表示/非表示］をオン
すべての編集記号が表示される

ルーラーを表示する

01-007-編集記号の表示.docx

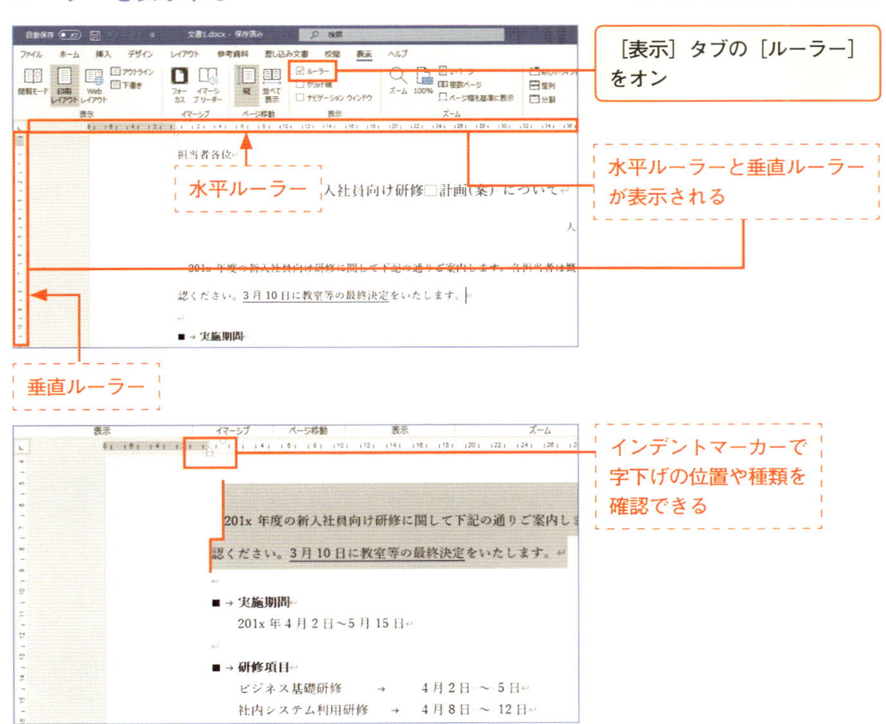
［表示］タブの［ルーラー］をオン
水平ルーラー
水平ルーラーと垂直ルーラーが表示される
垂直ルーラー
インデントマーカーで字下げの位置や種類を確認できる

008 とても大切な「段落」などの単位について

Wordをスムーズに使うために知っておきたい単位

Wordでは、「文字」や「行」、「段落」などの一般的に使われている言葉と同じ用語が単位の呼び方として用いられます。しかしこれらの言葉の定義は、人によって捉え方に違いがでることがあり、たとえば、同じページを見ていても「上から3つ目の段落を見てください」といわれたとき、AさんとBさんでは違う場所を見ている可能性があります。

この一般的なユーザーの感覚とWordとの認識の差が、思い通りにならないと感じさせる原因の1つかもしれません。Wordの認識（定義）にユーザーが合わせるといろいろなことが腑に落ちます。

段落とはなにか、はとても重要

ページに表示されている「↵」を段落記号といい、Wordの段落の定義は**1段落記号＝1段落**です。文字列の上で**3回すばやくクリックするとその段落全体を選択**できます。1つの段落には1文字も含まれないことも、複数の行が含まれることもあります。「文字数が多いかたまりだから」とか「複数行だから」ではなく、段落記号によってどこまでが1つの段落なのかを判断します。

トリプルクリックで段落を選択する　01-008-段落.docx

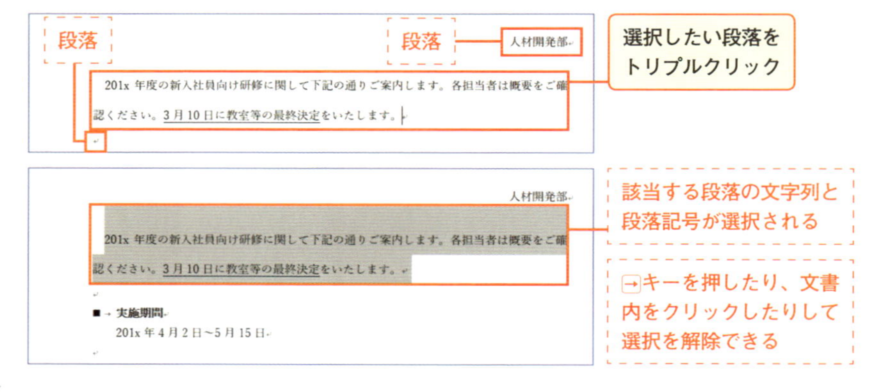
段落
段落
人材開発部
201x 年度の新入社員向け研修に関して下記の通りご案内します。各担当者は概要をご確認ください。3月10日に教室等の最終決定をいたします。
選択したい段落をトリプルクリック
人材開発部
201x 年度の新入社員向け研修に関して下記の通りご案内します。各担当者は概要をご確認ください。3月10日に教室等の最終決定をいたします。
■→実施期間
201x 年 4 月 2 日～5 月 15 日
該当する段落の文字列と段落記号が選択される
→キーを押したり、文書内をクリックしたりして選択を解除できる

文字列／単語を選択する

ページに配置されている文字の集まりを**文字列**といいます。文字が1つだけでも段落という単位に対する表現として文字列と表すことがあります。

マウスで文字の上をなぞるようにドラッグして文字列を選択できますが、小回りが利かないと感じることがあるので**キーで文字列の選択**ができるようにしておくほうがよりスムーズです。なお、Wordが**単語**だと認識できる文字列は**ダブルクリック**で選択できるため、私は、ダブルクリックで選択しておいてキー操作で選択範囲を拡張／縮小する、という方法を頻繁に使っています。

キーボードで文字列を選択する

01-008-段落.docx

1 選択したい文字列の左側にカーソルをおく

2 Shift＋→キーを押す

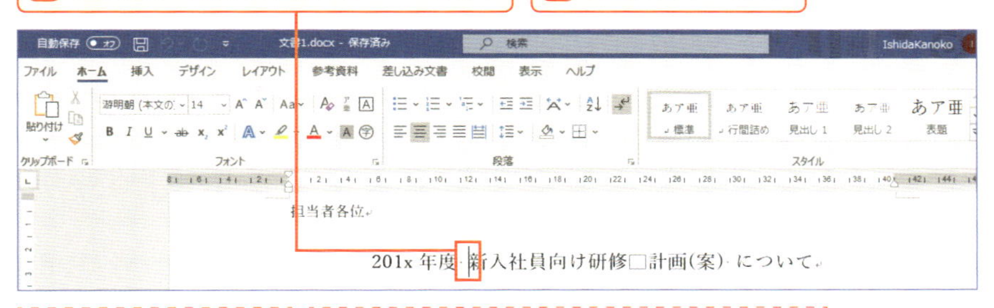
文書1.docx - 保存済み
検索
IshidaKanoko
ファイル
ホーム
挿入
デザイン
レイアウト
参考資料
差し込み文書
校閲
表示
ヘルプ
貼り付け
クリップボード
フォント
段落
スタイル
担当者各位
201x 年度 新入社員向け研修□計画(案) について

→キーを押した回数分の文字列が選択される

→キーを押したり、文書内をクリックしたりして選択を解除できる

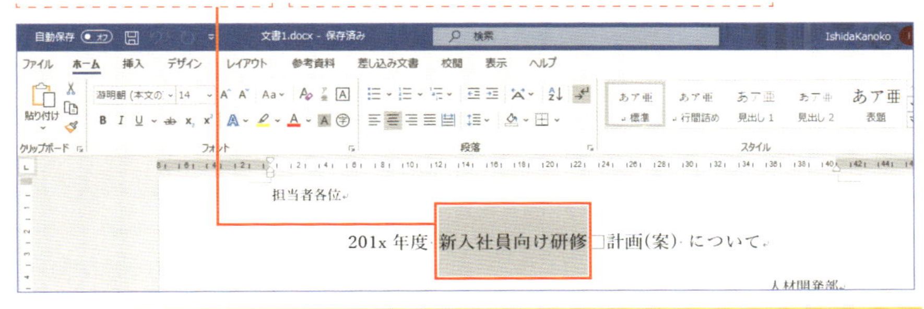
文書1.docx - 保存済み
検索
IshidaKanoko
ファイル
ホーム
挿入
デザイン
レイアウト
参考資料
差し込み文書
校閲
表示
ヘルプ
貼り付け
クリップボード
フォント
段落
スタイル
担当者各位
201x 年度 新入社員向け研修□計画(案) について

ここもポイント | 「改行マーク」ではなく「段落記号」

一般的に「↵」の編集記号のことを「改行マーク」と呼称することがありますが、Wordでは「段落記号」が正式な名称だと覚えておいたほうが、本書をはじめとする書籍やWordのヘルプ、設定画面でなにを指し示しているのかを正しく把握、認識できます。

行／複数の段落を選択する

横書きのページの左端から右端までの横方向の文字列などを表示する場所のことを**行**といいます。

また、ページの左余白の部分は選択をするときに使用する**選択領域**ともいいます。

選択領域にマウスポインターをおいて右向きの矢印の形状になったときにクリックすると1行を選択できます。

コピーや書式設定のために複数の段落をまとめて選択するときは、1行を選択後になぞるように下または上方向にドラッグして複数の段落（行）を選択できます。

選択領域をクリックして行を選択する

01-008-段落.docx

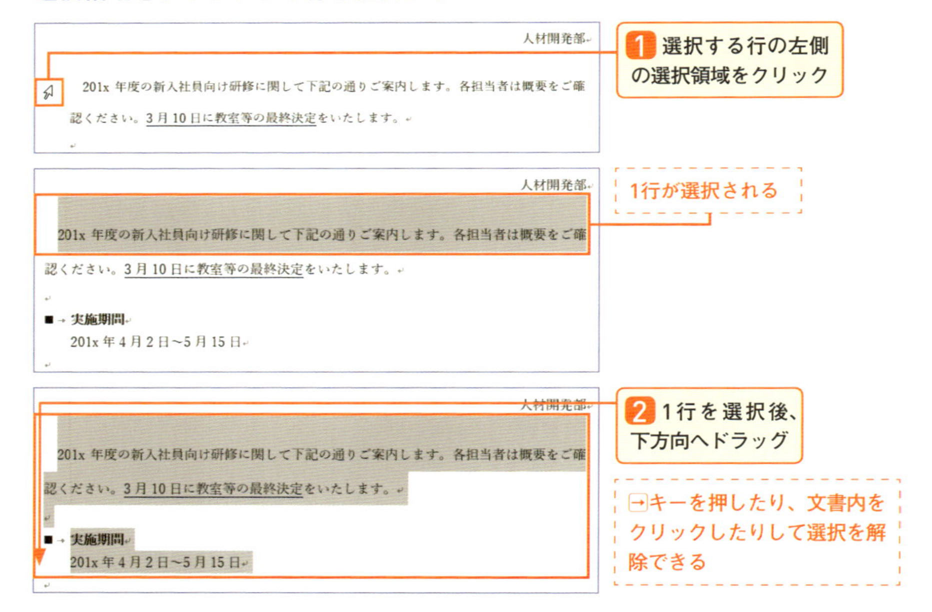
人材開発部
201x 年度の新入社員向け研修に関して下記の通りご案内します。各担当者は概要をご確
認ください。3 月 10 日に教室等の最終決定をいたします。
1 選択する行の左側の選択領域をクリック
1行が選択される
■→ 実施期間
201x 年 4 月 2 日～5 月 15 日
2 1行を選択後、下方向へドラッグ
→キーを押したり、文書内をクリックしたりして選択を解除できる

ここもポイント ｜「文」を選択する

文字列の集まりからなる文章の句点（。）までを1つの文として扱えます。Ctrlキーを押しながら文字列の上をクリックすると1つの文を選択できます。効率よく段落内の一部の文章を選択できます。

Chapter

2

イライラしないために知っておくべきこと

書式の概要

009 「文字に」設定する書式と「段落に」設定する書式

押さえておきたい2つの書式の種類

リボンの［ホーム］タブを見ると、［フォント］グループと［段落］グループがあることがわかります。フォント＝文字列、すなわち［フォント］グループには**1文字単位でも設定できる書式**のコマンドが集められています。たとえば、文字の大きさを変える［フォント サイズ］や［太字］、［下線］などは段落内の1つの文字だけに適用することも可能です。

一方の［段落］グループには、**1段落単位で設定できる書式**が集められています。たとえば、段落の中央に文字列を配置する［中央揃え］や、段落の先頭に「①」などの番号を表示する［段落番号］、字下げをするインデントなどは段落単位で設定（利用）する書式です。

「この書式はここに設定できますよ」「こういう単位で使うものですよ」ということがリボンを見ればわかるようになっているのです。

なお、リボンの［レイアウト］タブにも［段落］グループがあり、文書のレイアウトを整えるために段落書式を活用できる、といえます。

書式設定も行いながら文章の入力を進めるとイライラするのであれば、いわゆるベタ打ちで**中身（文章）の入力を終えてからまとめて書式設定を行う**、というのもアリです。

［ホーム］タブの［フォント］グループと［段落］グループ

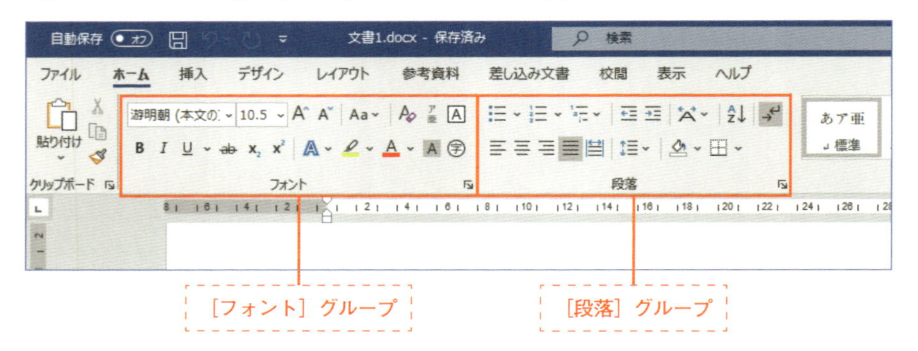
自動保存
オフ
文書1.docx - 保存済み
検索
ファイル
ホーム
挿入
デザイン
レイアウト
参考資料
差し込み文書
校閲
表示
ヘルプ
貼り付け
クリップボード
游明朝 (本文の
10.5
フォント
段落
あア亜
標準
［フォント］グループ
［段落］グループ

イライラの原因の半分は段落書式

「Wordは勝手に○○をする」と表現されるその要因は1つではないのですが、半分くらいは段落書式をきちんと理解していないことに起因しているのではないかと思います。

段落書式は次の段落に引き継がれるという特徴を持っており、Wordは**特に前の段落の書式に応じて調整する**機能を働かせて、繰り返しの書式設定を省けるようになっているのですが、これが「勝手にやった」と受け取られてしまうのです。

たとえば、段落の中央に文字列を配置する段落書式の［中央揃え］が設定されているとき、この段落の中にカーソルをおいて Enter キーを押して「改段落」をすると、次の段落に［中央揃え］が引き継がれます。

［中央揃え］の場合は改めた段落に文字がなく印刷に影響しないためあまり気にならないのですが、これが［段落番号］（①など）や［行頭文字］（■など）だと「勝手に付いた！」と感じるのです。

本書の別のレッスンでこれらの書式に関するお話を書いていますが、まずは、**段落書式は改段落によって引き継がれる**という前提を知っておきましょう。

例）段落書式の引き継ぎ

02-009-文字書式と段落書式.docx

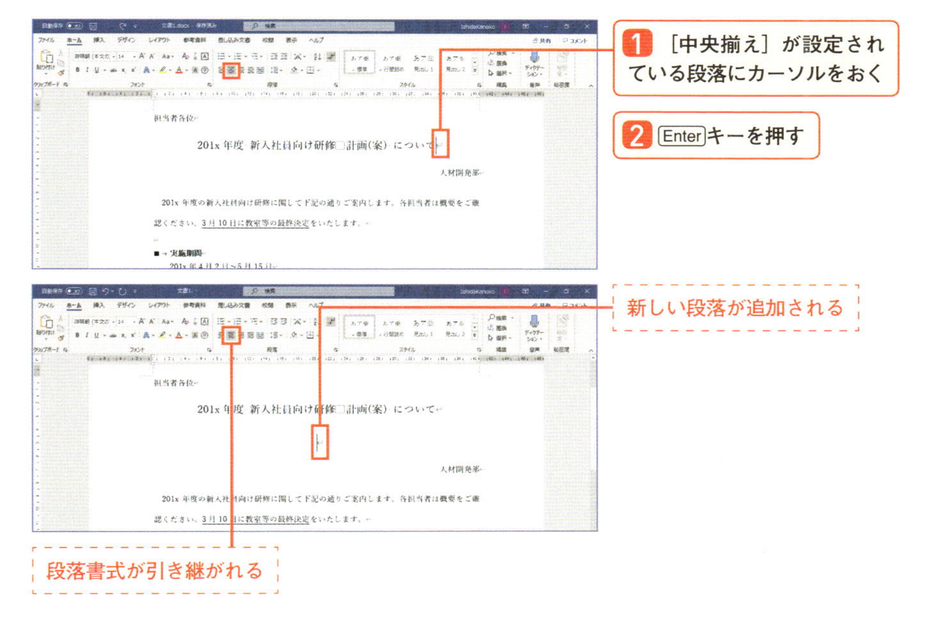
1 ［中央揃え］が設定されている段落にカーソルをおく
2 Enter キーを押す
新しい段落が追加される
段落書式が引き継がれる
担当者各位
201x 年度 新人社員向け研修□計画(案) について
人材開発部
201x 年度の新入社員向け研修に関して下記の通りご案内します。各担当者は概要をご確
認ください。3月10日に教室等の最終決定をいたします。
■ 実施期間

010 書式は要らない！文字だけコピーするには

書式の貼り付けに関するそもそもの話

Wordの**既定で［元の書式を保持］**という形式で貼り付けるように設定されているため、普通に貼り付けを実行すると文字だけでなくコピー元に設定されている書式も貼り付けられます。

最近のWordは、「とりあえず貼り付けちゃってからほかの形式に変える」こともできるし、貼り付ける前に貼り付ける形式を選ぶこともできるので、状況に合わせて適切な方法を選択して対応します。

ここでは例として、ショートカットキーを使って下線の書式が設定されている文字列をコピーしてとりあえず貼り付けてから、［テキストのみ保持］に変更する手順を載せます。

コピーする文字列を選択してコピーする

02-010-文字のみコピー.docx

201x 年度の新入社員向け研修に関して下記の通りご案内します。各担当者は概要をご確認ください。3月10日に教室等の最終決定をいたします。

■ 実施期間

201x 年 4 月 2 日～5 月 15 日（会場準備期間：3 月 1 日 ～ ）

1 文字列を選択

2 Ctrl+Cキーを押す

文字列がコピーされる

ここもポイント｜既定の設定の変更

あまりにも頻繁に［テキストのみ保持］を利用しているのなら、既定を変更してもよいでしょう。

［Word のオプション］ダイアログボックスの左の一覧で［詳細設定］を選択して、（おそらく少しだけ）右側に表示される設定項目をスクロールすると［切り取り、コピー、貼り付け］セクションが表示されます。

［同じ文書内の貼り付け］や［文書間の貼り付け］などで［テキストのみ保持］を選択しておくと、既定の設定（普通にCtrl+Vキーで貼り付けたときの設定）を変更できます。

既定の設定を変えずに貼り付けてから［テキストのみ保持］に変更する

02-010-文字のみコピー.docx

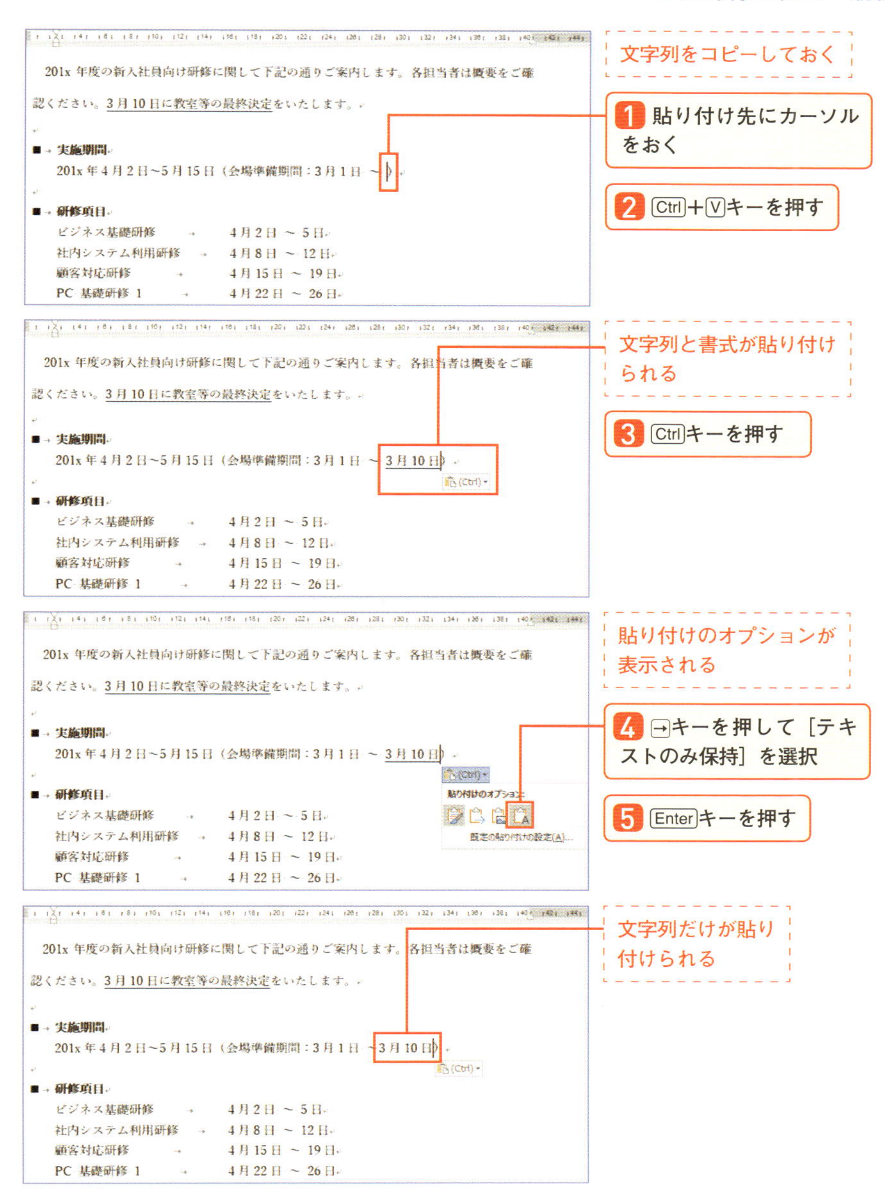
201x 年度の新入社員向け研修に関して下記の通りご案内します。各担当者は概要をご確認ください。3月10日に教室等の最終決定をいたします。
■ 実施期間
201x 年4月2日～5月15日（会場準備期間：3月1日 ～
■ 研修項目
ビジネス基礎研修 4月2日 ～ 5日
社内システム利用研修 4月8日 ～ 12日
顧客対応研修 4月15日 ～ 19日
PC 基礎研修 1 4月22日 ～ 26日
文字列をコピーしておく
1 貼り付け先にカーソルをおく
2 Ctrl＋Vキーを押す
文字列と書式が貼り付けられる
3 月 10 日
(Ctrl)
3 Ctrlキーを押す
貼り付けのオプションが表示される
貼り付けのオプション:
既定の貼り付けの設定(A)...
4 →キーを押して［テキストのみ保持］を選択
5 Enterキーを押す
文字列だけが貼り付けられる

011 文字は要らない！書式だけコピーするには

[書式のコピー/貼り付け]機能

数百ページに及ぶような文書の何百という場所に同じ書式を設定したいのであれば別の機能（スタイル）を使うべきですが、そこまで大がかりではなく、「数か所だけ同じ書式にしたい」とか、書式設定をしたけど「ここも同じにしたかったな」という場所があとから見つかったときなどは書式だけをコピーして貼り付ける機能で十分でしょう。

書式をコピーして1つの場所に貼り付ける

02-011-書式のコピーと貼り付け.docx

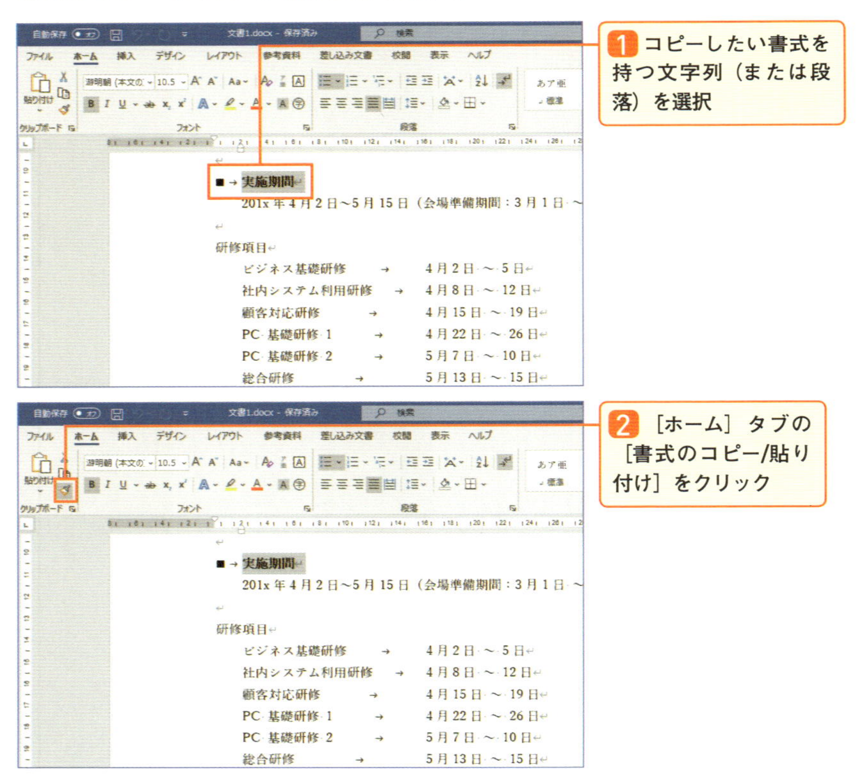
1 コピーしたい書式を持つ文字列（または段落）を選択
■→実施期間
201x年4月2日～5月15日（会場準備期間：3月1日～
研修項目
ビジネス基礎研修 → 4月2日～5日
社内システム利用研修 → 4月8日～12日
顧客対応研修 → 4月15日～19日
PC基礎研修1 → 4月22日～26日
PC基礎研修2 → 5月7日～10日
総合研修 → 5月13日～15日
2 ［ホーム］タブの［書式のコピー/貼り付け］をクリック

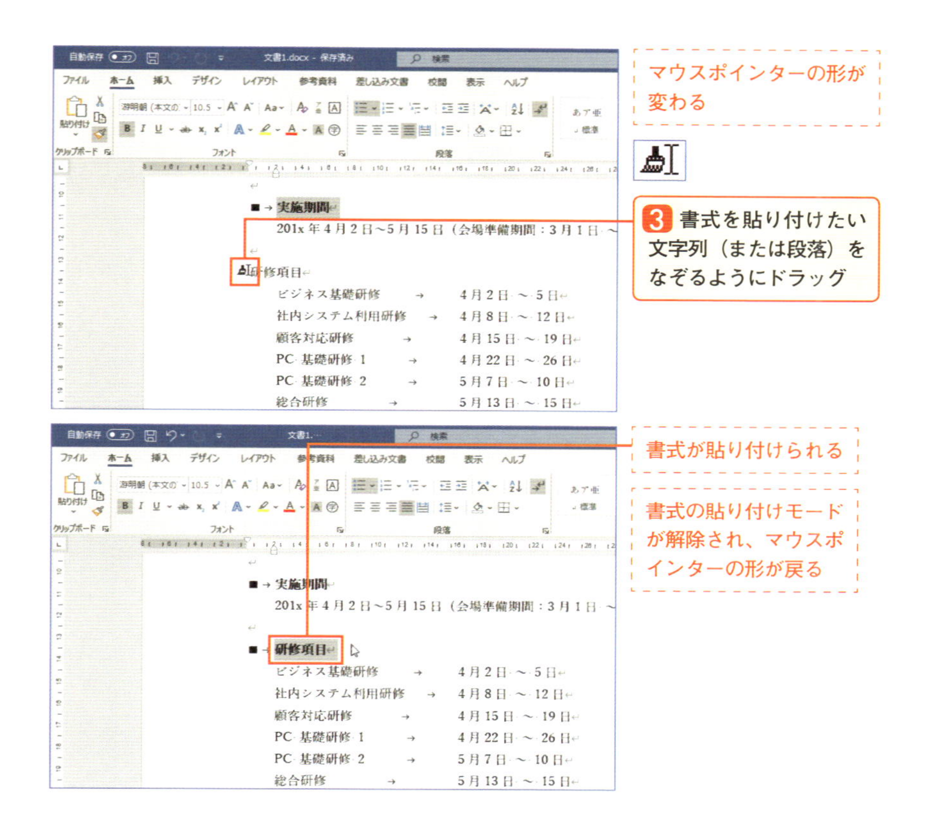
マウスポインターの形が変わる
3 書式を貼り付けたい文字列（または段落）をなぞるようにドラッグ
書式が貼り付けられる
書式の貼り付けモードが解除され、マウスポインターの形が戻る
■ → 実施期間
201x 年 4 月 2 日～5 月 15 日（会場準備期間：3 月 1 日 ～
■ → 研修項目
ビジネス基礎研修 → 4 月 2 日 ～ 5 日
社内システム利用研修 → 4 月 8 日 ～ 12 日
顧客対応研修 → 4 月 15 日 ～ 19 日
PC 基礎研修 1 → 4 月 22 日 ～ 26 日
PC 基礎研修 2 → 5 月 7 日 ～ 10 日
総合研修 → 5 月 13 日 ～ 15 日

ここもポイント | 書式のコピー/貼り付けのショートカットキー

書式のコピー（書式の吸い上げ）は Ctrl + Shift + C キー、書式の貼り付けのショートカット キーは Ctrl + Shift + V キーです。機能を理解したらこちらもどうぞ。

ここもポイント | 複数の場所に書式を貼り付ける

［書式のコピー/貼り付け］ボタンは、ほかのボタンと違ってダブルクリックをして利用できる、という特徴を持っています。ダブルクリックをした場合は、Esc キーを押すまで連続して複数の場所に書式を貼り付けられます。
書式を貼り付けたい場所が複数ある場合は、［書式のコピー/貼り付け］ボタンをダブルクリックして使用してください。

012 組み合わせて使う書式のショートカットキー

知っているか、知らないか、それだけ

文字列や段落などの見た目を変えたいとき、文字列や段落の選択をして複数の書式設定を行って完成させます。これは1つの作業の流れということであり、「流れ」は作業の組み合わせでもあります。

たとえば、「段落を選択→中央揃え→フォント サイズの拡大→太字→下線」というような作業の流れです。

1ページ程度の文書なら、文章をベタ打ちしてあとからまとめて書式をつけてもよいですが、文書を作りながらレイアウトのバランスを見て大まかな書式を設定しながら進めることもあります。

よく行う設定やショートカットキーを覚えておいて、作りたいものに対する思考を止めずに手が動くようになるとあっという間に文書が仕上がります。

すべての局面でショートカットキーを使うことがかっこいいことではありませんが、知っているか知らないか、それだけで自分の作業効率に違いがでるのは確かです。

例）段落の選択から書式設定まで

02-012-書式設定（ショートカットキー）.docx

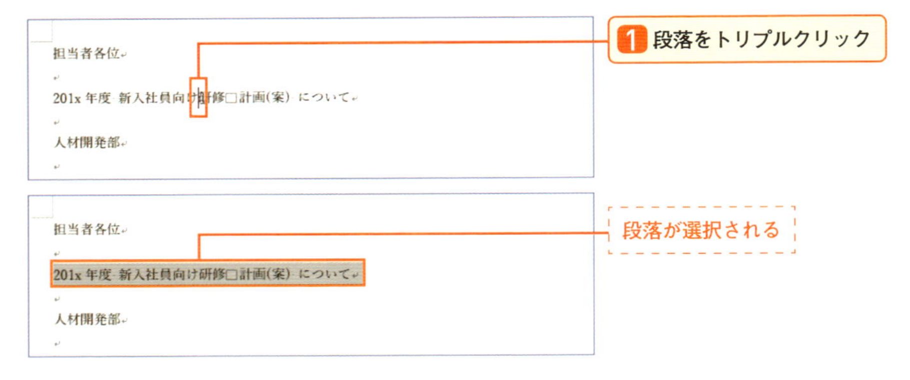
担当者各位
201x 年度 新入社員向け研修□計画(案) について
人材開発部
1 段落をトリプルクリック
段落が選択される

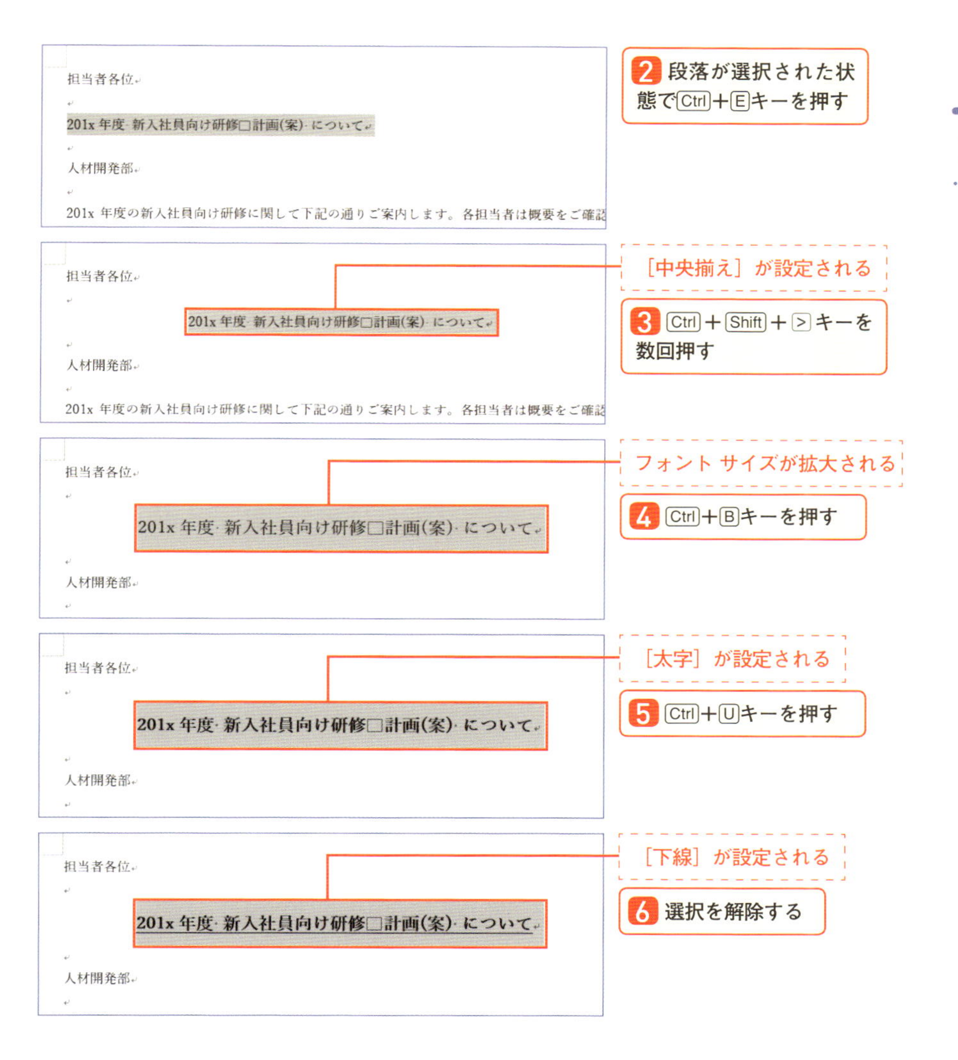

担当者各位
201x 年度 新入社員向け研修□計画(案) について
人材開発部
201x 年度の新入社員向け研修に関して下記の通りご案内します。各担当者は概要をご確認
2 段落が選択された状態でCtrl+Eキーを押す
［中央揃え］が設定される
3 Ctrl+Shift+>キーを数回押す
フォント サイズが拡大される
4 Ctrl+Bキーを押す
［太字］が設定される
5 Ctrl+Uキーを押す
［下線］が設定される
6 選択を解除する

ここもポイント｜全部の書式をクリアしてから作業を進める場合

誰かの作った文書に手を加えて仕上げるとき、いっそのことすべての書式をクリアしてしまって書式設定をし直したほうが早いこともあります。
文書内にカーソルをおいてCtrl+Aキーで文書内のコンテンツをすべて選択して、リボンの［ホーム］タブの［フォント］グループの［すべての書式をクリア］をクリックするとすべての書式がクリアされます。文書によってはこの作業をスタートにするのもよいでしょう。

013 空白には下線を引きたくないとき

空白部分は除外したいならキーを覚える

普通に下線を設定すると、段落内のタブやスペースで作られた空間にも下線が設定されるため、空間には下線を設定したくないときには空間以外の文字列を選んで下線を設定するという操作を何度も繰り返さなければなりません。この書式設定は専用のショートカットキーで解決できます。

［下線］で設定した場合

02-013-下線の設定.docx

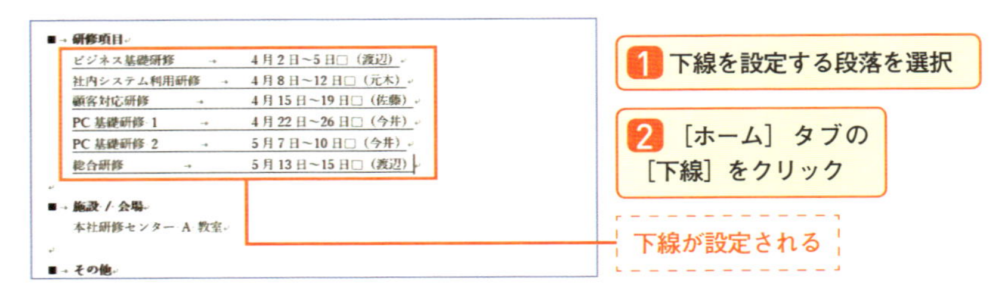
■ 研修項目
ビジネス基礎研修 4月2日～5日 (渡辺)
社内システム利用研修 4月8日～12日 (元木)
顧客対応研修 4月15日～19日 (佐藤)
PC基礎研修1 4月22日～26日 (今井)
PC基礎研修2 5月7日～10日 (今井)
総合研修 5月13日～15日 (渡辺)
■ 施設／会場
本社研修センター A 教室
■ その他
1 下線を設定する段落を選択
2 ［ホーム］タブの［下線］をクリック
下線が設定される

ショートカットキーで設定した場合

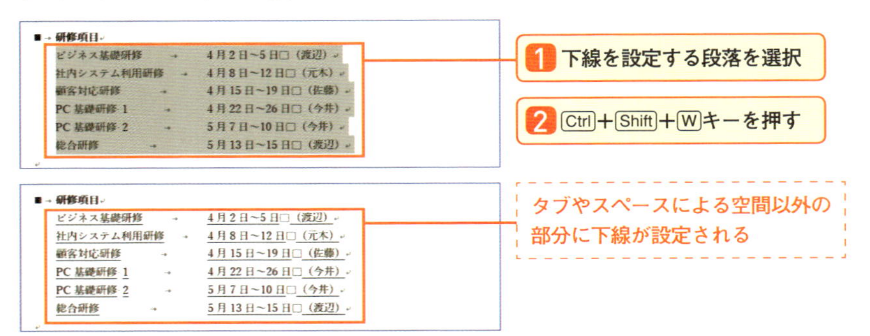
■ 研修項目
ビジネス基礎研修 4月2日～5日 (渡辺)
社内システム利用研修 4月8日～12日 (元木)
顧客対応研修 4月15日～19日 (佐藤)
PC基礎研修1 4月22日～26日 (今井)
PC基礎研修2 5月7日～10日 (今井)
総合研修 5月13日～15日 (渡辺)
1 下線を設定する段落を選択
2 Ctrl＋Shift＋Wキーを押す
タブやスペースによる空間以外の部分に下線が設定される

ここもポイント　下線の解除

下線の書式を解除する場合もCtrl＋Shift＋Wキーを使います。

014 直前にやった書式設定を繰り返すには

F4キーを覚えておく

ダイアログボックスで複数の書式をまとめて設定したあとで、あ！ ここもだった！という場所が見つかったときや、ショートカットキーで複数のキーを使わなければならないときなどは、F4キーを知っているとすばやく同じ書式設定を実行できます。書式設定に限らず、**直前の操作を繰り返すにはF4と覚えておくとよいでしょう。**

F4キーで繰り返す

02-014-操作の繰り返し.docx

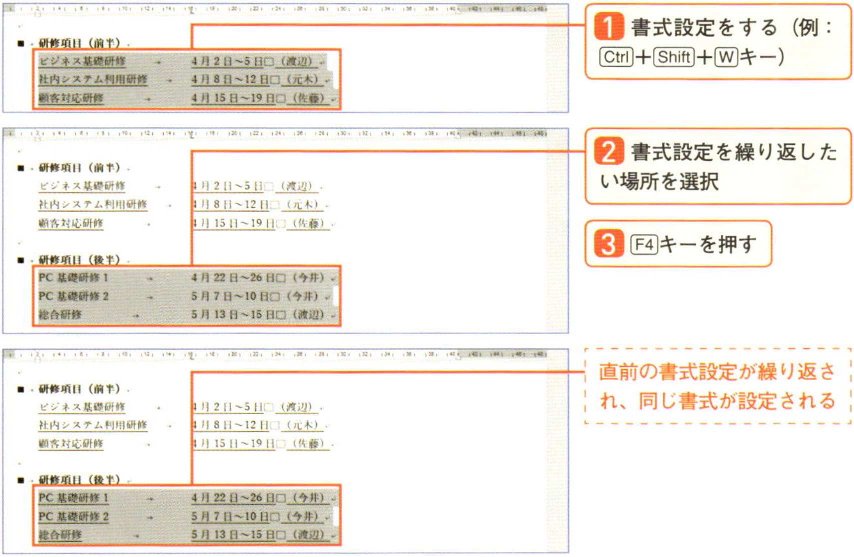

■ 研修項目（前半）
ビジネス基礎研修 4月2日～5日 （渡辺）
社内システム利用研修 4月8日～12日 （元木）
顧客対応研修 4月15日～19日 （佐藤）

1 書式設定をする（例：Ctrl+Shift+Wキー）

■ 研修項目（前半）
ビジネス基礎研修 4月2日～5日 （渡辺）
社内システム利用研修 4月8日～12日 （元木）
顧客対応研修 4月15日～19日 （佐藤）

■ 研修項目（後半）
PC基礎研修1 4月22日～26日 （今井）
PC基礎研修2 5月7日～10日 （今井）
総合研修 5月13日～15日 （渡辺）

2 書式設定を繰り返したい場所を選択

3 F4キーを押す

■ 研修項目（前半）
ビジネス基礎研修 4月2日～5日 （渡辺）
社内システム利用研修 4月8日～12日 （元木）
顧客対応研修 4月15日～19日 （佐藤）

■ 研修項目（後半）
PC基礎研修1 4月22日～26日 （今井）
PC基礎研修2 5月7日～10日 （今井）
総合研修 5月13日～15日 （渡辺）

直前の書式設定が繰り返され、同じ書式が設定される

ここもポイント | クイック アクセス ツール バーの[繰り返し]を使う

クイック アクセス ツール バーの［やり直し］ボタンは、設定などを行った直後は［繰り返し］ボタンとして利用できます。F4キーを押す代わりにこのボタンをクリックして実行することもできます。

015 蛍光ペンで目印を付けるには

見た目のためでなく、しるしを付けるための書式

蛍光ペンは主に、あとで内容を確認したい場所やまとめて書式設定をしたい場所にしるしを付ける、そんな目的で使用する書式です。

文字列を選択してから蛍光ペンを設定する

02-015-蛍光ペン.docx

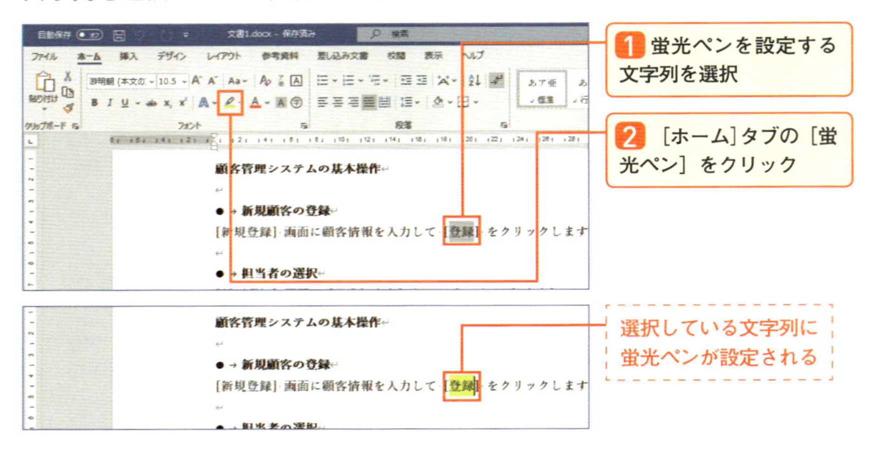
1 蛍光ペンを設定する文字列を選択
2 ［ホーム］タブの［蛍光ペン］をクリック
選択している文字列に蛍光ペンが設定される
顧客管理システムの基本操作
新規顧客の登録
［新規登録］画面に顧客情報を入力して［登録］をクリックします
担当者の選択

ここもポイント　黄色以外の色を使うには

［蛍光ペン］のボタンの右側にある ˅ をクリックして一覧で使用する色をクリックします。

ここもポイント　蛍光ペンを解除するには

蛍光ペンの書式が設定されている文字列（設定されていないところが含まれていてもOK）を選択し、［蛍光ペン］ボタンの右側にある ˅ をクリックして［色なし］をクリックします。

ドラッグで文字列に蛍光ペンを設定する

02-015-蛍光ペン.docx

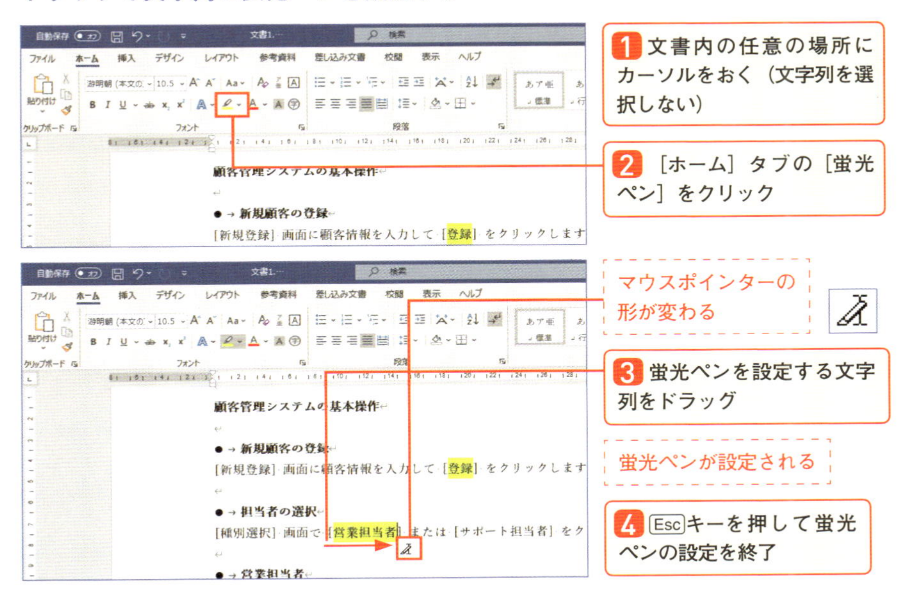

1 文書内の任意の場所にカーソルをおく（文字列を選択しない）
2 ［ホーム］タブの［蛍光ペン］をクリック
マウスポインターの形が変わる
3 蛍光ペンを設定する文字列をドラッグ
蛍光ペンが設定される
4 Escキーを押して蛍光ペンの設定を終了
顧客管理システムの基本操作
● → 新規顧客の登録
［新規登録］画面に顧客情報を入力して［登録］をクリックします
● → 担当者の選択
［種別選択］画面で［営業担当者］または［サポート担当者］をク
● → 営業担当者

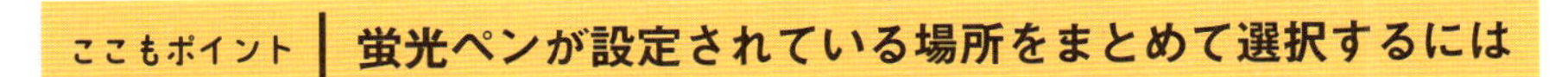

ここもポイント｜蛍光ペンが設定されている場所をまとめて選択するには

Ctrl＋Hキーを押して［検索と置換］ダイアログボックスを表示し、［検索］タブを選択して［書式］をクリックして［蛍光ペン］を選択します（検索条件の指定をするということ）。［検索する場所］で［メイン文書］をクリックすると、蛍光ペンが設定されている場所が検索され、すべて選択されます。ダイアログボックスを閉じても選択が維持されているため、そのまま書式設定などを行うと、蛍光ペンの設定されていた複数の場所に一括で設定できます。

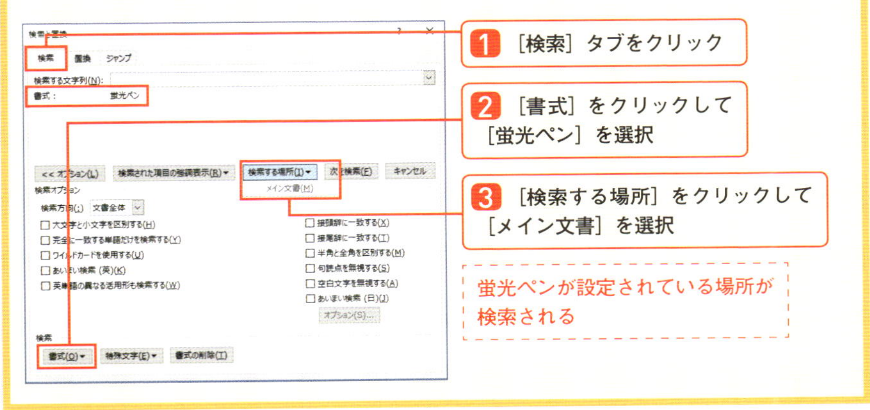

1 ［検索］タブをクリック
2 ［書式］をクリックして［蛍光ペン］を選択
3 ［検索する場所］をクリックして［メイン文書］を選択
蛍光ペンが設定されている場所が検索される

文字書式

016 [フォント]ダイアログボックスをキー操作で表示する

マウスで選択→ショートカットキーの組み合わせ

簡単にいってしまえば、「[フォント] ダイアログボックスを表示するためのショートカットキーは**Ctrl+Dキー**です」以上です。

リボンにあるダイアログボックスを表示するためのボタンは小さいからクリックしづらい、だからキーで出したほうが速い、という程度ではありますが、利用頻度が高いのなら覚えておくことをおすすめします。

たとえば、私はせっかちなので右手でマウスによる範囲選択をし、左手でキーを実行してダイアログボックスを表示する（その間に次に何をするか考える)、という流れで作業をしていることが多いようです。

なお、このキーで［フォント］ダイアログボックスが表示されるのはWordだけで、Excelの場合は動作が異なるためお間違えのないように。

［フォント］ダイアログボックスをキーで表示する 02-016-文字書式.docx

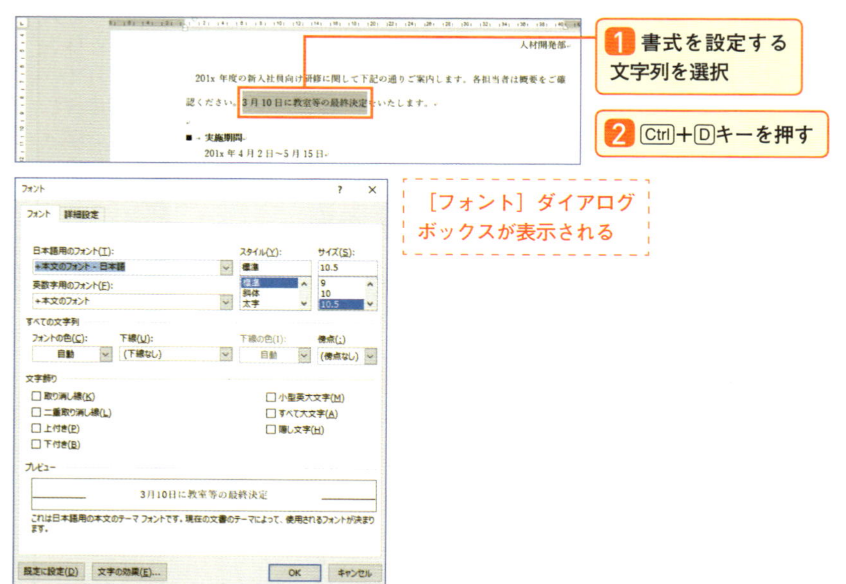

人材開発部
201x 年度の新入社員向け研修に関して下記の通りご案内します。各担当者は概要をご確認ください。3月10日に教室等の最終決定をいたします。
■ 実施期間
201x 年 4 月 2 日～5 月 15 日
1 書式を設定する文字列を選択
2 Ctrl+Dキーを押す
フォント
フォント 詳細設定
日本語用のフォント(T):
+本文のフォント - 日本語
スタイル(Y):
標準
斜体
太字
サイズ(S):
10.5
英数字用のフォント(F):
+本文のフォント
すべての文字列
フォントの色(C):
自動
下線(U):
(下線なし)
下線の色(I):
傍点(;):
(傍点なし)
文字飾り
取り消し線(K)
二重取り消し線(L)
上付き(P)
下付き(B)
小型英大文字(M)
すべて大文字(A)
隠し文字(H)
プレビュー
3月10日に教室等の最終決定
これは日本語用の本文のテーマ フォントです。現在の文書のテーマによって、使用されるフォントが決まります。
既定に設定(D)
文字の効果(E)...
OK
キャンセル
［フォント］ダイアログボックスが表示される

017 文字書式だけをクリアするには

段落書式を残すならショートカットキーの出番

リボンの［ホーム］タブの［フォント］グループには［すべての書式をクリア］というコマンドボタンがあり、その名のとおり選択している場所のすべての書式をクリアできます。

しかし、［中央揃え］の段落書式は維持したままフォント サイズや太字といった文字書式だけをクリアしたい、というときに、段落を選択してこのボタンをクリックしてしまうと段落書式もクリアされてしまいます。

選択している段落の文字書式だけをクリアしたいのなら Ctrl ＋ Space キーというショートカットキーのほうが使い勝手がよいです。

［すべての書式をクリア］ボタン

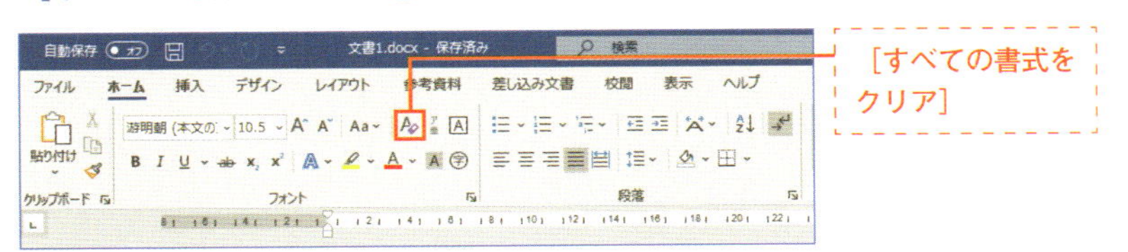
［すべての書式をクリア］
ファイル
ホーム
挿入
デザイン
レイアウト
参考資料
差し込み文書
校閲
表示
ヘルプ
フォント
段落

ショートカットキーで文字書式をクリアする

02-017-文字書式のクリア.docx

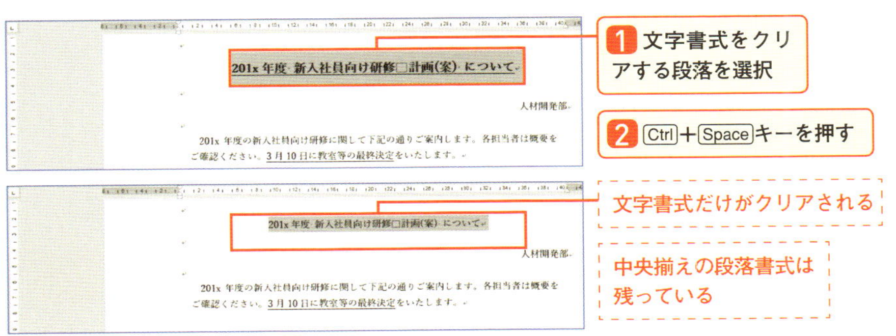
1 文字書式をクリアする段落を選択
2 Ctrl＋Spaceキーを押す
文字書式だけがクリアされる
中央揃えの段落書式は残っている
201x 年度 新入社員向け研修□計画(案) について
人材開発部
201x 年度の新人社員向け研修に関して下記の通りご案内します。各担当者は概要をご確認ください。3 月 10 日に教室等の最終決定をいたします。

文字書式

018 縦書きの文章を作る／英数字を横書きにするには

ページ設定で文字の方向を縦にする

既定で用紙のサイズがA4であることと同様に、**ページ設定の既定で文字の方向が横書き**になっているため、文書の作成時に縦書きに変更すればよいだけです。ただし、半角英数字などを含む場合にその向きをどうするのかなどの書式設定が必要になることもあるため、とりあえず横書きで内容を書き出してから縦書きに変更して必要な設定を加える、という流れがわかりやすいでしょう。

文字の方向を変更する

02-018-縦書き.docx

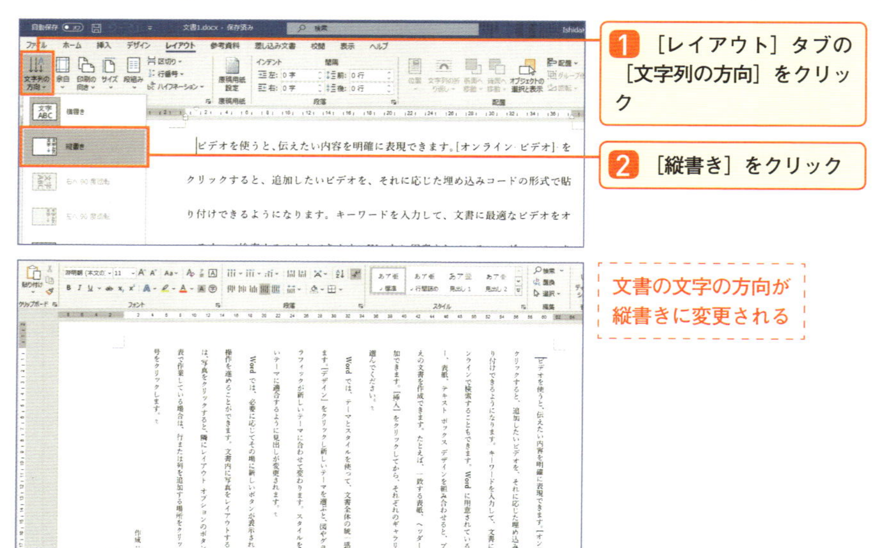

1 ［レイアウト］タブの［文字列の方向］をクリック
2 ［縦書き］をクリック
文書の文字の方向が縦書きに変更される

ここもポイント | 横書きの文書に戻すには

縦書きの文書を開き、リボンの［レイアウト］タブの［ページ設定］グループの［文字列の方向］をクリックして、［横書き］をクリックします。

英数字を全角にして対応する

文書に含まれる英数字がもともと全角であれば問題はないのですが、半角英数字の場合は縦書きにすると横に寝ているような角度になってしまいます。英数字を縦置きで配置する方法の1つとして、該当する半角の文字列を全角に変換する方法があります。

なお、この方法を実行する場合、Ctrl+Aキーなどで文書全体を選択して全角に変換すると、あえて半角で入力してあるスペースや括弧など、全角にしたくない文字列も全角になってしまいます。そのため、「ここだけ全角にしたい」と選択してから操作することをおすすめします。

選択した文字列を全角に変換する

02-018-縦書き.docx

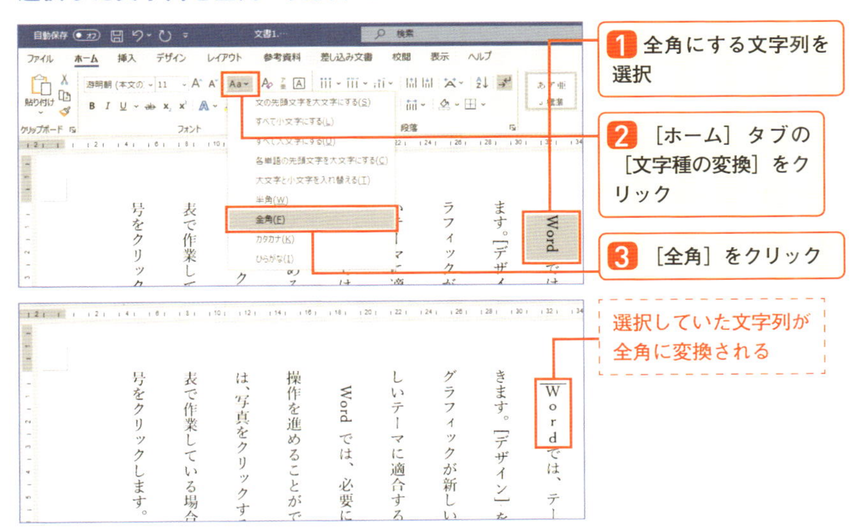
1 全角にする文字列を選択
2 ［ホーム］タブの［文字種の変換］をクリック
3 ［全角］をクリック
選択していた文字列が全角に変換される

ここもポイント | 拡張書式の[縦中横]を使って対応する

縦書きの一部の文字列だけを横書きに組むことも可能です。たとえば、全角の数字は「1」と「0」が縦方向に1つずつ並んでしまいますが、［縦中横］を設定すると「10」が1文字のように表示されます。
1文字とする2つ以上の文字列を選択して、リボンの［ホーム］タブの［段落］グループの［拡張書式］をクリックし、［縦中横］をクリックして［縦中横］ダイアログボックスを表示して［OK］をクリックして設定できます。

019 段落書式だけをクリアするには

段落書式をクリアする基本のショートカットキー

既定では、段落に［標準］というスタイルが適用されており、文字の配置は［両端揃え］でインデント（字下げ）はゼロです。

［標準］スタイルが適用されている段落に［中央揃え］を設定すると、［標準］をベースに配置を中央揃えに変更しているだけで、書式のベースは［標準］のままです。そのため、Ctrl+Qキーで段落書式をクリアすると［中央揃え］が解除されて［両端揃え］に戻り、これで段落書式がクリアされた！という状態になります。

下図の段落には、段落の先頭行に1文字分の字下げが設定されており、段落の上部に少し間隔を持たせるための［段落前］の間隔が設定されていて、行間も少し広いです。

段落書式のクリアによってこれらは解除されますが、一部の文字に設定されている下線の文字書式は残っていることがわかります。

ショートカットキーで段落書式をクリアする　02-019-段落書式のクリア.docx

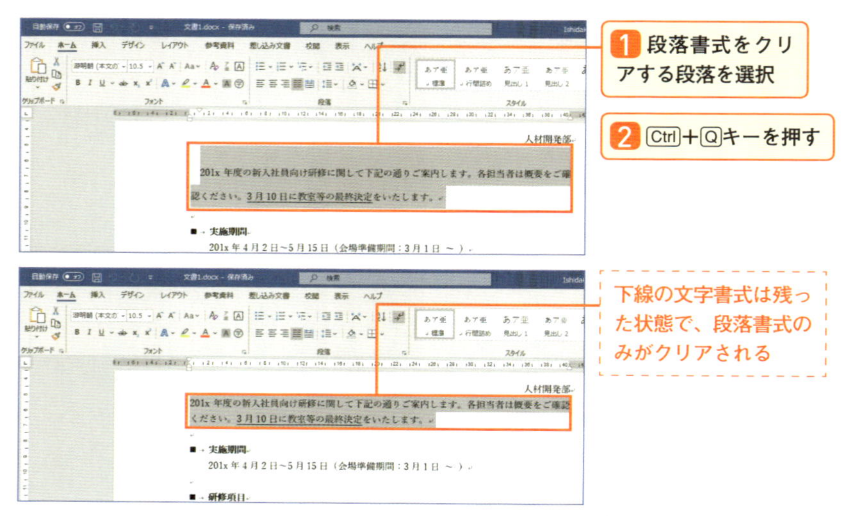
1 段落書式をクリアする段落を選択
2 Ctrl+Qキーを押す
人材開発部
201x 年度の新入社員向け研修に関して下記の通りご案内します。各担当者は概要をご確認ください。3 月 10 日に教室等の最終決定をいたします。
■ 実施期間
201x 年 4 月 2 日~5 月 15 日（会場準備期間：3 月 1 日 ～）
下線の文字書式は残った状態で、段落書式のみがクリアされる
人材開発部
201x 年度の新入社員向け研修に関して下記の通りご案内します。各担当者は概要をご確認ください。3 月 10 日に教室等の最終決定をいたします。
■ 実施期間
201x 年 4 月 2 日~5 月 15 日（会場準備期間：3 月 1 日 ～）
■ 研修項目

◪ あれ？　字下げが残ってる……というときは

Ctrl + Qキーだけでは字下げが残ってしまい、文字の位置が変だな？と感じることがあります。

段落に行頭文字（箇条書き）や段落番号といった段落書式を設定すると、その瞬間に段落書式のベースが、字下げのない［標準］スタイルから字下げのある［リスト段落］スタイルに変わります。

そのため、下図のような行頭文字が設定されている段落を選択してCtrl + Qキーを実行しても、段落書式のベースは4文字分の字下げのある［リスト段落］スタイルのままであるため字下げが残ってしまうのです。

こんなときはBackspaceキーで字下げを解除してもよいですが、Ctrl + Shift + Mキーでインデントを解除したり、Ctrl + Shift + Nキーで［標準］スタイルを適用したりする、という方法でクリアすることもできます。

リスト段落の段落書式をクリアする

02-019-段落書式のクリア.docx

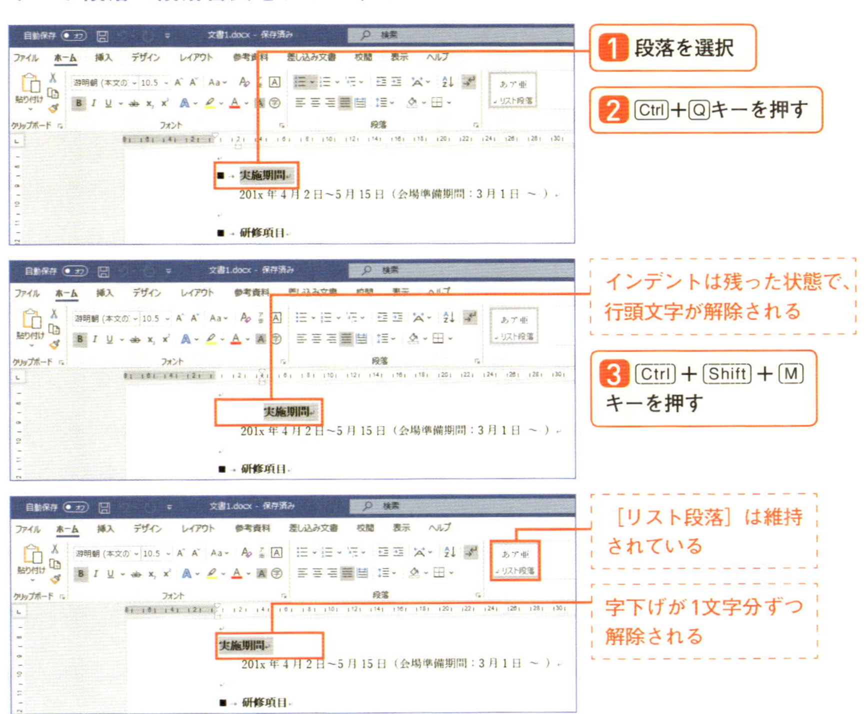

1 段落を選択
2 Ctrl+Qキーを押す
インデントは残った状態で、行頭文字が解除される
3 Ctrl + Shift + M キーを押す
［リスト段落］は維持されている
字下げが1文字分ずつ解除される
実施期間
201x 年 4 月 2 日～5 月 15 日（会場準備期間：3 月 1 日 ～）
研修項目

020 [段落]ダイアログボックスをキー操作で表示する

アクセスキーを使う

［段落］ダイアログボックスをキー操作で表示するには、アクセスキーである Alt **キー→** O **（オー）キー→** P **キー**を使います。

Word 2007以降のリボンを使うために Alt キーを押したとき、リボンには「O」(オー) というアルファベットが表示されるタブはないのですが、このコマンドは実行できるのです。

これは、Word 2003以前のメニューを利用したアクセスキーの使い方です。下図のWord 2003の［書式］メニューに「O」と表示されており、これは Alt キーを押しながら（または押してから） O キーを押したらクリックしたときと同じようにメニューが表示されますよ、という意味です。［段落］には「P」が割り当てられているのでこちらを押すと［段落］ダイアログボックスが表示されます。

いまさらWord 2003の使い方を覚えなさいといっているのではなく、どうしてもキーで操作したいというのならこんな方法もありますよ、というお話です。

Word 2003の［書式］メニュー

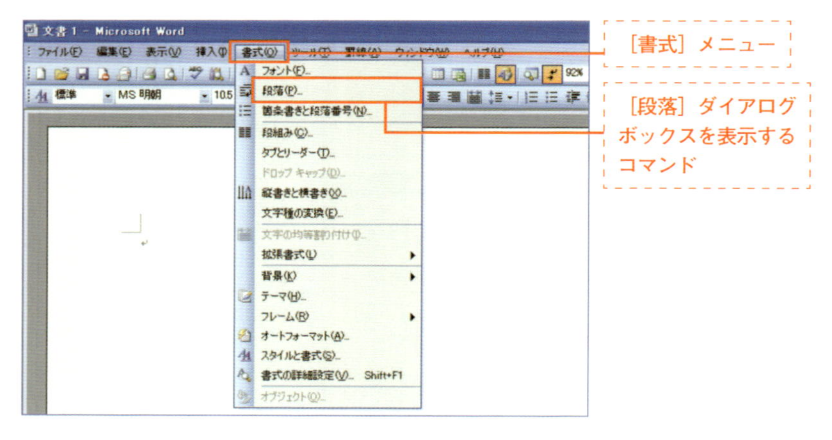

文書 1 - Microsoft Word
ファイル(F)
編集(E)
表示(V)
挿入(I)
書式(O)
フォント(F)...
段落(P)...
箇条書きと段落番号(N)...
段組み(C)...
タブとリーダー(T)...
ドロップ キャップ(D)...
縦書きと横書き(X)...
文字種の変換(E)...
文字の均等割り付け(I)...
拡張書式(L)
背景(K)
テーマ(H)...
フレーム(R)
オートフォーマット(A)...
スタイルと書式(S)...
書式の詳細設定(V)... Shift+F1
オブジェクト(O)...
[書式] メニュー
[段落] ダイアログボックスを表示するコマンド

［段落］ダイアログボックスをキーで表示する

02-020-段落書式.docx

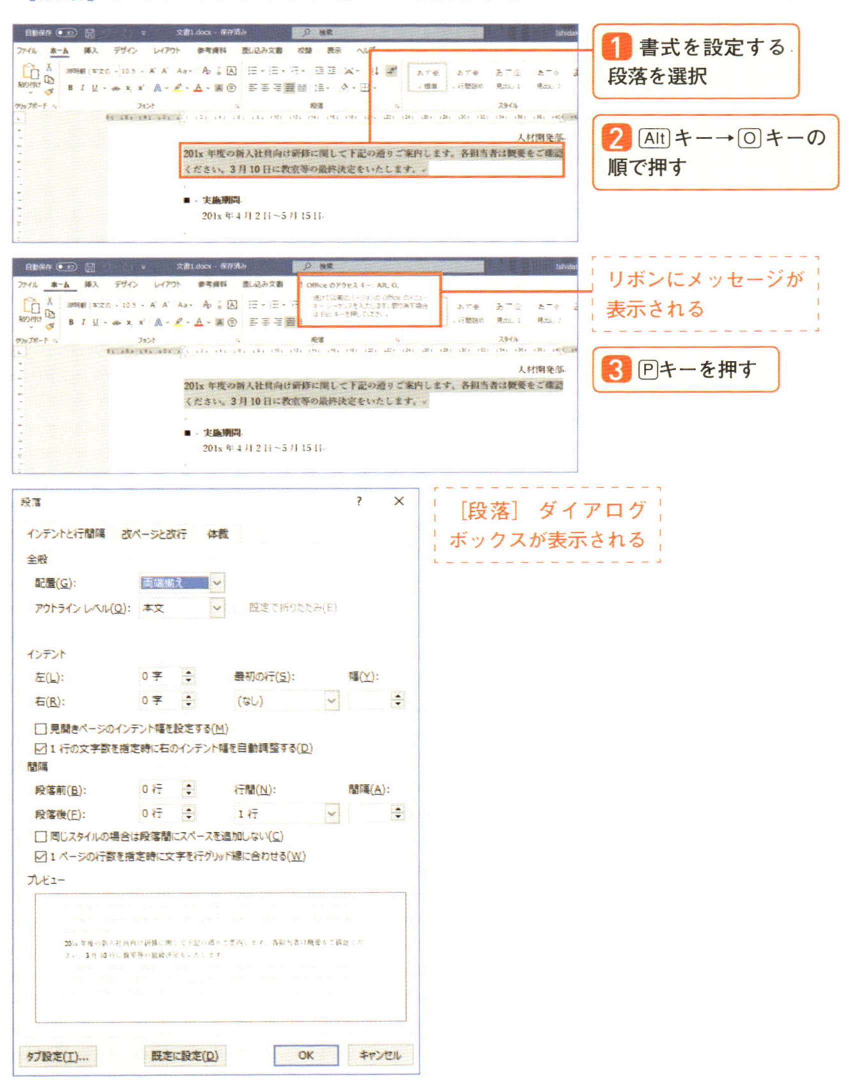
1 書式を設定する段落を選択
2 Altキー→Oキーの順で押す
リボンにメッセージが表示される
3 Pキーを押す
［段落］ダイアログボックスが表示される

ここもポイント ほかのメニューやコマンドでも使える

たとえば、Word 2003の［ツール］メニューには「T」が割り当てられており、そこに表示される［オプション］には「O」が割り当てられています。Altキー→Tキー→O（オー）キーで［Word のオプション］ダイアログボックスを表示できます。

段落書式

021 文字を中央や右端などに配置するには

[標準]の既定は[左揃え]ではなく[両端揃え]

Wordにはほかのアプリケーションでは見かけない **[両端揃え]** という配置の種類があり、これが既定（厳密には［標準］スタイルで設定されている配置）になっているため、複数行にわたる文章を配置したときに文字がバランスよく表示されます。左揃えとの違いは、複数行にわたる文章に設定してみるとわかります。

左揃えと両端揃えの違い

02-021-文字の配置.docx

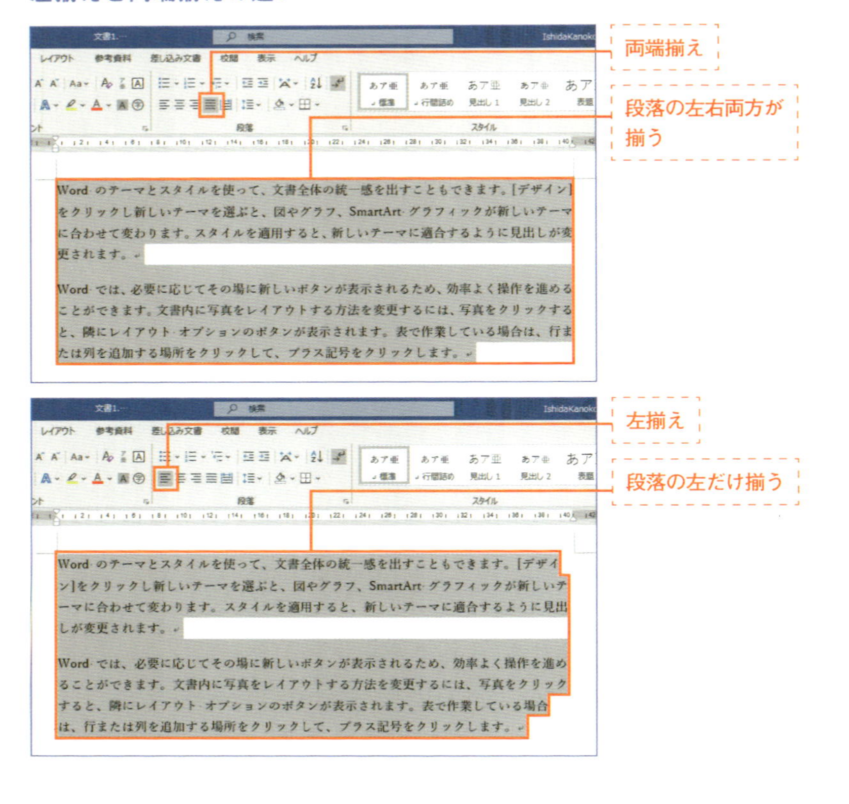
両端揃え
段落の左右両方が揃う
左揃え
段落の左だけ揃う
Word のテーマとスタイルを使って、文書全体の統一感を出すこともできます。[デザイン]をクリックし新しいテーマを選ぶと、図やグラフ、SmartArt グラフィックが新しいテーマに合わせて変わります。スタイルを適用すると、新しいテーマに適合するように見出しが変更されます。
Word では、必要に応じてその場に新しいボタンが表示されるため、効率よく操作を進めることができます。文書内に写真をレイアウトする方法を変更するには、写真をクリックすると、隣にレイアウト オプションのボタンが表示されます。表で作業している場合は、行または列を追加する場所をクリックして、プラス記号をクリックします。

Ctrl＋L、R、EとJキー

リボンの［ホーム］タブの［段落］グループのコマンドボタンを使用してもよいですが、ショートカットキーを覚えておくと文章を入力しながら配置の設定も決めてしまえるのでレイアウトを確認しながら文書作成ができます。

Ctrl＋Lキー（左揃え）とCtrl＋Rキー（右揃え）は設定するときに「左」と「右」を考えれば浮かんでくるのではないでしょうか。

Wordの段落だけでなく、図形やテキストボックスの文字列の配置にも使えるショートカットキーなのでCtrl＋Eキー（中央揃え）とCtrl＋Jキー（両端揃え）も繰り返し使用して覚えておいて損はないです（Excelのセルでは機能しません）。

ショートカットキーで文字の配置を設定する

02-021-文字の配置.docx

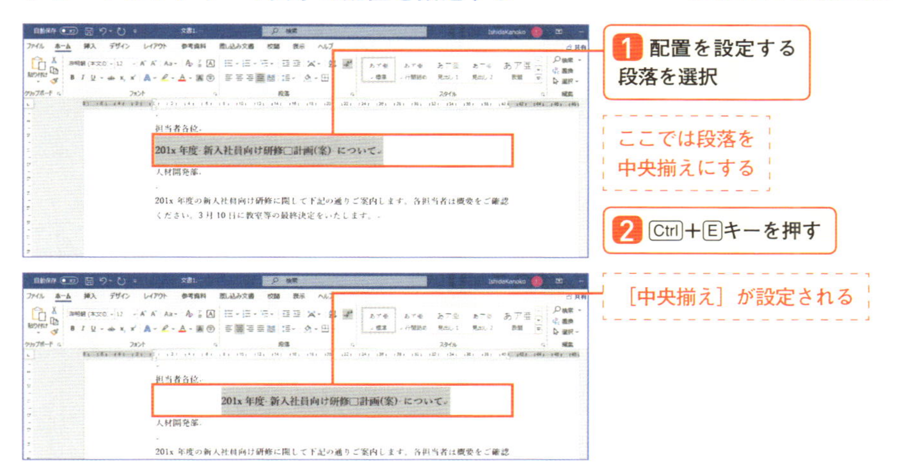
1 配置を設定する段落を選択
ここでは段落を中央揃えにする
2 Ctrl＋Eキーを押す
［中央揃え］が設定される
201x 年度 新入社員向け研修□計画(案) について。
担当者各位
人材開発部

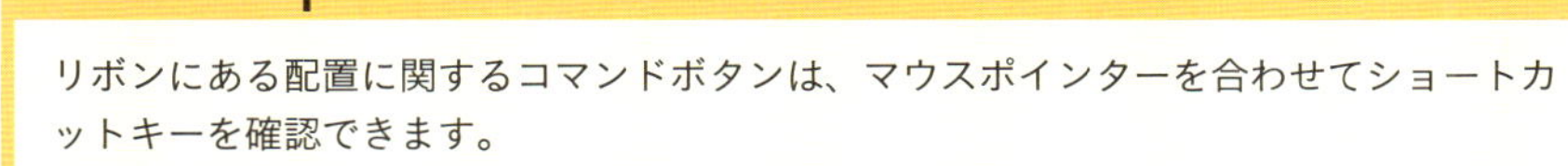
ここもポイント | リボンで確認して覚える

リボンにある配置に関するコマンドボタンは、マウスポインターを合わせてショートカットキーを確認できます。

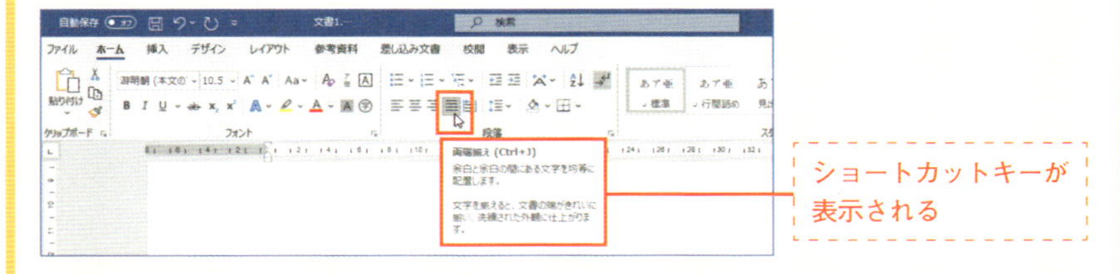
ショートカットキーが表示される
両端揃え (Ctrl+J)

022 文章の開始位置を字下げするには

字下げは段落に対する書式で設定する

段落に字下げをする書式のことを**インデント**といいます。文書の左余白よりも内側から文章を開始したり、複数行になったときに折り返す位置を設定したりできます。もちろん1行目だけさらに1文字分字下げをすることも可能です。

スペースや強制的な改行では、文字を追加したときに再調整が必要になることがありますが、**インデントは書式**であるため、指定した開始位置や終了位置の中で改行され、あとから調整をする必要がありません。

たとえば文章のまとまりごとに1行目だけ字下げする場合、1つ目の段落にインデントの設定をしておいて、Enterキーで段落を変えると次の段落の先頭も字下げされるようにしておくと、書式を維持しながら文章の入力を進められます。

インデントの設定や確認をするときに、水平ルーラー上の**インデントマーカー**が役立ちます。操作の前にルーラーを表示し、インデントマーカーの各部がどのインデントの位置を表しているのかを確認しておきましょう。

水平ルーラーとインデントマーカー　02-022-インデント.docx

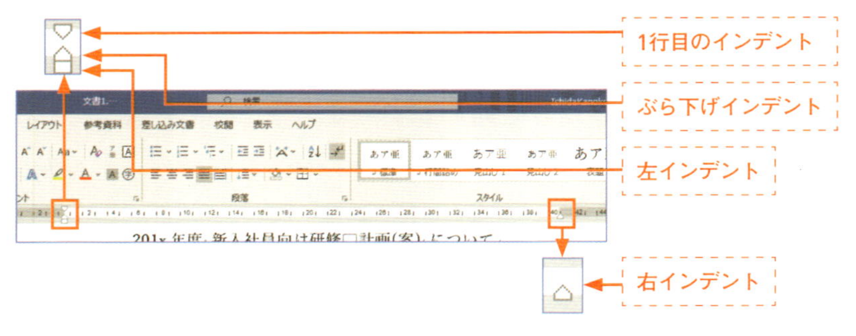
1行目のインデント
ぶら下げインデント
左インデント
右インデント

インデントの種類

段落書式であるインデントには4つの種類があります。

トリプルクリックなどで段落を選択し、水平ルーラーのインデントマーカーを確認すると、その段落にどのようなインデントが設定されているのかを確認できます。既定では、水平ルーラーの灰色部分と白い部分のちょうど境目にインデントマーカーがあり、まったくインデントが設定されていない状態を確認できます。（個人的には安易に使うことはおすすめしませんが）インデントマーカーをルーラー上でドラッグしてインデントの位置を変更することも可能です。

インデントの種類と余白からの間隔　　02-022-インデント.docx

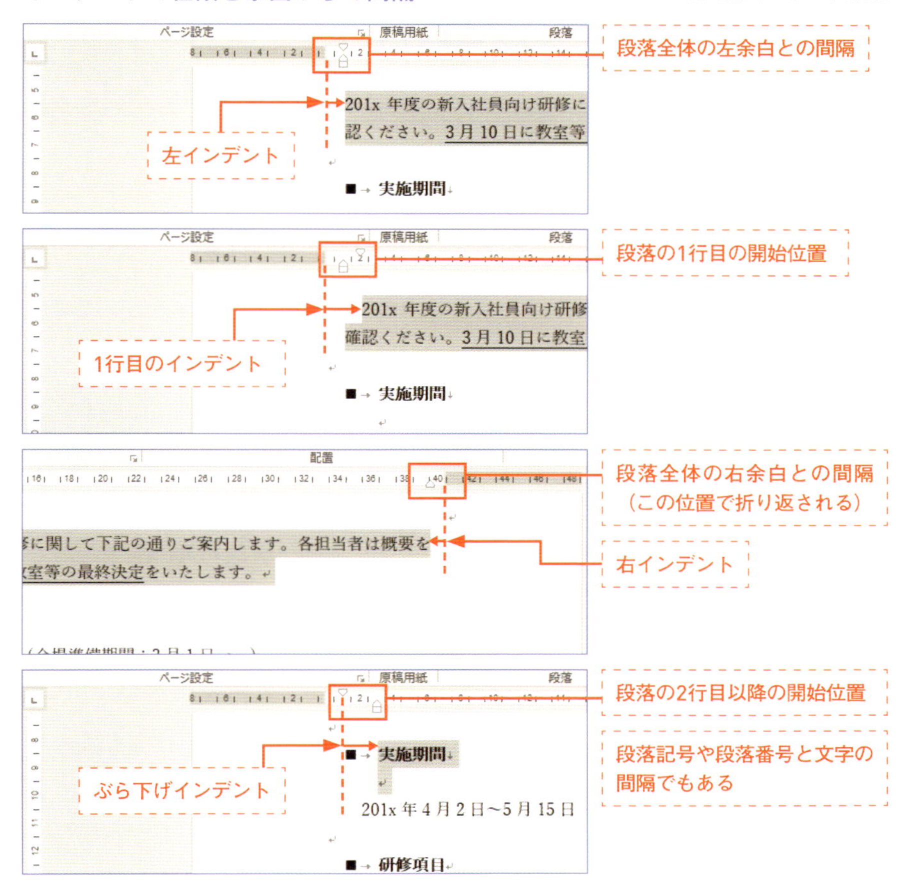
段落全体の左余白との間隔
左インデント
201x 年度の新入社員向け研修に
認ください。3月10日に教室等
実施期間
段落の1行目の開始位置
1行目のインデント
段落全体の右余白との間隔
（この位置で折り返される）
右インデント
に関して下記の通りご案内します。各担当者は概要を
室等の最終決定をいたします。
段落の2行目以降の開始位置
段落記号や段落番号と文字の
間隔でもある
ぶら下げインデント
201x 年 4 月 2 日～5 月 15 日
研修項目

まとめてやるならダイアログボックス

左右がこれくらいで1行目は1文字分、のようにインデントのサイズを決めているのならダイアログボックスでまとめて設定するとよいでしょう。**特に1行目のインデント**はリボンにコマンドがないので、（キーやインデントマーカーのドラッグでやらないのなら）ダイアログボックスで設定します。基本的にはインデントは「何文字分、字下げするのか」を設定します。たとえば「1字」と設定すると1文字分字下げされます。

［段落］ダイアログボックスは、リボンの［ホーム］タブや［レイアウト］タブの［段落］グループの右下のボタンをクリックして表示できます。キーで［段落］ダイアログボックスを表示する方法についてはP.48を参照してください。

［段落］ダイアログボックスの［インデントと行間隔］タブ

02-022-インデント.docx

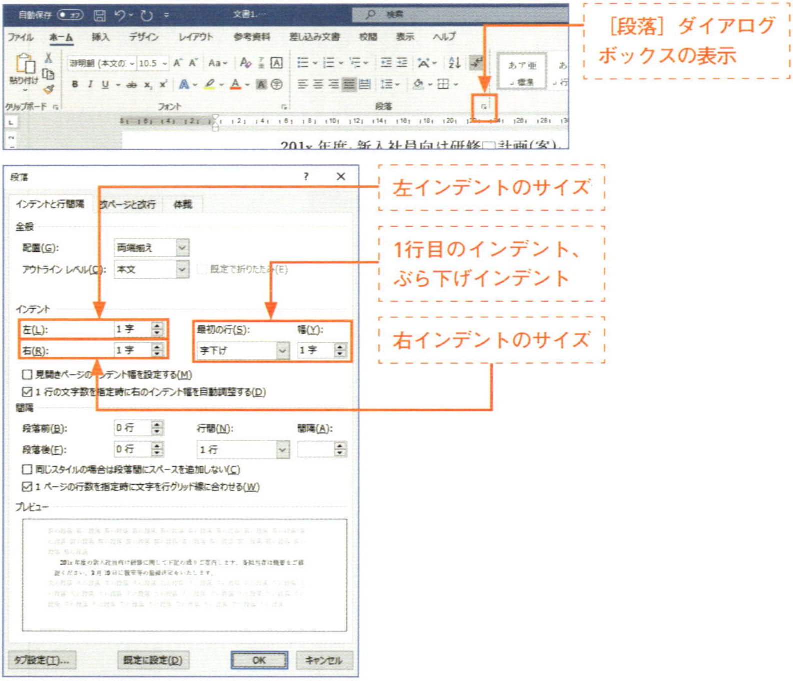

［段落］ダイアログボックスの表示

左インデントのサイズ

1行目のインデント、ぶら下げインデント

右インデントのサイズ

左インデントと右インデントはリボンでできる

左右のインデントは、リボンの **[レイアウト] タブ**で字数を決めて設定できます。複数行にわたる文章の場合は左だけ字下げしてもバランスが悪かったりするので、右インデントを同時に設定できておすすめです。

リボンの [レイアウト] タブで設定する

02-022-インデント.docx

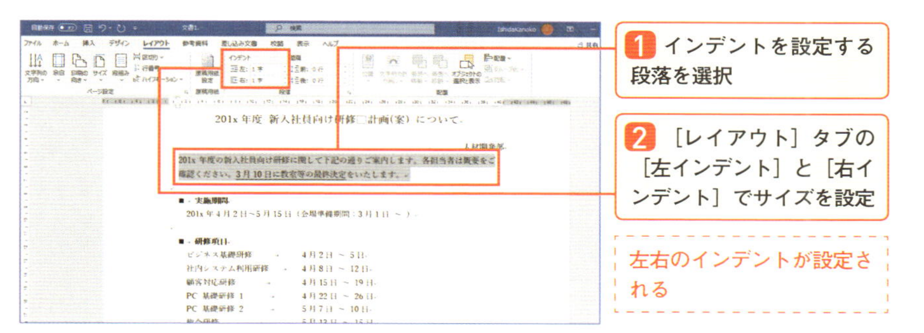

1 インデントを設定する段落を選択
2 [レイアウト] タブの [左インデント] と [右インデント] でサイズを設定
左右のインデントが設定される
201x 年度 新入社員向け研修 計画(案) について

ここもポイント | 左インデントは[ホーム]タブでも設定できる

リボンの [ホーム] タブの [段落] グループに [インデントを増やす] と、[インデントを減らす] のコマンドボタンがあります。
このコマンドボタンは「左インデントを」という意味で使用してください。

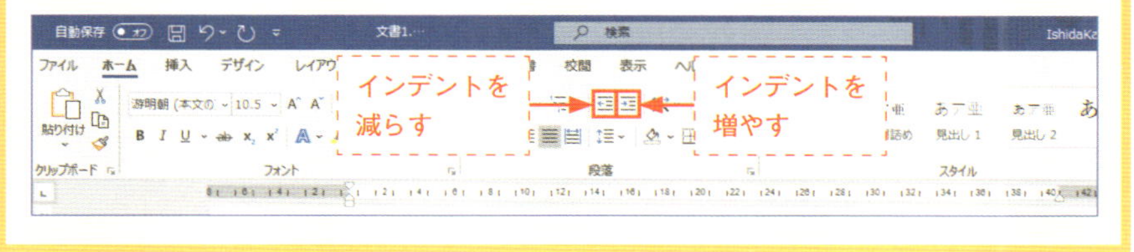

インデントを減らす
インデントを増やす

ここもポイント | 次の段落の字下げも自動的に

段落書式は追加した次の段落に引き継がれます。たとえば図のAの位置でEnterキーを押すと、Bの段落が追加されてインデントが引き継がれていることが(ルーラーのマーカーの位置などで)わかります。

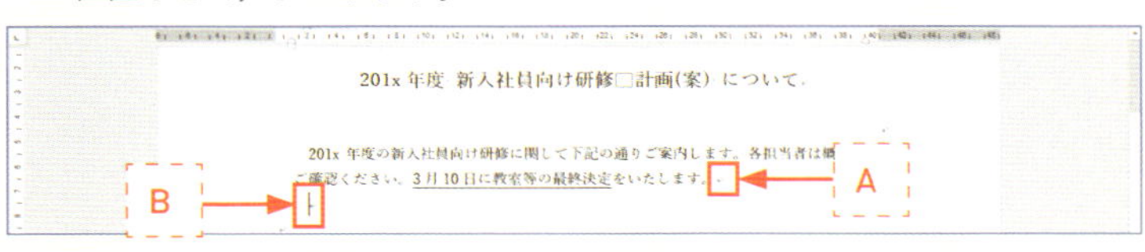

201x 年度 新入社員向け研修 計画(案) について
A
B

段落書式

023 スペースがインデントに変わる？　キー操作で字下げする

Spaceキーをどこで押すのかがポイント

既定の設定で、Spaceキーで段落の左側のインデントを設定できる機能が有効になっており、文字列のある段落（←ここがポイント。文字列がない段落だと動作が違う）の先頭にカーソルをおいてSpaceキーを押すと1行目のインデントが設定され、段落の2行目以降の先頭にカーソルをおいてSpaceキーを押した場合はぶら下げインデントと左インデントを設定できます。Spaceキーを押すと「スペースが入力される」のではなく「字下げされる」という既定の設定を知っておくことが大切です。

先頭にスペースを入れるということは字下げをしたいということだよね？ということで、字下げをするための書式設定をしたことにしてくれるのです。（有難迷惑かもしれないけれど）安易にこの設定を**オフにするよりも、きちんと動きを知って上手に使いたい**ところです。

どうしてもスペースを入れたい！というのなら、空の段落にスペースを入れておいて文字列を入れてください。スペースである必要はないと思いますが、どうしても！なら仕方がない。

[オートコレクト] ダイアログボックスの [入力オートフォーマット] タブ

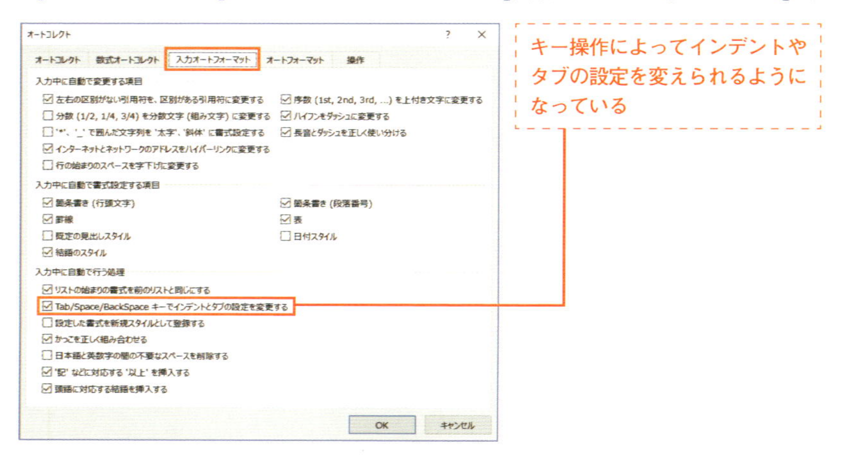
オートコレクト
オートコレクト
数式オートコレクト
入力オートフォーマット
オートフォーマット
操作
入力中に自動で変更する項目
左右の区別がない引用符を、区別がある引用符に変更する
序数 (1st, 2nd, 3rd, ...) を上付き文字に変更する
分数 (1/2, 1/4, 3/4) を分数文字 (組み文字) に変更する
ハイフンをダッシュに変更する
'*'、'_' で囲んだ文字列を '太字'、'斜体' に書式設定する
長音とダッシュを正しく使い分ける
インターネットとネットワークのアドレスをハイパーリンクに変更する
行の始まりのスペースを字下げに変更する
入力中に自動で書式設定する項目
箇条書き (行頭文字)
箇条書き (段落番号)
罫線
表
既定の見出しスタイル
日付スタイル
結語のスタイル
入力中に自動で行う処理
リストの始まりの書式を前のリストと同じにする
Tab/Space/BackSpace キーでインデントとタブの設定を変更する
設定した書式を新規スタイルとして登録する
かっこを正しく組み合わせる
日本語と英数字の間の不要なスペースを削除する
'記' などに対応する '以上' を挿入する
頭語に対応する結語を挿入する
OK
キャンセル
キー操作によってインデントやタブの設定を変えられるようになっている

キー操作でインデントを設定する

02-023-インデント.docx

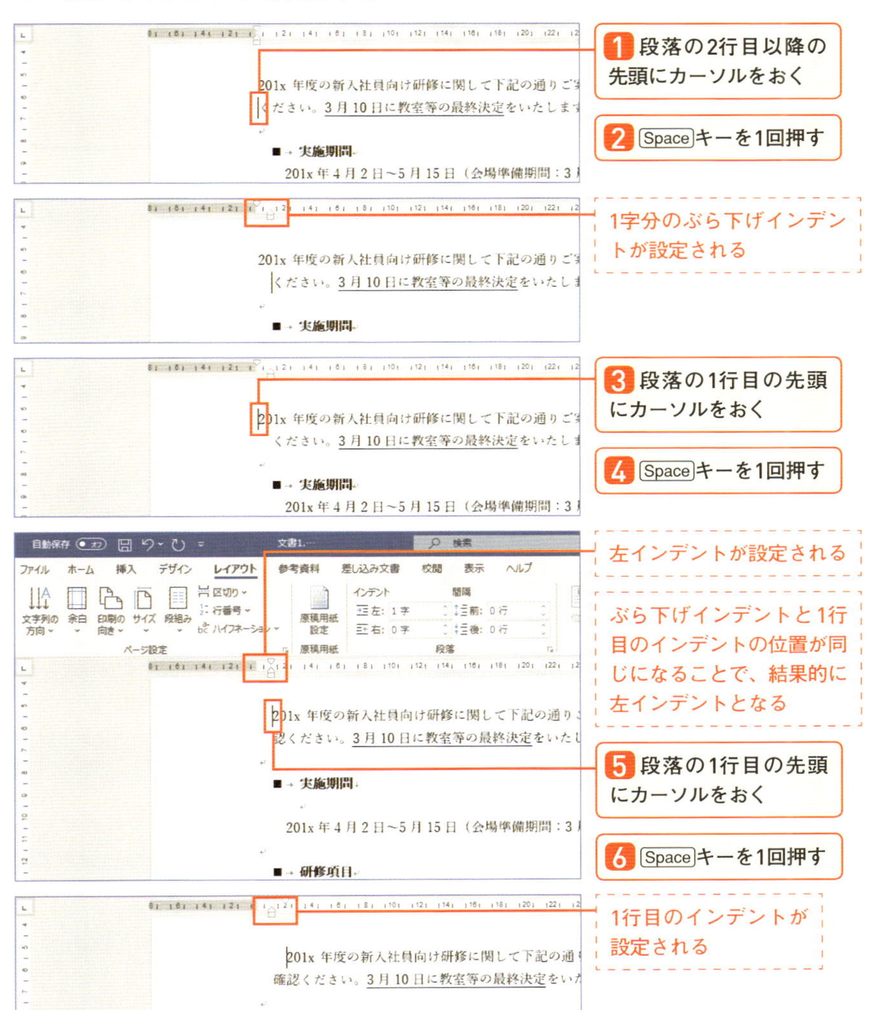

1 段落の2行目以降の先頭にカーソルをおく
2 Spaceキーを1回押す
1字分のぶら下げインデントが設定される
3 段落の1行目の先頭にカーソルをおく
4 Spaceキーを1回押す
左インデントが設定される
ぶら下げインデントと1行目のインデントの位置が同じになることで、結果的に左インデントとなる
5 段落の1行目の先頭にカーソルをおく
6 Spaceキーを1回押す
1行目のインデントが設定される

ここもポイント | キー操作で左インデントを解除する

Spaceキーでインデントを設定したその位置にカーソルをおいてBackspaceキーを押すとインデントを解除できます。または、Ctrl+Shift+Mキーで左インデントを解除できます。

段落書式

024 「行間」と「間隔」はなにが違うのか

行間と間隔の違いをしっかり把握する

行間というと上の行と下の行の間の空間をイメージするかもしれませんが、Wordでは、段落内の**行の上部（上辺）から次の行の上部（上辺）までの間隔**のことを**行間**といいます。「文字の大きさ＆下の行との間の隙間」ということです。既定で使用される［標準］スタイルには行間は1行と設定されているため、新規文書に適用される行間は1行です。もう少し行と行の隙間を設けたいのであれば行間を広げます。

また、Wordでは**段落の上と下に設けることのできる隙間**のことを**間隔**といい、段落の前にどのくらい、段落の後ろにどのくらい間隔を設けるのかを書式として設定できます。

既定では段落の前後に間隔がない（間隔がゼロである）ため、文章のかたまりとかたまりの間に文字のない間隔用の段落（段落記号1つ）を追加することがありますが、段落の前後に間隔を追加すればこれは不要です。

たとえば、段落の前に0.5行分の間隔を追加すると、右ページの図のように段落の間にほんの少しの空間を持たせることができます。

「行間」の違い　　02-024-行間と間隔.docx

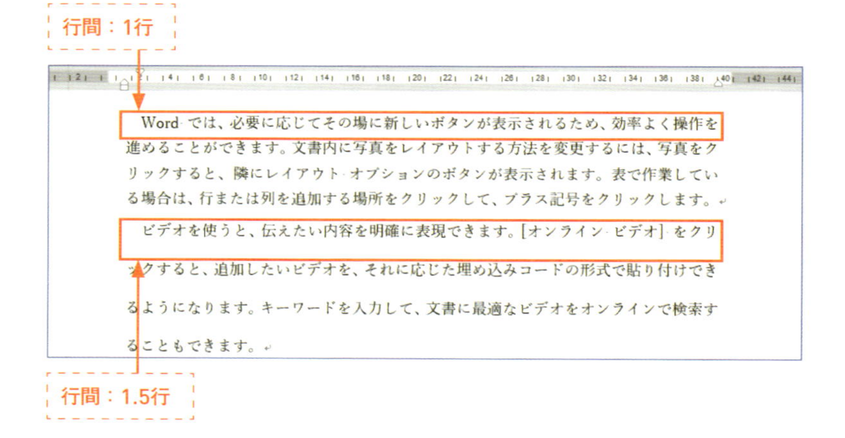
行間：1行
Wordでは、必要に応じてその場に新しいボタンが表示されるため、効率よく操作を
進めることができます。文書内に写真をレイアウトする方法を変更するには、写真をク
リックすると、隣にレイアウト オプションのボタンが表示されます。表で作業してい
る場合は、行または列を追加する場所をクリックして、プラス記号をクリックします。
ビデオを使うと、伝えたい内容を明確に表現できます。[オンライン ビデオ] をクリ
ックすると、追加したいビデオを、それに応じた埋め込みコードの形式で貼り付けでき
るようになります。キーワードを入力して、文書に最適なビデオをオンラインで検索す
ることもできます。
行間：1.5行

「間隔」の違い

02-024-行間と間隔.docx

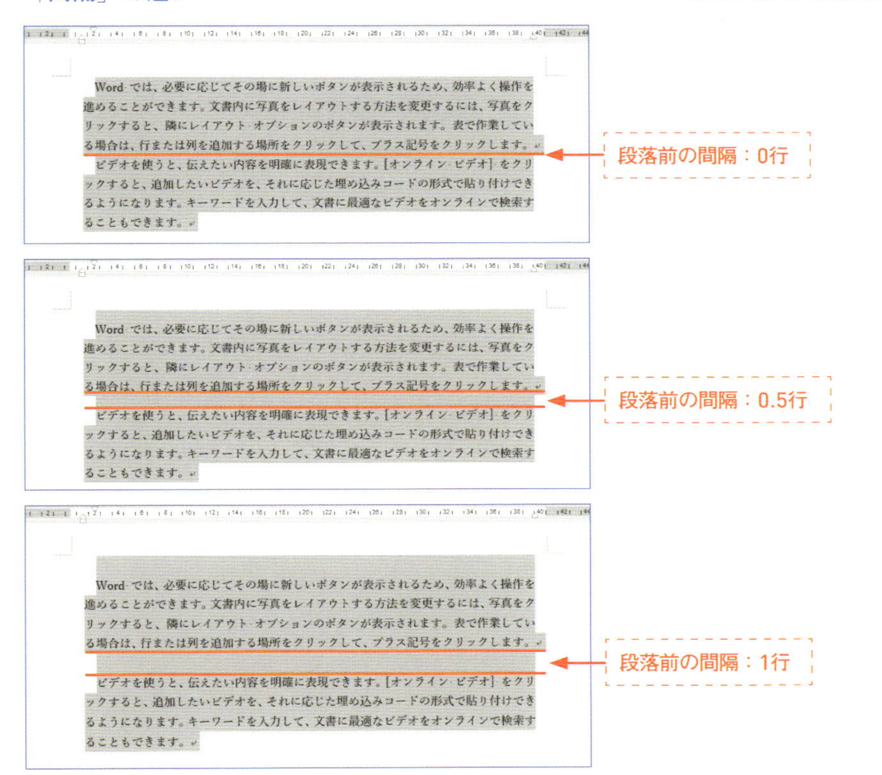
段落前の間隔：0行
段落前の間隔：0.5行
段落前の間隔：1行

ここもポイント | グリッド線を表示する

行間や間隔は、グリッド線を表示すると違いがわかりやすいかもしれません。リボンの［表示］タブの［グリッド線］をオンにするとグリッド線が表示されます。10.5ptの文字列のとき、行間が1行ならグリッド線とグリッド線の間に、上下にはみ出さずに1行が収まります。

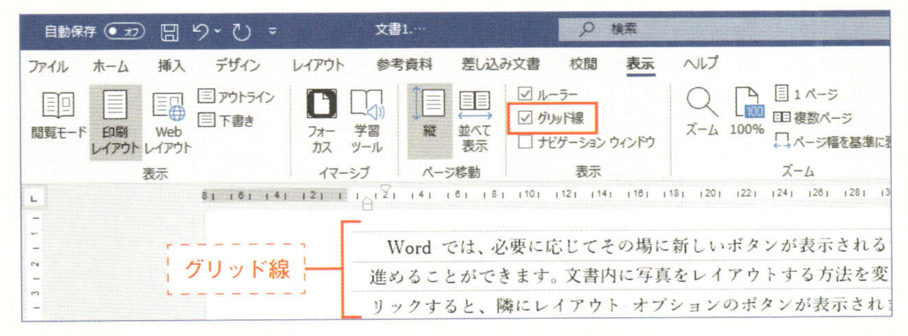
グリッド線

025 「行間」と「間隔」のサイズを変えるには

行間も間隔も段落に設定する書式

行間も間隔も段落書式です。リボンの［ホーム］タブや［レイアウト］タブの［段落］グループのコマンドを使ったり、［段落］ダイアログボックスを使ったりして設定します。

次の手順では、行間を「1 行」から「1.5 行」に、段落前の間隔を「0 行」から「1 行」に変更しています。このサイズがよいと言っているのではなく、ここが変わった！ということがわかりやすいサイズでご紹介しているまでです。もしかしたら「1.15 行」が読みやすいかもしれないし、段落前の間隔は「0.5 行」で十分かもしれません。大切なのは自分が変えたいと思っているところを思うように変えられるようになることです。

リボンの［ホーム］タブのコマンドを使って行間を変更する

02-025-行間と間隔.docx

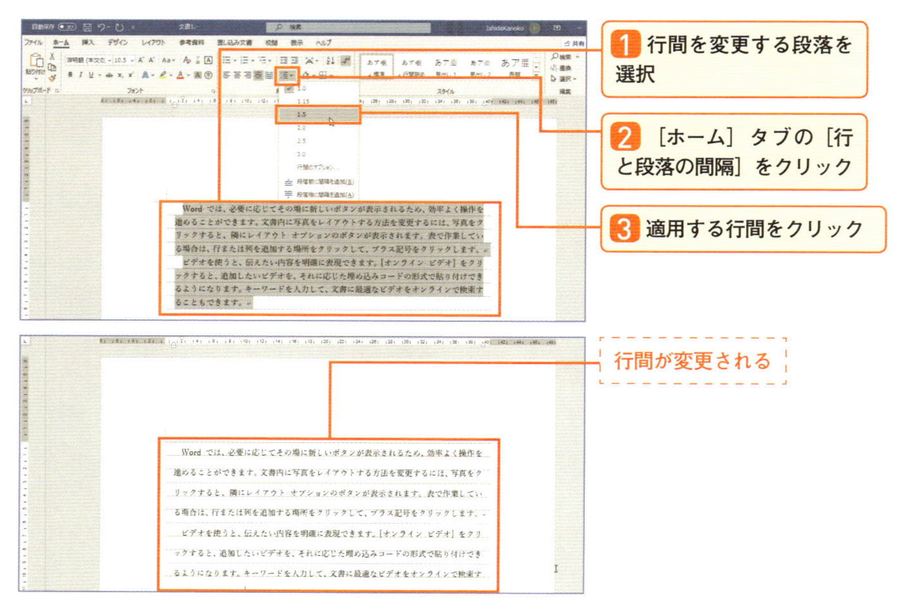
1 行間を変更する段落を選択
2 ［ホーム］タブの［行と段落の間隔］をクリック
3 適用する行間をクリック
行間が変更される

リボンの［レイアウト］タブのコマンドを使って間隔を変更する

02-025-行間と間隔.docx

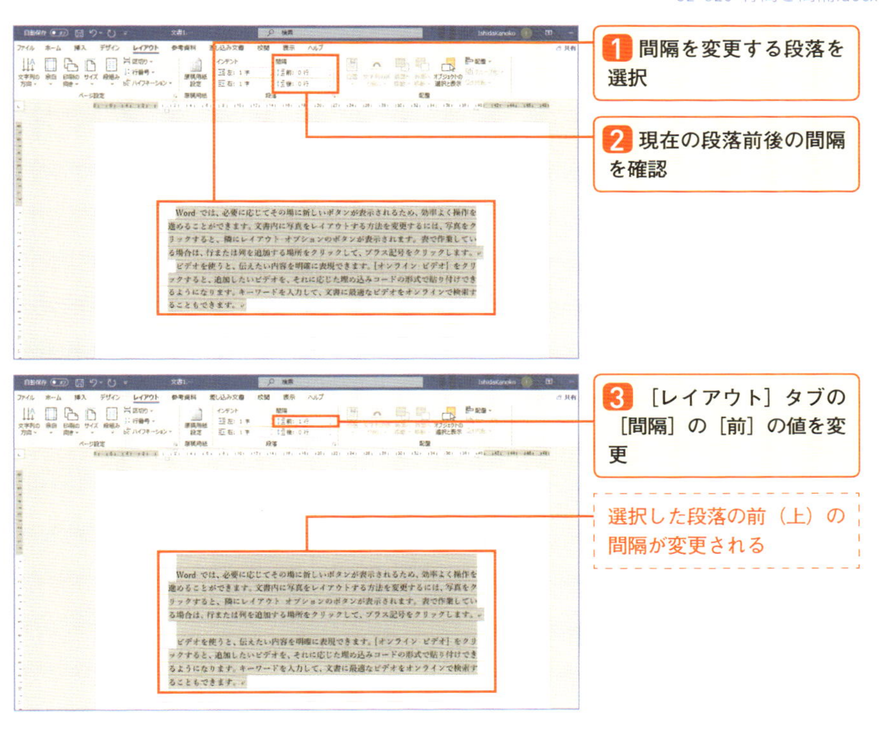
1 間隔を変更する段落を選択
2 現在の段落前後の間隔を確認
3 ［レイアウト］タブの［間隔］の［前］の値を変更
選択した段落の前（上）の間隔が変更される

ここもポイント｜引き継がれた行間や間隔がうれしくないとき

図のAの位置でEnterキーを押すと次の段落が追加され、Aの段落と同じ段落書式が適用されます。Aと同じ字下げ、行間と間隔が適用されるのはうれしくない、つまり余計な段落書式はいらないという場合は、改段落の直後にCtrl＋Qキーを押して段落書式をクリアするとよいです。

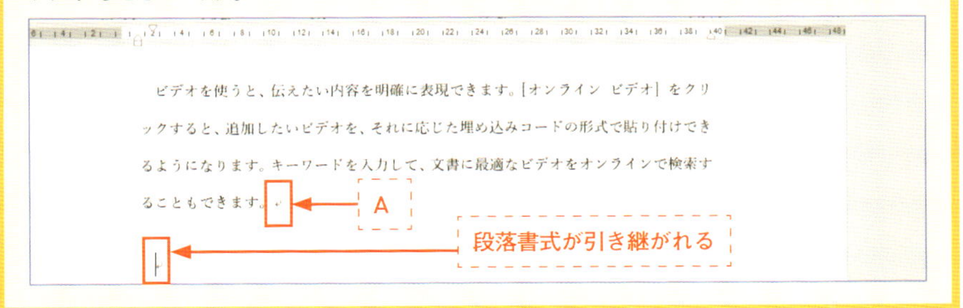
ビデオを使うと、伝えたい内容を明確に表現できます。［オンライン ビデオ］をクリックすると、追加したいビデオを、それに応じた埋め込みコードの形式で貼り付けできるようになります。キーワードを入力して、文書に最適なビデオをオンラインで検索することもできます。
A
段落書式が引き継がれる

段落書式

026 行間を［最小値］にしたのに見た目が変わらないときは

「最小値」&「グリッド線……」オフの組み合わせ

行間を「最小値」にしてポイントを小さくしても行間が狭くなっていないと感じることがあります。これは既定で1ページの行数が指定されており、その行数に合うように文字が配置されるためです。「最小値」の設定を有効にしてさらに狭くしたいのならば、1ページの行数、すなわち**グリッド線を無視**するように設定します。

グリッド線を無視して行間を狭くする

02-026-行間（最小値）.docx

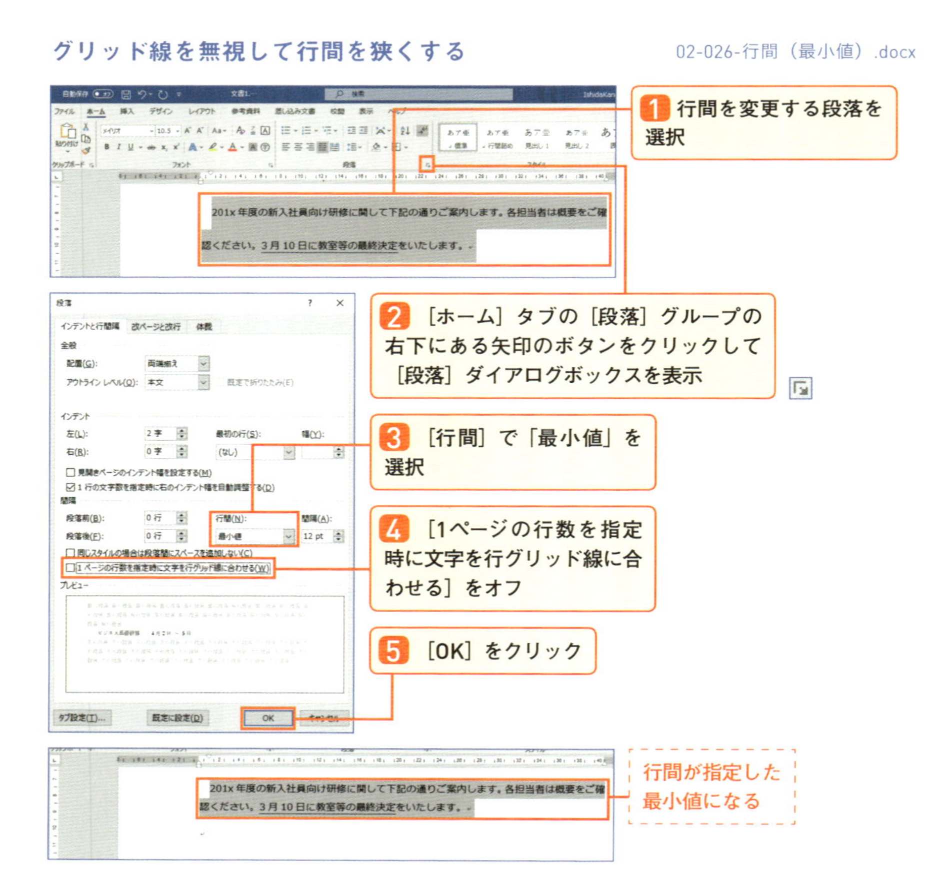
1 行間を変更する段落を選択
201x 年度の新入社員向け研修に関して下記の通りご案内します。各担当者は概要をご確認ください。3月10日に教室等の最終決定をいたします。
2 ［ホーム］タブの［段落］グループの右下にある矢印のボタンをクリックして［段落］ダイアログボックスを表示
3 ［行間］で「最小値」を選択
4 ［1ページの行数を指定時に文字を行グリッド線に合わせる］をオフ
5 ［OK］をクリック
行間が指定した最小値になる

段落書式

027 文字の上のほうが切れてしまった！というときは

「固定値」のときは自動的に行の高さが変わらない

「固定値」は［1ページの行数を指定時に文字を行グリッド線に合わせる］のオン／オフに関係なく、設定した間隔で行間をつめます。そのため、行間に収まらないフォント サイズの文字を配置したときに文字の上部が切り取られたようになります。

行間をつめたいけれど切れてしまうのは困る、というときは配置しているフォント サイズを確認して**「固定値」の間隔を設定し直し**ます。

固定値のサイズ（間隔）を変更する

02-027-行間（固定値）.docx

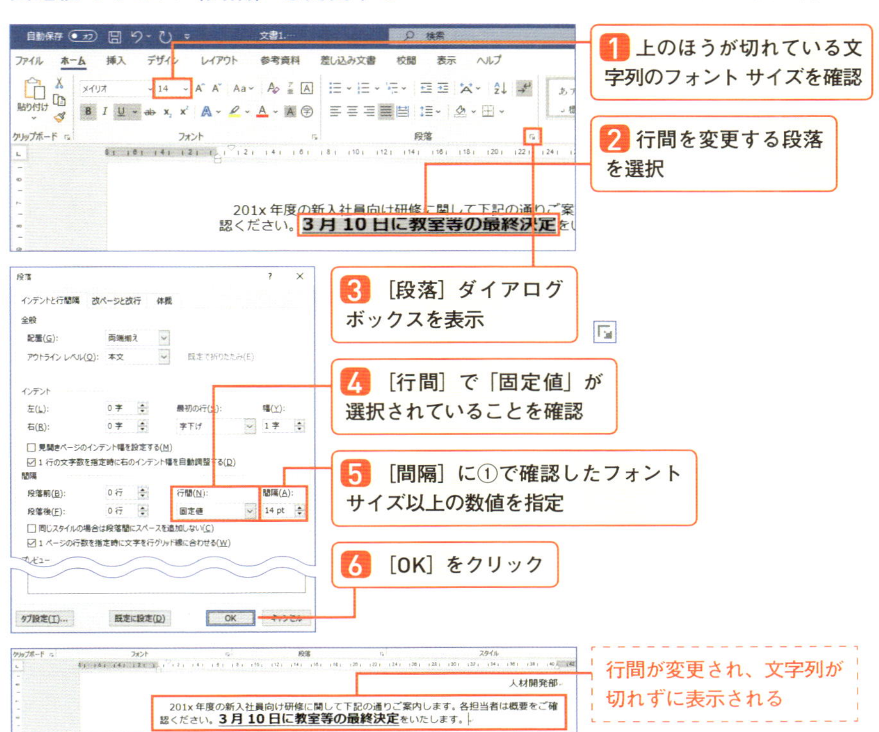
1 上のほうが切れている文字列のフォント サイズを確認
2 行間を変更する段落を選択
3 ［段落］ダイアログボックスを表示
4 ［行間］で「固定値」が選択されていることを確認
5 ［間隔］に①で確認したフォント サイズ以上の数値を指定
6 ［OK］をクリック
行間が変更され、文字列が切れずに表示される
201x 年度の新入社員向け研修に関して下記の通りご案内します。各担当者は概要をご確認ください。3月10日に教室等の最終決定をいたします。

段落書式

028 スペースを使わずに単語間に空白を設けるには

スペースは文字と同じ。空白は専用の機能で

1行の中に「日時　　x月 x 日」のように2つの文字のかたまりを配置したいときに、スペースで空白を入れると左側の文字が増減したときに右側の文字の位置がずれます。さらにこのような行（段落）が複数あるときには、右側の文字列の位置が行によって少しずれてしまうこともあります。右側の文字をキレイに配置しつつ空白を設けるには**タブ**を使います。既定では水平ルーラーの左端に「 」と表示されており、Tabキーを1回押すと4字間隔で左揃えタブが挿入されるように設定されています。

既定の左揃えタブを確認する

02-028-タブ.docx

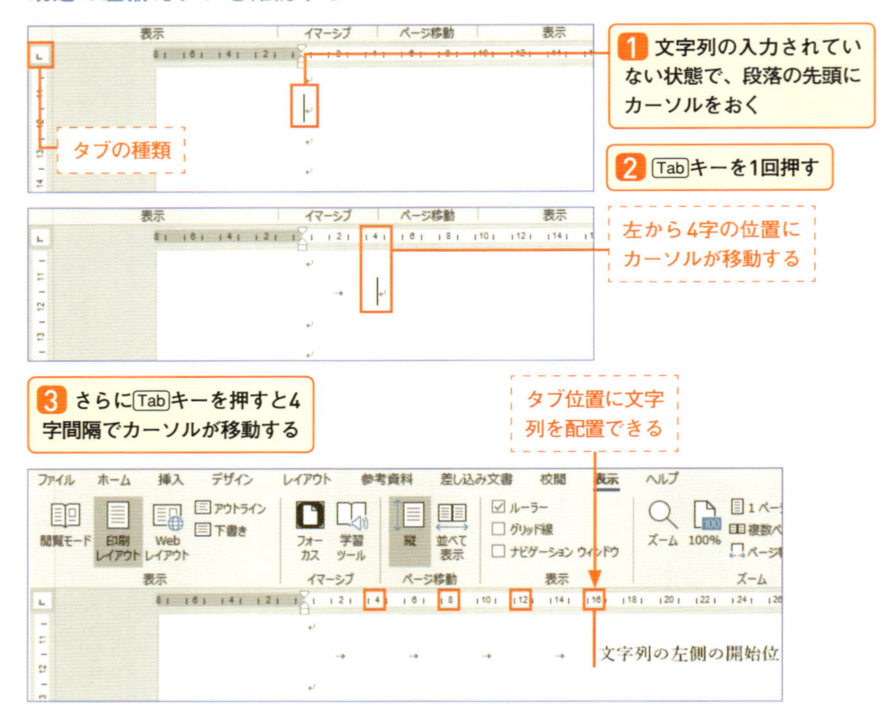

1 文字列の入力されていない状態で、段落の先頭にカーソルをおく
タブの種類
2 Tabキーを1回押す
左から4字の位置にカーソルが移動する
3 さらにTabキーを押すと4字間隔でカーソルが移動する
タブ位置に文字列を配置できる
文字列の左側の開始位

1つずつタブを挿入して位置を変更する

「(とりあえず) 文字を全部入力」→「タブの挿入」→「タブ位置の変更」という流れで、あとから位置を決める、という順序がわかりやすいです。なお、水平ルーラー上をクリックしてタブ位置を変更すると、鍵括弧のような**タブマーカー**が表示され、タブマーカーをルーラー上でドラッグしてタブ位置を変更したり、ルーラー外にドラッグして位置を解除したりできます。

「文字の入力」→「タブの挿入」→「位置の変更」で文字を揃える

02-028-タブ.docx

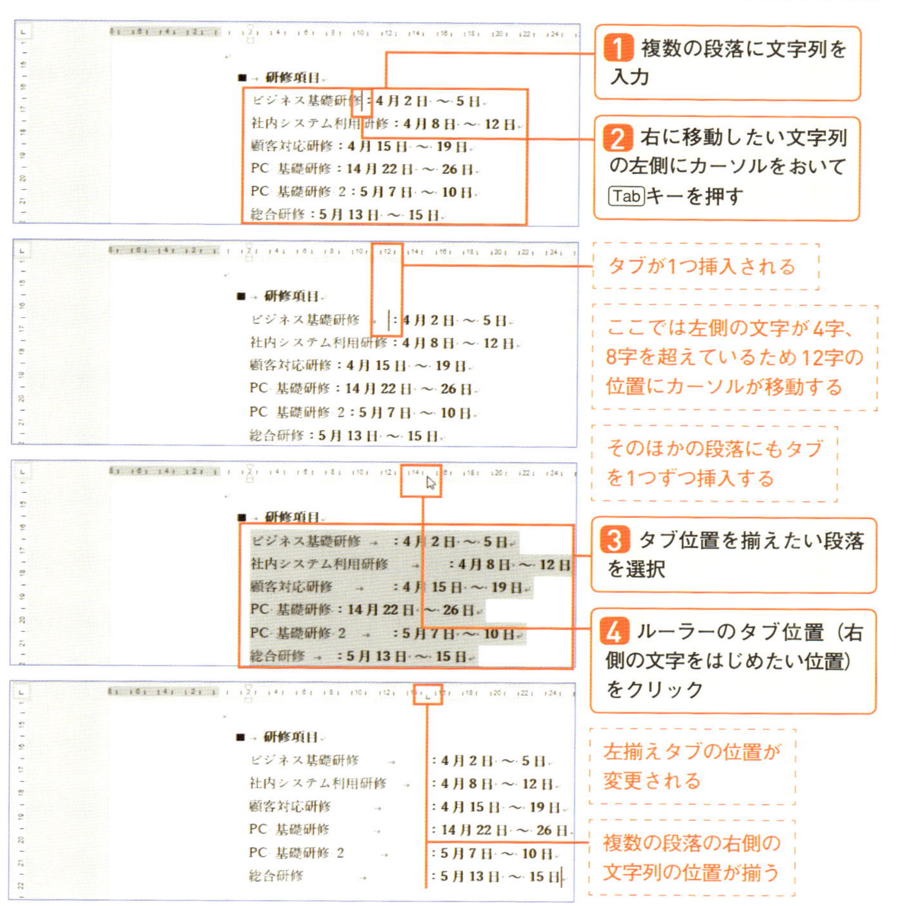

■ 研修項目
ビジネス基礎研修：4月2日～5日
社内システム利用研修：4月8日～12日
顧客対応研修：4月15日～19日
PC 基礎研修：14月22日～26日
PC 基礎研修 2：5月7日～10日
総合研修：5月13日～15日
1 複数の段落に文字列を入力
2 右に移動したい文字列の左側にカーソルをおいてTabキーを押す
タブが1つ挿入される
ここでは左側の文字が4字、8字を超えているため12字の位置にカーソルが移動する
そのほかの段落にもタブを1つずつ挿入する
3 タブ位置を揃えたい段落を選択
4 ルーラーのタブ位置(右側の文字をはじめたい位置)をクリック
左揃えタブの位置が変更される
複数の段落の右側の文字列の位置が揃う

029 タブは左揃えだけじゃない！右揃えや中央揃えもある

1つの段落に複数のタブ位置を決められる

タブには「左揃え」「中央揃え」「右揃え」「小数点揃え」「縦線」の5つの配置の種類があります。「左揃え」「中央揃え」「右揃え」くらいはスマートに使えるようになっておくべきでしょう（「縦線」はその名のとおり縦棒を表示するだけなので文字を揃えるという意味では機能しません）。

ヘッダーやフッターには既定で設定されているのですが、下図のように1つの段落に、中央揃えタブ（1つ目）と右揃えタブ（2つ目）を設定して、文字数が増えても右端がずれないように設定できます。

中央揃えタブはその位置を基点に左右に文字列が広がるように、右揃えタブはその位置に文字列の右端が配置されるように設定するときに使用します。

左揃えタブ、中央揃えタブ、右揃えタブを知る

02-029-タブ.docx

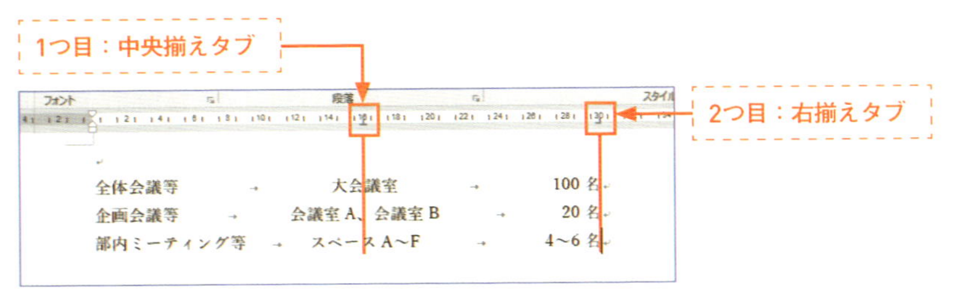
1つ目：中央揃えタブ
2つ目：右揃えタブ
フォント
段落
スタイル
全体会議等 → 大会議室 → 100 名
企画会議等 → 会議室 A、会議室 B → 20 名
部内ミーティング等 → スペース A～F → 4～6 名

文字列と既定のタブを挿入しておく（準備）

02-029-タブ.docx

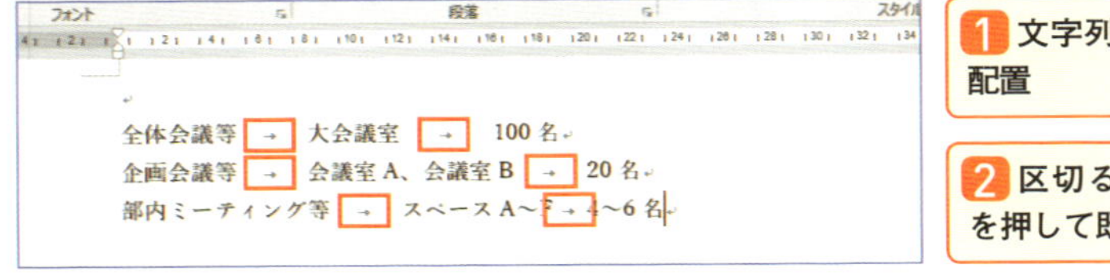
フォント
段落
スタイル
全体会議等 → 大会議室 → 100 名
企画会議等 → 会議室 A、会議室 B → 20 名
部内ミーティング等 → スペース A～F → 4～6 名

1 文字列を入力して配置

2 区切る位置でTabキーを押して既定のタブを挿入

タブの位置と種類を変更する

02-029-タブ.docx

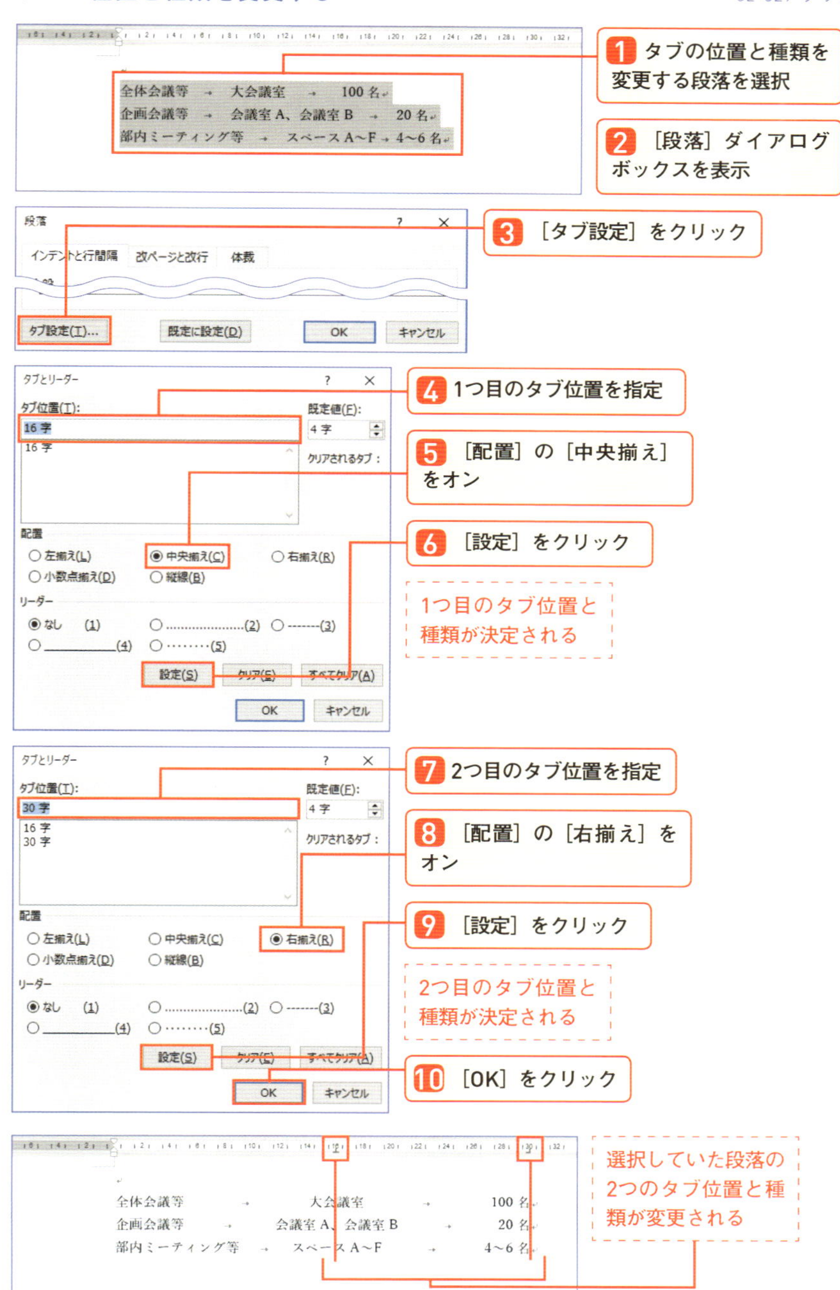

全体会議等 → 大会議室 → 100 名
企画会議等 → 会議室 A、会議室 B → 20 名
部内ミーティング等 → スペース A～F → 4～6 名
1 タブの位置と種類を変更する段落を選択
2 ［段落］ダイアログボックスを表示
段落
インデントと行間隔
改ページと改行
体裁
タブ設定(T)...
既定に設定(D)
OK
キャンセル
3 ［タブ設定］をクリック
タブとリーダー
タブ位置(T):
16 字
既定値(F):
4 字
クリアされるタブ：
配置
左揃え(L)
中央揃え(C)
右揃え(R)
小数点揃え(D)
縦線(B)
リーダー
なし (1)
設定(S)
クリア(E)
すべてクリア(A)
4 1つ目のタブ位置を指定
5 ［配置］の［中央揃え］をオン
6 ［設定］をクリック
1つ目のタブ位置と種類が決定される
30 字
7 2つ目のタブ位置を指定
8 ［配置］の［右揃え］をオン
9 ［設定］をクリック
2つ目のタブ位置と種類が決定される
10 ［OK］をクリック
選択していた段落の2つのタブ位置と種類が変更される

段落書式

030 「人数･･･10名」のように単語の間に点線を表示するには

タブの設定にリーダー線の表示を加える

レストランのメニューのように、文字列と文字列の間に「･･･」のような点線を表示することがあります。これを中黒という文字列で入力するとスペースと同じように複数の段落で右側の文字の位置がきれいに揃いません。このような場合は、**リーダー線**という設定をタブの設定に追加して、タブの挿入によって位置を揃えるとともに、点線が表示されるようにします。

たとえば下図の「大会議室」と「100名」の段落には右揃えタブが設定されており、リーダー線を表示しています。

なお、好きな種類（左揃えとか右揃えとか）のタブを使って文字が揃うようにし、なおかつリーダー線を表示したいとき、先に段落に文字列を配置しておき1つずつタブを挿入し、あとからその位置と種類を変更しつつリーダー線を付け加える、という順序で進めるとわかりやすいです。

タブとリーダー線を確認する

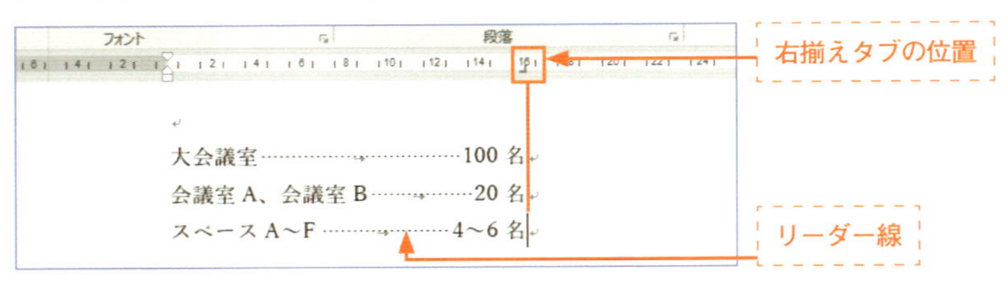
フォント
段落
大会議室→100 名
会議室 A、会議室 B→20 名
スペース A～F→4～6 名
右揃えタブの位置
リーダー線

文字列と既定のタブを挿入しておく（準備）

02-030-リーダー線.docx

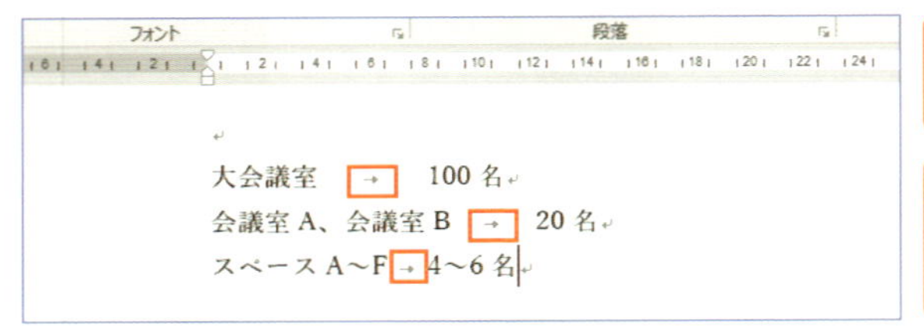
フォント
段落
大会議室 → 100 名
会議室 A、会議室 B → 20 名
スペース A～F → 4～6 名

1 文字列を入力して配置

2 区切る位置で Tab キーを押して既定のタブを挿入

リーダー線を含む右揃えタブを設定する

02-030-リーダー線.docx

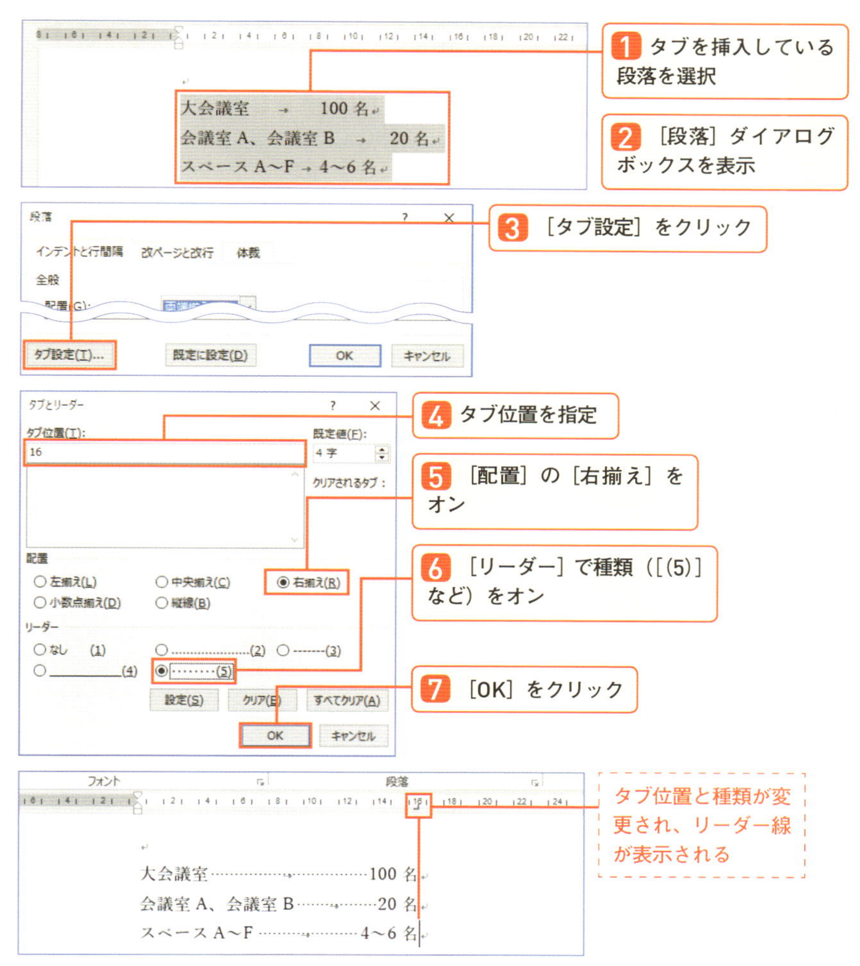

1 タブを挿入している段落を選択
大会議室 → 100名
会議室A、会議室B → 20名
スペースA～F → 4～6名
2 [段落] ダイアログボックスを表示
段落
インデントと行間隔
改ページと改行
体裁
全般
配置(G):
タブ設定(T)...
既定に設定(D)
OK
キャンセル
3 [タブ設定] をクリック
タブとリーダー
タブ位置(T):
16
既定値(F):
4字
クリアされるタブ:
配置
左揃え(L)
中央揃え(C)
右揃え(R)
小数点揃え(D)
縦線(B)
リーダー
なし (1)
(2)
(3)
(4)
(5)
設定(S)
クリア(E)
すべてクリア(A)
OK
キャンセル
4 タブ位置を指定
5 [配置] の [右揃え] をオン
6 [リーダー] で種類 ([(5)] など) をオン
7 [OK] をクリック
フォント
段落
大会議室……………………100名
会議室A、会議室B…………20名
スペースA～F………………4～6名
タブ位置と種類が変更され、リーダー線が表示される

ここもポイント | タブの配置の種類

上記の手順では［右揃え］を例にしていますが、［縦線］以外の配置の種類であればリーダー線を追加できます。

ここもポイント | 設定したタブ位置や種類、リーダー線をすべて解除するには

対象の段落を選択して上記の手順で［タブとリーダー］ダイアログボックスを表示し、［すべてクリア］をクリックします。

031 「■」や「①」は段落書式！次の段落に追加されたときには

勝手に②が付いているわけではない

ほかのページでも書いていますが、「Wordは勝手に○○をする」といわれる要因の1つに段落書式の特性が関係しています。**段落書式は次の段落に引き継がれる**という特徴を持っていますが、たくさんある段落書式の中で、[段落番号]（①など）や［行頭文字］（■など）が付いている段落のときにだけ機能する書式の引き継ぎの解除方法があります。

「勝手に付いた！」と思ったら、**「さらにEnterキーを押す」**を思い出してください。

Enterキーで段落書式を解除する

02-031-段落番号と行頭文字.docx

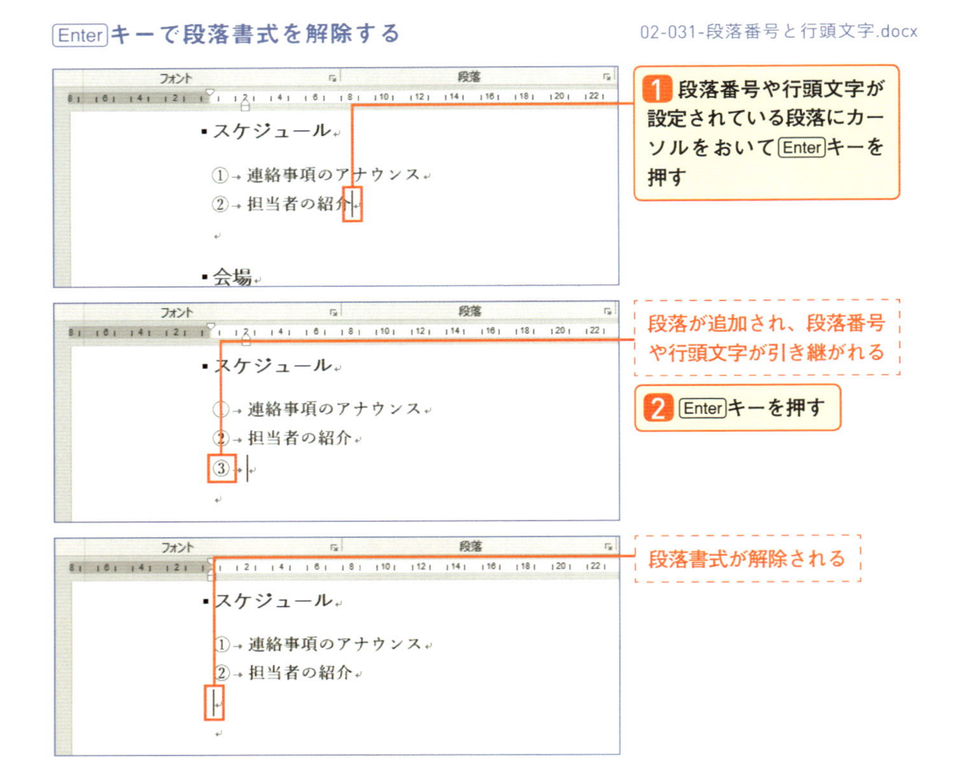
フォント
段落
■スケジュール
①→連絡事項のアナウンス
②→担当者の紹介
■会場
1 段落番号や行頭文字が設定されている段落にカーソルをおいてEnterキーを押す
段落が追加され、段落番号や行頭文字が引き継がれる
③
2 Enterキーを押す
段落書式が解除される

段落書式

032 「■」や「①」は段落書式！段落を分けずに改行するには

Enterキーで無駄に段落を分けないほうがよい

Enterキーを押して行う改行は、（公式にはそんな言葉はないけれど）「改段落」だといえます。1つだった段落が2つに分かれる、ということです。

たとえば下図の「③」の文章が2行にわたるときに、2行目が中途半端な位置から開始するのを防ぐために、「Enterキーを押して2行目を作る」→「④が付いた」→「Backspaceキーで④を消す」という対応をしてしまうと、③の文章が2つの段落に分かれてしまいます。そうなると、たとえば段落前の間隔などに影響がでるでしょう。改段落をせずに1つの段落の中で行だけを改めて改行するのなら**Shift＋Enterキー**を使います。

段落内で改行をする

02-032-段落内での改行.docx

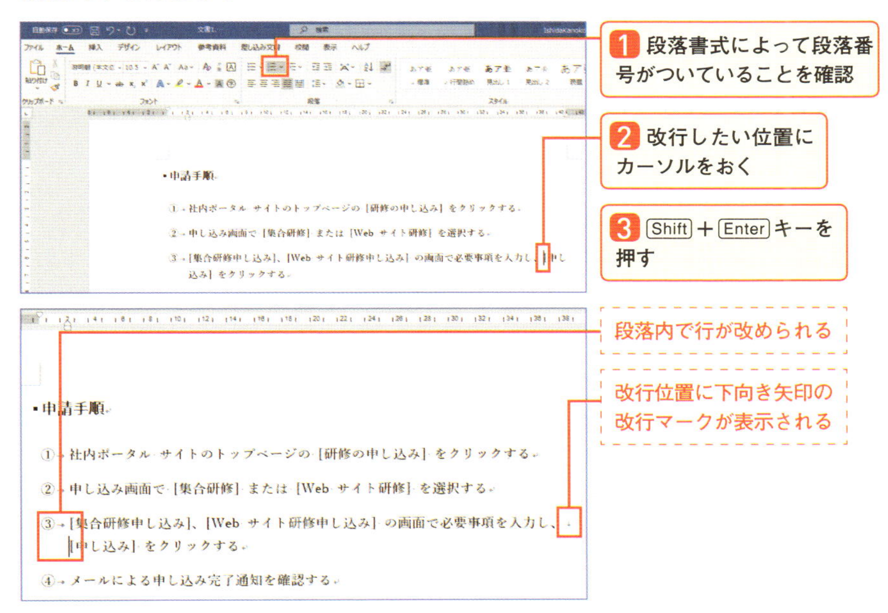
1 段落書式によって段落番号がついていることを確認
2 改行したい位置にカーソルをおく
3 Shift＋Enterキーを押す
段落内で行が改められる
改行位置に下向き矢印の改行マークが表示される
申請手順
① 社内ポータル サイトのトップページの［研修の申し込み］をクリックする。
② 申し込み画面で［集合研修］または［Web サイト研修］を選択する。
③ ［集合研修申し込み］、［Web サイト研修申し込み］の画面で必要事項を入力し、［申し込み］をクリックする。
④ メールによる申し込み完了通知を確認する。

033 段落番号を振り直したり、続く番号にしたりするには

番号を機能で振り直せるのが段落書式のメリット

箇条書きなどの先頭に表示される「①」などの番号が「文字」で配置されていたら、項目の追加や削除の際に番号の文字をすべて手入力で修正しなければなりません。これらの番号を段落書式として設定するメリットは、機能を使って番号を振り直したり前の項目に続く番号にしたりできることです（勝手に○○する、といわれがちだけれど上手に付き合えばグッド）。

書式を使うことで「③が2つになっていた」とか「⑤がなかった」なんてことを防ぐことができます。

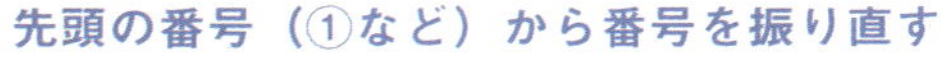
先頭の番号（①など）から番号を振り直す

02-033-段落番号の振り直し.docx

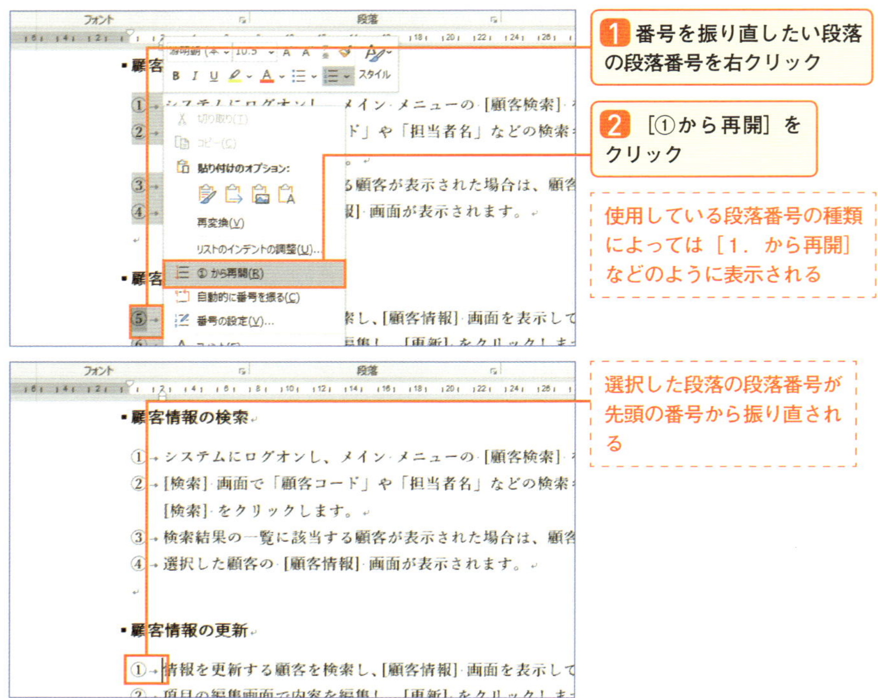
1 番号を振り直したい段落の段落番号を右クリック
2 ［①から再開］をクリック
使用している段落番号の種類によっては［1．から再開］などのように表示される
選択した段落の段落番号が先頭の番号から振り直される
顧客情報の検索
①→システムにログオンし、メイン メニューの［顧客検索］
②→［検索］画面で「顧客コード」や「担当者名」などの検索
［検索］をクリックします。
③→検索結果の一覧に該当する顧客が表示された場合は、顧客
④→選択した顧客の［顧客情報］画面が表示されます。
顧客情報の更新
①→情報を更新する顧客を検索し、［顧客情報］画面を表示して
切り取り(T)
コピー(C)
貼り付けのオプション:
再変換(V)
リストのインデントの調整(U)...
① から再開(R)
自動的に番号を振る(C)
番号の設定(V)...

前の番号に続く番号を振るには

02-033-段落番号の振り直し.docx

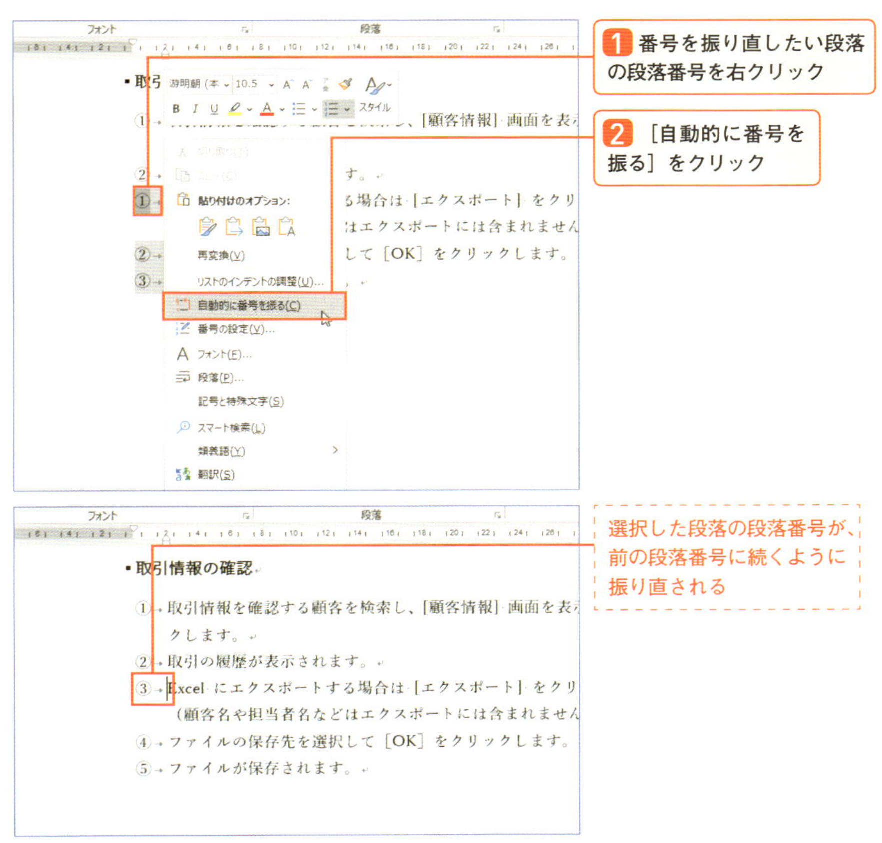
1 番号を振り直したい段落の段落番号を右クリック
2 ［自動的に番号を振る］をクリック
自動的に番号を振る(C)
選択した段落の段落番号が、前の段落番号に続くように振り直される
取引情報の確認
① 取引情報を確認する顧客を検索し、[顧客情報] 画面を表示
クします。
② 取引の履歴が表示されます。
③ Excel にエクスポートする場合は [エクスポート] をクリ
（顧客名や担当者名などはエクスポートには含まれません
④ ファイルの保存先を選択して［OK］をクリックします。
⑤ ファイルが保存されます。

ここもポイント｜番号を振り直したらインデントがずれてしまうとき

左インデントを「0字」以外にしている段落（特にスタイルに左インデントの設定を含んでいるとき）に、番号の振り直しをするとインデントがずれてしまうことがあるかもしれません。
インデントの位置がずれた直後にリボンの［ホーム］タブの［段落］グループの［インデントを増やす］や［インデントを減らす］をクリックしてインデントを元に戻せることがあります（複数の設定次第なので絶対に直るとはいえません）。
それでもどうしてもインデントがずれるスタイルがある場合は、いったんすべての段落書式をクリアしてからスタイルを再度適用したり、スタイルを作り直したりして対応します。

034 「1.」「1.1.」「1.1.1.」のような番号を振りたい

見出しスタイルと組み合わせなくても設定できる

親の番号と枝番を段落に表示するには**アウトライン番号**という段落書式の設定と段落のレベルの変更を組み合わせて設定します。

マニュアルなどを作成するときには、アウトライン番号と見出しスタイルを関連付けて使用し、「見出し1なら1.、見出し2なら1.1.」のように見出しスタイルと組み合わせて使いますが、そこまで大がかりでなくてよいからとにかく設定したい、という場合はこちらの手順で設定します。

アウトライン番号を設定する

02-034-アウトライン番号.docx

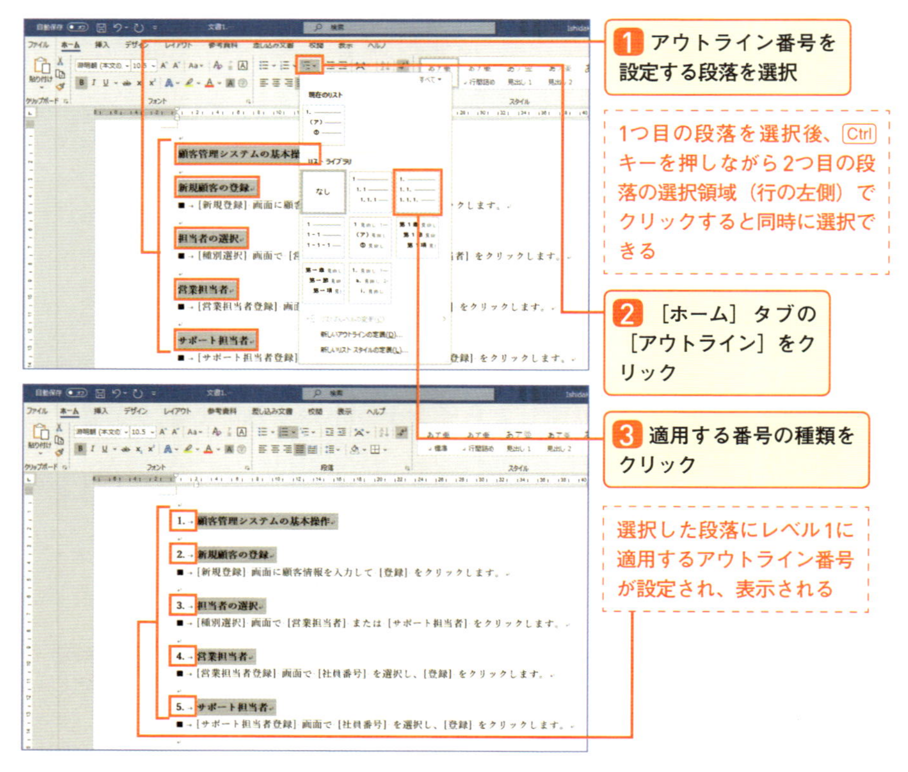
1 アウトライン番号を設定する段落を選択
1つ目の段落を選択後、Ctrlキーを押しながら2つ目の段落の選択領域（行の左側）でクリックすると同時に選択できる
2 ［ホーム］タブの［アウトライン］をクリック
3 適用する番号の種類をクリック
選択した段落にレベル1に適用するアウトライン番号が設定され、表示される
顧客管理システムの基本操作
新規顧客の登録
担当者の選択
営業担当者
サポート担当者
1. 顧客管理システムの基本操作
2. 新規顧客の登録
■［新規登録］画面に顧客情報を入力して［登録］をクリックします。
3. 担当者の選択
■［種別選択］画面で［営業担当者］または［サポート担当者］をクリックします。
4. 営業担当者
■［営業担当者登録］画面で［社員番号］を選択し、［登録］をクリックします。
5. サポート担当者
■［サポート担当者登録］画面で［社員番号］を選択し、［登録］をクリックします。

段落のレベルを下げて枝番を表示する

02-034-アウトライン番号.docx

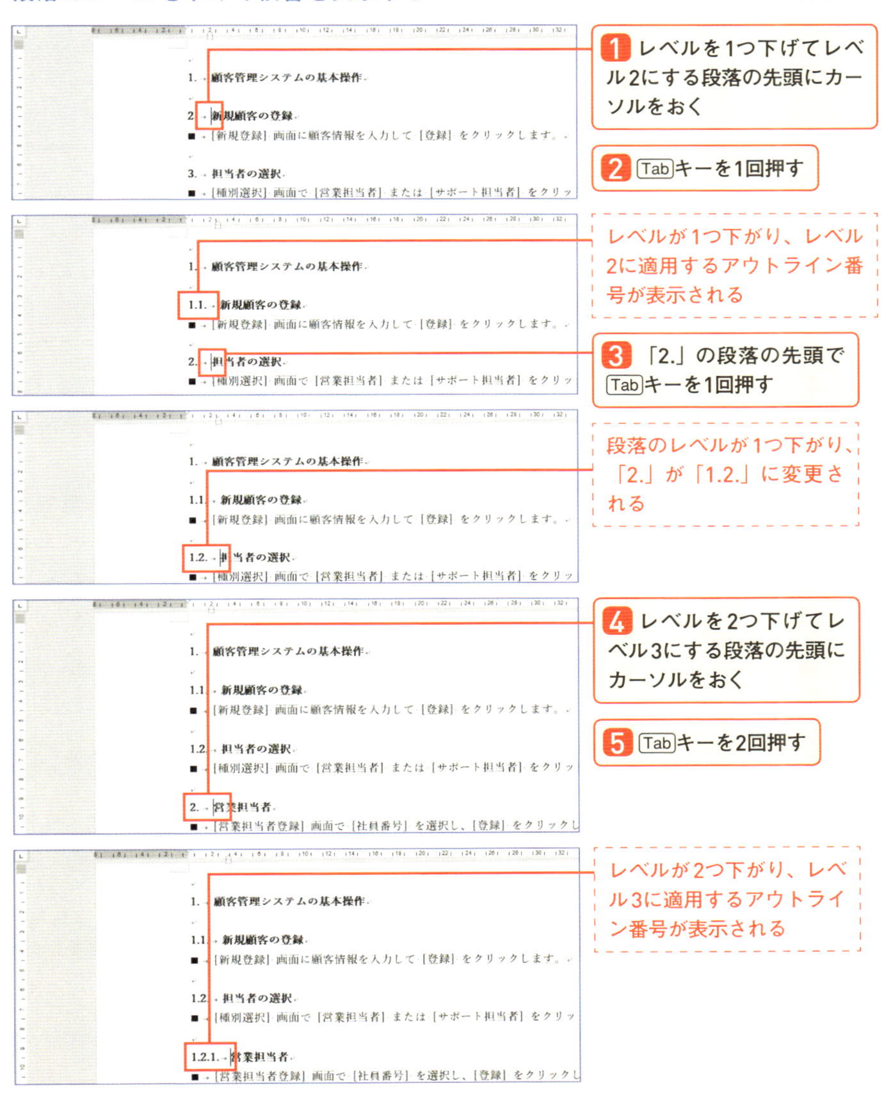
1 レベルを1つ下げてレベル2にする段落の先頭にカーソルをおく
2 Tabキーを1回押す
レベルが1つ下がり、レベル2に適用するアウトライン番号が表示される
3 「2.」の段落の先頭でTabキーを1回押す
段落のレベルが1つ下がり、「2.」が「1.2.」に変更される
4 レベルを2つ下げてレベル3にする段落の先頭にカーソルをおく
5 Tabキーを2回押す
レベルが2つ下がり、レベル3に適用するアウトライン番号が表示される
1. 顧客管理システムの基本操作
2. 新規顧客の登録
■ [新規登録] 画面に顧客情報を入力して [登録] をクリックします。
3. 担当者の選択
■ [種別選択] 画面で [営業担当者] または [サポート担当者] をクリッ
1.1. 新規顧客の登録
1.2. 担当者の選択
2. 営業担当者
■ [営業担当者登録] 画面で [社員番号] を選択し、[登録] をクリックし
1.2.1. 営業担当者

ここもポイント | Shift+Tabキーと Alt+Shift+→キー

Shift+Tabキーでレベル2以下の段落のレベルを1つずつ上げることができます（たいてい逆のことをするときはShiftキーを添える）。なお、Tabキーでもレベルを下げることができるだけで、レベルを下げるための専用のキーはAlt+Shift+→キーです。Alt+Shift+←ならレベルが上がります。

035 段落の先頭に入力した「①」は書式に変換される

文字として入力した番号が書式に変換されている

［入力オートフォーマット］の既定の設定で、**［箇条書き（段落番号）］と［箇条書き（行頭文字）］と思われる文字が入力されたら書式に変換する**、という項目がオンになっており、「①」や「■」を段落の先頭に入力して（スペースを入力するなどの確定作業をする）と、「文字列」として入力した「①」や「■」が「段落書式」に変換され、Enterキーを押したときに次の段落に引き継がれて、望んでいない（人もいる）「②」や「■」がつきます。

入力オートフォーマットを無効にすることもできますが、**機能を活用できなくなるためおすすめしません**。箇条書きの「①」などは書式であるべきものですから、入力するのではなく、［中央揃え］などのように文字列を配置してから書式として設定するべきです。とはいえ、「①」を段落の先頭に文字列として残したいこともあります。そんなときはCtrl＋Zキーを押してWordが行った**変換という1つ分の作業を元に戻す**ことでなかったことにして文字列に戻します。これは英単語の先頭の文字が大文字になった！というときにも同じことがいえます。

入力した文字列の段落番号への変換

02-035-段落番号の変換.docx

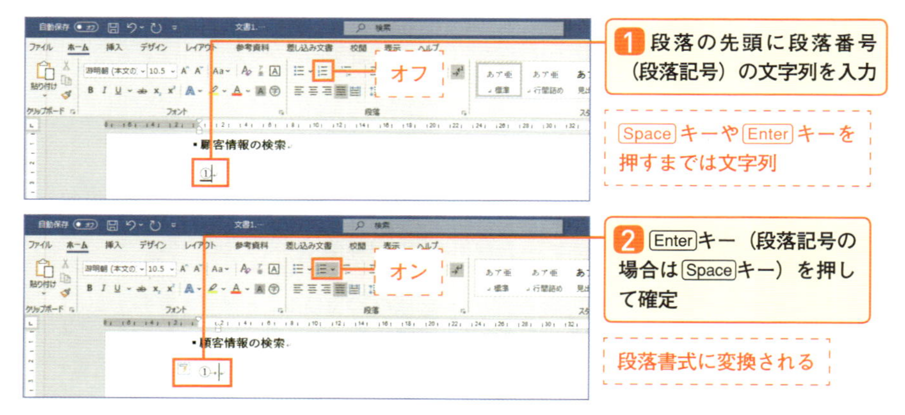

1 段落の先頭に段落番号（段落記号）の文字列を入力
Spaceキーや Enterキーを押すまでは文字列
オフ
顧客情報の検索
2 Enterキー（段落記号の場合はSpaceキー）を押して確定
段落書式に変換される
オン
顧客情報の検索

Chapter

3

入力や編集を行うときに知っておくべきこと

036 スペースの上手な使い方、下手な使い方

[入力モードに従う]とは

Microsoft IMEのスペースの入力設定の既定では、[入力モードに従う] が指定されており、Spaceキーを押したとき、日本語入力モードがオンなら全角スペースが、オフなら半角スペースが入力されます。

IMEの設定を変更して、日本語入力モードに依存せずに常に半角スペースが入力されるように設定できます。

[Microsoft IMEの詳細設定] ダイアログボックスを表示する

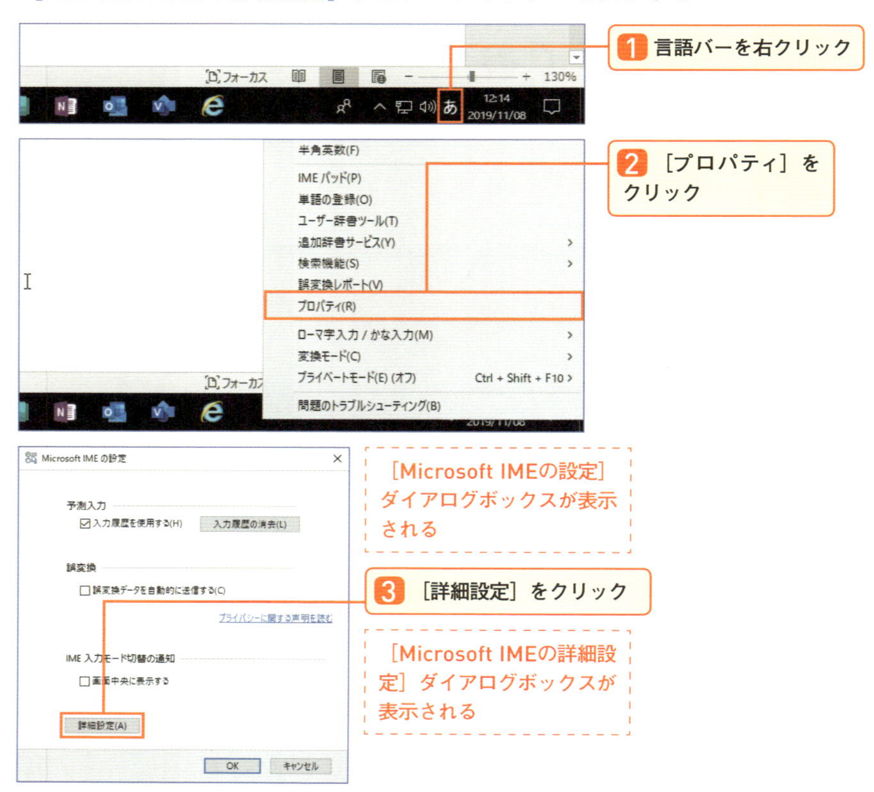
1 言語バーを右クリック
フォーカス
130%
あ
12:14
2019/11/08
2 [プロパティ] をクリック
半角英数(F)
IME パッド(P)
単語の登録(O)
ユーザー辞書ツール(T)
追加辞書サービス(Y)
検索機能(S)
誤変換レポート(V)
プロパティ(R)
ローマ字入力 / かな入力(M)
変換モード(C)
プライベートモード(E) (オフ)
Ctrl + Shift + F10
問題のトラブルシューティング(B)
Microsoft IME の設定
予測入力
入力履歴を使用する(H)
入力履歴の消去(L)
誤変換
誤変換データを自動的に送信する(C)
プライバシーに関する声明を読む
IME 入力モード切替の通知
画面中央に表示する
詳細設定(A)
OK
キャンセル
[Microsoft IMEの設定] ダイアログボックスが表示される
3 [詳細設定] をクリック
[Microsoft IMEの詳細設定] ダイアログボックスが表示される

いつも半角でスペースが入力されるようにする

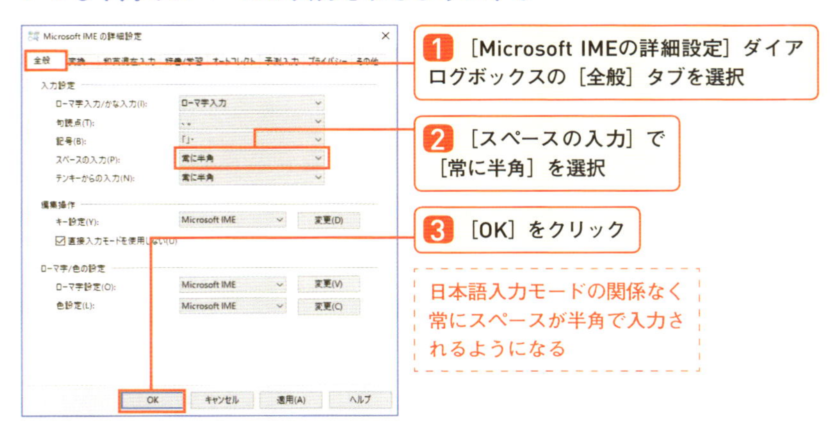
Microsoft IME の詳細設定
全般
入力設定
ローマ字入力/かな入力(I):
ローマ字入力
句読点(T):
記号(B):
スペースの入力(P):
常に半角
テンキーからの入力(N):
常に半角
編集操作
キー設定(Y):
Microsoft IME
変更(D)
ローマ字/色の設定
ローマ字設定(O):
Microsoft IME
変更(V)
色設定(L):
Microsoft IME
変更(C)
OK
キャンセル
適用(A)
ヘルプ
1 [Microsoft IMEの詳細設定] ダイアログボックスの [全般] タブを選択
2 [スペースの入力] で [常に半角] を選択
3 [OK] をクリック
日本語入力モードの関係なく常にスペースが半角で入力されるようになる

◪ Shift + Space キーで逆のスペース、を覚えておく

たとえば［常に半角］に設定しているときでも、日本語入力がオンになっているときにShift＋Spaceキーを押すと全角スペースを入力できます。また、［入力モードに従う］のときに日本語入力がオンの状態でもShift＋Spaceキーで半角スペースを入力できる、ということも覚えておくと、半角スペースのために半角/全角キーを使って日本語入力をオフにする手間を省けます。

［入力モードに従う］で日本語入力がオンのときに半角スペースを入力する

03-036-スペース.docx

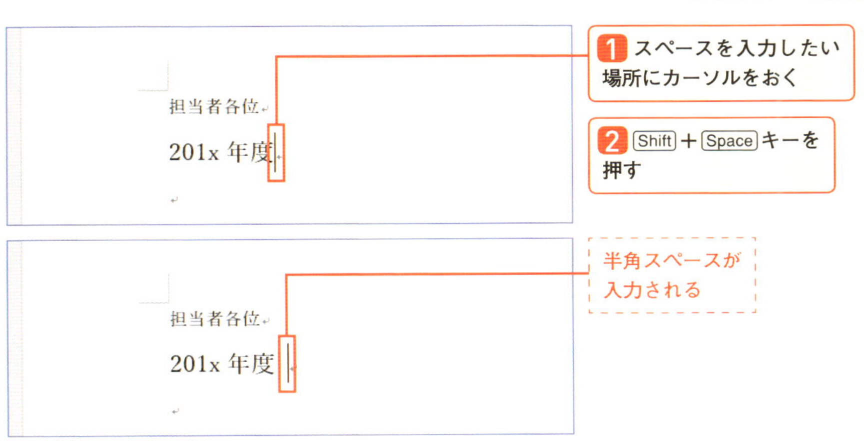
担当者各位
201x 年度
1 スペースを入力したい場所にカーソルをおく
2 Shift + Space キーを押す
担当者各位
201x 年度
半角スペースが入力される

037 文字数を確認しながら入力するには

ステータス バーに文字カウントを表示するだけじゃだめ

Wordはアメリカ生まれということもあり、「文字カウント」という処理において、日本語をメインにしている我々には少し違和感があります。

Wordのいう［文字カウント］は単語数のことで、［単語数］とは半角英数字からなる英単語の数＋日本語の文字数です。

おそらく文字数の決められている文書を作るときに必要なのは、単語数ではなく「スペースを含む」と記載のあるほうのカウントの種類でしょう。

［文字のカウント（スペースを含む）］を表示する

03-037-文字カウント.docx

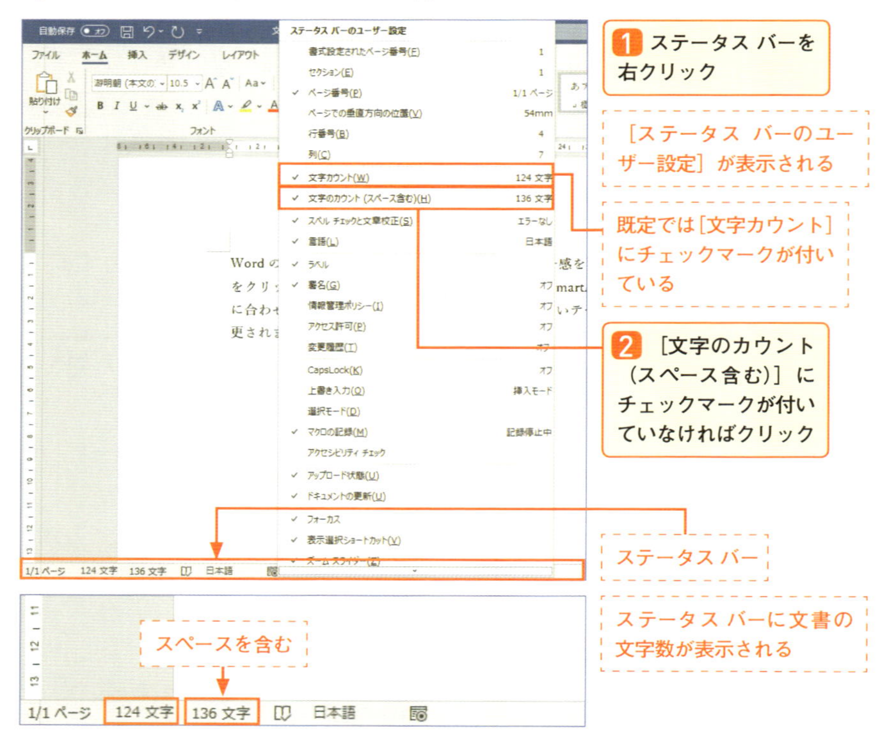
1 ステータス バーを右クリック
［ステータス バーのユーザー設定］が表示される
既定では［文字カウント］にチェックマークが付いている
2 ［文字のカウント（スペースを含む）］にチェックマークが付いていなければクリック
ステータス バー
ステータス バーに文書の文字数が表示される
スペースを含む
ステータス バーのユーザー設定
文字カウント(W) 124 文字
文字のカウント (スペースを含む)(H) 136 文字
1/1 ページ
124 文字
136 文字
日本語

［文字カウント］ダイアログボックスを表示する

03-037-文字カウント.docx

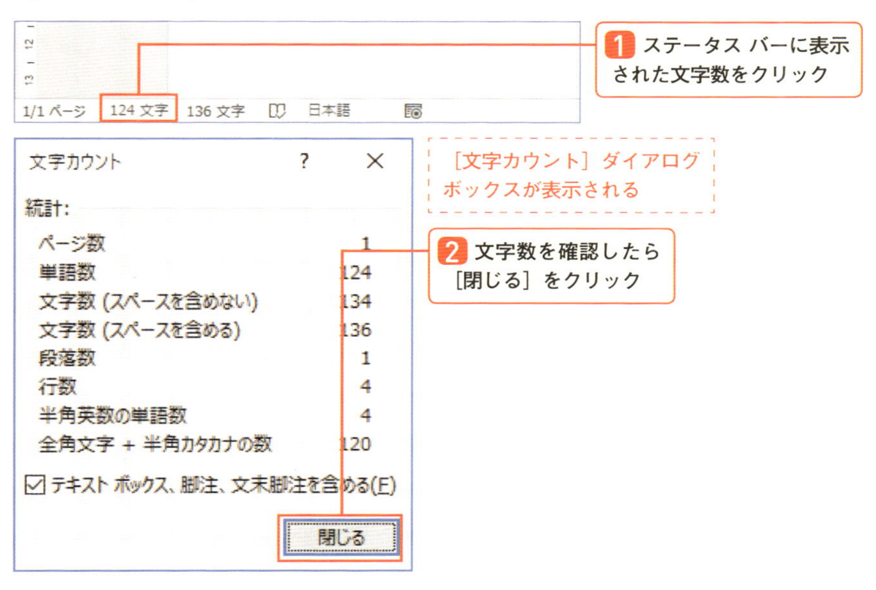
1/1 ページ
124 文字
136 文字
日本語
1 ステータス バーに表示された文字数をクリック
文字カウント
統計:
ページ数 1
単語数 124
文字数 (スペースを含めない) 134
文字数 (スペースを含める) 136
段落数 1
行数 4
半角英数の単語数 4
全角文字 + 半角カタカナの数 120
テキスト ボックス、脚注、文末脚注を含める(F)
閉じる
［文字カウント］ダイアログボックスが表示される
2 文字数を確認したら［閉じる］をクリック

選択している場所の文字数を確認する

03-037-文字カウント.docx

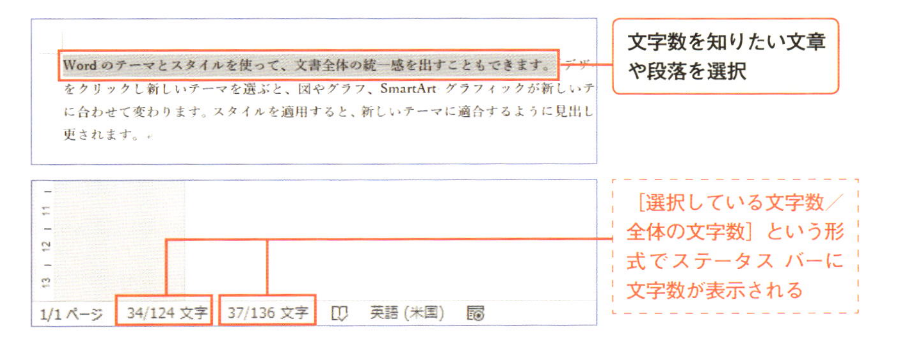
Word のテーマとスタイルを使って、文書全体の統一感を出すこともできます。
をクリックし新しいテーマを選ぶと、図やグラフ、SmartArt グラフィックが新しいテ
に合わせて変わります。スタイルを適用すると、新しいテーマに適合するように見出し
更されます。
文字数を知りたい文章や段落を選択
1/1 ページ
34/124 文字
37/136 文字
英語 (米国)
［選択している文字数／全体の文字数］という形式でステータス バーに文字数が表示される

ここもポイント | ショートカットキーで［文字カウント］ダイアログボックスを表示する

Ctrl＋Shift＋Gキーで［文字カウント］ダイアログボックスを表示できます。

038 よく使う単語と読みの組み合わせを登録する

単語と読みを自分の辞書に登録しておく

最近はIMEの学習機能も優秀なので、履歴から表示される候補を利用することもできますが、頻繁に使用するけれど普通の変換ではなかなか表示されない単語は登録しておくほうがイライラせずにすみます。また、「めあど」と入力したら自分のメールアドレスが変換候補に出ておくようにするなど、好みの読み情報とそれによって入力できる単語を設定できるため、ちょっとめんどくさいけど間違えるのはよろしくない、という文字列を効率よく入力できます。

なお、ここではWordの画面から操作をしていますが、実際にはIMEのユーザー辞書に登録されるため、ほかのアプリケーションでも利用できます。

単語と読みを登録する

03-038-単語登録.docx

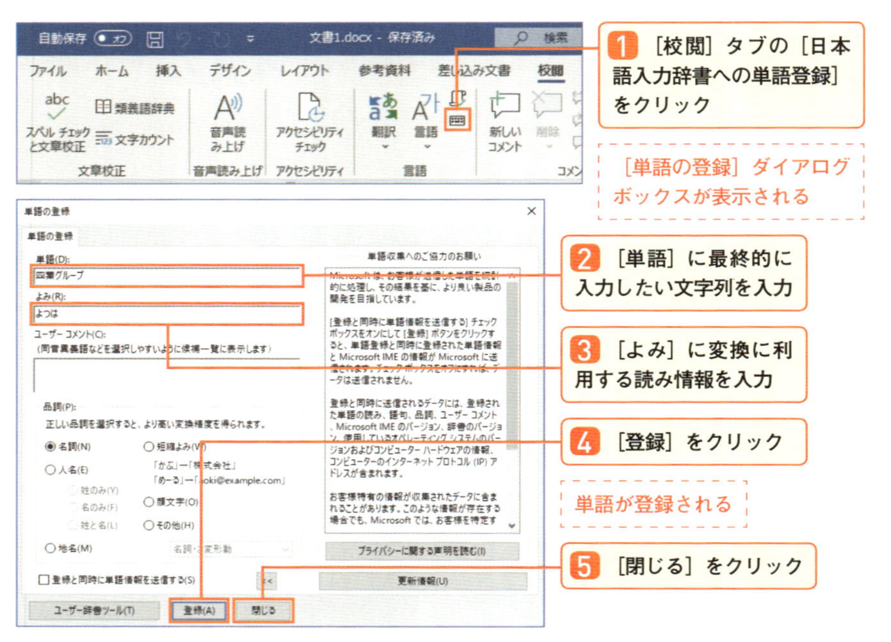
1 ［校閲］タブの［日本語入力辞書への単語登録］をクリック
［単語の登録］ダイアログボックスが表示される
2 ［単語］に最終的に入力したい文字列を入力
3 ［よみ］に変換に利用する読み情報を入力
4 ［登録］をクリック
単語が登録される
5 ［閉じる］をクリック

登録した単語を入力する

03-038-単語登録.docx

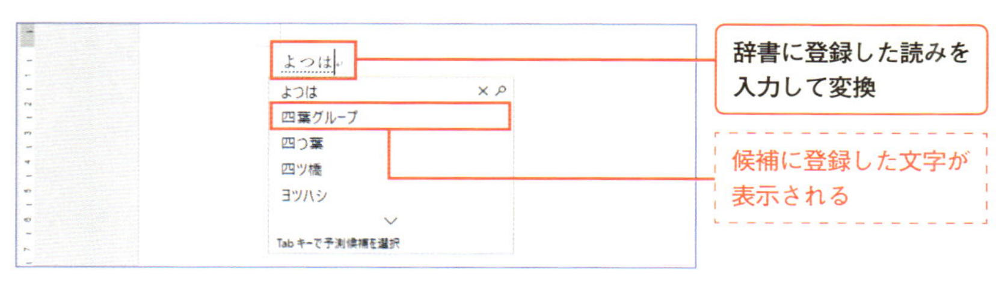

よつは
四葉グループ
四つ葉
四ツ橋
ヨツハシ
辞書に登録した読みを入力して変換
候補に登録した文字が表示される

登録した単語をユーザー辞書から削除する

03-038-単語登録.docx

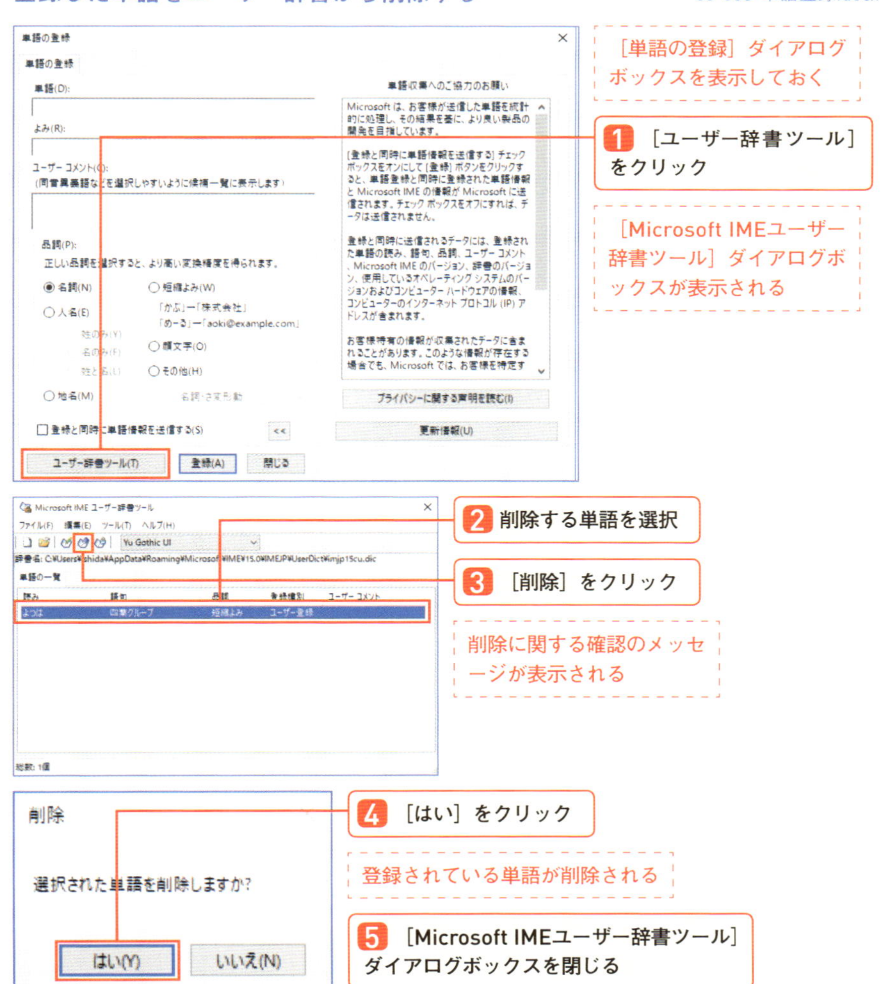

［単語の登録］ダイアログボックスを表示しておく
1 ［ユーザー辞書ツール］をクリック
［Microsoft IMEユーザー辞書ツール］ダイアログボックスが表示される
2 削除する単語を選択
3 ［削除］をクリック
削除に関する確認のメッセージが表示される
削除
選択された単語を削除しますか?
はい(Y)
いいえ(N)
4 ［はい］をクリック
登録されている単語が削除される
5 ［Microsoft IMEユーザー辞書ツール］ダイアログボックスを閉じる

039 文字の下に赤い破線や青い二重線が表示されたときに

間違いではないけれど辞書にない、ということもある

Wordでは既定で自動スペルチェックが動作しているため、スペルミスはもちろんのこと、辞書にない英単語だと認識されると赤い破線が表示されます。商品名や人名など、間違いではないけれど辞書にはないという文字列は、辞書へ登録しておくとスペルチェックに引っかからなくなります。

また、青い二重下線が表示された場合は表記に揺らぎがあることを示しており、文書内でばらつきのある表記を候補から選択して1つに統一できます。

スペルチェックと揺らぎのチェック

03-039-スペルチェック.docx

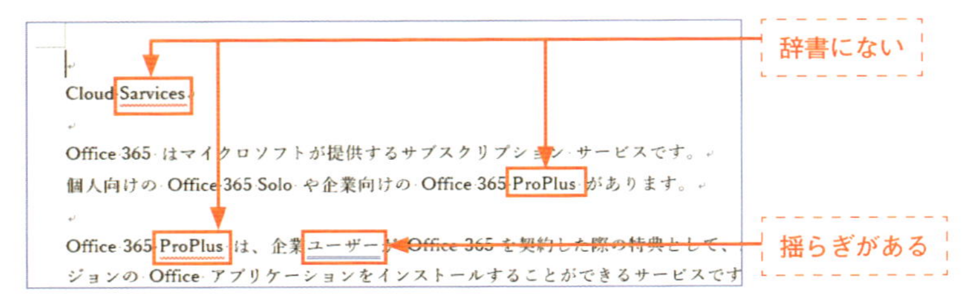
辞書にない
Cloud Sarvices
Office 365 はマイクロソフトが提供するサブスクリプション サービスです。
個人向けの Office 365 Solo や企業向けの Office 365 ProPlus があります。
Office 365 ProPlus は、企業ユーザーがOffice 365 を契約した際の特典として、
ジョンの Office アプリケーションをインストールすることができるサービスです
揺らぎがある

チェックされた用語を修正する

03-039-スペルチェック.docx

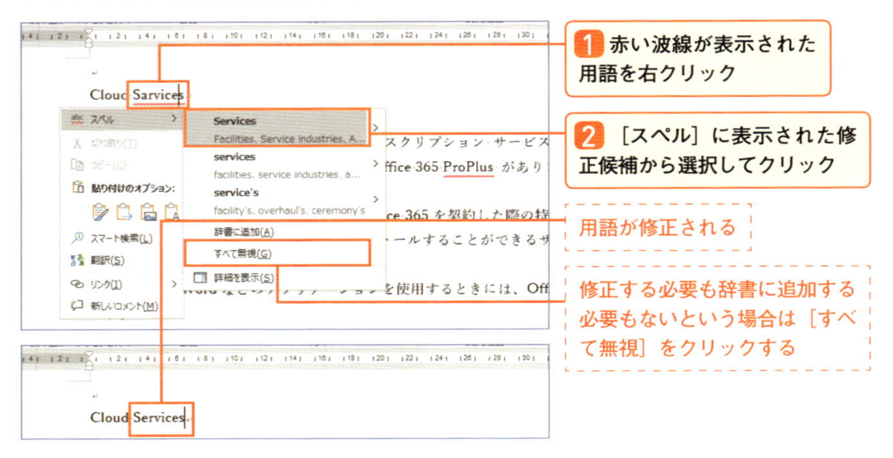
1 赤い波線が表示された用語を右クリック
2 ［スペル］に表示された修正候補から選択してクリック
用語が修正される
修正する必要も辞書に追加する必要もないという場合は［すべて無視］をクリックする
Cloud Sarvices
スペル
切り取り(T)
コピー(C)
貼り付けのオプション:
スマート検索(L)
翻訳(S)
リンク(I)
新しいコメント(M)
Services
Facilities, Service industries, A...
services
facilities, service industries, a...
service's
facility's, overhaul's, ceremony's
辞書に追加(A)
すべて無視(G)
詳細を表示(S)
Cloud Services

チェックされた用語を辞書に追加する

03-039-スペルチェック.docx

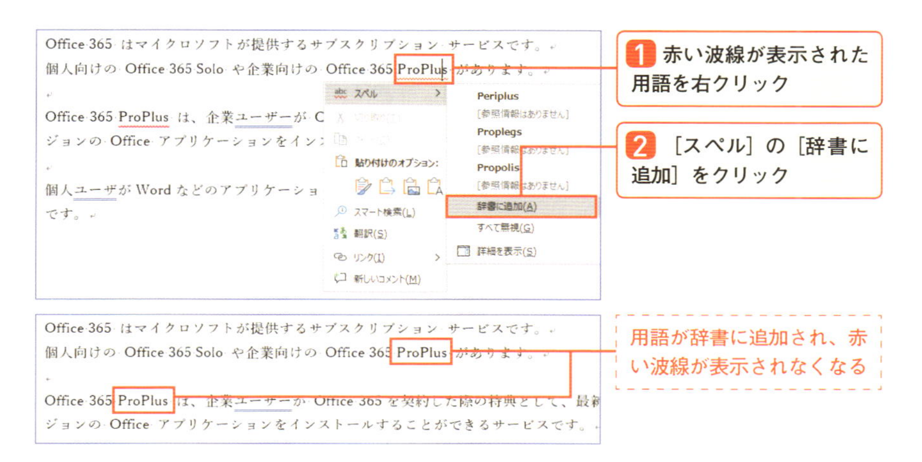

Office 365 はマイクロソフトが提供するサブスクリプション サービスです。
個人向けの Office 365 Solo や企業向けの Office 365 ProPlus があります。
スペル
Periplus
Proplegs
Propolis
貼り付けのオプション:
辞書に追加(A)
すべて無視(G)
詳細を表示(S)
スマート検索(L)
翻訳(S)
リンク(I)
新しいコメント(M)
1 赤い波線が表示された用語を右クリック
2 ［スペル］の［辞書に追加］をクリック
用語が辞書に追加され、赤い波線が表示されなくなる

チェックされた揺らぎを統一する

03-039-スペルチェック.docx

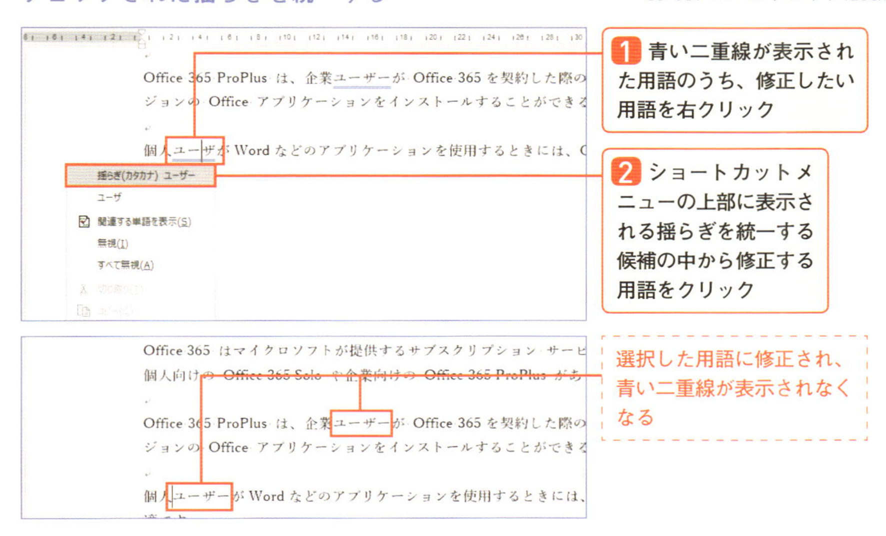

Office 365 ProPlus は、企業ユーザーが Office 365 を契約した際の
ジョンの Office アプリケーションをインストールすることができる
個人ユーザが Word などのアプリケーションを使用するときには、
揺らぎ(カタカナ) ユーザー
ユーザ
関連する単語を表示(S)
無視(I)
すべて無視(A)
1 青い二重線が表示された用語のうち、修正したい用語を右クリック
2 ショートカットメニューの上部に表示される揺らぎを統一する候補の中から修正する用語をクリック
選択した用語に修正され、青い二重線が表示されなくなる

ここもポイント | **辞書はどこにある？**

［Wordのオプション］ダイアログボックスの［文章校正］の［ユーザー辞書］をクリックすると［ユーザー辞書］ダイアログボックスが表示されます。表示された（CUSTOM.DICなどの）辞書の言語を選択して［単語の一覧を編集］をクリックすると追加した用語などを確認できます。

040 英語→日本語、日本語→英語に変換したいときに

トランスレーターで翻訳結果を出力、挿入できる

最近のWordの翻訳機能は優秀で、文書全体を翻訳して別の文書（ファイル）に出力したり、文書の一部を翻訳結果に置き換えたりできます。

残念ながらその翻訳結果が英文として本当に適切なのかどうかを見極めるチカラは著者にはありませんが、英語のドキュメントを読みたいときに英語→日本語にして頻繁に利用している機能です。

ちなみに、「この英単語って似たような言葉はないのかな？」と思ったときは、全体を翻訳せずとも、その単語を右クリックして［類義語］から選択できます。

文書全体を翻訳して別の文書に出力する

03-040-翻訳1.docx

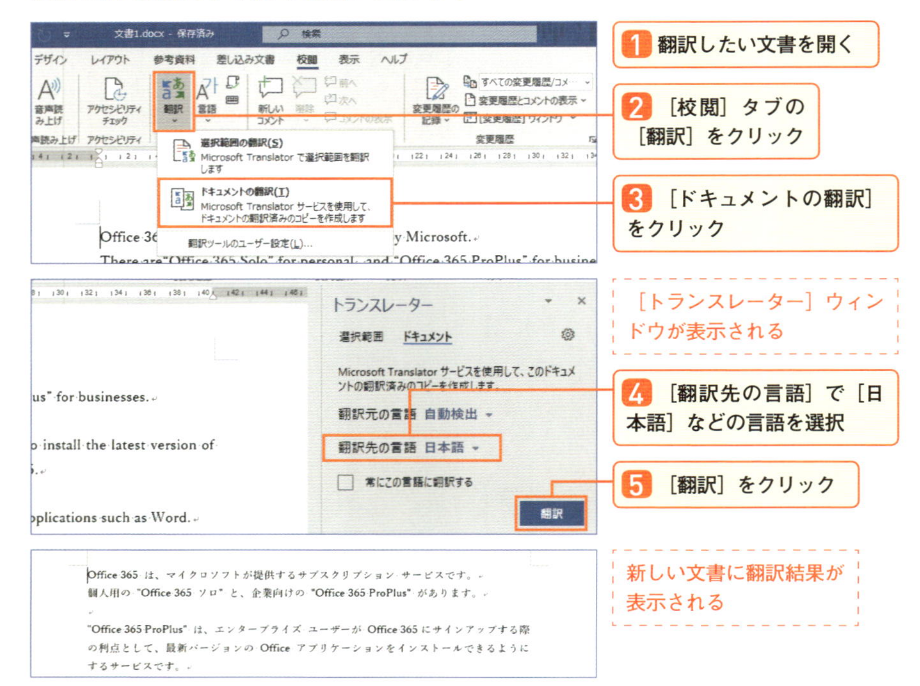
1 翻訳したい文書を開く
2 ［校閲］タブの［翻訳］をクリック
3 ［ドキュメントの翻訳］をクリック
［トランスレーター］ウィンドウが表示される
4 ［翻訳先の言語］で［日本語］などの言語を選択
5 ［翻訳］をクリック
新しい文書に翻訳結果が表示される
選択範囲の翻訳(S)
ドキュメントの翻訳(T)
トランスレーター
選択範囲
ドキュメント
翻訳元の言語 自動検出
翻訳先の言語 日本語
常にこの言語に翻訳する
翻訳

文書の一部を翻訳して置き換える

03-040-翻訳2.docx

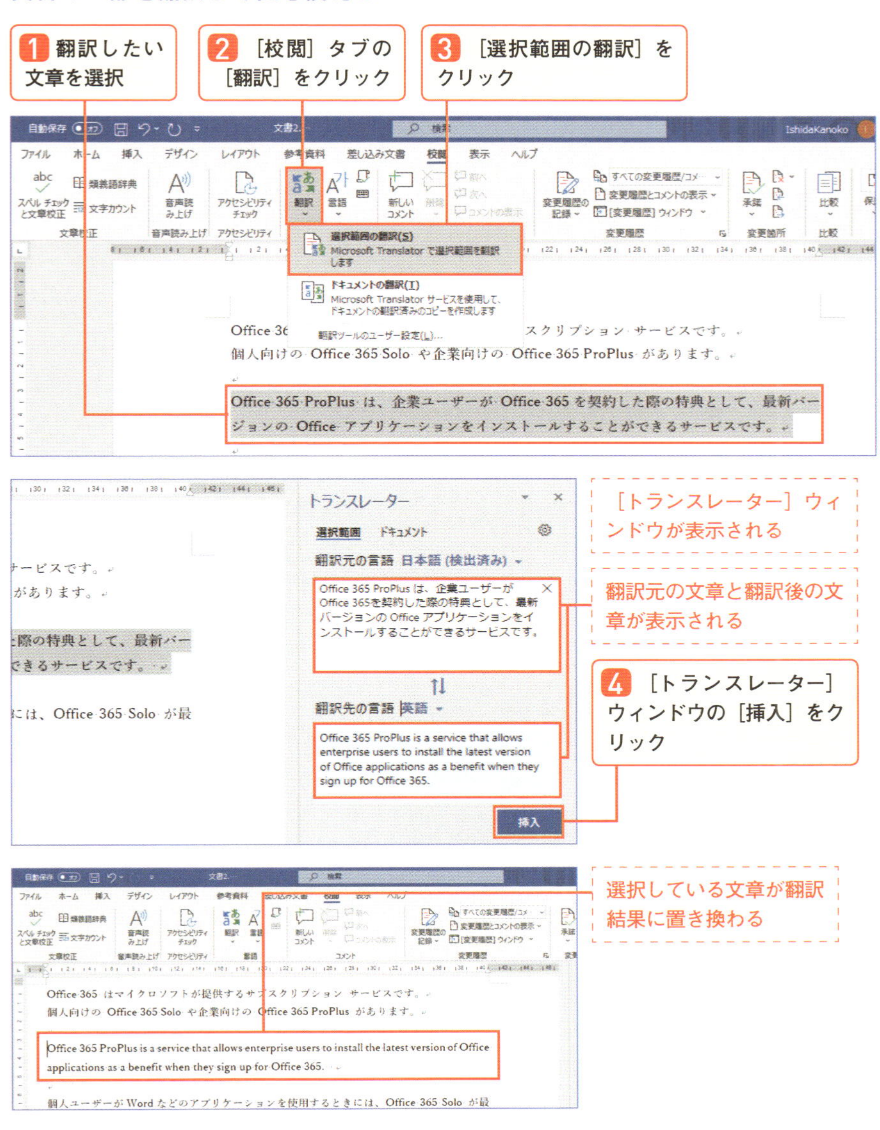

1 翻訳したい文章を選択
2 ［校閲］タブの［翻訳］をクリック
3 ［選択範囲の翻訳］をクリック
選択範囲の翻訳(S)
Microsoft Translator で選択範囲を翻訳します
ドキュメントの翻訳(T)
Microsoft Translator サービスを使用して、ドキュメントの翻訳済みのコピーを作成します
Office 365 ProPlus は、企業ユーザーが Office 365 を契約した際の特典として、最新バージョンの Office アプリケーションをインストールすることができるサービスです。
トランスレーター
選択範囲
ドキュメント
翻訳元の言語 日本語 (検出済み)
翻訳先の言語 英語
Office 365 ProPlus is a service that allows enterprise users to install the latest version of Office applications as a benefit when they sign up for Office 365.
挿入
［トランスレーター］ウィンドウが表示される
翻訳元の文章と翻訳後の文章が表示される
4 ［トランスレーター］ウィンドウの［挿入］をクリック
選択している文章が翻訳結果に置き換わる

ここもポイント　文末の「･･↵」を削除するには

置換で対応できます。［検索する文字列］に「^w^p」を、［置換後の文字列］に「^p」を指定して置換すると削除できます。

置換についてはP.100～103、スペースの削除はP.100を参照してください。

041 誤字や脱字をチェックするには

スペルチェックはしておいたほうがよい

英文だけでなく日本語の文書であったとしても、スペルチェック機能を使って誤字脱字をチェックできます。仕上がった文書に入力ミスがないか、言葉の揺らぎがないか、もちろん英単語のスペルミスがないかなどをチェックして整えられます。**スペルチェックは F7 キー**で開始できます。

スペルチェックを使って修正する

03-041-スペルチェック.docx

1 F7キーを押す

スペルチェックが開始される

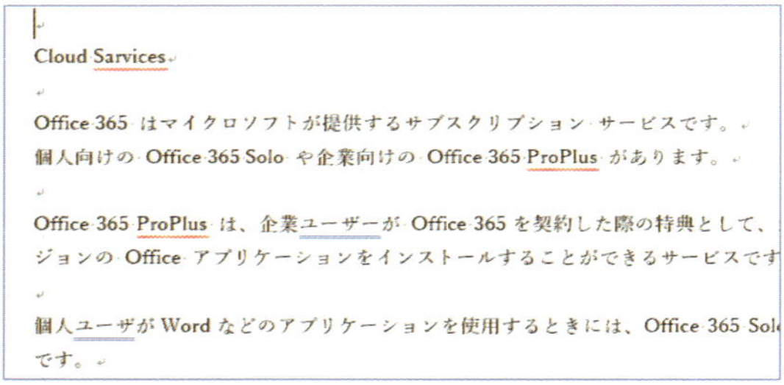

問題がないと判断された場合は完了メッセージが表示されるので、［OK］をクリックする

辞書にない単語が見つかった場合、［エディター］ウィンドウが表示される

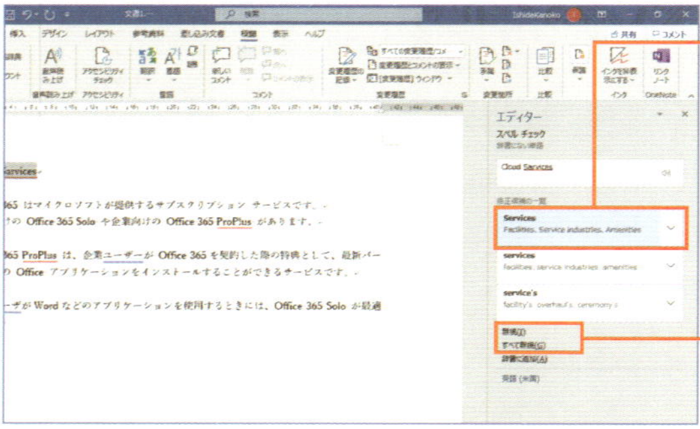

2 修正候補のある単語に変更する場合は一覧で修正後の単語をクリック

修正される

選択された部分だけ修正をしない場合は［無視］、すべての該当箇所を無視する場合は［すべて無視］をクリックする

ここもポイント　リボンのコマンドでスペルチェックを開始する

リボンの［校閲］タブの［文章校正］グループの［スペルチェックと文章校正］をクリックします。

辞書に追加する

03-041-スペルチェック.docx

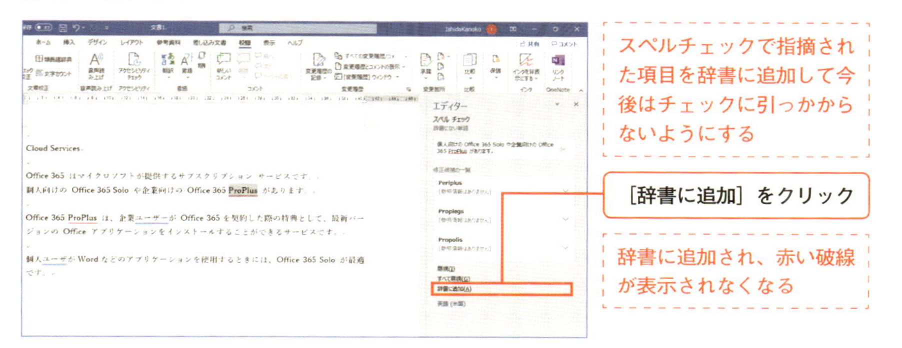
スペルチェックで指摘された項目を辞書に追加して今後はチェックに引っかからないようにする
[辞書に追加] をクリック
辞書に追加され、赤い破線が表示されなくなる

揺らぎを修正する

03-041-スペルチェック.docx

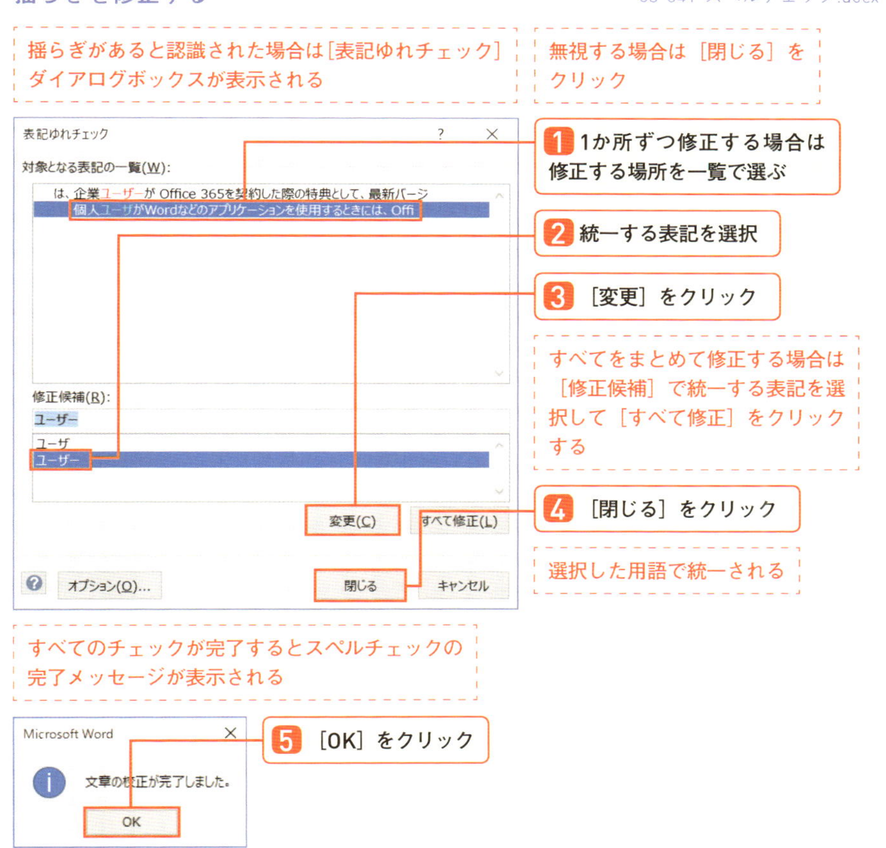
揺らぎがあると認識された場合は[表記ゆれチェック]ダイアログボックスが表示される
無視する場合は [閉じる] をクリック
表記ゆれチェック
対象となる表記の一覧(W):
は、企業ユーザーが Office 365を契約した際の特典として、最新バージ
個人ユーザがWordなどのアプリケーションを使用するときには、Offi
修正候補(R):
ユーザー
ユーザ
ユーザー
変更(C)
すべて修正(L)
オプション(O)...
閉じる
キャンセル
1 1か所ずつ修正する場合は修正する場所を一覧で選ぶ
2 統一する表記を選択
3 [変更] をクリック
すべてをまとめて修正する場合は [修正候補] で統一する表記を選択して [すべて修正] をクリックする
4 [閉じる] をクリック
選択した用語で統一される
すべてのチェックが完了するとスペルチェックの完了メッセージが表示される
Microsoft Word
文章の校正が完了しました。
OK
5 [OK] をクリック

042 「今日」の日付を自動的に表示するには

Windowsのシステム時計の日付を表示する

定期的に、しかも頻繁に「今日の」日付入りの文書を印刷して利用したいときに、一度、自動的に更新される日付を表示するように設定しておけば作成（印刷）のたびに手入力する必要がなくなります。

ただし、いつも「今日」なのでこの方法は、文書の編集時に確認する最終更新日などの表示には向きません。

自動的に更新される日付を挿入する

03-042-今日の日付.docx

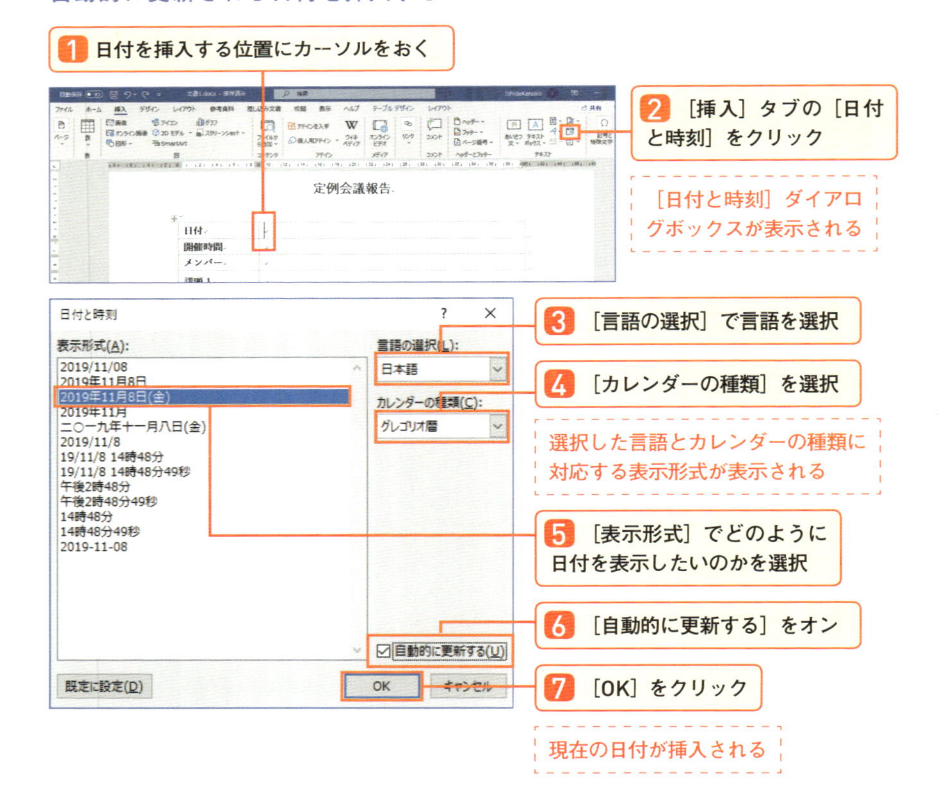

1 日付を挿入する位置にカーソルをおく
2 ［挿入］タブの［日付と時刻］をクリック
［日付と時刻］ダイアログボックスが表示される
定例会議報告
日付
開催時間
メンバー
日付と時刻
表示形式(A):
2019/11/08
2019年11月8日
2019年11月8日(金)
2019年11月
二〇一九年十一月八日(金)
2019/11/8
19/11/8 14時48分
19/11/8 14時48分49秒
午後2時48分
午後2時48分49秒
14時48分
14時48分49秒
2019-11-08
言語の選択(L):
日本語
カレンダーの種類(C):
グレゴリオ暦
自動的に更新する(U)
既定に設定(D)
OK
キャンセル
3 ［言語の選択］で言語を選択
4 ［カレンダーの種類］を選択
選択した言語とカレンダーの種類に対応する表示形式が表示される
5 ［表示形式］でどのように日付を表示したいのかを選択
6 ［自動的に更新する］をオン
7 ［OK］をクリック
現在の日付が挿入される

日付はただの文字ではなく、命令文によって表示されている

前の手順で挿入した日付の実体は文字列ではなく「こんな情報をこんな風に表示しなさい」という命令を処理した結果として表示されています。具体的には「TIME」という名前の**フィールド**を使って「現在の（日付を含む）時刻を表示しなさい」という指示をしており、表示形式などの詳細は中身のコードに記述されます。この命令とその中身のことを**フィールド コード**といいます。フィールド コードは、必要であれば記述を変更して編集できます。

下図では、フィールド コードの表示方法と、一例として、曜日を「○曜日」と表示する際のフィールド コードを載せます。

挿入した日付のフィールド コードを確認する／修正する

03-042-今日の日付.docx

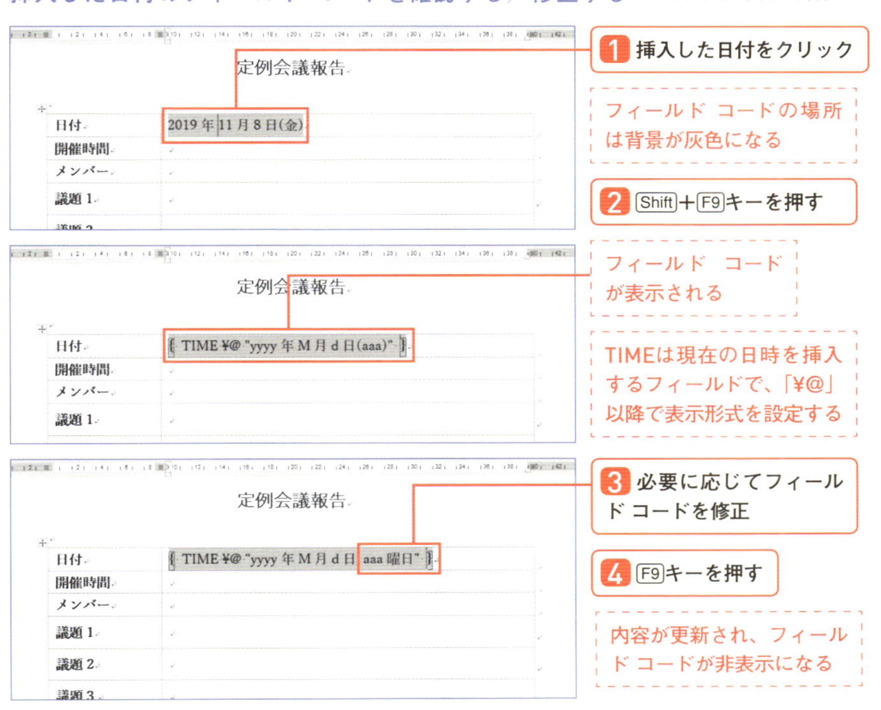

定例会議報告
日付
2019年11月8日(金)
開催時間
メンバー
議題1
1 挿入した日付をクリック
フィールド コードの場所は背景が灰色になる
2 Shift＋F9キーを押す
{ TIME ¥@ "yyyy年M月d日(aaa)" }
フィールド コードが表示される
TIMEは現在の日時を挿入するフィールドで、「¥@」以降で表示形式を設定する
{ TIME ¥@ "yyyy年M月d日 aaa曜日" }
議題2
議題3
3 必要に応じてフィールド コードを修正
4 F9キーを押す
内容が更新され、フィールド コードが非表示になる

ここもポイント | **キー操作によるフィールド コードの表示と非表示、更新**

フィールド コードそのものを表示したり、結果の表示に切り替えたりするにはShift＋F9キーを、結果を更新するにはF9キーを使います。

043 文書の最終更新日を自動的に表示するには

[SaveDate]を使って保存した日付を表示する

文書の最終更新日を自動的に表示するには、**[SaveDate] フィールド**を使います。なんとなく、「保存したら日付が……」という感じが出ているフィールド名です。

保存したファイルを閉じて開き直したり、フィールドの更新をしたりすると日付が更新されます。ファイルを開いたまま**上書き保存をしただけでは更新されない**のでご注意を。

最後に保存した日時を表示する

03-043-最終更新日.docx

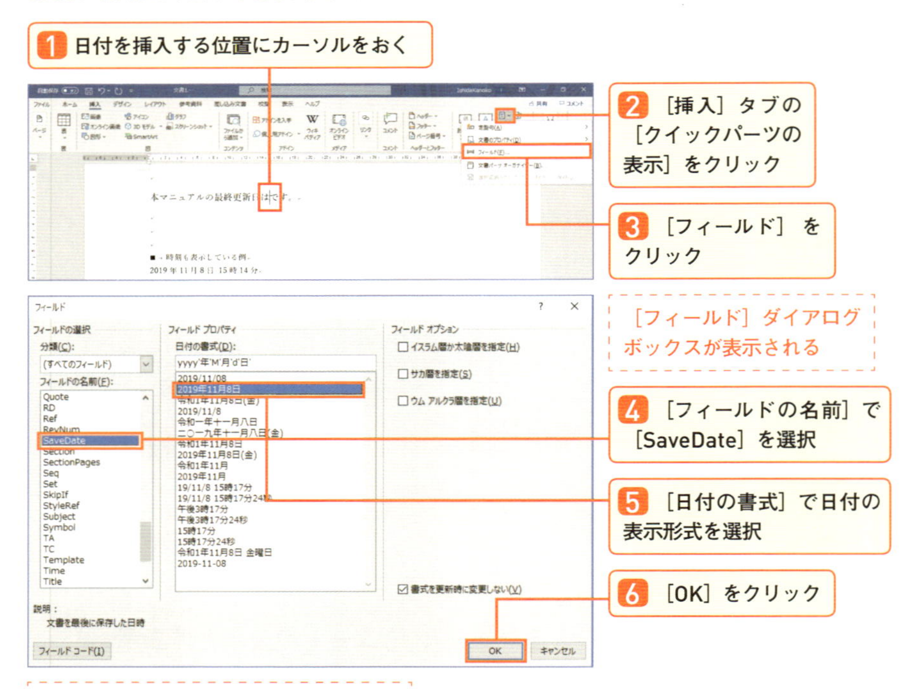

1 日付を挿入する位置にカーソルをおく
2 ［挿入］タブの［クイックパーツの表示］をクリック
3 ［フィールド］をクリック
［フィールド］ダイアログボックスが表示される
4 ［フィールドの名前］で［SaveDate］を選択
5 ［日付の書式］で日付の表示形式を選択
6 ［OK］をクリック
本マニュアルの最終更新日はです。
■時間も表示している例
2019年11月8日 15時14分
フィールド
フィールドの選択
分類(C):
(すべてのフィールド)
フィールドの名前(F):
Quote
RD
Ref
RevNum
SaveDate
Section
SectionPages
Seq
Set
SkipIf
StyleRef
Subject
Symbol
TA
TC
Template
Time
Title
フィールド プロパティ
日付の書式(D):
yyyy'年'M'月'd'日'
2019/11/08
2019年11月8日
2019/11/8
令和一年十一月八日
令和1年11月
2019年11月
19/11/8 15時17分
午後3時17分
午後3時17分24秒
15時17分
15時17分24秒
令和1年11月8日 金曜日
2019-11-08
フィールド オプション
イスラム暦か太陰暦を指定(H)
サカ暦を指定(S)
ウム アルクラ暦を指定(U)
書式を更新時に変更しない(V)
説明：
文書を最後に保存した日時
フィールド コード(I)
OK
キャンセル

文書を最後に保存した日付が挿入される

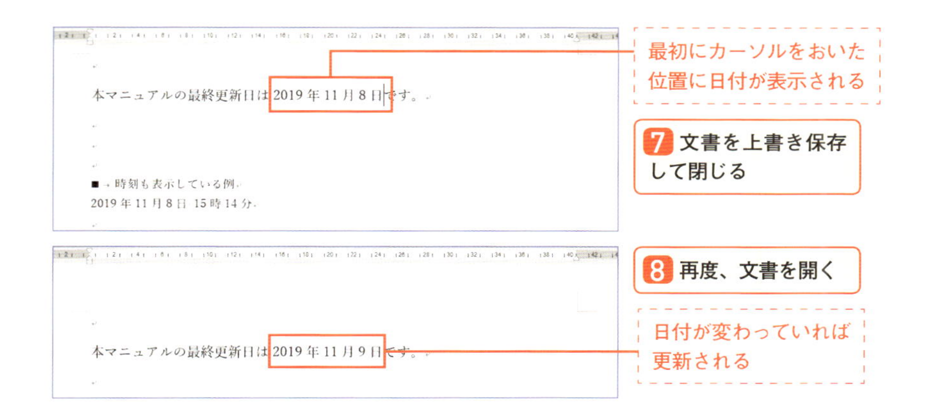
本マニュアルの最終更新日は2019年11月8日です。
■→時刻も表示している例。
2019年11月8日 15時14分
最初にカーソルをおいた位置に日付が表示される
7 文書を上書き保存して閉じる
8 再度、文書を開く
本マニュアルの最終更新日は2019年11月9日です。
日付が変わっていれば更新される

ここもポイント　時刻も表示する

［SaveDate］フィールドを挿入すると、保存をした日時が挿入されます。挿入時に時刻も表示される表示形式を選んだり、フィールド コードを編集したりして時刻も表示できます。下図では、フィールド コードに「H時m分」を追加して、24時間表記の時刻も表示されるようにしています。
フィールド コードの表示については、P.91を参照してください。

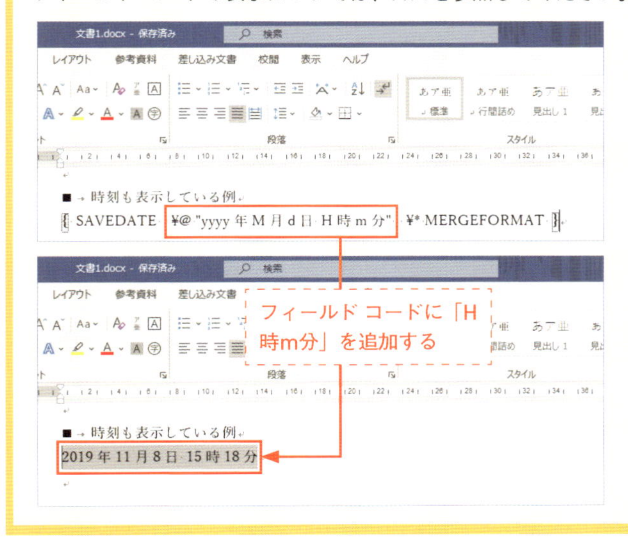
文書1.docx - 保存済み
検索
レイアウト
参考資料
差し込み文書
校閲
表示
ヘルプ
段落
スタイル
■→時刻も表示している例
{ SAVEDATE ¥@ "yyyy年M月d日 H時m分" ¥* MERGEFORMAT }
フィールド コードに「H時m分」を追加する
2019年11月8日 15時18分

ここもポイント　フィールドを更新する

フィールドに表示されている内容を更新して最新の状態にするには、フィールドをクリックして背景色が灰色になっている状態でF9キーを押します。

044 ［検索と置換］ダイアログボックスの使い方

検索するときも置換するときも同じダイアログボックスを使う

検索や（特に）置換を行うとき、ダイアログボックスを開く、オプションを表示する、あいまい検索をオフにする、といった作業はセットで行われることが多いので、基本操作として覚えておくとよいでしょう。

Wordの場合はCtrl＋F**キーで［ナビゲーション］ウィンドウ**が表示されるため、ダイアログボックスはCtrl＋H**キー**で、と覚えておくことをおすすめします。また、文書全体ではなく一部の範囲だけを対象として検索や置換をする場合は、**ダイアログボックスを表示したあとでもよいので対象の範囲を選択してから**検索や置換を実行します。特に置換は余計なところまで置換されても困るので範囲を絞るべきです。

［検索と置換］ダイアログボックスを表示してあいまい検索をオフにする

03-044-検索と置換.docx

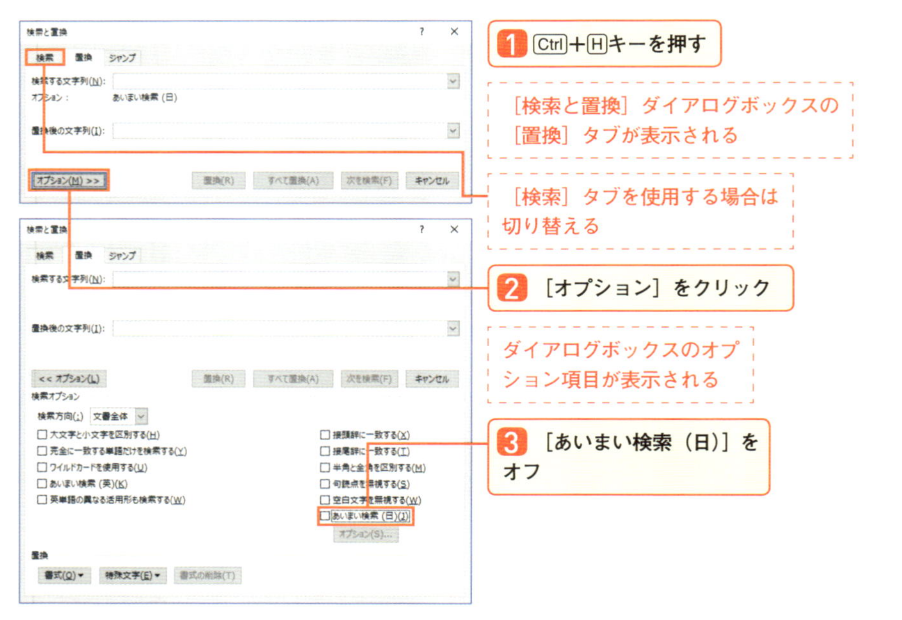
1 Ctrl＋Hキーを押す
［検索と置換］ダイアログボックスの［置換］タブが表示される
［検索］タブを使用する場合は切り替える
2 ［オプション］をクリック
ダイアログボックスのオプション項目が表示される
3 ［あいまい検索（日）］をオフ

ここもポイント | リボンのコマンドで[検索と置換]ダイアログボックスを表示するには

リボンの［ホーム］タブの［編集］グループの［置換］をクリックします。

ここもポイント | 「失敗した！」と思ったらすぐにCtrl＋Zキーで戻す

当たり前のことですが、［検索する文字列］や［置換後の文字列］の指定を間違うと想定とは違う結果になります。そんなときは焦らずに、ダイアログボックスは表示したままでもよいので、Ctrl＋Zキーなどで元に戻す（置換前に戻す）処理をしましょう。

Ctrl＋Fキーで［ナビゲーション］ウィンドウを表示する

03-044-検索と置換.docx

Ctrl＋Fキーを押す

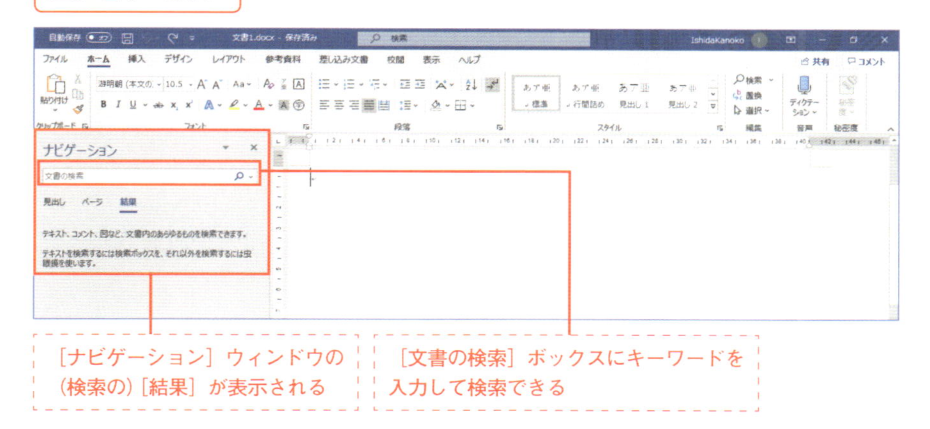

［ナビゲーション］ウィンドウの（検索の）［結果］が表示される

［文書の検索］ボックスにキーワードを入力して検索できる

ここもポイント | ［ナビゲーション］の［さらに検索］メニュー

検索ボックスの右側の▼をクリックするとメニューが表示されます。［オプション］をクリックすると［検索オプション］ダイアログボックスが表示され、検索に関する既定の設定を変更できます。たとえば、既定で［あいまい検索（日）］をオフにしておくことなどが可能です。文書内の表や図、図形（グラフィックス）のある場所を探して1か所ずつジャンプして確認したいときには、［表］や［グラフィックス］をクリックします。

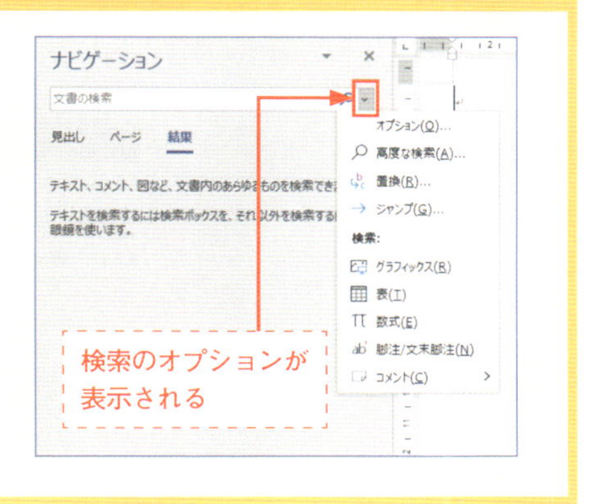

検索のオプションが表示される

045 指定した文字列が文書のどこにあるのかを知りたい

検索した場所にナビゲートしてもらう

文書内のキーワード検索を行うときの話です。使い慣れないな、という方もいらっしゃるかもしれませんが、Word 2010以降のバージョンではCtrl+Fキーというショートカットキーで［ナビゲーション］ウィンドウを表示して検索を進められるようになっています。

該当する場所がどこなのかがウィンドウ内に一覧で表示され、クリックするとその場所にジャンプできるので、慣れると意外と使いやすいです。

［ナビゲーション］ウィンドウで一覧する

03-045-検索.docx

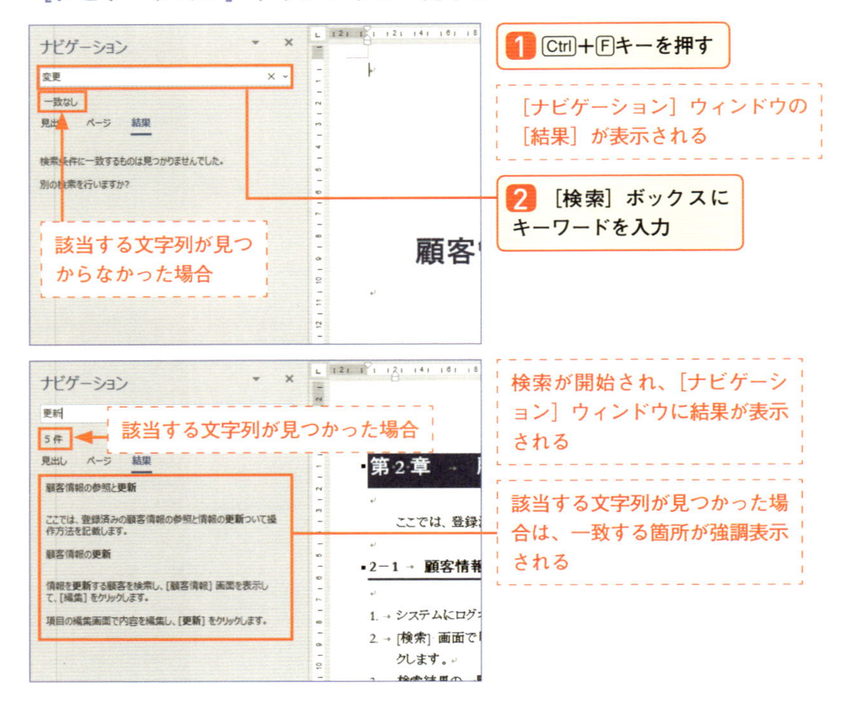

1 Ctrl+Fキーを押す
［ナビゲーション］ウィンドウの［結果］が表示される
2 ［検索］ボックスにキーワードを入力
該当する文字列が見つからなかった場合
ナビゲーション
変更
一致なし
見出し ページ 結果
検索条件に一致するものは見つかりませんでした。
別の検索を行いますか?
顧客
検索が開始され、［ナビゲーション］ウィンドウに結果が表示される
該当する文字列が見つかった場合
該当する文字列が見つかった場合は、一致する箇所が強調表示される
更新
5 件
顧客情報の参照と更新
ここでは、登録済みの顧客情報の参照と情報の更新ついて操作方法を記載します。
顧客情報の更新
情報を更新する顧客を検索し、[顧客情報] 画面を表示して、[編集] をクリックします。
項目の編集画面で内容を編集し、[更新] をクリックします。
第2章
ここでは、登録
2-1 顧客情報

クリックして検索結果にジャンプする

03-045-検索.docx

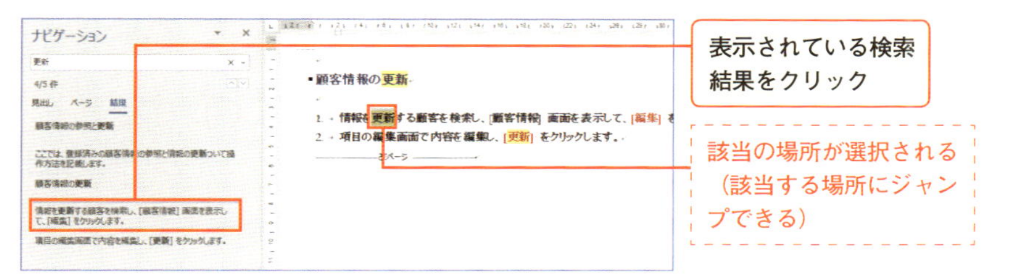

表示されている検索結果をクリック
該当の場所が選択される（該当する場所にジャンプできる）

次へ／前へ移動する

03-045-検索.docx

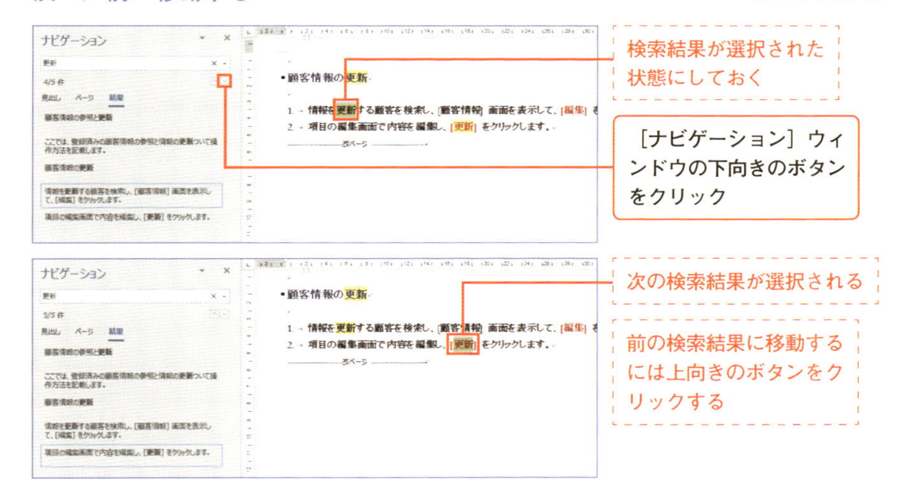

検索結果が選択された状態にしておく
［ナビゲーション］ウィンドウの下向きのボタンをクリック
次の検索結果が選択される
前の検索結果に移動するには上向きのボタンをクリックする

検索を終了する

03-045-検索.docx

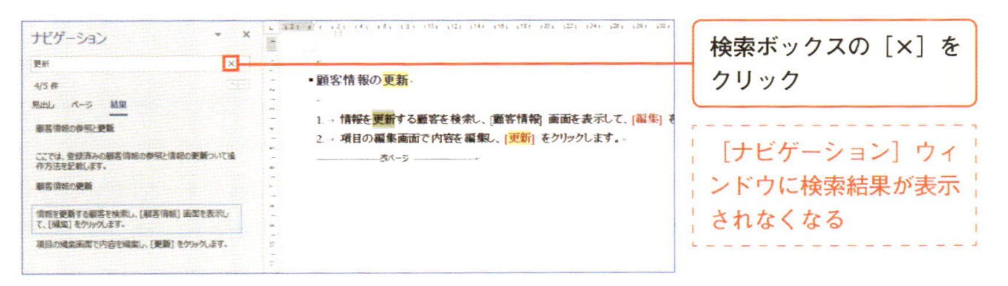

検索ボックスの［×］をクリック
［ナビゲーション］ウィンドウに検索結果が表示されなくなる

046 文字列だけでなく書式も指定して検索するには

書式も指定したいならダイアログボックスを使う

「たしかこんな書式だったな」とか、あとで検索することを想定して「蛍光ペンを付けておいた」などというときは、書式を指定した検索がしたいです。たとえばここでは、「太字、青」という文字書式が設定されている「顧客情報」という文字列を検索条件にすることを例にしていますが、文字列は指定せずに書式だけを条件にすることも可能です。

また、[検索と置換] ダイアログボックスの左下にある [書式] ボタンからさまざまな書式の検索条件を指定できることを覚えておくことも大切なポイントです。

[検索と置換] ダイアログボックスは、表示したまま編集作業ができるため、見つけたらすぐに該当箇所を編集するなどの作業を行えます。

検索する文字列の書式を指定する

03-046-検索.docx

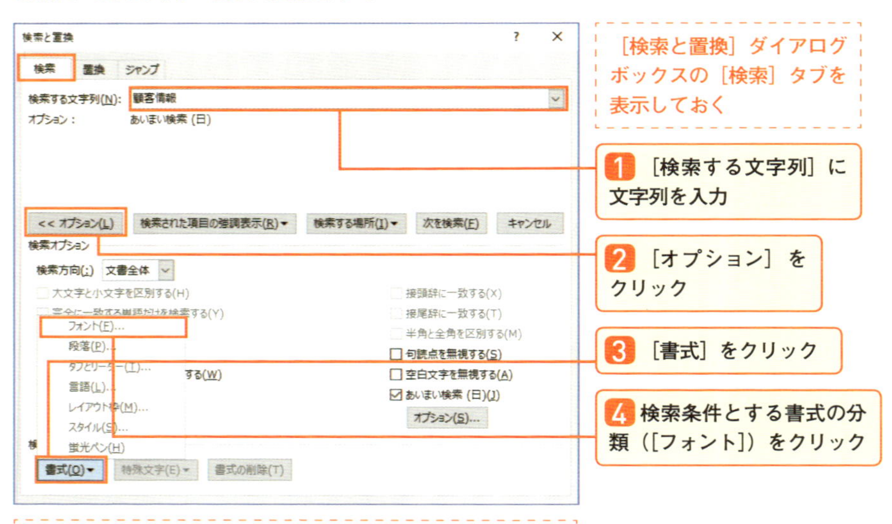
検索と置換
検索
置換
ジャンプ
検索する文字列(N):
顧客情報
オプション：
あいまい検索 (日)
<< オプション(L)
検索された項目の強調表示(R)
検索する場所(I)
次を検索(F)
キャンセル
検索オプション
検索方向(:)
文書全体
大文字と小文字を区別する(H)
接頭辞に一致する(X)
接尾辞に一致する(T)
半角と全角を区別する(M)
フォント(F)...
段落(P)...
言語(L)...
レイアウト枠(M)...
スタイル(S)...
蛍光ペン(H)
句読点を無視する(S)
空白文字を無視する(A)
あいまい検索 (日)(J)
オプション(S)...
書式(O)
特殊文字(E)
書式の削除(T)
[検索と置換] ダイアログボックスの [検索] タブを表示しておく
1 [検索する文字列] に文字列を入力
2 [オプション] をクリック
3 [書式] をクリック
4 検索条件とする書式の分類 ([フォント]) をクリック
ここでは文字書式を指定するために [フォント] を選択する

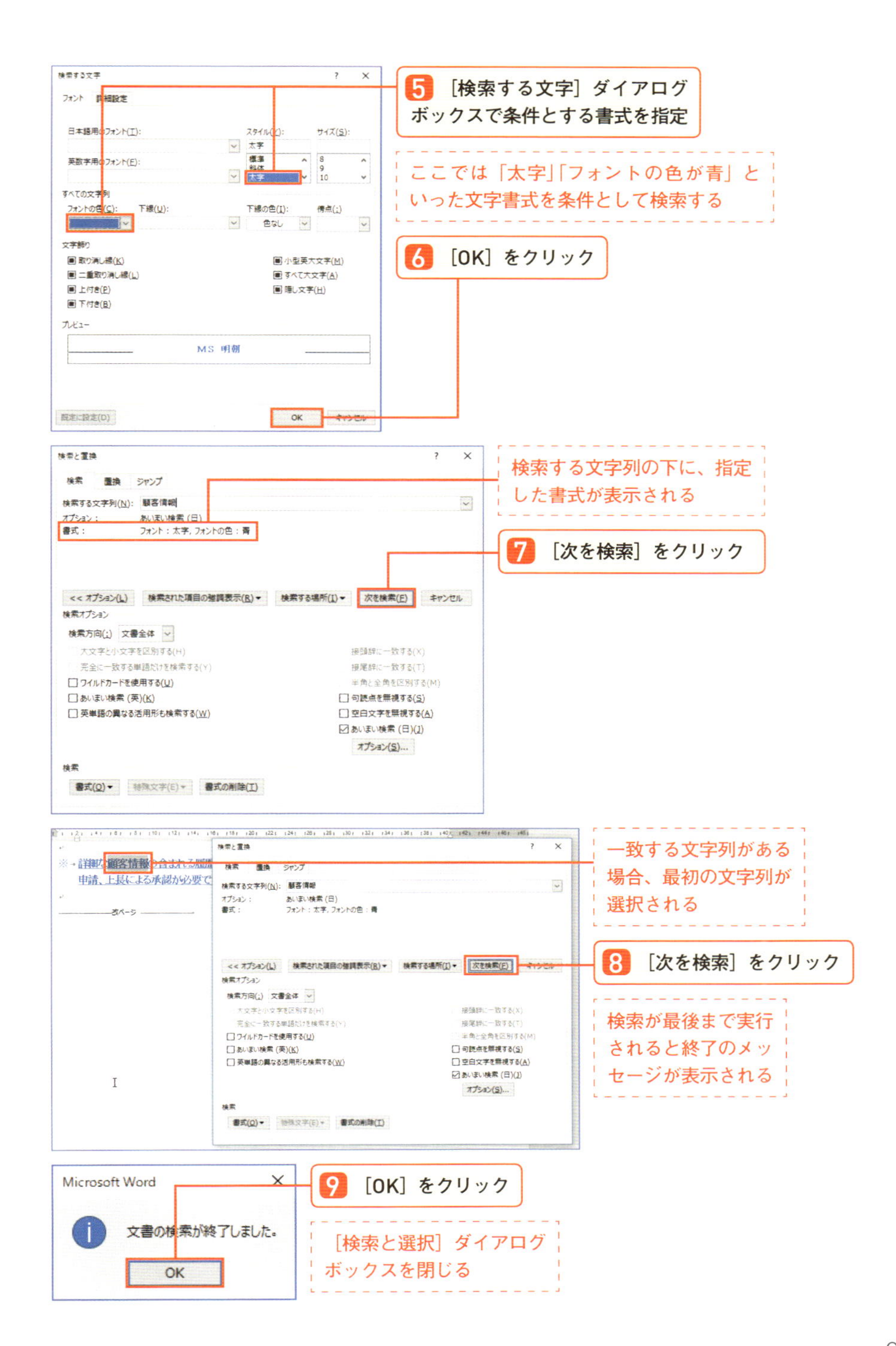

5 ［検索する文字］ダイアログボックスで条件とする書式を指定
ここでは「太字」「フォントの色が青」といった文字書式を条件として検索する
6 ［OK］をクリック
検索する文字列の下に、指定した書式が表示される
7 ［次を検索］をクリック
一致する文字列がある場合、最初の文字列が選択される
8 ［次を検索］をクリック
検索が最後まで実行されると終了のメッセージが表示される
Microsoft Word
文書の検索が終了しました。
OK
9 ［OK］をクリック
［検索と選択］ダイアログボックスを閉じる

047 Aという文字列をBに置き換えるには

探すまでが[検索]、探した文字を変更するなら[置換]

文字列を置き換えることを「置換」や「置き換え」といいます。置換は、探す→置き換える、という処理を行うため［検索する文字列］の指定方法は検索と同じです。

ここでは1か所ずつ検索と置換をする方法を例にしていますが、対象の文字列が多いときや一括で置き換えたいときには［すべて置換］を使います。いきなりすべてを置換するのが心配なときは、**最初の1つだけ［置換］**を使い、**そのあとで［すべて置換］**を実行する、というのもアリです。

1つずつ検索して置換する

03-047-置換.docx

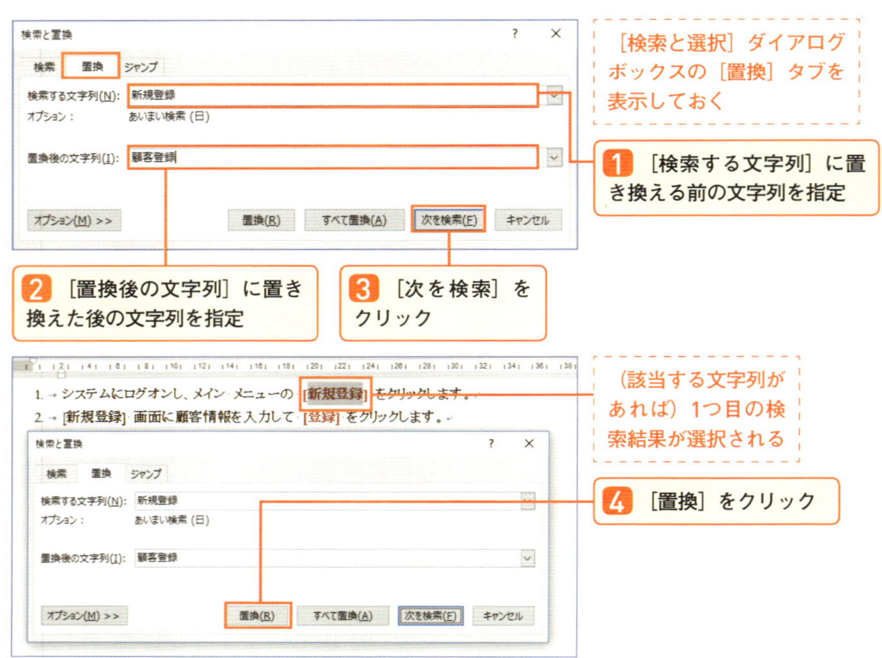

検索と置換
検索
置換
ジャンプ
検索する文字列(N):
新規登録
オプション：
あいまい検索（日）
置換後の文字列(I):
顧客登録
オプション(M) >>
置換(R)
すべて置換(A)
次を検索(F)
キャンセル
［検索と選択］ダイアログボックスの［置換］タブを表示しておく
1 ［検索する文字列］に置き換える前の文字列を指定
2 ［置換後の文字列］に置き換えた後の文字列を指定
3 ［次を検索］をクリック
1. → システムにログオンし、メイン メニューの［新規登録］をクリックします。
2. → ［新規登録］画面に顧客情報を入力して［登録］をクリックします。
（該当する文字列があれば）1つ目の検索結果が選択される
4 ［置換］をクリック

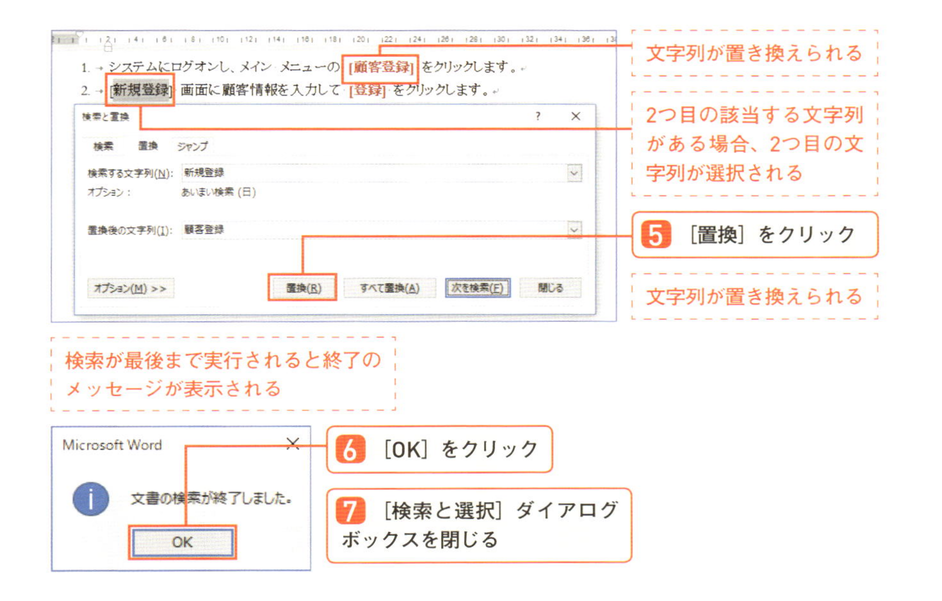

1. → システムにログオンし、メイン メニューの [顧客登録] をクリックします。
2. → [新規登録] 画面に顧客情報を入力して [登録] をクリックします。
文字列が置き換えられる
2つ目の該当する文字列がある場合、2つ目の文字列が選択される
5 [置換] をクリック
文字列が置き換えられる
検索と置換
検索
置換
ジャンプ
検索する文字列(N): 新規登録
オプション： あいまい検索 (日)
置換後の文字列(I): 顧客登録
オプション(M) >>
置換(R)
すべて置換(A)
次を検索(F)
閉じる
検索が最後まで実行されると終了のメッセージが表示される
Microsoft Word
文書の検索が終了しました。
OK
6 [OK] をクリック
7 [検索と選択] ダイアログボックスを閉じる

ここもポイント 「失敗した！」と思ったらすぐにCtrl+Zキーで戻す

指定を間違って想定とは違う結果になってしまったときには、ダイアログボックスは表示したままでもよいので元に戻す処理をしましょう。

ここもポイント 文字列ではなく、図などに置き換えたいとき

[置換後の文字列] にコピーした情報（クリップボードの内容）を指定するとき、「^c」（チルダ、小文字のc）と入力します。たとえば、「図A挿入予定」などのように文字列を入れておいてあとから図に差し替えたいとき、[検索する文字列] に「図A挿入予定」と指定し、貼り付けたい図をコピーして、[置換後の文字列] に「^c」と指定して [置換] や [すべて置換] を実行すると、文字列を図（コピーした内容）に置き換えられます。もちろん普通にコピーと貼り付けで行ってもよいのですが、とりあえず「●」と入れておいた複数の場所をすべて図で差し替えたい、などというときに活用できます。

検索と置換
検索 置換 ジャンプ
検索する文字列(N): 図A挿入予定
オプション： あいまい検索 (日)
置換後の文字列(I): ^c
オプション(M) >> 置換(R) すべて置換(A) 次を検索(F) キャンセル

「^c」と入力して置換すると、クリップボードにコピーされた情報で置換できる

048 不要なスペース、段落記号などを置換で一括削除する

[置換後の文字列]を空欄にする＝削除する

コピーしてきた文章に余計なスペースがたくさんある、なんていうときに1つずつ削除していては大変です。

［置換後の文字列］の欄を空欄（何も指定していない状態）にして置換を実行すると結果的に削除することができるため、「○○をまとめて削除したい」というときには置換で処理すると速いです。

ここでは半角スペースは残し、全角スペースだけを削除することを例にしていますが、とにかくすべてのスペースを削除したいのなら［半角と全角を区別する］を指定せずに検索することですべてのスペースを削除できます。

置換で指定したサイズのスペースだけを削除する

03-048-スペース削除.docx

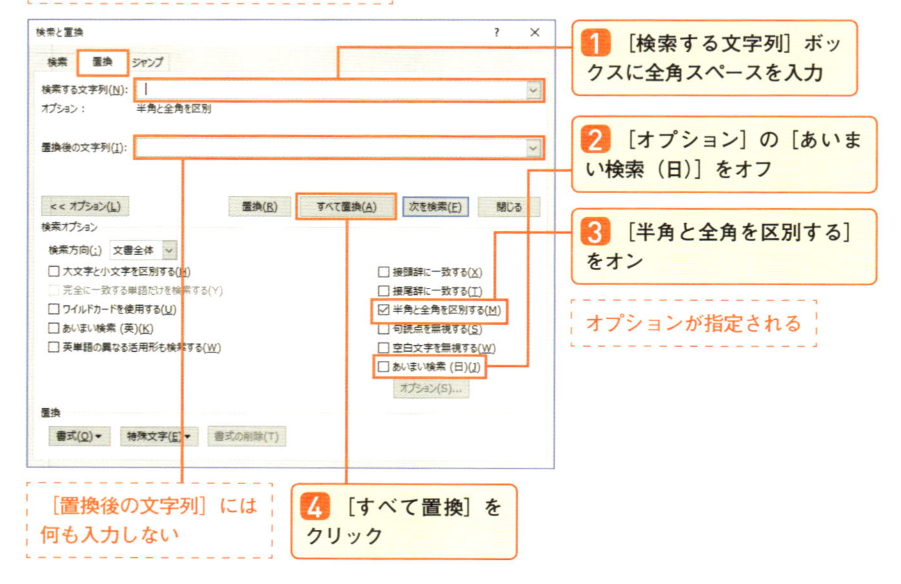
［検索と置換］ダイアログボックスの［置換］タブを表示しておく
検索と置換
検索
置換
ジャンプ
検索する文字列(N):
オプション：
半角と全角を区別
置換後の文字列(I):
<< オプション(L)
置換(R)
すべて置換(A)
次を検索(F)
閉じる
検索オプション
検索方向(:)
文書全体
大文字と小文字を区別する(H)
完全に一致する単語だけを検索する(Y)
ワイルドカードを使用する(U)
あいまい検索 (英)(K)
英単語の異なる活用形も検索する(W)
接頭辞に一致する(X)
接尾辞に一致する(T)
半角と全角を区別する(M)
句読点を無視する(S)
空白文字を無視する(W)
あいまい検索 (日)(J)
オプション(S)...
置換
書式(O)
特殊文字(E)
書式の削除(T)
1 ［検索する文字列］ボックスに全角スペースを入力
2 ［オプション］の［あいまい検索（日）］をオフ
3 ［半角と全角を区別する］をオン
オプションが指定される
［置換後の文字列］には何も入力しない
4 ［すべて置換］をクリック

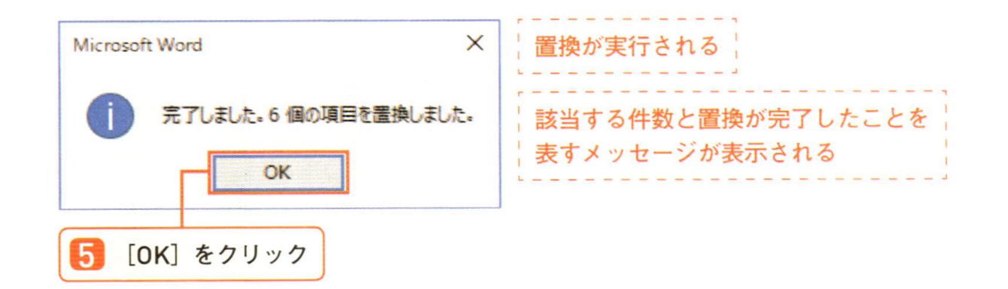
Microsoft Word
完了しました。6 個の項目を置換しました。
OK
置換が実行される
該当する件数と置換が完了したことを表すメッセージが表示される
5 [OK] をクリック

特殊文字で指定できるようになると使い勝手がアップする

段落記号（改段落）を削除したいとか、改ページをやめたいとか、「文字列」ではない編集記号を検索して置換するときには**特殊文字**で指定します。

たとえば、[検索する文字列] に「^p」を指定して [置換後の文字列] を空欄にして置換すると段落記号が削除されて改段落をやめることができます。

多くの特殊文字は一覧から選べるので暗記する必要はありません。大切なことは **[あいまい検索（日）] をオフにする**、[検索する文字列] と [置換後の文字列] で表示される特殊文字の種類と数が違う、よく使いそうな特殊文字の名前が何を示しているのかくらいは理解しておく、というところでしょうか（任意指定の行区切り、といわれてもわかりにくいですよね）。

下図の [検索する文字列] に指定できる特殊文字の一覧にある [段落記号(P)] などの末尾のアルファベットをチルダと組み合わせて指定します。もちろん一覧で選択して指定することも可能です。

[検索する文字列] に特殊文字を指定する　03-048-スペース削除.docx

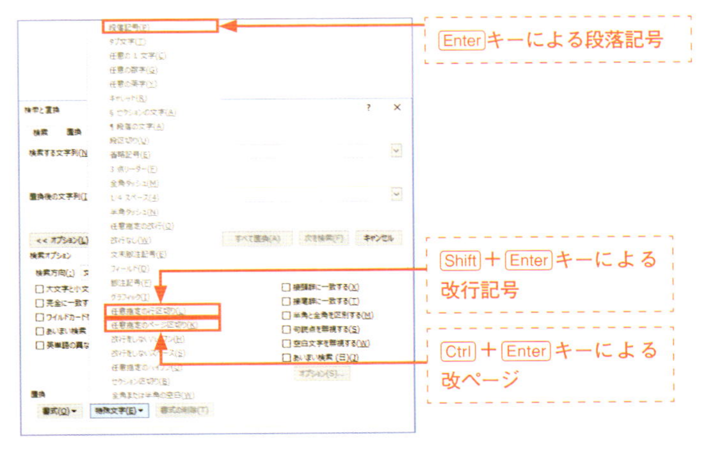
Enter キーによる段落記号
Shift + Enter キーによる改行記号
Ctrl + Enter キーによる改ページ

049 文字列はそのままにして、書式だけ置き換えるには

「置き換えだけじゃなく、一部はやめる」ときに使うこともできる

たとえば文書内の「太字、下線あり、赤」という書式が設定されているたくさんの文字列のうち、「登録」という文字列だけは下線をやめて太字と赤の書式だけ残したい、というときには置換で修正できます。このとき、**[置換後の文字列]の欄が空欄だと対象の文字列が削除される**ので、[検索する文字列]と同じ文字列を指定することを忘れてはいけません。ここではそのための工夫として、先に[検索する文字列]と[置換後の文字列]を指定してからそれぞれの書式を設定する流れにしています。

書式の一部を置き換える

03-049-書式の置換.docx

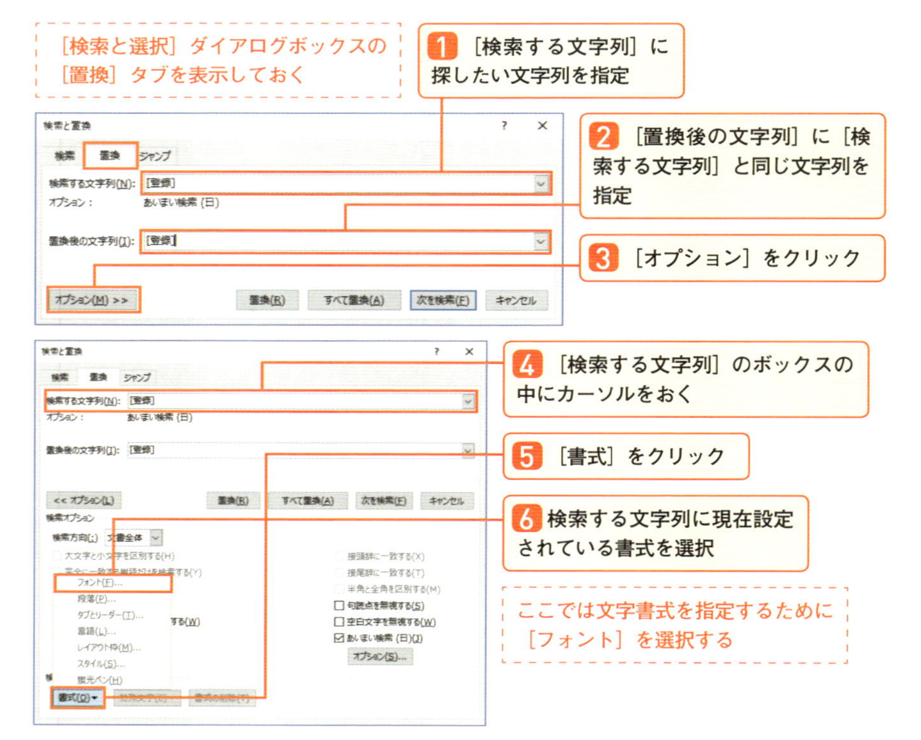

[検索と選択]ダイアログボックスの[置換]タブを表示しておく
1 [検索する文字列]に探したい文字列を指定
2 [置換後の文字列]に[検索する文字列]と同じ文字列を指定
3 [オプション]をクリック
4 [検索する文字列]のボックスの中にカーソルをおく
5 [書式]をクリック
6 検索する文字列に現在設定されている書式を選択
ここでは文字書式を指定するために[フォント]を選択する
検索と置換
検索
置換
ジャンプ
検索する文字列(N):
[登録]
オプション：
あいまい検索 (日)
置換後の文字列(I):
オプション(M) >>
置換(R)
すべて置換(A)
次を検索(F)
キャンセル
<< オプション(L)
検索オプション
検索方向(:)
文書全体
フォント(F)...
段落(P)...
タブとリーダー(T)...
言語(L)...
レイアウト枠(M)...
スタイル(S)...
蛍光ペン(H)
書式(O)
句読点を無視する(S)
空白文字を無視する(W)
あいまい検索 (日)(J)
オプション(S)...

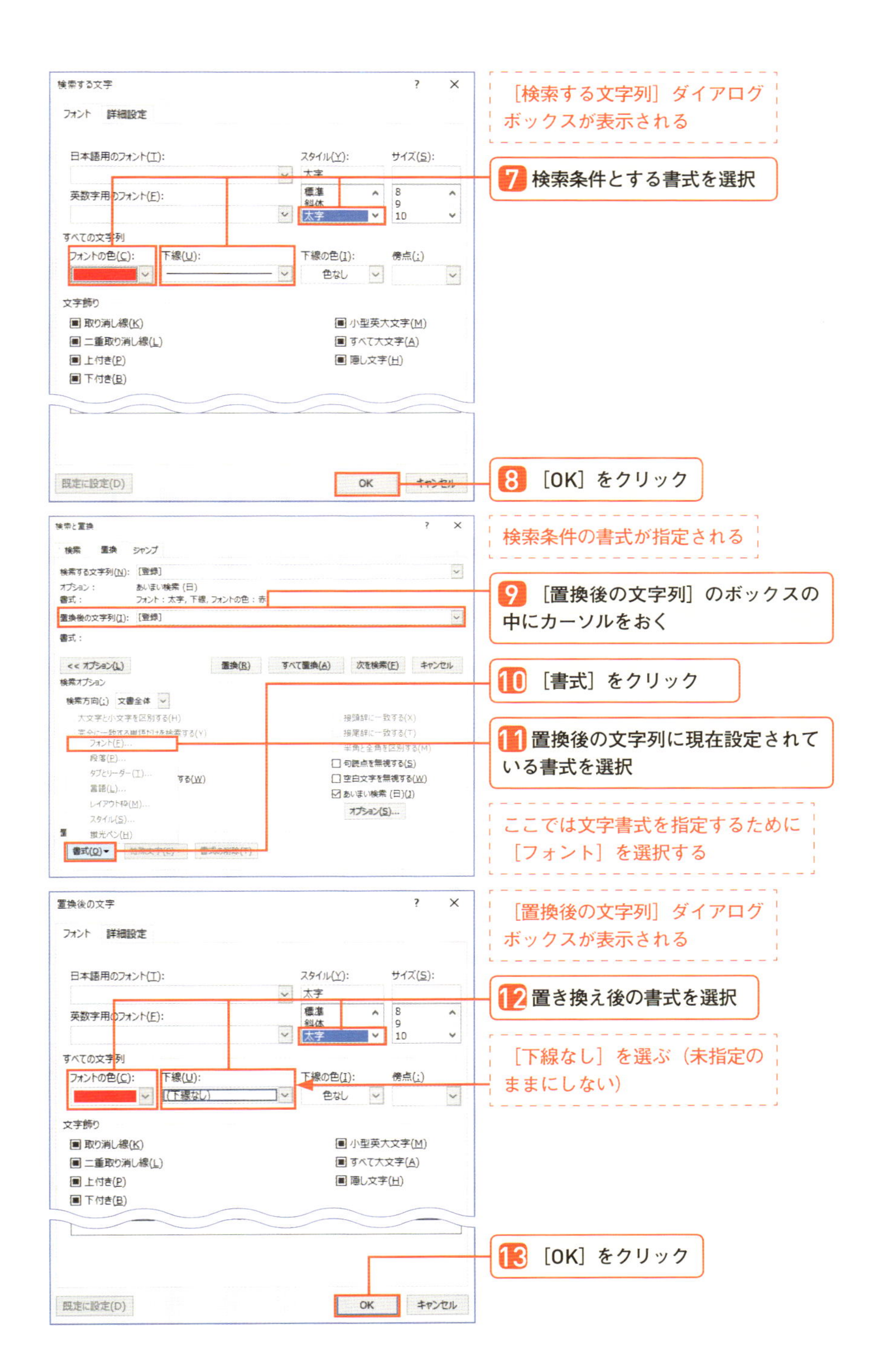
検索する文字
フォント
詳細設定
日本語用のフォント(T):
スタイル(Y):
サイズ(S):
太字
英数字用のフォント(F):
標準
斜体
太字
8
9
10
すべての文字列
フォントの色(C):
下線(U):
下線の色(I):
色なし
傍点(;):
文字飾り
取り消し線(K)
二重取り消し線(L)
上付き(P)
下付き(B)
小型英大文字(M)
すべて大文字(A)
隠し文字(H)
既定に設定(D)
OK
キャンセル
［検索する文字列］ダイアログボックスが表示される
7 検索条件とする書式を選択
8 ［OK］をクリック
検索と置換
検索
置換
ジャンプ
検索する文字列(N): ［登録］
オプション： あいまい検索（日）
書式： フォント：太字, 下線, フォントの色：赤
置換後の文字列(I): ［登録］
書式：
<< オプション(L)
置換(R)
すべて置換(A)
次を検索(F)
キャンセル
検索オプション
検索方向(:) 文書全体
フォント(F)...
段落(P)...
タブとリーダー(T)...
言語(L)...
レイアウト枠(M)...
スタイル(S)...
蛍光ペン(H)
句読点を無視する(S)
空白文字を無視する(W)
あいまい検索（日）(J)
オプション(S)...
書式(O)
検索条件の書式が指定される
9 ［置換後の文字列］のボックスの中にカーソルをおく
10 ［書式］をクリック
11 置換後の文字列に現在設定されている書式を選択
ここでは文字書式を指定するために［フォント］を選択する
置換後の文字
フォント
詳細設定
日本語用のフォント(T):
スタイル(Y):
サイズ(S):
太字
英数字用のフォント(F):
標準
斜体
太字
8
9
10
すべての文字列
フォントの色(C):
下線(U):
(下線なし)
下線の色(I):
色なし
傍点(;):
文字飾り
取り消し線(K)
二重取り消し線(L)
上付き(P)
下付き(B)
小型英大文字(M)
すべて大文字(A)
隠し文字(H)
既定に設定(D)
OK
キャンセル
［置換後の文字列］ダイアログボックスが表示される
12 置き換え後の書式を選択
［下線なし］を選ぶ（未指定のままにしない）
13 ［OK］をクリック

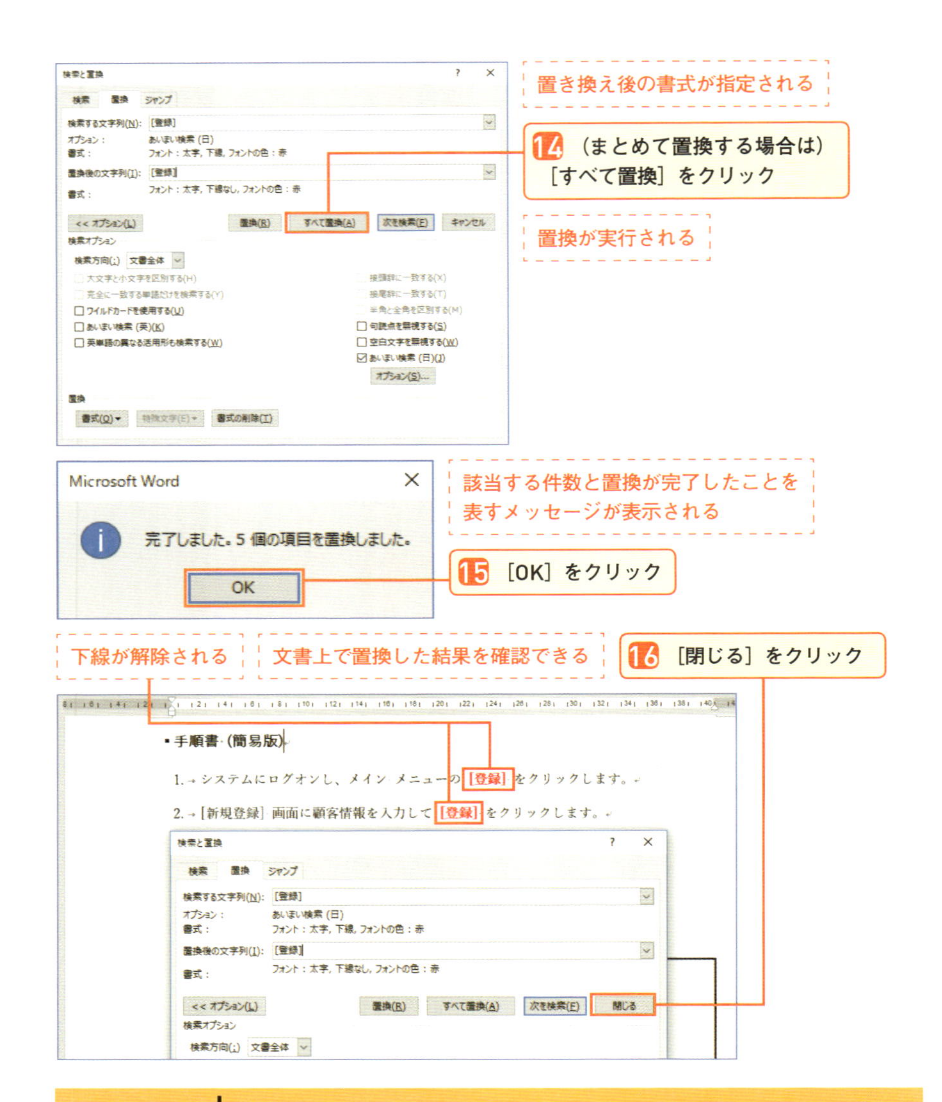
置き換え後の書式が指定される
14 （まとめて置換する場合は）［すべて置換］をクリック
置換が実行される
該当する件数と置換が完了したことを表すメッセージが表示される
Microsoft Word
完了しました。5 個の項目を置換しました。
OK
15 ［OK］をクリック
下線が解除される
文書上で置換した結果を確認できる
16 ［閉じる］をクリック
手順書（簡易版）
1. システムにログオンし、メイン メニューの［登録］をクリックします。
2. ［新規登録］画面に顧客情報を入力して［登録］をクリックします。
検索と置換
検索する文字列(N): [登録]
置換後の文字列(I): [登録]
閉じる

ここもポイント ［書式の削除］を使う

［検索と置換］ダイアログボックスを表示したときに［検索する文字列］や［置換後の文字列］に前回指定した書式が残っていることがあります。ほかの検索や置換を行いたいときに不要な書式の指定が残っていると思い通りに処理できません。そんなときは［書式の削除］を行います。

ポイントは［検索する文字列］と［置換後の文字列］のそれぞれで［書式の削除］を実行することです。たとえば、［検索する文字列］のボックス内にカーソルをおいて［書式の削除］をクリックした場合、［置換後の文字列］に指定した書式は残ります。

Chapter

4

複数ページにわたる文書を作るときに知っておくべきこと

050 「スタイル」とはなにか、なぜ使うのか

文書内で繰り返し使う書式の組み合わせ

Wordの**スタイル**は書式設定に使用する機能です。「フォントの種類はコレで大きさはいくつ、行間はこのくらい」などの複数の書式が1つのスタイルの中に定義されており、その書式を設定したい文字や段落にそのスタイルを適用します。複数の場所に同じ複数の書式の組み合わせを適用したいときに活用できるため、マニュアルなどの長文作成には欠かせません。

たとえば、あらかじめ用意されている［強調太字］というスタイルを文字列に適用すると選択した文字列が太字になります。なぜ単純に［太字］を設定せずにスタイルを使うのか？ それは、スタイルは定義（スタイルの中身）を変更して適用済みの場所を一括で更新ができるからです。

スタイルには、文字列用のスタイルである**文字スタイル**と段落用スタイルの**段落スタイル**、選択次第で文字列と段落のいずれにも使える**リンクスタイル**といった種類があります。

書式の組み合わせを文書のあちこちで使用したい、書式を更新しやすくしたい、目印を付けて編集しやすくしたいなどの目的でスタイルを利用します。

例）［強調太字］スタイルの適用とスタイルの変更後

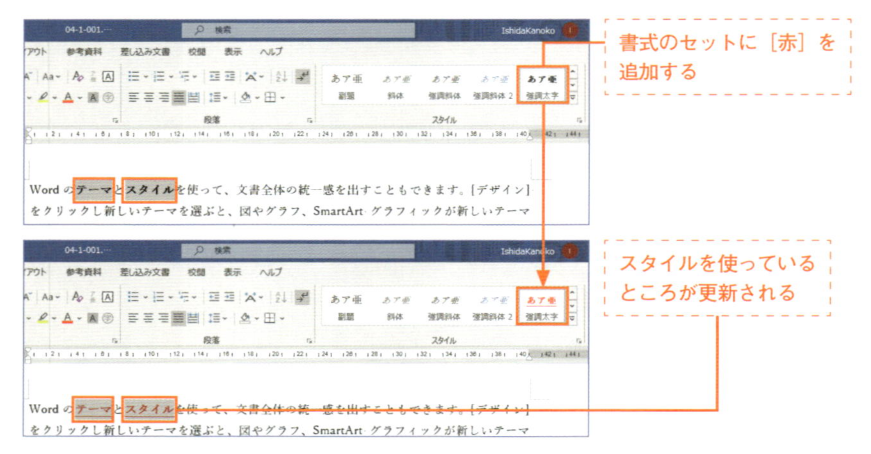
書式のセットに［赤］を追加する
スタイルを使っているところが更新される
Word のテーマとスタイルを使って、文書全体の統一感を出すこともできます。[デザイン]
をクリックし新しいテーマを選ぶと、図やグラフ、SmartArt グラフィックが新しいテーマ

ギャラリーとウィンドウの使い方

リボンの［ホーム］タブに［標準］などのスタイルが表示されている**［スタイル］ギャラリー**があります。ギャラリーの［その他］ボタンをクリックするとスタイルを一覧で表示できます。

また、［スタイル］グループの右下にある矢印のボタンをクリックすると**［スタイル］ウィンドウ**が表示されます。［スタイル］ウィンドウが浮動する状態のとき、「スタイル」と書いてあるタイトルバーにマウスポインターを合わせて画面の右端へドラッグ（して右側にぶつかるように）すると、画面の右側に吸い込まれるようにウィンドウが固定されます。

スタイルギャラリーとスタイルウィンドウ

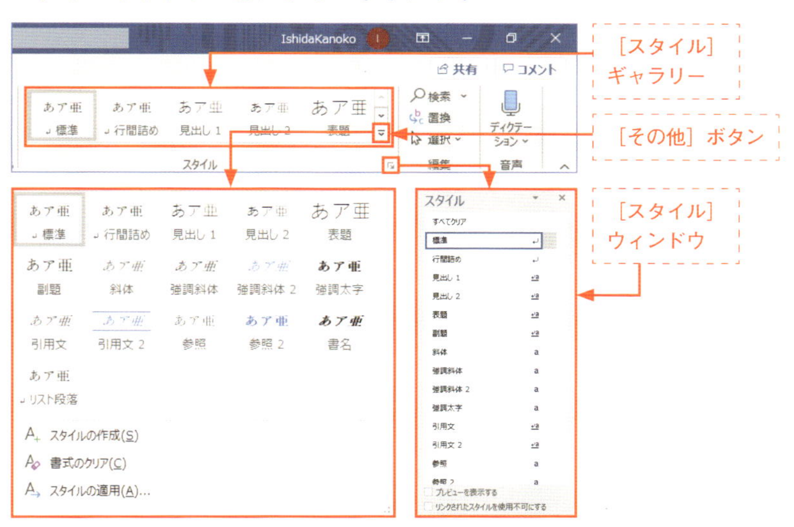
［スタイル］ギャラリー
［その他］ボタン
［スタイル］ウィンドウ
IshidaKanoko
共有
コメント
あア亜
標準
行間詰め
見出し 1
見出し 2
表題
検索
置換
選択
ディクテーション
スタイル
編集
音声
副題
斜体
強調斜体
強調斜体 2
強調太字
引用文
引用文 2
参照
参照 2
書名
リスト段落
スタイルの作成(S)
書式のクリア(C)
スタイルの適用(A)...
すべてクリア
プレビューを表示する
リンクされたスタイルを使用不可にする

ここもポイント ［標準］スタイルとは

新規文書を作成して先頭の段落にカーソルがある状態で、リボンの［ホーム］タブの［スタイル］ギャラリーを見ると、［標準］に太枠がついていて、「カーソルのある段落（場所）には［標準］スタイルが適用されている」ということがわかります。既定の新規文書（←ここ大事。使用しているテーマによって違う）の場合、［標準］スタイルには、「游明朝」、「10.5pt」、［両端揃え］で「1 行」などの書式が定義されており、これらの書式が文字列を入力したときに適用されます。新規文書に入力した文字列には書式が設定されていないのではなく［標準］スタイルの書式が適用されている、という表現が正しいです。だから（好みじゃなくても）游明朝などの書式になるのです。

スタイルの概要

051 スタイルの種類と［標準］スタイルに戻すための操作

[スタイル]ウィンドウで種類を確認する

［スタイル］ウィンドウのスタイル名の右側にあるアイコンで、スタイルの種類を識別できます。

［標準］や［行間詰め］は段落書式が定義されている**段落スタイル**、［強調斜体］や［強調太字］は段落内の一部の文字に適用する文字書式が定義された**文字スタイル**、［表題］や［副題］は**リンクスタイル**です。

［標準］スタイルを適用する Ctrl + Shift + N **キー**というショートカットキーがあり、これは Ctrl + Space キー（文字書式のクリア）や Ctrl + Q キー（段落書式のクリア）とともに覚えておきたいショートカットキーです。

[スタイル]ウィンドウとスタイルの種類 04-051-スタイル.docx

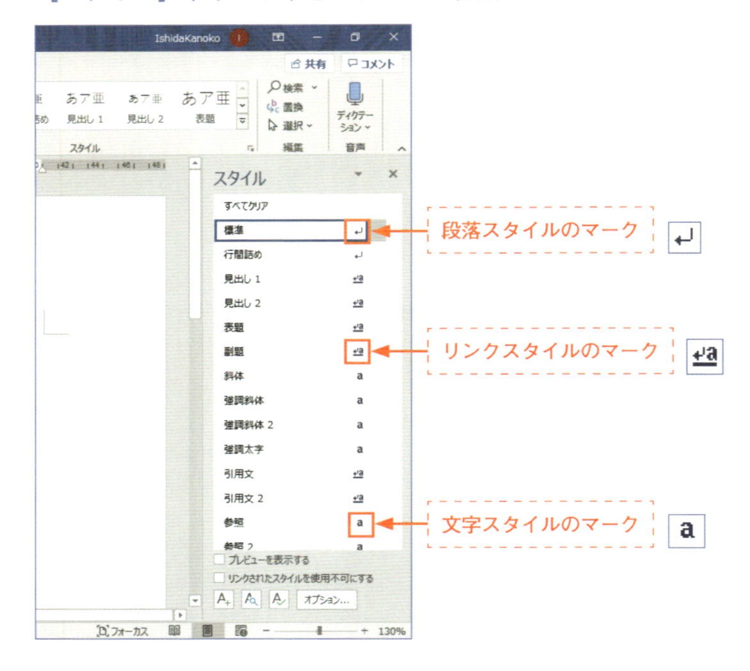
スタイル
すべてクリア
標準
行間詰め
見出し 1
見出し 2
表題
副題
斜体
強調斜体
強調斜体 2
強調太字
引用文
引用文 2
参照
プレビューを表示する
リンクされたスタイルを使用不可にする
オプション...
段落スタイルのマーク
リンクスタイルのマーク
文字スタイルのマーク

◪ [標準]に戻らない？　そんなときはクリアする

段落を選択して［スタイル］ギャラリーまたは［スタイル］ウィンドウの［標準］をクリックすると［標準］スタイルが適用されるため、基本的には既定の状態に戻ります。「基本的には」とは、段落の一部の文字列に文字書式（太字とか下線など）を適用しているとき、その段落全体を選択して［標準］スタイルを適用しても（［標準］は段落書式だから）文字書式が残るのです。

そんなときには、段落を選択した状態でリボンの［ホーム］タブの［フォント］グループの**［すべての書式のクリア］**または［スタイル］ウィンドウの**［すべてクリア］**を使って書式をキレイさっぱり解除して［標準］スタイルの状態にするとよいでしょう。

[標準] スタイルの適用→書式のクリア

04-051-スタイル.docx

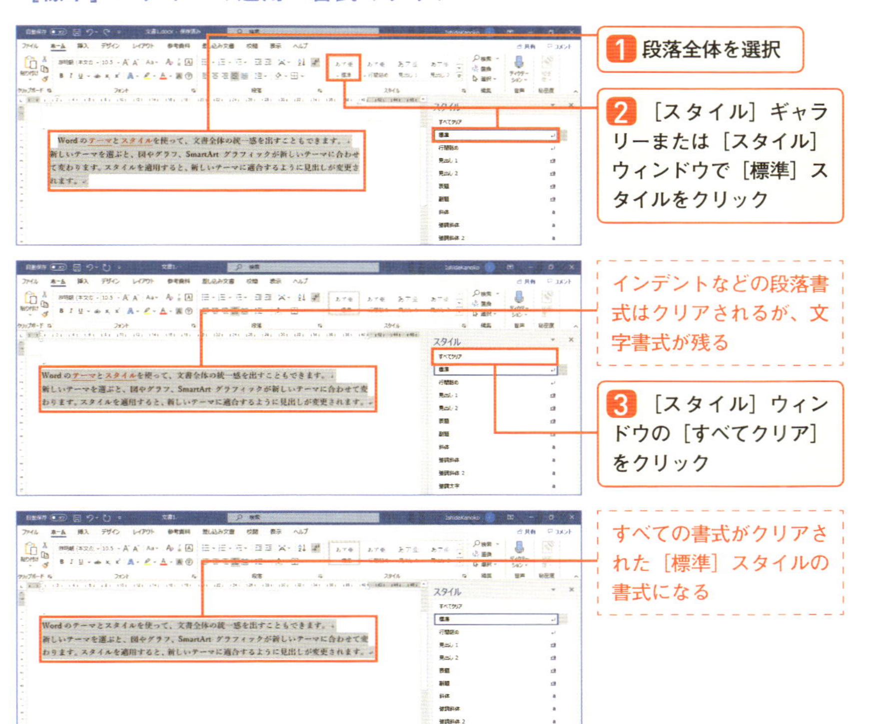

1 段落全体を選択
2 ［スタイル］ギャラリーまたは［スタイル］ウィンドウで［標準］スタイルをクリック
インデントなどの段落書式はクリアされるが、文字書式が残る
3 ［スタイル］ウィンドウの［すべてクリア］をクリック
すべての書式がクリアされた［標準］スタイルの書式になる

052 ［強調太字］スタイルを使って文字列を強調するには

ただ太字にするだけではない

太字にするだけならリボンの［太字］で設定できるのでは？と思われますが、スタイルを使うと「ここには○○スタイルが適用されている」という**（目には見えない）目印**を付けられ、これが**更新作業に役立てられます。**

たとえば、太字にしたい場所が文書内に100か所あるとき、最初は「太字になっていればいい」と思っていたので1つずつ設定していたけれど、「やっぱり色も変えたいし、下線もつけて強調したい」となったら100か所を探して修正しなければなりません。できないわけではないけれど、スタイルを使っていればベースとなっている［強調太字］スタイルを変更するだけです。

自分で文字列を強調するための文字スタイルを作成してもよいのですが、組み込みスタイルを使うと手軽に利用できます。

文字列に［強調太字］スタイルを設定する

04-052-文字スタイル.docx

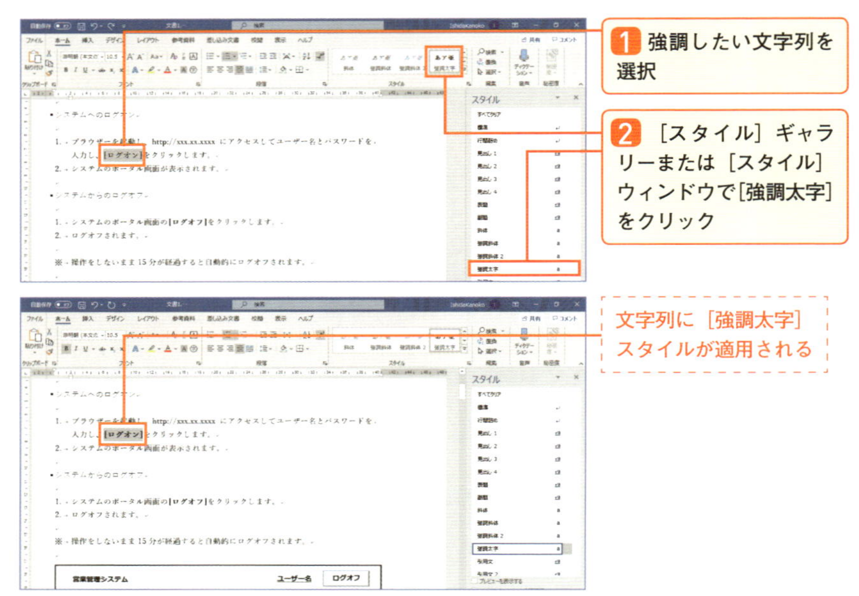
1 強調したい文字列を選択
2 ［スタイル］ギャラリーまたは［スタイル］ウィンドウで［強調太字］をクリック
文字列に［強調太字］スタイルが適用される

スタイルが適用されている場所はまとめて選択できる

［スタイル］ギャラリーや［スタイル］ウィンドウでスタイル名を右クリックすると、［同じ書式を選択］や［すべて選択］などのコマンドを使って、そのスタイルが適用されている場所をまとめて選択できます。

使い方はさまざまですが、たとえば現在［強調太字］スタイルが設定されているすべての場所に［強調斜体］スタイルを適用したい（し直したい）というときに、文書のあちこちにある［強調太字］が設定されている場所をすべて選択できます。置換でもできるけれど、同じスタイルが設定されている場所をすべて同時に選択できる操作はきっといつか必要になるので、覚えておいて損はないです。

［強調太字］スタイルが適用されている場所を選択する　04-052-文字スタイル.docx

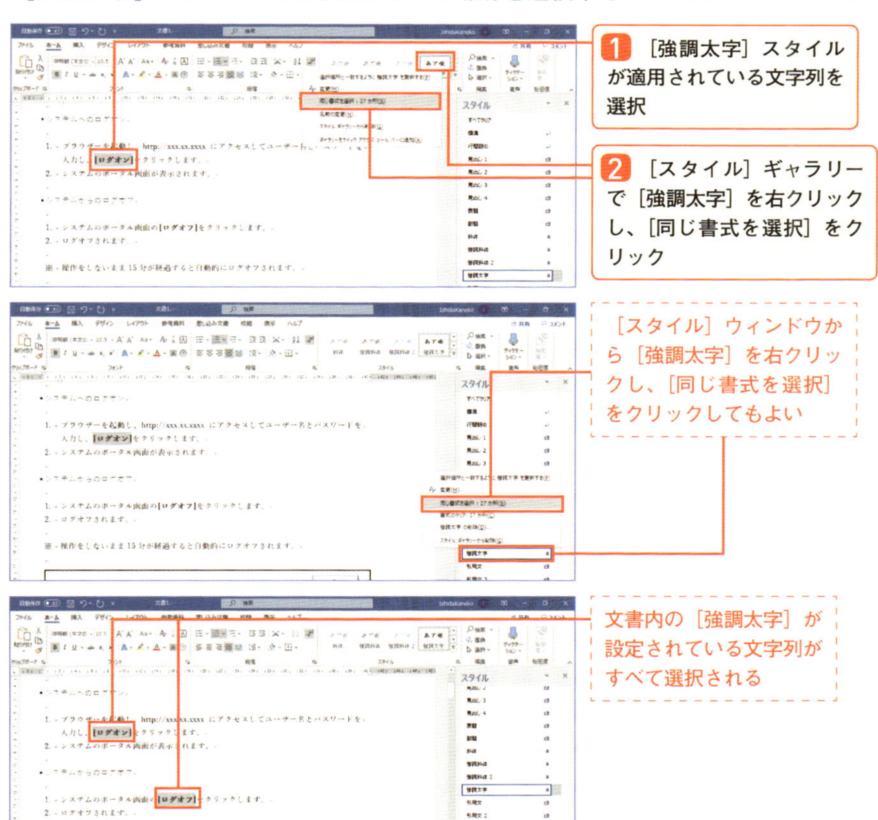
1 ［強調太字］スタイルが適用されている文字列を選択
2 ［スタイル］ギャラリーで［強調太字］を右クリックし、［同じ書式を選択］をクリック
［スタイル］ウィンドウから［強調太字］を右クリックし、［同じ書式を選択］をクリックしてもよい
文書内の［強調太字］が設定されている文字列がすべて選択される

053 ［強調太字］スタイルの書式を変更するには

組み込みスタイルを変更して利用する一例

［強調太字］スタイルには、フォントの種類やサイズは定義されていません。現在の文字列の状態にスタイルを使って強調するための書式を追加するというイメージです。

ここでは［強調太字］のフォントの色を「赤」に変更することだけを例にしていますが、フォント サイズを変えたり、下線を追加したりすることもできます。このようなスタイルで定義されている書式の種類や数を変更することを「スタイル（の書式の内容）を変更する」といいます。

スタイルを変更すると、選択している場所にそのスタイルが適用されるため、動きをきちんと把握できるようになるまでは**現在そのスタイルが適用されている場所（文字列や段落）を選択した状態でダイアログボックスを表示する**ことを意識してください。

［スタイルの変更］ダイアログボックスを表示する

04-053-スタイルの変更.docx

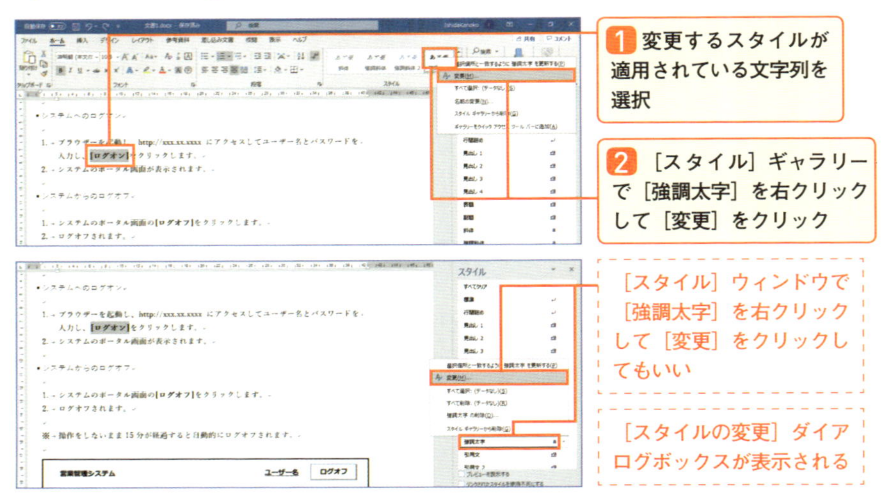
1 変更するスタイルが適用されている文字列を選択
2 ［スタイル］ギャラリーで［強調太字］を右クリックして［変更］をクリック
［スタイル］ウィンドウで［強調太字］を右クリックして［変更］をクリックしてもいい
［スタイルの変更］ダイアログボックスが表示される

[強調太字] スタイルのフォントの色を変更して更新する

04-053-スタイルの変更.docx

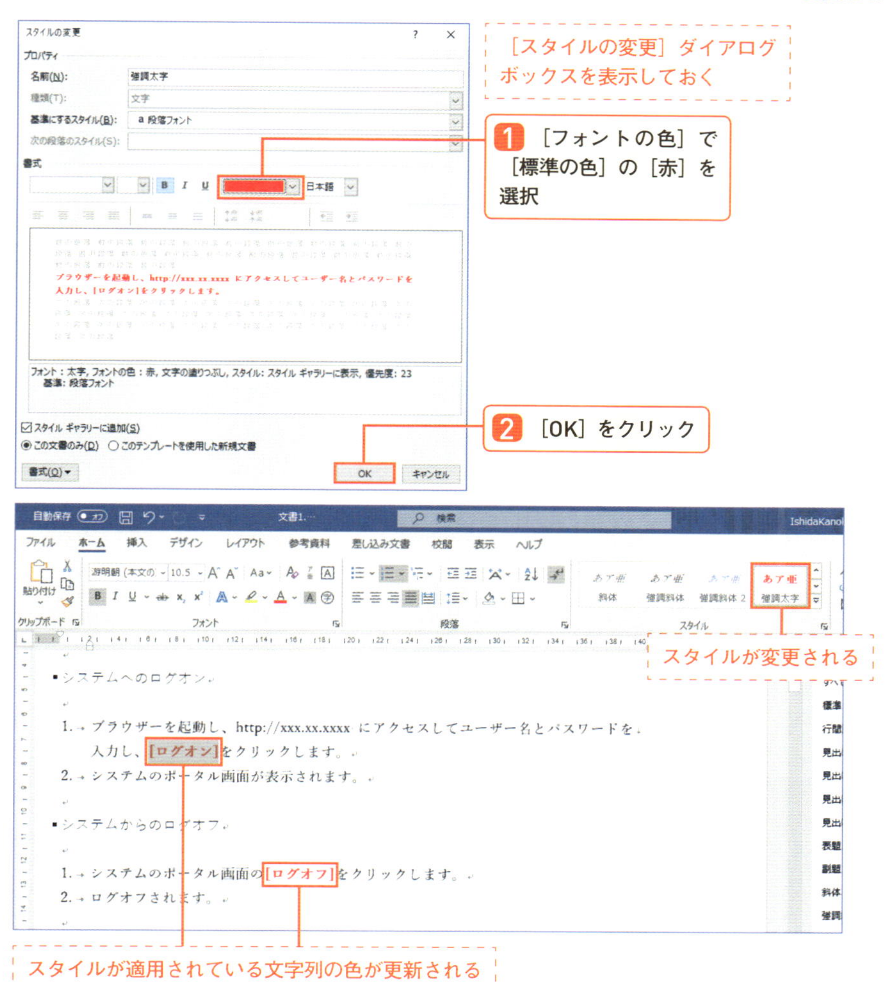
[スタイルの変更] ダイアログボックスを表示しておく
1 [フォントの色] で[標準の色] の [赤] を選択
2 [OK] をクリック
スタイルが変更される
スタイルが適用されている文字列の色が更新される

ここもポイント [テーマの色]と[標準の色]

フォントの色などを選択する一覧には、[テーマの色] と[標準の色] の2種類があります。[テーマの色] から色を選択すると、その文書（ファイル）のテーマが変更されたり、テーマで決められている配色が変更されたりしたときに影響があります。テーマが変わっても「赤」にしたいのであれば [標準の色] で「赤」を選択します。
テーマについてはP.158を参照してください。

054 [表題] や [見出し1] などのリンクスタイルとは

文字列にも段落にも使えるスタイル

文字スタイルには段落書式は含められず、段落スタイルには文字書式を含むことはできるけれど、段落の一部の文字列でその書式を使用したくても段落書式も適用されてしまいます。

リンクスタイルは、文字列を選択して適用すれば文字書式だけが、段落を選択して適用すれば文字書式&段落書式を適用できる、という**選択対象によって動きを変えられるスタイル**です。

たとえば、(実際には段落に適用して使うほうが多いとは思うけれど) [表題] スタイルに含まれる大きめのフォント サイズなどの文字書式だけを文字列に適用したいのなら文字列を、中央揃えなどの段落書式も適用したいのなら段落を選択してスタイルを適用します。

[スタイル] ウィンドウを確認すると、リンクスタイルには マークが表示されています。

[表題] スタイルの段落書式も利用する

04-054-リンクスタイル.docx

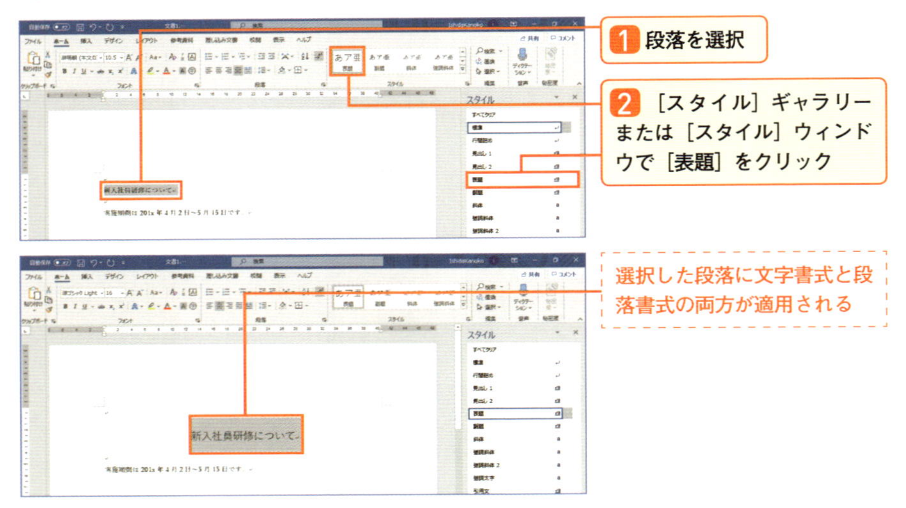
1 段落を選択
2 [スタイル] ギャラリーまたは [スタイル] ウィンドウで [表題] をクリック
選択した段落に文字書式と段落書式の両方が適用される
新入社員研修について

[表題] スタイルの文字書式だけを利用する

04-054-リンクスタイル.docx

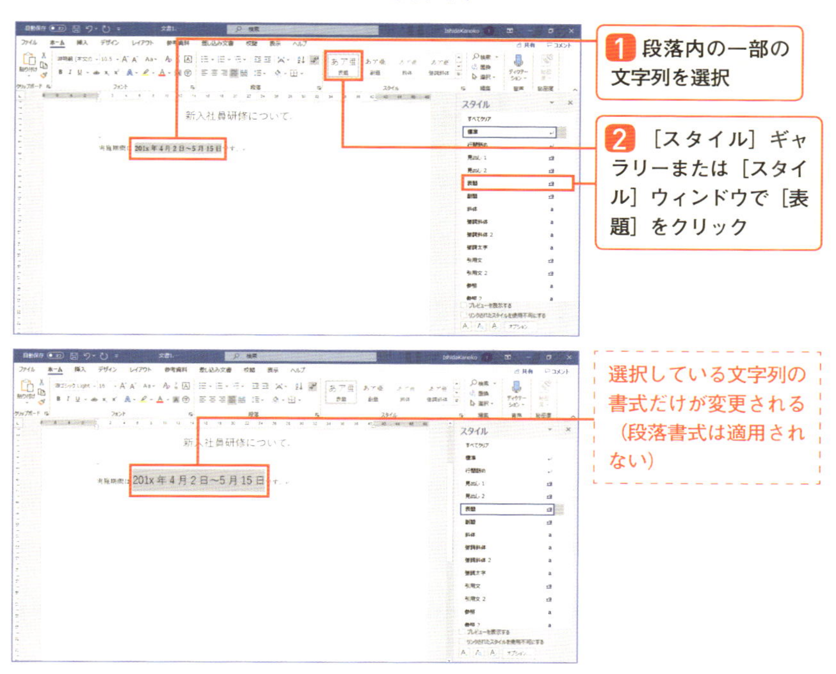

1 段落内の一部の文字列を選択
2 [スタイル] ギャラリーまたは [スタイル] ウィンドウで [表題] をクリック
選択している文字列の書式だけが変更される（段落書式は適用されない）

ここもポイント | 見出しスタイルとアウトライン レベル

組み込みスタイルの［見出し1］や［表題］には、段落書式としてアウトライン レベル1が、［見出し2］や［副題］には2が設定されています。

「本文」として作成した段落1つひとつに、段落書式を使ってアウトライン レベルを設定することもないわけではありませんが、見出しスタイルを使えばアウトライン レベルも設定できる、というように組み合わせで理解しておくべきです。

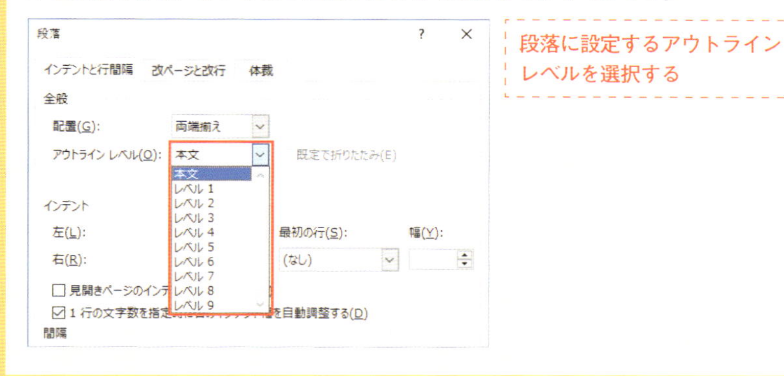

段落
インデントと行間隔
改ページと改行
体裁
全般
配置(G):
両端揃え
アウトライン レベル(O):
本文
既定で折りたたみ(E)
本文
レベル 1
レベル 2
レベル 3
レベル 4
レベル 5
レベル 6
レベル 7
レベル 8
レベル 9
インデント
左(L):
右(R):
最初の行(S):
幅(Y):
(なし)
見開きページのインデ
1 行の文字数を指定
を自動調整する(D)
間隔
段落に設定するアウトライン レベルを選択する

スタイルの活用

055 見出しスタイルを使って文書の見出しを作るには

「章＝見出し1」「節＝見出し2」「項＝見出し3」のように使う

ただ文字をタイトルっぽくしたいだけなら、フォント サイズを大きくして太字にして罫線でも引いておいたりすればよいでしょう。しかし見出しは、小説の章扉に書いてあるタイトルのように、目次からたどりつける場所でもあってほしいものです。

［見出し1］スタイルには［アウトライン レベル］の「1」が、［見出し2］スタイルには「2」があらかじめ定義されており、これらのスタイルを適用するだけで**フォント サイズなどの書式だけでなく、その段落が文書の骨組みを構成する段落とする**ことができます。

見出しスタイルを設定するときには［ナビゲーション］ウィンドウを表示して操作すると結果がわかりやすいでしょう。

［ナビゲーション］ウィンドウを表示する

04-055-見出しスタイル.docx

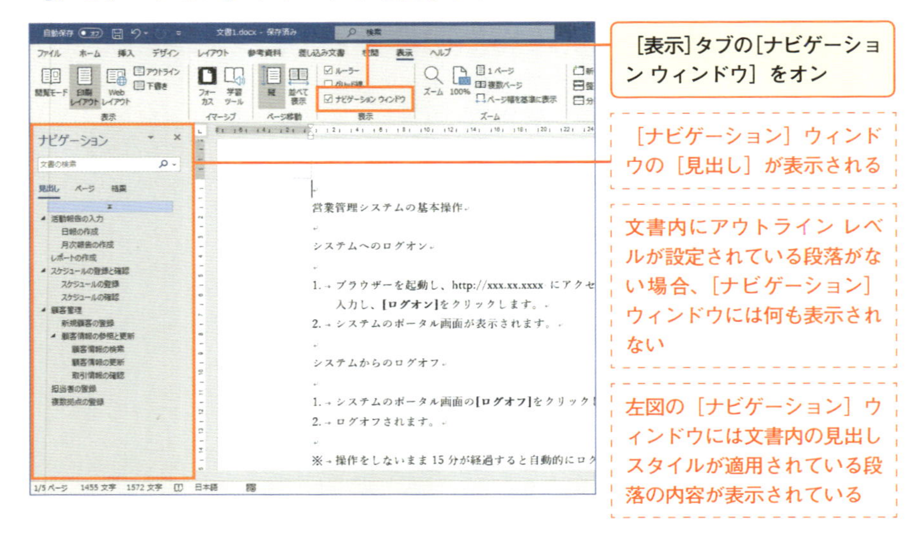
［表示］タブの［ナビゲーション ウィンドウ］をオン
［ナビゲーション］ウィンドウの［見出し］が表示される
文書内にアウトライン レベルが設定されている段落がない場合、［ナビゲーション］ウィンドウには何も表示されない
左図の［ナビゲーション］ウィンドウには文書内の見出しスタイルが適用されている段落の内容が表示されている
ナビゲーション
営業管理システムの基本操作
システムへのログオン
システムからのログオフ

章のタイトル（一番上位の文字）に［見出し1］スタイルを適用する

04-055-見出しスタイル.docx

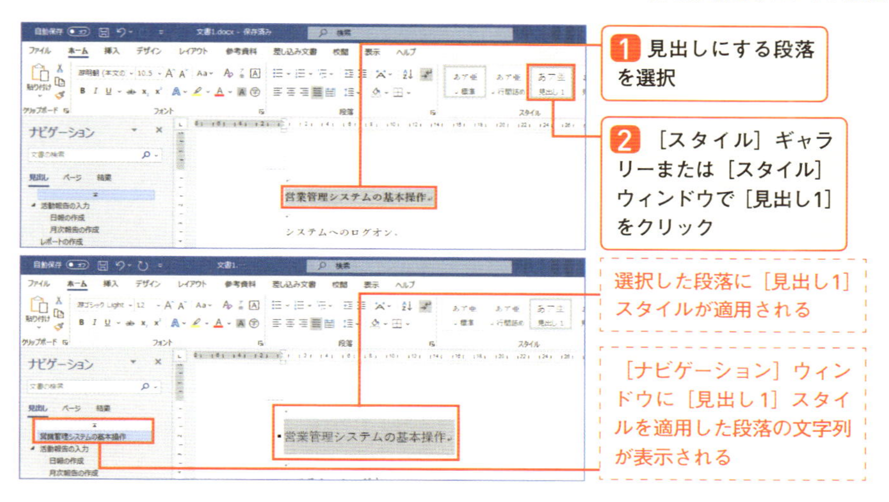

ナビゲーション
営業管理システムの基本操作
システムへのログオン
1 見出しにする段落を選択
2 ［スタイル］ギャラリーまたは［スタイル］ウィンドウで［見出し1］をクリック
選択した段落に［見出し1］スタイルが適用される
［ナビゲーション］ウィンドウに［見出し1］スタイルを適用した段落の文字列が表示される

節のタイトル（章の中のサブ項目）に［見出し2］スタイルを適用する

04-055-見出しスタイル.docx

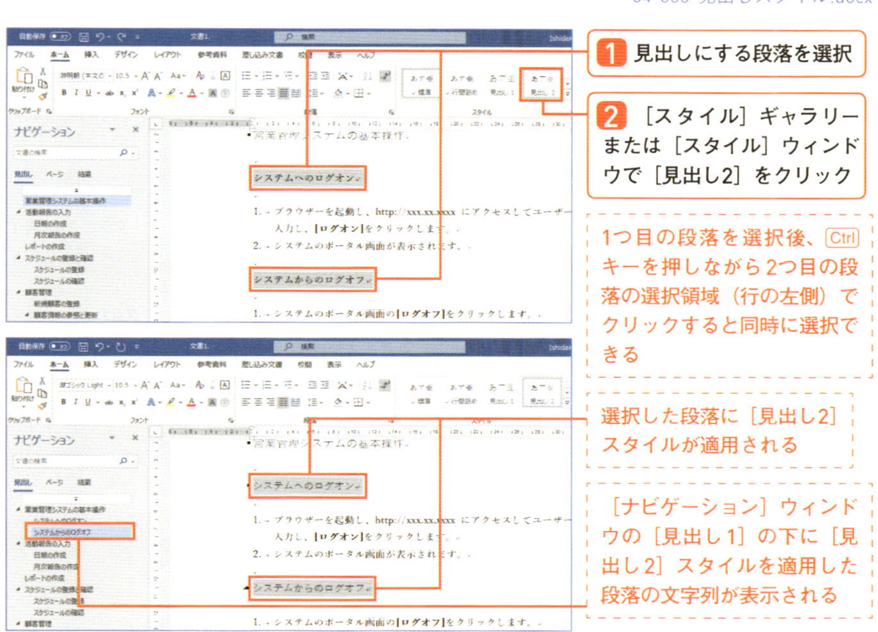

ナビゲーション
システムへのログオン
システムからのログオフ
1 見出しにする段落を選択
2 ［スタイル］ギャラリーまたは［スタイル］ウィンドウで［見出し2］をクリック
1つ目の段落を選択後、Ctrlキーを押しながら2つ目の段落の選択領域（行の左側）でクリックすると同時に選択できる
選択した段落に［見出し2］スタイルが適用される
［ナビゲーション］ウィンドウの［見出し1］の下に［見出し2］スタイルを適用した段落の文字列が表示される

056 [アウトライン レベル] を理解する

文書を階層構造で管理するために大切な順位付け

Wordでは、文書を階層構造で管理するために、その段落が「本文」なのか「タイトルなどの見出し」なのかを識別する**アウトライン レベル**という段落書式を使用できます。アウトライン レベルには1（最上位）から9（最下位）までのレベルがあります。

（説明などの本文ではない）タイトルなどの見出しとして使用する段落にレベル1からレベル9を設定し、骨組みを作ってから間に本文を追加していく、という文書の作成手順を踏むときに活用すべき段落書式です。

アウトライン表示モードで文書の骨組みを作る

マニュアルなどの長文になる文書を作成するときには、見出しを列挙して骨組みを作り、あとで本文や図を入れていく、という作り方がおすすめです。

骨組みを作るときには［アウトライン表示］を利用すると、見出しスタイル（アウトライン レベル）を設定しながらアイデアの書き出しができます。

[アウトライン表示] モードを使う

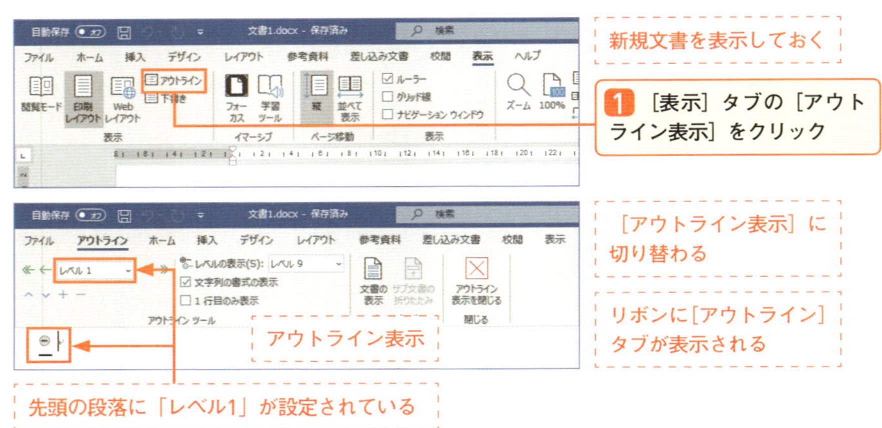

新規文書を表示しておく
1 [表示] タブの [アウトライン表示] をクリック
[アウトライン表示] に切り替わる
リボンに[アウトライン] タブが表示される
アウトライン表示
先頭の段落に「レベル1」が設定されている

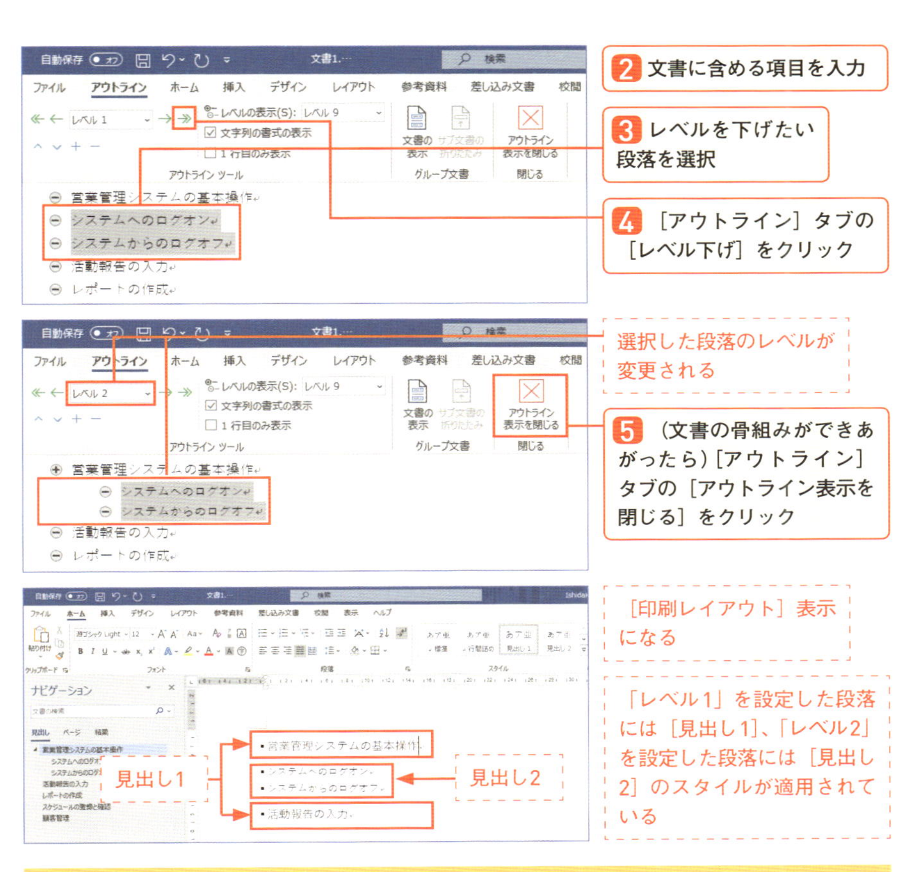

2 文書に含める項目を入力
3 レベルを下げたい段落を選択
4 ［アウトライン］タブの［レベル下げ］をクリック
選択した段落のレベルが変更される
5 （文書の骨組みができあがったら）［アウトライン］タブの［アウトライン表示を閉じる］をクリック
［印刷レイアウト］表示になる
「レベル1」を設定した段落には［見出し1］、「レベル2」を設定した段落には［見出し2］のスタイルが適用されている
見出し1
見出し2
営業管理システムの基本操作
システムへのログオン
システムからのログオフ
活動報告の入力
レポートの作成

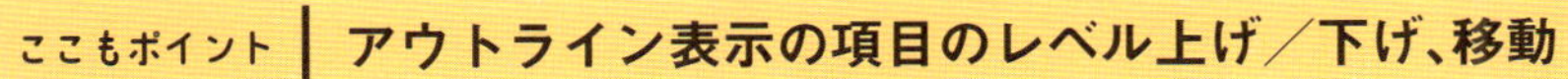

ここもポイント｜アウトライン表示の項目のレベル上げ／下げ、移動

［アウトライン］タブの［アウトライン ツール］グループには、上記の手順で使用したコマンド以外にも段落のレベルを変更したり、配置を移動したりするためのコマンドや見出しの配下の詳細を折りたたんで上位の見出しレベルの内容だけを一覧するための折りたたみや展開のボタンなどもあります。

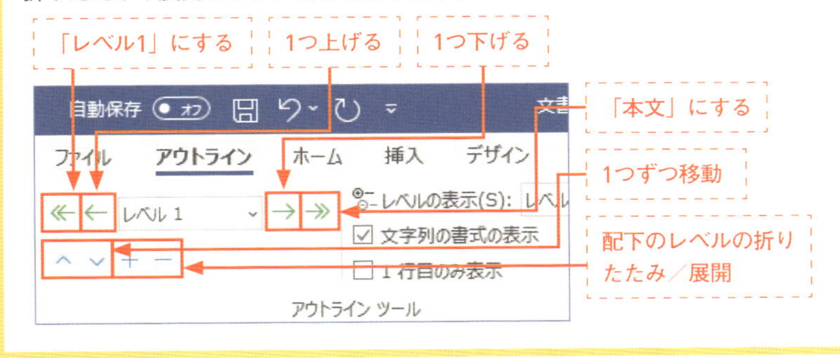

「レベル1」にする
1つ上げる
1つ下げる
「本文」にする
1つずつ移動
配下のレベルの折りたたみ／展開

057 見出しスタイルを変更して もっと目立たせるには

見出しスタイルを使っただけではデザインは乏しい

既定の見出しスタイルには、アウトライン レベル以外にはフォント サイズが少し大きめになる程度の書式しか含まれていません。もっと目立つようにしたいのであれば、見出しスタイルの書式を変更します。

一例ですが、ここでの手順では［見出し1］スタイルの背景色を変更し、太字にして、フォント サイズを少し既定よりも大きくしています。

［見出し1］スタイルの段落に背景色を設定する

04-057-スタイルの変更.docx

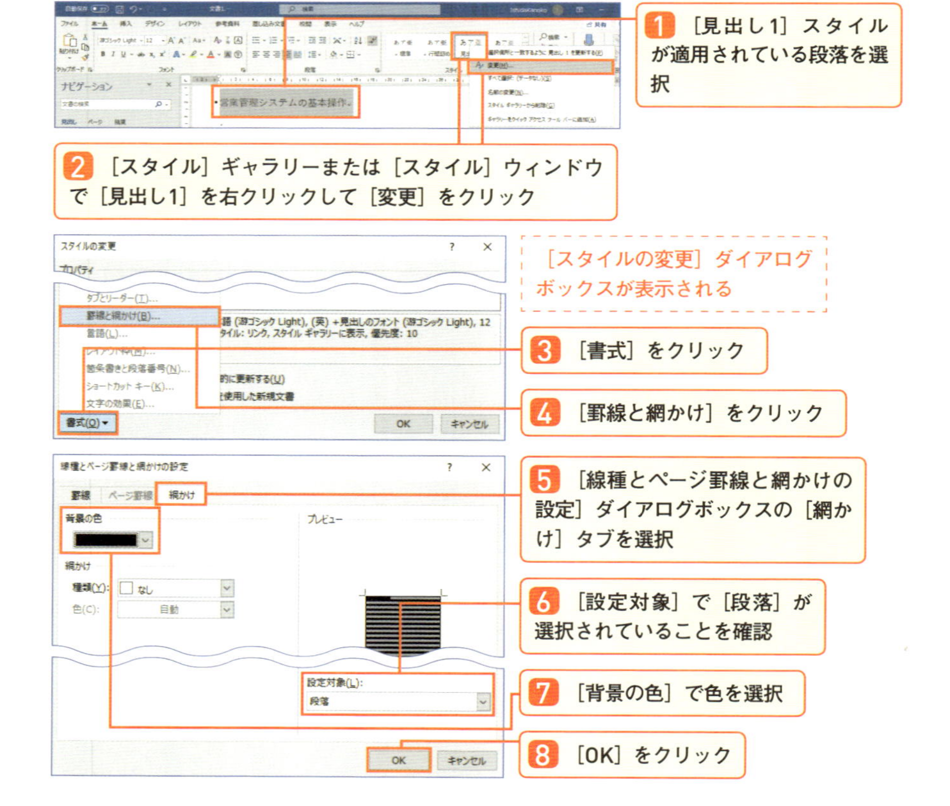

1 ［見出し1］スタイルが適用されている段落を選択
営業管理システムの基本操作
2 ［スタイル］ギャラリーまたは［スタイル］ウィンドウで［見出し1］を右クリックして［変更］をクリック
スタイルの変更
［スタイルの変更］ダイアログボックスが表示される
罫線と網かけ(B)...
3 ［書式］をクリック
書式(O)
4 ［罫線と網かけ］をクリック
OK
キャンセル
線種とページ罫線と網かけの設定
罫線
ページ罫線
網かけ
背景の色
5 ［線種とページ罫線と網かけの設定］ダイアログボックスの［網かけ］タブを選択
プレビュー
6 ［設定対象］で［段落］が選択されていることを確認
設定対象(L):
段落
7 ［背景の色］で色を選択
8 ［OK］をクリック

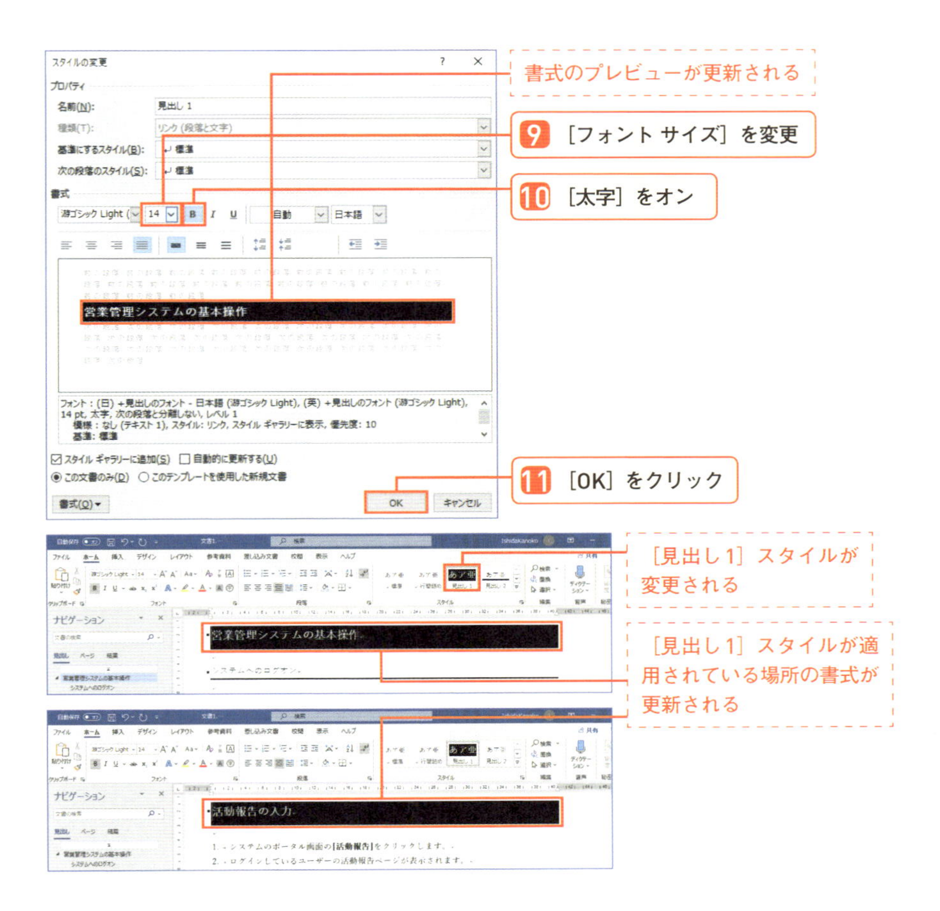
スタイルの変更
書式のプレビューが更新される
9 [フォント サイズ] を変更
10 [太字] をオン
営業管理システムの基本操作
11 [OK] をクリック
[見出し 1] スタイルが変更される
[見出し 1] スタイルが適用されている場所の書式が更新される
活動報告の入力

ここもポイント | 段落の下に下線を引くには

下図の［見出し2］スタイル（システムへのログオンの段落）のように段落の下に罫線を表示するには、［線種とページ罫線と網かけの設定］ダイアログボックスの［罫線］タブで線種や罫線の位置を設定します。

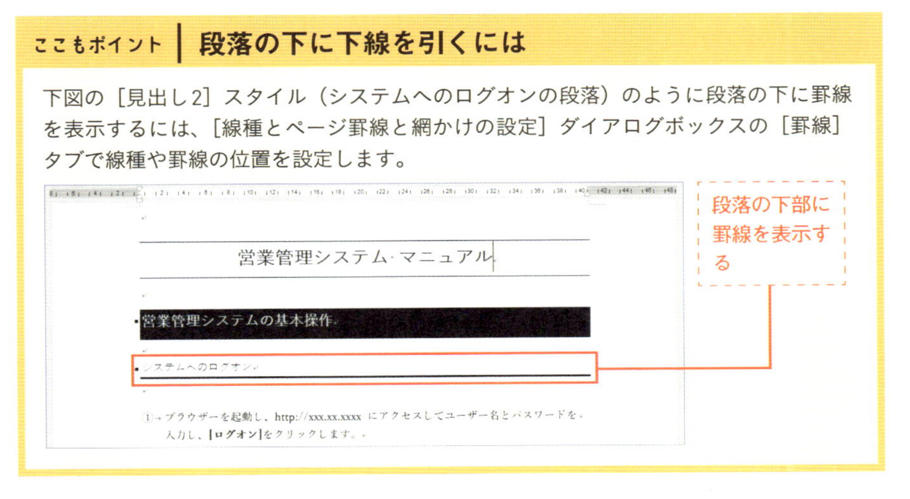
営業管理システム マニュアル
営業管理システムの基本操作
システムへのログオン
段落の下部に罫線を表示する

058 スタイルに対応したデザインを選んで使うには

スタイルを使っていないとスタイル セットのメリットはわからない

リボンの［デザイン］タブのギャラリーには、「見出し1はこんな書式にして、見出し2はこうして……」というすべてのスタイルの定義が**スタイル セット**として表示されています。見出しスタイルなどを使っていない文書でスタイル セットを選択してもあまり変化がないので、「クリックしてもあんまり変わらないです。何がよいのですか？」と聞かれることがあります。

スタイル セットを使うとスタイルごとに1つずつ変更を加えなくてもバランスよく見出しスタイルの書式を整えられますが、いわゆる吊るしのスーツと同じで書式がセットされているため、行間がいや、色はこれじゃないなんていうことはあります。そのため私はスタイル セットの適用後に、部分的に自分でスタイルの変更を加えながら使っています。

スタイル セットを使ってデザインを変更したときのイメージを確認する　04-058-スタイルセット.docx

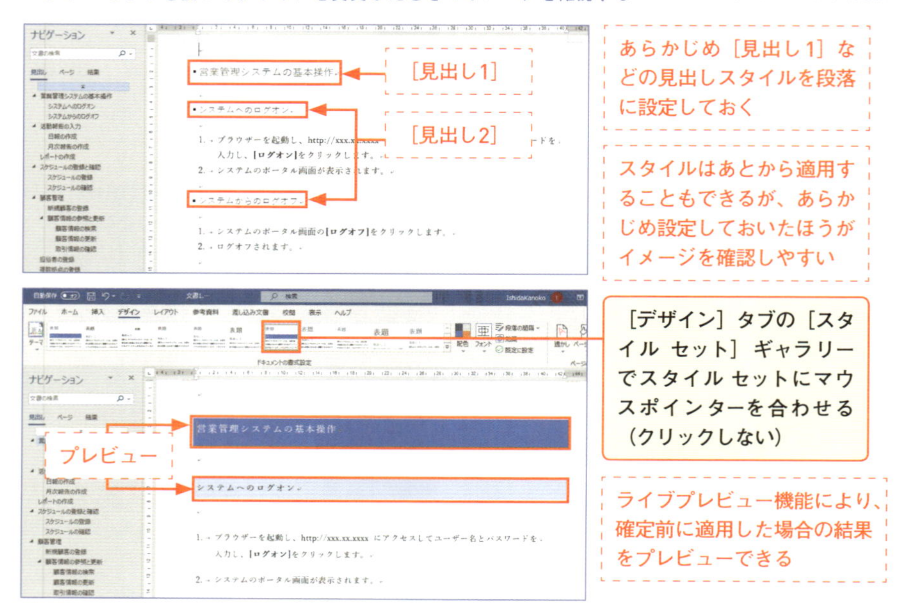

［見出し1］
［見出し2］
あらかじめ［見出し1］などの見出しスタイルを段落に設定しておく
スタイルはあとから適用することもできるが、あらかじめ設定しておいたほうがイメージを確認しやすい
［デザイン］タブの［スタイル セット］ギャラリーでスタイル セットにマウスポインターを合わせる（クリックしない）
プレビュー
ライブプレビュー機能により、確定前に適用した場合の結果をプレビューできる

スタイル セットを使ってデザインを変更する

04-058-スタイルセット.docx

あらかじめ［見出し1］などの見出しスタイルを段落に設定しておく

［デザイン］タブの［スタイル セット］ギャラリーで適用するスタイル セット（［線（シンプル）］）をクリック

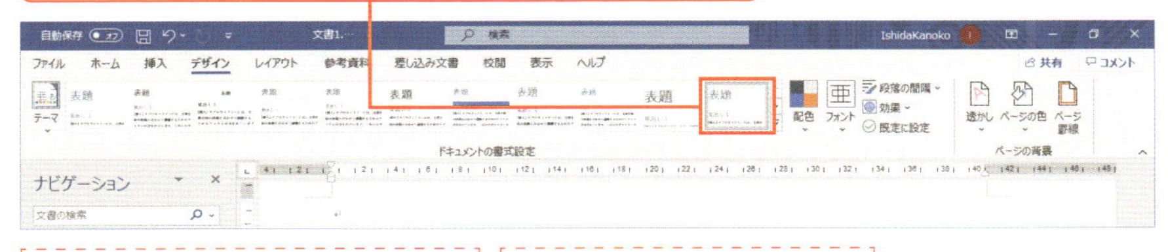

文書にスタイル セットが適用される

スタイルの書式が更新される

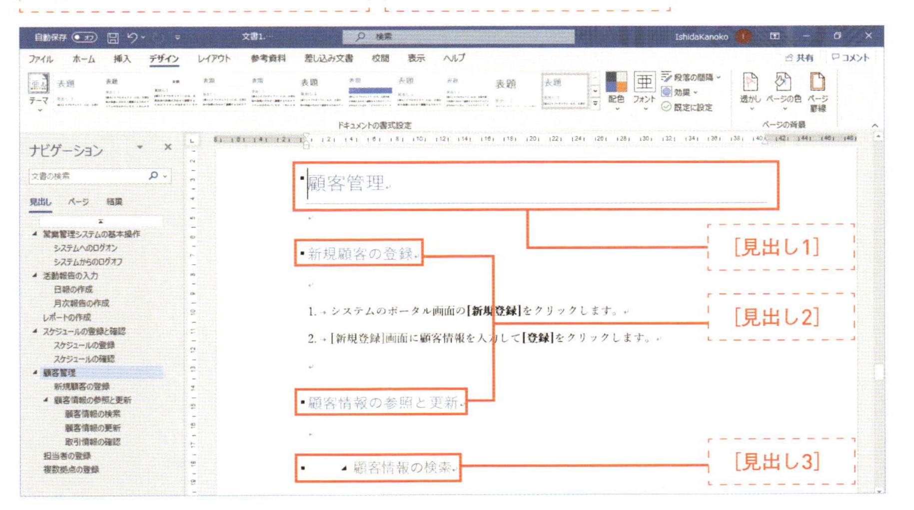
顧客管理
新規顧客の登録
1. システムのポータル画面の[新規登録]をクリックします。
2. [新規登録]画面に顧客情報を入力して[登録]をクリックします。
顧客情報の参照と更新
顧客情報の検索
［見出し1］
［見出し2］
［見出し3］

ここもポイント｜既定のスタイル セットにリセットする

スタイル セットを適用する前の既定の状態に戻すには、リボンの［デザイン］タブの［スタイル セット］ギャラリーの［その他］をクリックして［既定のスタイル セットにリセット］をクリックします。

ここもポイント｜スタイル セットを自分で作るには

個別に変更を加えた複数のスタイルをほかの文書でも使用したいときに、スタイル セットとして保存し、そのスタイル セットをほかの文書で利用することもできます。スタイル セットの作成方法はP.132を参照してください。

スタイルの活用

059 スタイルを自分で新しく作るには

作る→確認する→修正する

組み込みスタイルだけではスタイルが足りないときなどは、スタイルの名前、文字スタイルや段落スタイルなどの種類、具体的な書式を検討して新しいスタイルを作成します。

なお、組織のルールなどでフォントの種類やサイズなどが決められている場合を除き、書式をユーザーが決定できる文書では**スタイルは一度作って終わりではなく**、作成したスタイルである程度の文書作成をしてみて書式が適切かどうか確認をし、必要なら修正を加えながら利用します。一度で完璧なものはなかなかできないものです。

完成イメージ

04-059-スタイルの作成.docx

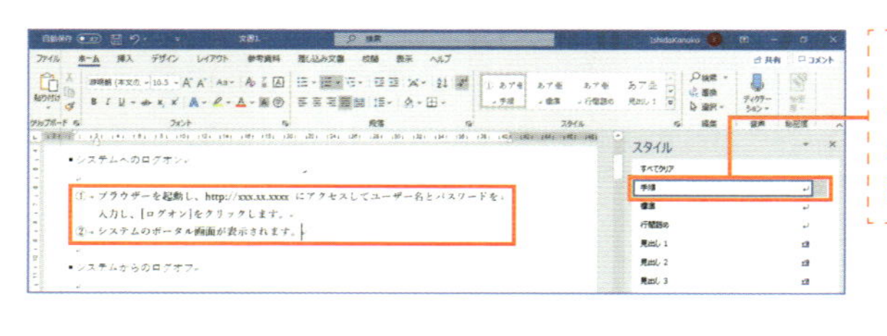

［標準］を基準に［手順］という名前の段落スタイルを作成し、丸数字の段落番号を設定する

［書式から新しいスタイルを作成］ダイアログボックスを表示する

04-059-スタイルの作成.docx

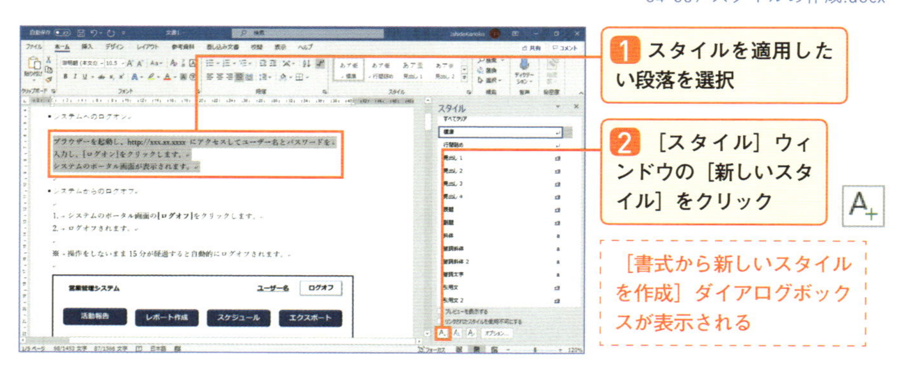
1 スタイルを適用したい段落を選択
2 ［スタイル］ウィンドウの［新しいスタイル］をクリック
［書式から新しいスタイルを作成］ダイアログボックスが表示される

［標準］スタイルを基準として［段落］スタイルを作成する

04-059-スタイルの作成.docx

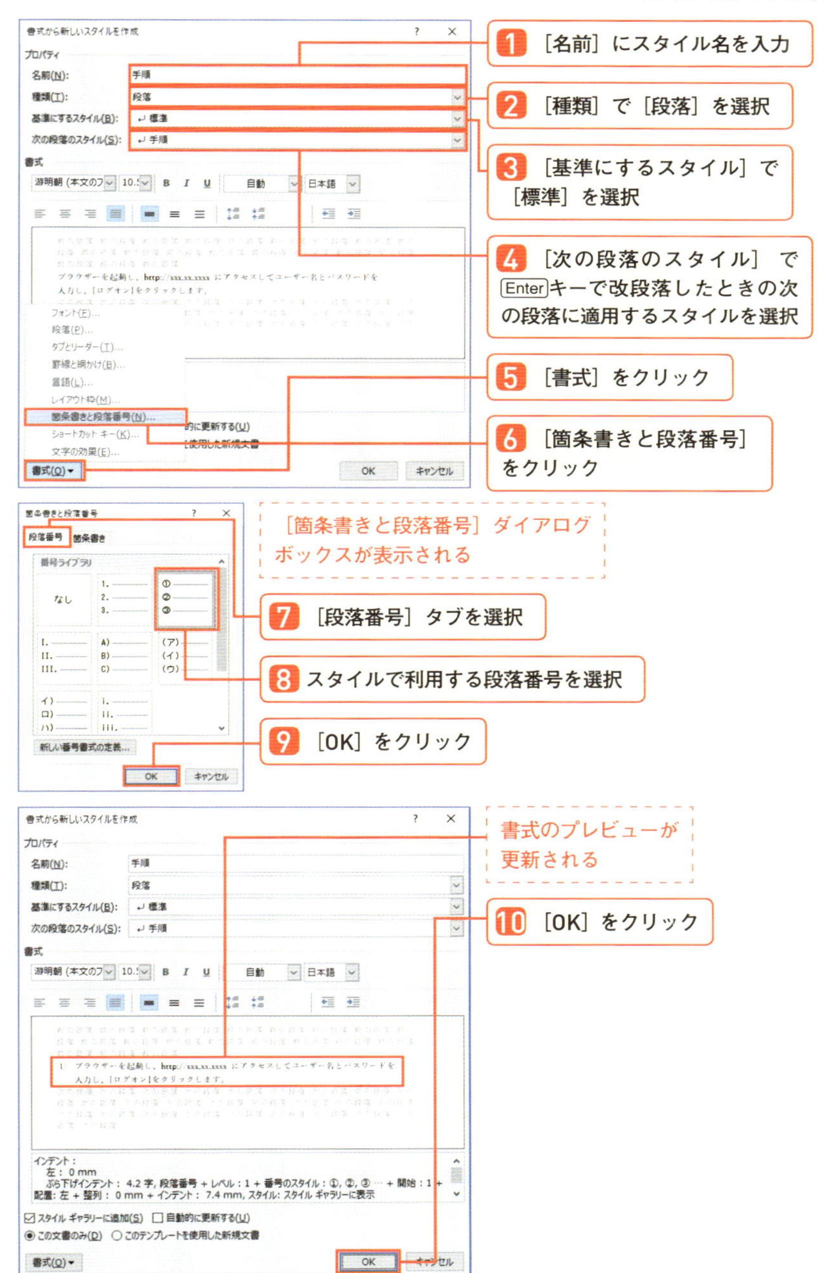
1 ［名前］にスタイル名を入力
2 ［種類］で［段落］を選択
3 ［基準にするスタイル］で［標準］を選択
4 ［次の段落のスタイル］でEnterキーで改段落したときの次の段落に適用するスタイルを選択
5 ［書式］をクリック
6 ［箇条書きと段落番号］をクリック
［箇条書きと段落番号］ダイアログボックスが表示される
7 ［段落番号］タブを選択
8 スタイルで利用する段落番号を選択
9 ［OK］をクリック
書式のプレビューが更新される
10 ［OK］をクリック

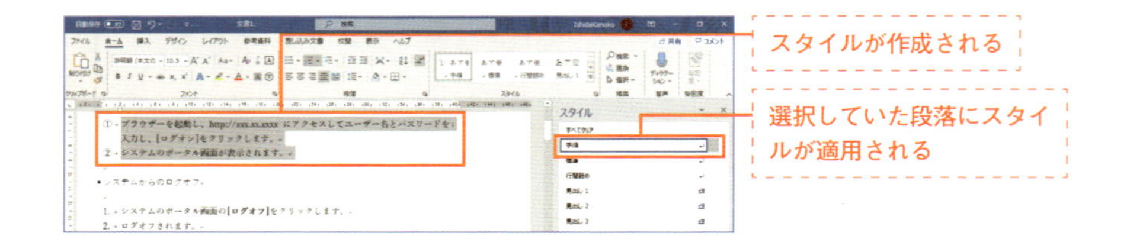
スタイルが作成される
選択していた段落にスタイルが適用される

[書式]ボタンをしっかり使えるようにする

［書式から新しいスタイルを作成］ダイアログボックスには、フォントの種類やフォント サイズ、フォントの色などの一部の書式設定用のボタンしか表示されていないように見えます。特に、段落書式に含めたい詳細なインデントの設定などができるようには見えません。

スタイルを自分で作って利用する、または既存のスタイルを編集して思い通りの書式にしたいのなら、［書式］ボタンを経由して［段落］（に対する書式を設定する）ダイアログボックスなどを表示し、書式を決定できることを知っておきましょう。

特に［フォント］［段落］［罫線と網かけ］［箇条書きと段落番号］は、利用頻度が高いです。たとえば、日本語と英数字のフォントの種類を指定して変更したい場合は［フォント］から、左インデントなどの字下げを設定したい場合は［段落］からダイアログボックスを表示して設定できます。

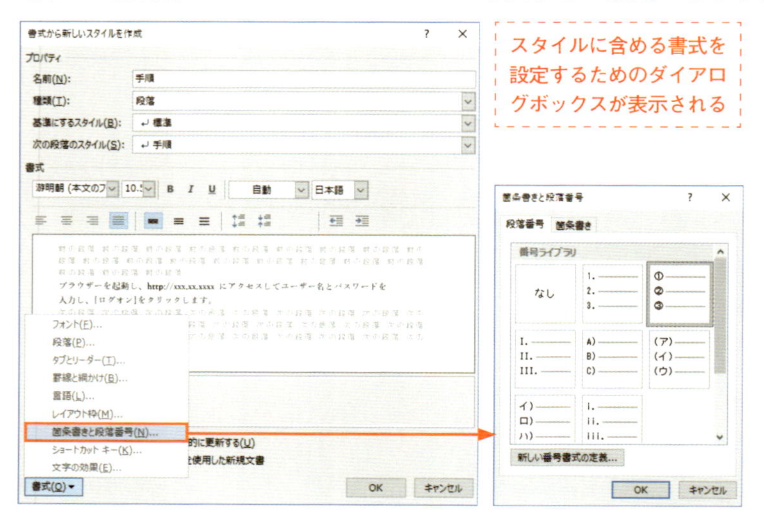
スタイルに含める書式を設定するためのダイアログボックスが表示される
書式から新しいスタイルを作成
名前(N):
手順
種類(T):
段落
基準にするスタイル(B):
標準
次の段落のスタイル(S):
フォント(F)...
段落(P)...
タブとリーダー(T)...
罫線と網かけ(B)...
言語(L)...
レイアウト枠(M)...
箇条書きと段落番号(N)...
ショートカット キー(K)...
文字の効果(E)...
書式(O)
OK
キャンセル
箇条書きと段落番号
段落番号
箇条書き
番号ライブラリ
なし
新しい番号書式の定義...

［書式］ボタンのコマンド

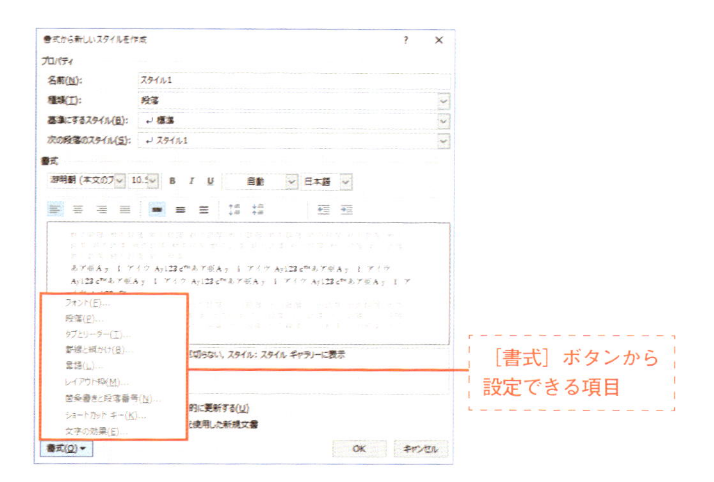
書式から新しいスタイルを作成
プロパティ
名前(N):
スタイル1
種類(T):
段落
基準にするスタイル(B):
標準
次の段落のスタイル(S):
スタイル1
書式
游明朝 (本文のフ
10.5
B
I
U
自動
日本語
フォント(F)...
段落(P)...
タブとリーダー(T)...
罫線と網かけ(B)...
言語(L)...
レイアウト枠(M)...
箇条書きと段落番号(N)...
ショートカット キー(K)...
文字の効果(E)...
書式(O)
OK
キャンセル
［書式］ボタンから
設定できる項目

［フォント］	［フォント］ダイアログボックスが表示される。 たとえば、日本語だけでなく英数字のフォントの種類も選びたいときなどは［フォント］ダイアログボックスが必要。
［段落］	［段落］ダイアログボックスが表示される。 たとえば、1行目のインデントやアウトライン レベルなどをスタイルに含めるときなどは［段落］ダイアログボックスが必要。
［タブとリーダー］	［タブとリーダー］ダイアログボックスが表示される。 スタイルにタブの位置、種類、リーダー線の有無などを追加するときに使用する。
［罫線と網かけ］	［線種とページ罫線と網かけの設定］ダイアログボックスが表示される。 段落全体に下線を表示したり、段落の背景に色を付けたりするときに使用する。
［言語］	［言語の選択］ダイアログボックスが表示される。 使用する言語を選択するときに使用する。
［レイアウト枠］	［レイアウト枠］ダイアログボックスが表示される。 レイアウト枠のサイズなどを決定し、レイアウト枠内に文字列を配置するときに使用する。
［箇条書きと段落番号］	［箇条書きと段落番号］ダイアログボックスが表示される。 行頭文字や段落番号を設定するときに使用する。
［ショートカット キー］	［キーボードのユーザー設定］ダイアログボックスが表示される。 スタイルに割り当てるショートカットキーを設定するときに使用する。
［文字の効果］	［文字の効果の設定］ダイアログボックスが表示される。 文字列に影や光彩といった効果を設定するときに使用する。

060 作成したスタイルを変更して書式を加えるには

組み込みスタイルも作ったスタイルも変更できる

文書を作成している過程で適切な書式の組み合わせに変更して、そのスタイルが適用されている場所の書式を一括で更新できます。

たとえば、私は基準になる書式は残しておきたいので［標準］スタイルを変更することはあまり好みませんが、できるかできないかでいったら［標準］スタイルも変更は可能です。

ここではP.126で作成した［手順］という段落スタイルに段落前の間隔（段落書式）を追加することを例にスタイルの変更をしています。

作成したスタイルを変更する

04-060-スタイルの変更.docx

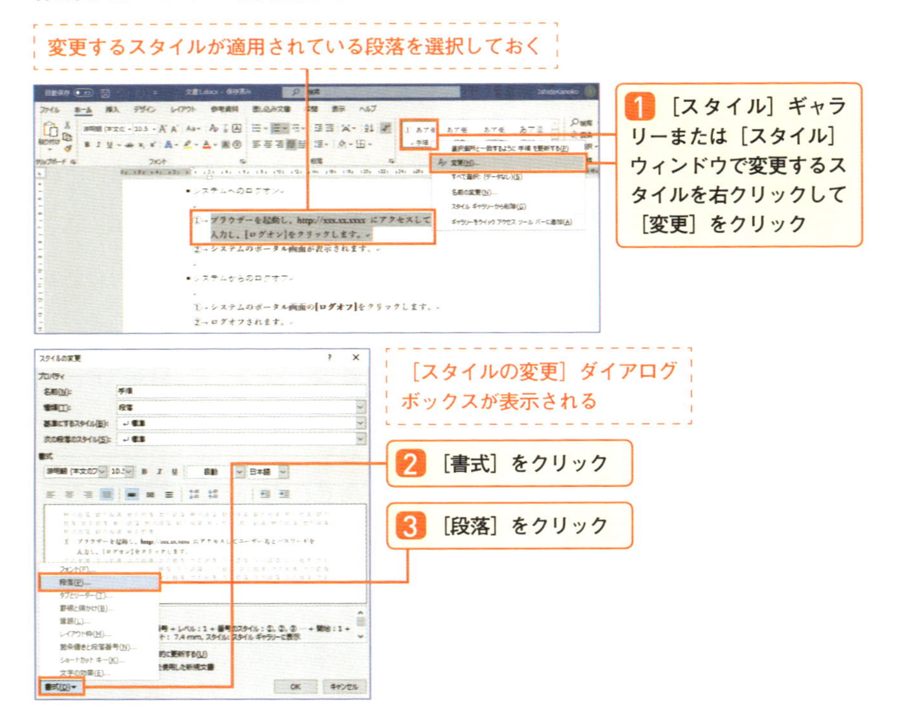

変更するスタイルが適用されている段落を選択しておく
1 ［スタイル］ギャラリーまたは［スタイル］ウィンドウで変更するスタイルを右クリックして［変更］をクリック
［スタイルの変更］ダイアログボックスが表示される
2 ［書式］をクリック
3 ［段落］をクリック

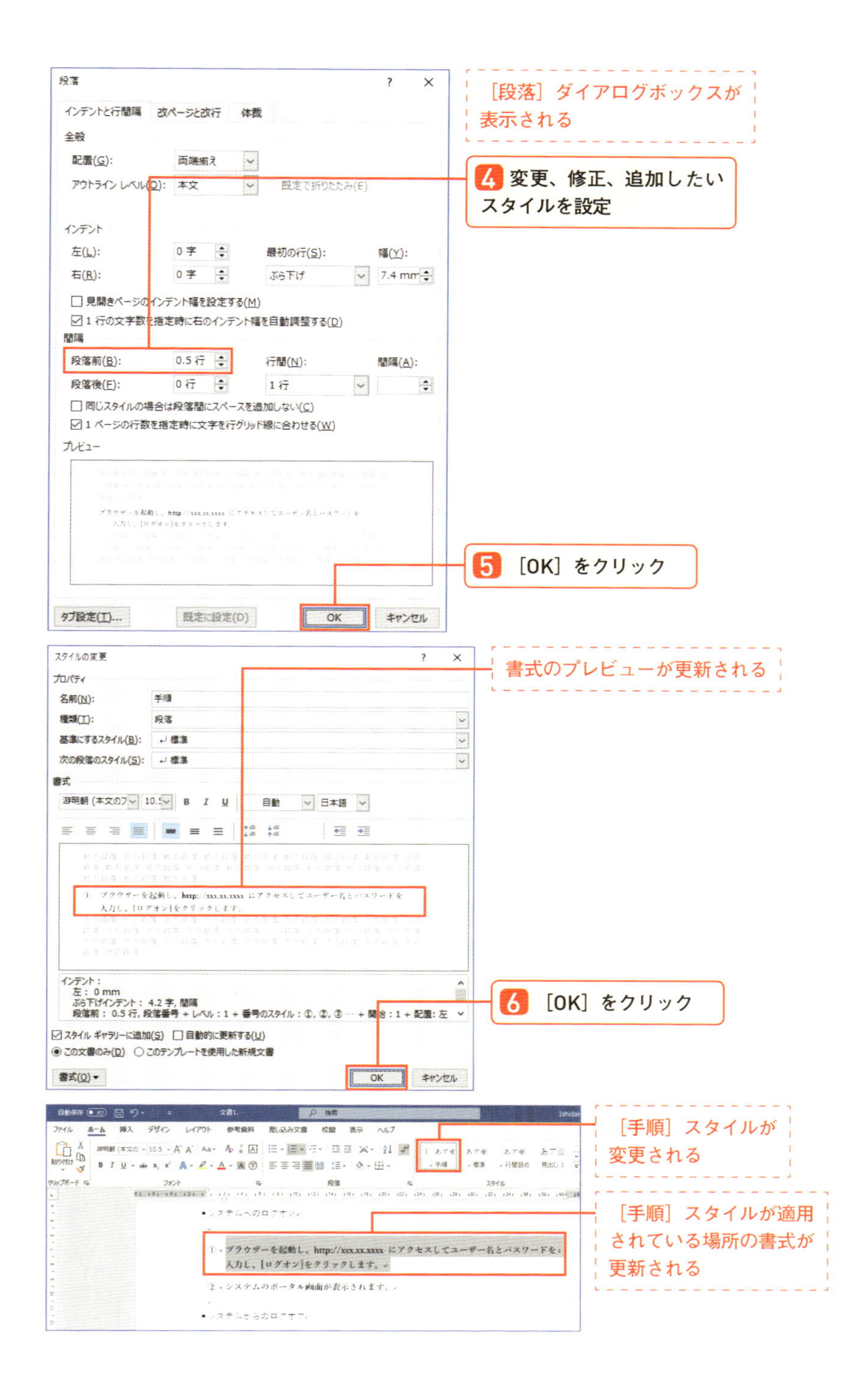
段落
インデントと行間隔
改ページと改行
体裁
全般
配置(G):
両端揃え
アウトライン レベル(O):
本文
既定で折りたたみ(E)
インデント
左(L):
0 字
最初の行(S):
幅(Y):
右(R):
0 字
ぶら下げ
7.4 mm
見開きページのインデント幅を設定する(M)
1 行の文字数を指定時に右のインデント幅を自動調整する(D)
間隔
段落前(B):
0.5 行
行間(N):
間隔(A):
段落後(F):
0 行
1 行
同じスタイルの場合は段落間にスペースを追加しない(C)
1 ページの行数を指定時に文字を行グリッド線に合わせる(W)
プレビュー
タブ設定(T)...
既定に設定(D)
OK
キャンセル
［段落］ダイアログボックスが表示される
4 変更、修正、追加したいスタイルを設定
5 ［OK］をクリック
スタイルの変更
プロパティ
名前(N):
手順
種類(T):
段落
基準にするスタイル(B):
標準
次の段落のスタイル(S):
標準
書式
游明朝 (本文のフ
10.5
自動
日本語
①　ブラウザーを起動し、http://xxx.xx.xxxx にアクセスしてユーザー名とパスワードを入力し、［ログオン］をクリックします。
インデント：
左： 0 mm
ぶら下げインデント： 4.2 字, 間隔
段落前： 0.5 行, 段落番号 + レベル：1 + 番号のスタイル：①, ②, ③ … + 開始：1 + 配置：左
スタイル ギャラリーに追加(S)
自動的に更新する(U)
この文書のみ(D)
このテンプレートを使用した新規文書
書式(O)
OK
キャンセル
書式のプレビューが更新される
6 ［OK］をクリック
ファイル
ホーム
挿入
デザイン
レイアウト
参考資料
差し込み文書
校閲
表示
ヘルプ
クリップボード
フォント
段落
スタイル
システムへのログオン
① ブラウザーを起動し、http://xxx.xx.xxxx にアクセスしてユーザー名とパスワードを入力し、［ログオン］をクリックします。
② システムのポータル画面が表示されます。
システムからのログオフ
［手順］スタイルが変更される
［手順］スタイルが適用されている場所の書式が更新される

061 スタイルをほかの文書で使うには（スタイル セット）

自分が作ったすべてのスタイルをセットとして保存する

リボンの［デザイン］タブのギャラリーにはスタイル セットが表示されており、これを使って文書のデザイン（スタイルの書式）を変えられます。

このギャラリーに**自分が作成したスタイル セットを表示**することができれば、どの文書を編集しているときにも同じスタイルの組み合わせを利用できます。すべてのスタイルの組み合わせをセットとして文書で使いたいときには、こちらの方法が適しています。

自分で作成したスタイル セットは［スタイル セット］ギャラリーで右クリックして［削除］をクリックして削除できます。不要になったら削除しても問題はありません。

スタイル セットを保存する

04-061-スタイルセットの保存1.docx

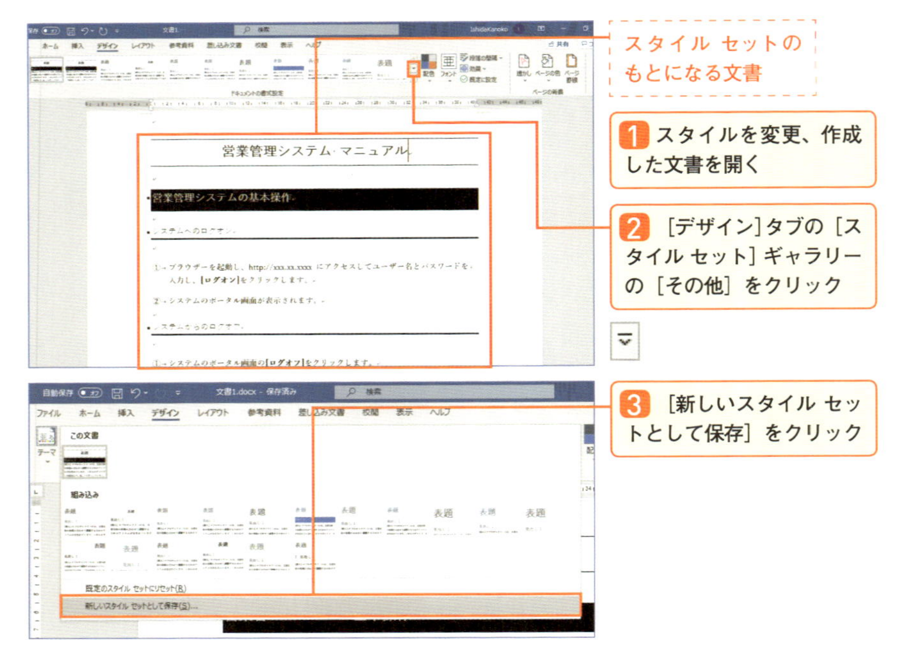
スタイル セットのもとになる文書
1 スタイルを変更、作成した文書を開く
2 ［デザイン］タブの［スタイル セット］ギャラリーの［その他］をクリック
3 ［新しいスタイル セットとして保存］をクリック
営業管理システム マニュアル
営業管理システムの基本操作
既定のスタイル セットにリセット(R)
新しいスタイル セットとして保存(S)...

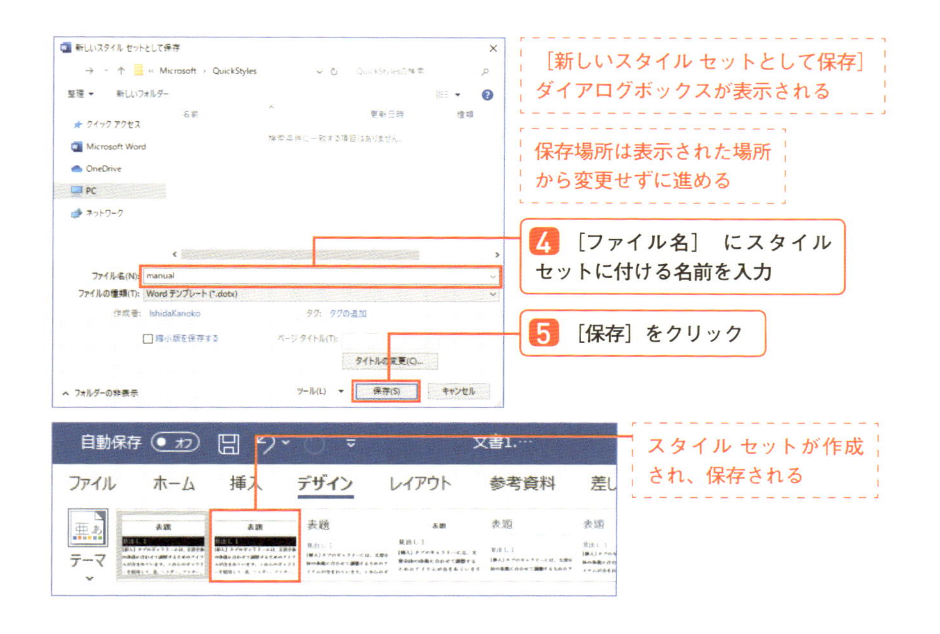
新しいスタイル セットとして保存
Microsoft › QuickStyles
整理 ▾
新しいフォルダー
クイック アクセス
Microsoft Word
OneDrive
PC
ネットワーク
ファイル名(N): manual
ファイルの種類(T): Word テンプレート (*.dotx)
作成者: IshidaKanoko
タグ: タグの追加
縮小版を保存する
ページ タイトル(T):
タイトルの変更(C)...
フォルダーの非表示
ツール(L)
保存(S)
キャンセル
［新しいスタイル セットとして保存］ダイアログボックスが表示される
保存場所は表示された場所から変更せずに進める
4 ［ファイル名］ にスタイル セットに付ける名前を入力
5 ［保存］ をクリック
自動保存
オフ
文書1.…
ファイル
ホーム
挿入
デザイン
レイアウト
参考資料
テーマ
スタイル セットが作成され、保存される

作成したスタイル セットを使う

04-061-スタイルセットの保存2.docx

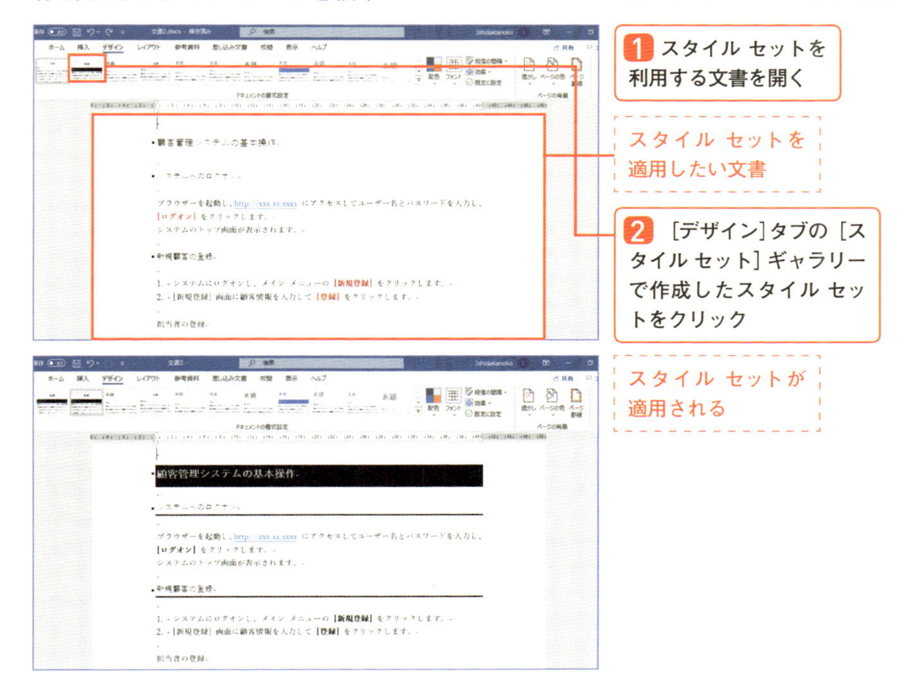
1 スタイル セットを利用する文書を開く
スタイル セットを適用したい文書
2 ［デザイン］タブの［スタイル セット］ギャラリーで作成したスタイル セットをクリック
スタイル セットが適用される
顧客管理システムの基本操作
ブラウザーを起動し、http://xxx.xx.xxxx にアクセスしてユーザー名とパスワードを入力し、
［ログオン］をクリックします。
システムのトップ画面が表示されます。
新規顧客の登録
1. システムにログオンし、メイン メニューの［新規登録］をクリックします。
2. ［新規登録］画面に顧客情報を入力して［登録］をクリックします。
担当者の登録

スタイルの活用

062 スタイルをほかの文書で使うには（スタイルのコピー）

コレとコレだけコピーしたい、というときにはスタイルのコピー

一部のスタイルだけをほかの文書で使いたい場合は、専用の機能を使って対象のスタイルだけを指定した文書にコピーします。

[スタイルの管理] ダイアログボックスを表示する

04-062-スタイルのコピー1.docx

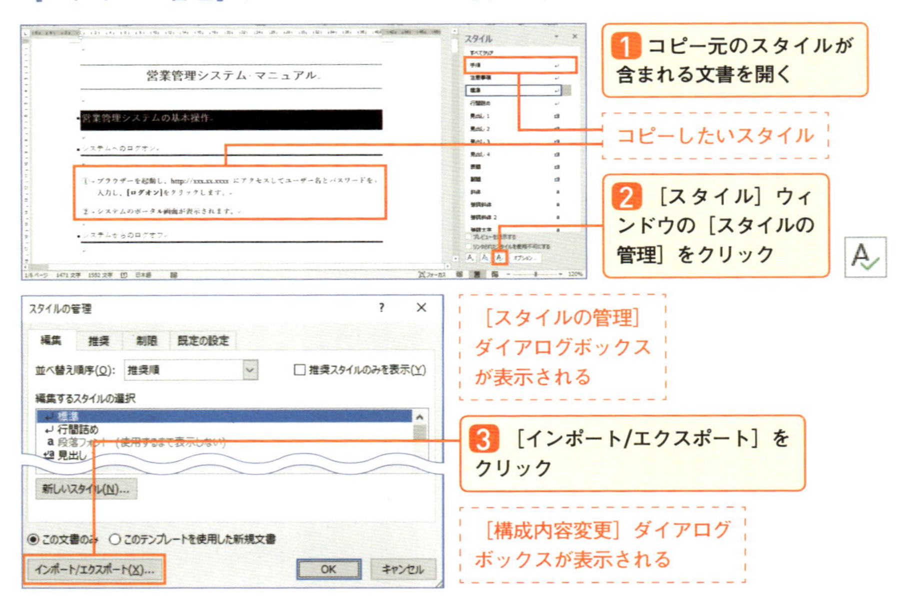

1 コピー元のスタイルが含まれる文書を開く
コピーしたいスタイル
2 [スタイル] ウィンドウの [スタイルの管理] をクリック
[スタイルの管理] ダイアログボックスが表示される
3 [インポート/エクスポート] をクリック
[構成内容変更] ダイアログボックスが表示される
営業管理システム マニュアル
営業管理システムの基本操作
スタイルの管理
編集
推奨
制限
既定の設定
並べ替え順序(O):
推奨順
推奨スタイルのみを表示(Y)
編集するスタイルの選択
標準
行間詰め
見出し
新しいスタイル(N)...
この文書のみ
このテンプレートを使用した新規文書
インポート/エクスポート(X)...
OK
キャンセル

スタイルのコピー先となる文書を指定する

04-062-スタイルのコピー1.docx
04-062-スタイルのコピー2.docx

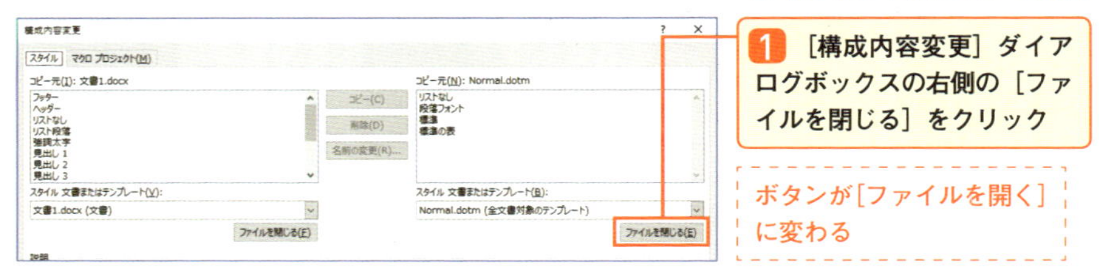

1 [構成内容変更] ダイアログボックスの右側の [ファイルを閉じる] をクリック
ボタンが [ファイルを開く] に変わる
構成内容変更
スタイル
マクロ プロジェクト(M)
コピー元(I): 文書1.docx
コピー先(N): Normal.dotm
コピー(C)
削除(D)
名前の変更(R)...
ファイルを閉じる(E)

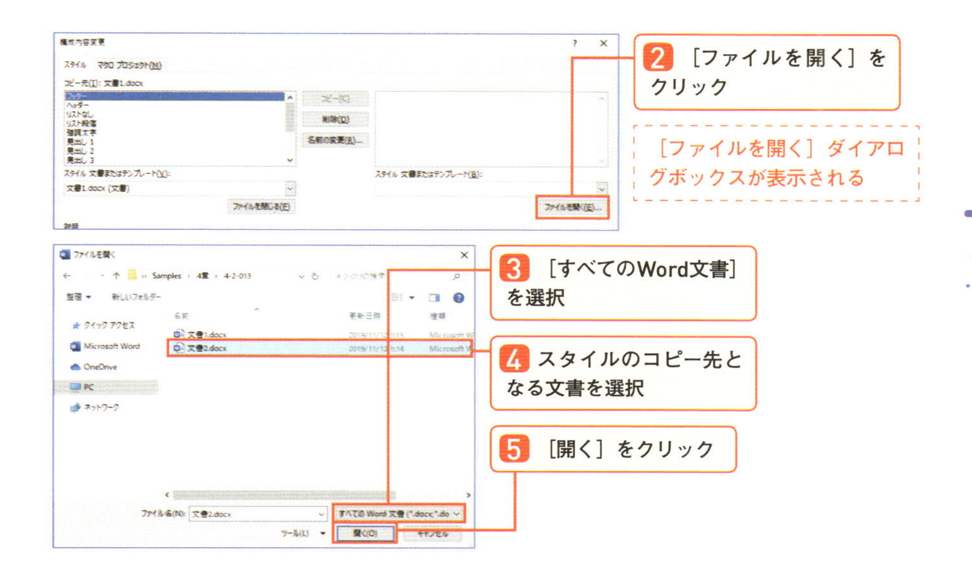
2 ［ファイルを開く］をクリック
［ファイルを開く］ダイアログボックスが表示される
3 ［すべてのWord文書］を選択
4 スタイルのコピー先となる文書を選択
5 ［開く］をクリック

スタイルをコピーする

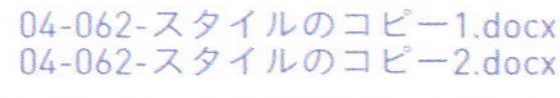
04-062-スタイルのコピー1.docx
04-062-スタイルのコピー2.docx

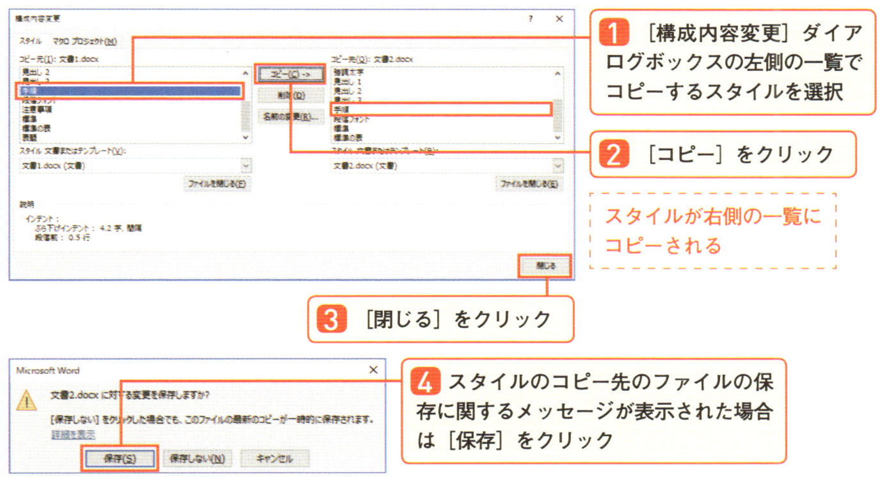
1 ［構成内容変更］ダイアログボックスの左側の一覧でコピーするスタイルを選択
2 ［コピー］をクリック
スタイルが右側の一覧にコピーされる
3 ［閉じる］をクリック
4 スタイルのコピー先のファイルの保存に関するメッセージが表示された場合は［保存］をクリック

スタイルがコピーされる

063 見出しスタイルを適用するだけで番号が付くようにする

[見出し1]なら「1.」「2.」、[見出し2]なら「1.1.」「1.2.」を付ける

P.74で紹介したアウトライン番号と、P.118の見出しスタイルを対応付けすると、段落に［見出し1］を適用したら「1.」、［見出し2］なら「1.1.」のようなアウトライン番号も表示できます。スタイルの適用とアウトライン番号の設定を分けることなく、見出しとする設定と番号の表示をワンクリックで済ませることができるだけでなく、文書の内容を入れ替えたり、追加したりして構成を変更したときに自動的に番号が振り直されます。

例）文書への見出しスタイルの適用

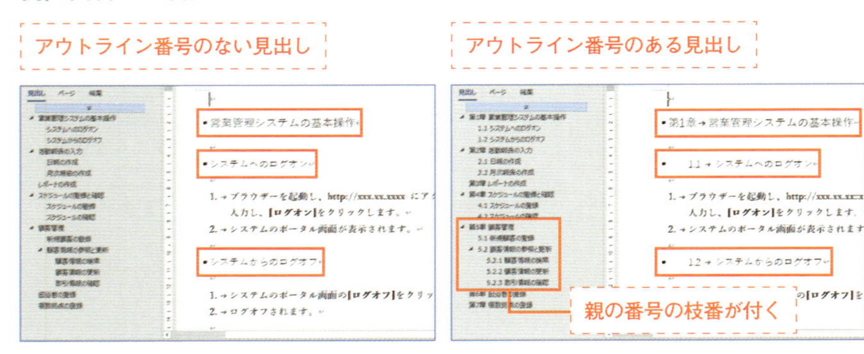
アウトライン番号のない見出し
アウトライン番号のある見出し
営業管理システムの基本操作
システムへのログオン
システムからのログオフ
第1章→営業管理システムの基本操作
1.1→システムへのログオン
1.2→システムからのログオフ
親の番号の枝番が付く

アウトラインと見出しスタイルの対応付け

04-063-見出しとアウトライン.cocx

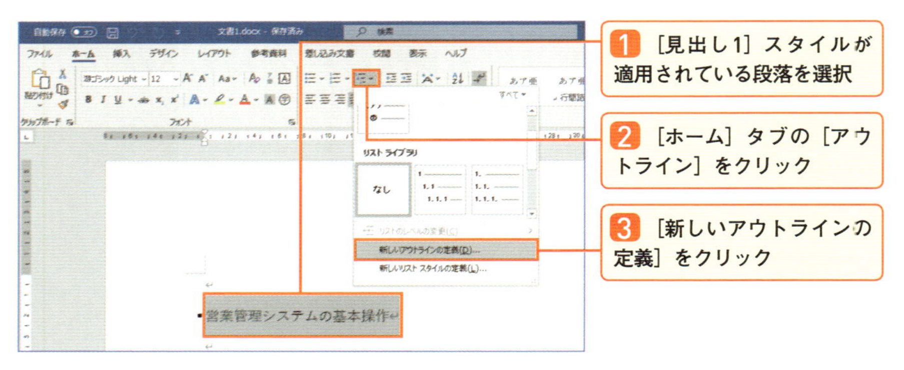
1 ［見出し1］スタイルが適用されている段落を選択
2 ［ホーム］タブの［アウトライン］をクリック
3 ［新しいアウトラインの定義］をクリック
リスト ライブラリ
なし
新しいアウトラインの定義(D)...
新しいリスト スタイルの定義(L)...
営業管理システムの基本操作

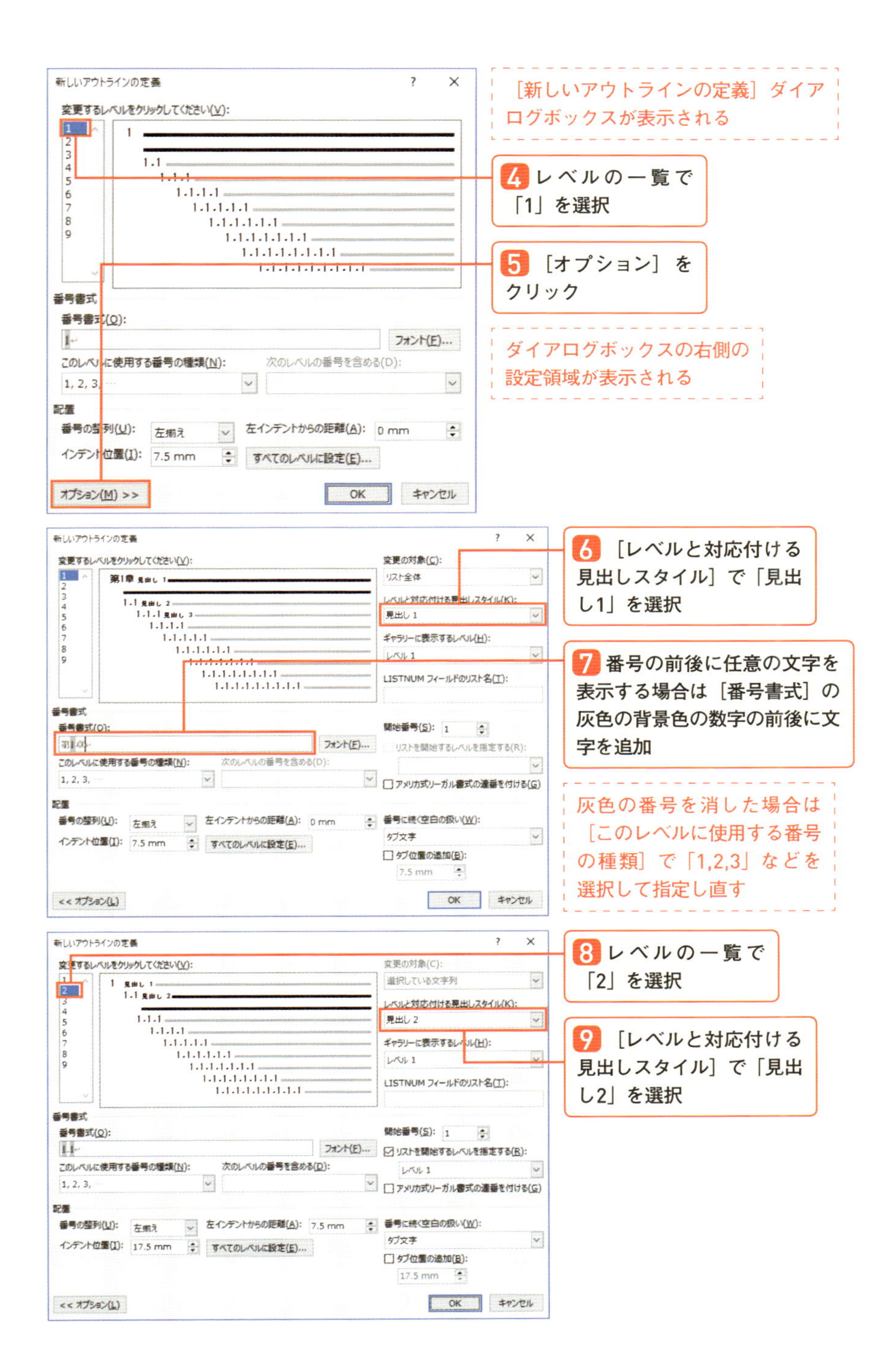

新しいアウトラインの定義
変更するレベルをクリックしてください(V):
番号書式
番号書式(O):
フォント(F)...
このレベルに使用する番号の種類(N):
次のレベルの番号を含める(D):
配置
番号の整列(U):
左揃え
左インデントからの距離(A):
インデント位置(I):
すべてのレベルに設定(E)...
オプション(M) >>
OK
キャンセル
［新しいアウトラインの定義］ダイアログボックスが表示される
4 レベルの一覧で「1」を選択
5 ［オプション］をクリック
ダイアログボックスの右側の設定領域が表示される
変更の対象(C):
リスト全体
レベルと対応付ける見出しスタイル(K):
見出し 1
ギャラリーに表示するレベル(H):
レベル 1
LISTNUM フィールドのリスト名(T):
開始番号(S):
リストを開始するレベルを指定する(R):
アメリカ式リーガル書式の連番を付ける(G)
番号に続く空白の扱い(W):
タブ文字
タブ位置の追加(B):
<< オプション(L)
6 ［レベルと対応付ける見出しスタイル］で「見出し1」を選択
7 番号の前後に任意の文字を表示する場合は［番号書式］の灰色の背景色の数字の前後に文字を追加
灰色の番号を消した場合は［このレベルに使用する番号の種類］で「1,2,3」などを選択して指定し直す
選択している文字列
見出し 2
8 レベルの一覧で「2」を選択
9 ［レベルと対応付ける見出しスタイル］で「見出し2」を選択

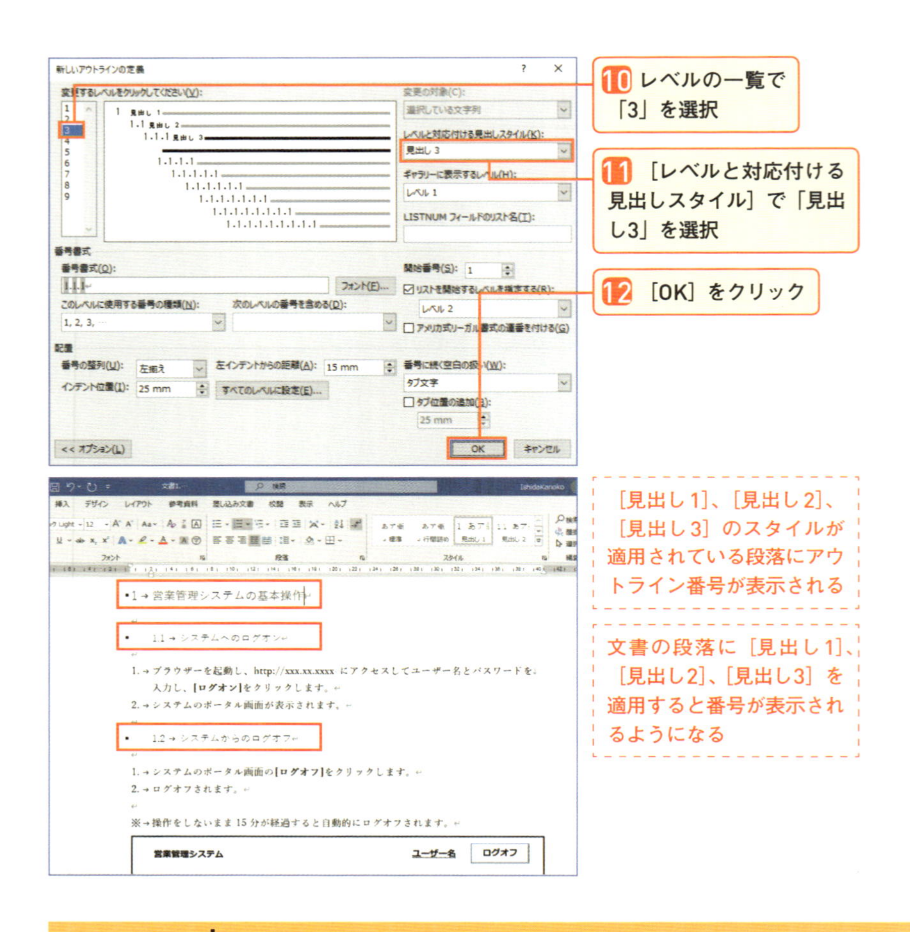

10 レベルの一覧で「3」を選択
11 ［レベルと対応付ける見出しスタイル］で「見出し3」を選択
12 ［OK］をクリック
［見出し1］、［見出し2］、［見出し3］のスタイルが適用されている段落にアウトライン番号が表示される
文書の段落に［見出し1］、［見出し2］、［見出し3］を適用すると番号が表示されるようになる

ここもポイント ［ナビゲーション］ウィンドウで文書の構成を変更する

下図のように［ナビゲーション］ウィンドウに表示されている見出しを移動先へドラッグして文書の構成を変更できます。このとき、親（見出し1）の番号の変更に伴って、子（見出し2）の番号も振り直されていることがわかります。

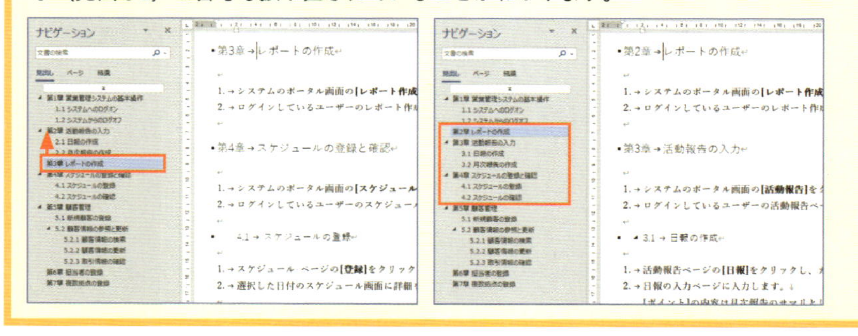

ここもポイント｜アウトライン番号の追加によるインデントの変更と修正

スタイルにアウトライン番号を追加すると、左インデントのサイズが変更される（少し内側に字下げされる）ことがあります。この場合は、アウトライン番号の設定後に、現状を確認したうえで該当のスタイルの変更を行ってインデントのサイズを「0字」などに更新します（スタイルの変更についてはP.122を、インデントの変更についてはP.129の表を参照してください）。

なお、スタイルを変更してインデントを「0字」にしたにもかかわらず、スタイルの変更直後に文書上で変化が見られない場合は、スタイルが適用されている場所をすべて選択して、スタイルを再度適用します。たとえば、[見出し3] のインデントを「0字」に変更しても字下げされたままになっているような場合は、再適用したいスタイル（[見出し3]）が設定されている段落を選択し、[スタイル] ギャラリーでスタイル（[見出し3]）を右クリックして [すべて選択] をクリックし、見出し3の場所がすべて選択されている状態で、[見出し3] スタイルを適用してください。

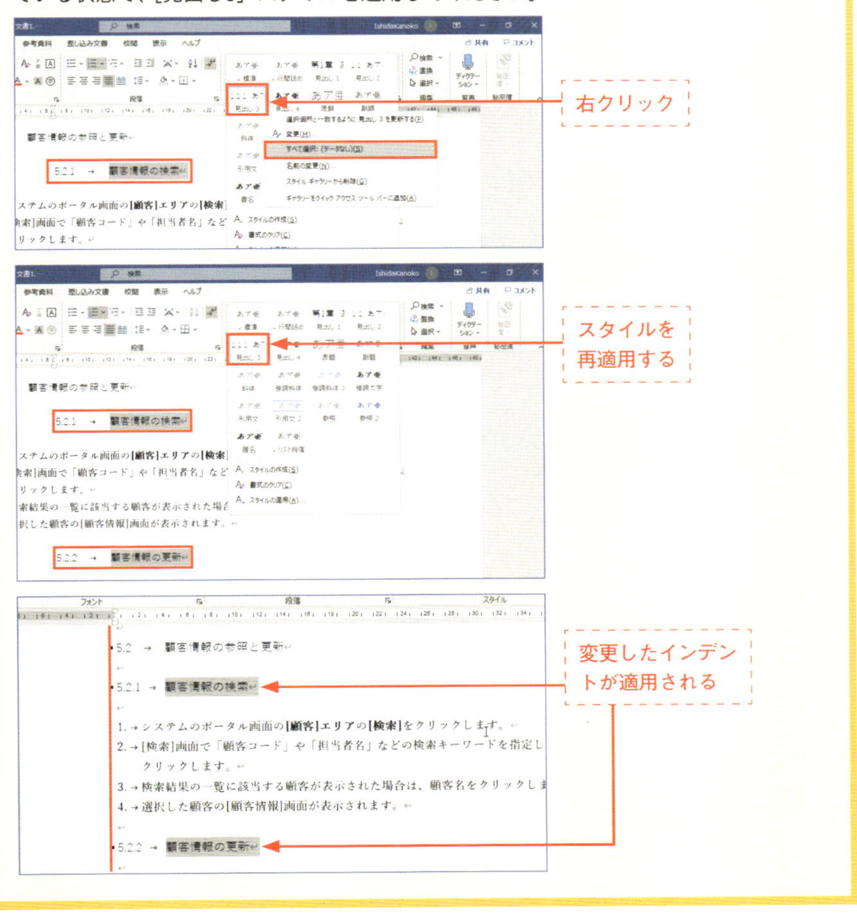
右クリック
スタイルを
再適用する
変更したインデントが適用される

064 ブックマークを設定してその場所にジャンプするには

文書内の文字列や段落にマークを付ける

ブックマークというとブラウザーでよく閲覧するWebサイトのURLを登録する、いわゆるお気に入り機能を連想される方が多いと思いますが、Wordのブックマークはマーキングという意味合いのほうが強いでしょうか。

なお、**文字列だけを選択してブックマークの設定**をしたほうが相互参照などのときに使いやすいため、無駄に段落全体を選択して設定しないほうがよいです。

文字列にブックマークを設定する

04-064-ブックマークの設定.docx

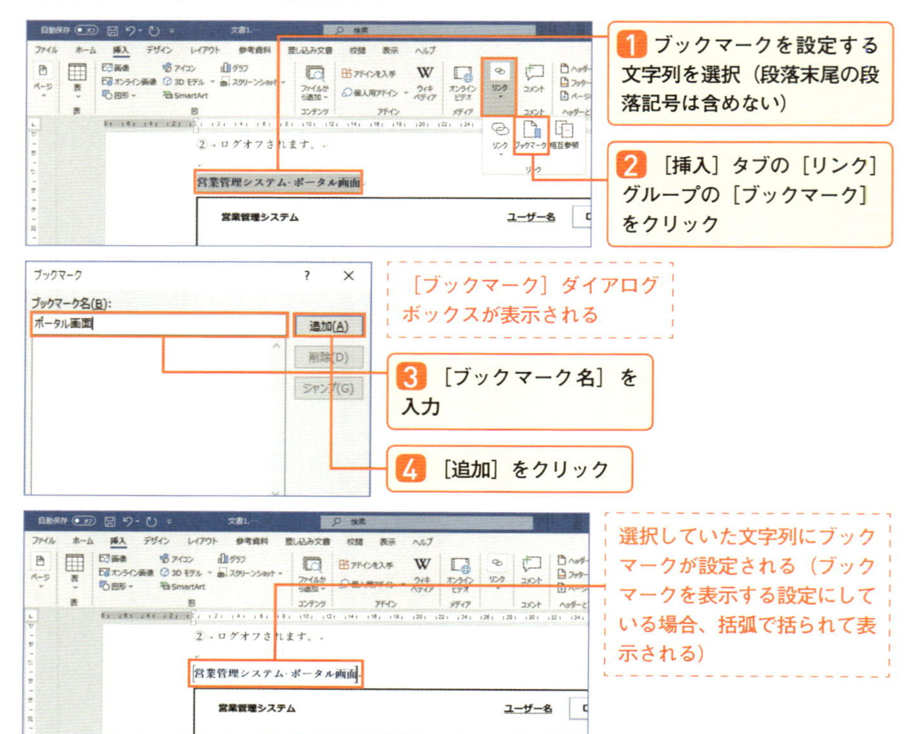
1 ブックマークを設定する文字列を選択（段落末尾の段落記号は含めない）
2 ［挿入］タブの［リンク］グループの［ブックマーク］をクリック
［ブックマーク］ダイアログボックスが表示される
3 ［ブックマーク名］を入力
4 ［追加］をクリック
選択していた文字列にブックマークが設定される（ブックマークを表示する設定にしている場合、括弧で括られて表示される）
ブックマーク
ブックマーク名(B):
ポータル画面
追加(A)
削除(D)
ジャンプ(G)
営業管理システム ポータル画面
②→ログオフされます。
営業管理システム
ユーザー名

ブックマークの場所にジャンプする

04-064-ブックマークの設定.docx

検索と置換
検索
置換
ジャンプ
移動先(O):
ページ
セクション
行
ブックマーク
コメント
脚注
ブックマーク名(E):
ポータル画面
前へ(S)
ジャンプ(T)
閉じる

1 文書の先頭などでCtrl+Gキーを押す

［検索と置換］ダイアログボックスの［ジャンプ］タブが表示される

2 ［ジャンプ］タブの［移動先］で［ブックマーク］を選択

3 ［ブックマーク名］を指定して［ジャンプ］をクリック

ブックマークが設定されている位置にジャンプして文字列が選択される

営業管理システム·ポータル画面
営業管理システム
活動報告
担当者
担当者登録
修正/変更
検索
検索と置換
検索
置換
ジャンプ
移動先(O):
ページ
セクション
行
ブックマーク
コメント
脚注
ブックマーク名(E):
ポータル画面
前へ(S)
ジャンプ(T)
閉じる

4 ［閉じる］をクリック

ここもポイント ブックマークの場所をわかりやすくする

設定しなくても機能に違いはありませんが、［Wordのオプション］ダイアログボックスの［詳細設定］を選択し、［構成内容の表示］の［ブックマークを表示する］をオンにすると、ブックマークの場所が括弧で囲まれて表示されます。

ここもポイント ブックマークを削除するには

リボンの［挿入］タブの［リンク］グループの［ブックマーク］をクリックして［ブックマーク］ダイアログボックスを表示し、削除するブックマーク名を選択して［削除］をクリックします。

065 ブックマークの内容を別の場所に表示するには

相互参照の設定でブックマークを指定するだけ

ブックマークの活用法の1つに、相互参照と組み合わせて利用する方法があります。Excelのセル参照のように、A（ブックマークの文字列）が変更されたら同じ内容が表示されている（ブックマークを参照している）Bも更新されるように設定できます。「こっちを変えたらこっちも変えないと」という編集はミスのもとです。**1か所を変更したらそのほかも更新される**ようにしておくとき、ブックマークと相互参照が使えます。

［相互参照］ダイアログボックスを表示する

04-065-ブックマークの相互参照.docx

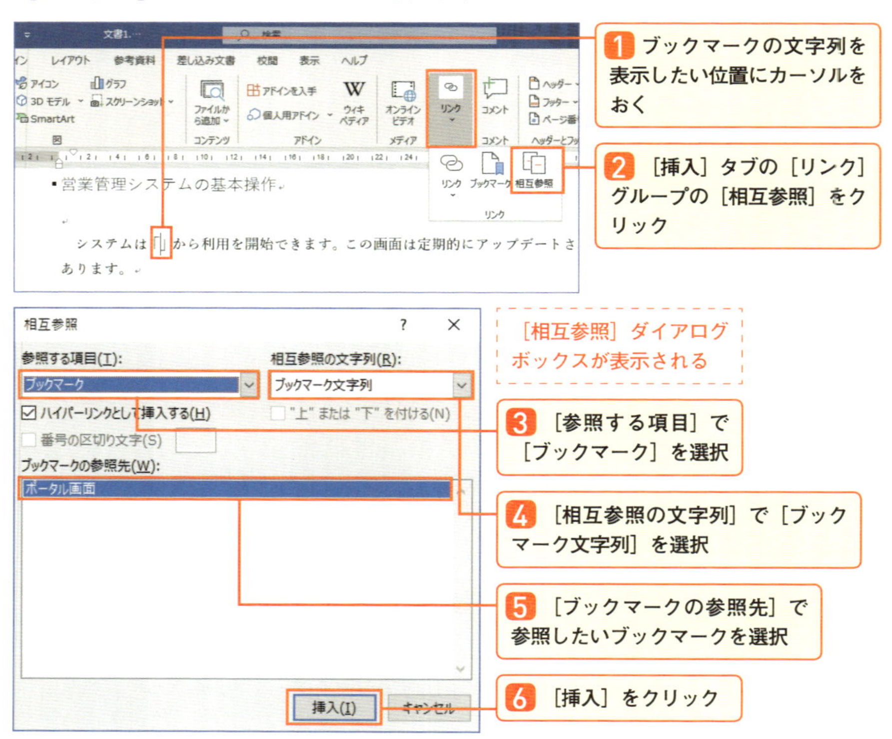

1 ブックマークの文字列を表示したい位置にカーソルをおく
2 ［挿入］タブの［リンク］グループの［相互参照］をクリック
［相互参照］ダイアログボックスが表示される
3 ［参照する項目］で［ブックマーク］を選択
4 ［相互参照の文字列］で［ブックマーク文字列］を選択
5 ［ブックマークの参照先］で参照したいブックマークを選択
6 ［挿入］をクリック
相互参照
参照する項目(T):
ブックマーク
相互参照の文字列(R):
ブックマーク文字列
ハイパーリンクとして挿入する(H)
"上" または "下" を付ける(N)
番号の区切り文字(S)
ブックマークの参照先(W):
ポータル画面
挿入(I)
キャンセル
営業管理システムの基本操作
システムは から利用を開始できます。この画面は定期的にアップデートさ
あります。

システムは「営業管理システム・ポータル画面」から利用を開始できま
期的にアップデートされることがあります。
・システムへのログオン

カーソルの位置にブックマークの文字列が表示される

7 ［閉じる］（［×］）をクリック

ブックマークの文字列を変更して最新の状態にする

相互参照を使って挿入して表示したブックマークの文字列は、フィールドという情報として配置されています。フィールドにはExcelのセル参照のような感じで「どこどこの文字を表示しなさい」という命令が含まれており、その処理結果として文字列が表示されています。

ブックマークの（括弧の中の）文字列を編集しただけでは、相互参照によって表示されている**文字列は瞬時には更新されません**。フィールドは更新作業をして最新の状態にします。既定では印刷プレビューや印刷を実行したときにも更新されますが、私は念のため自分で更新作業をして確認しています。

ブックマーク文字列をほかの文字列に変更して更新する

04-065-ブックマークの相互参照.docx

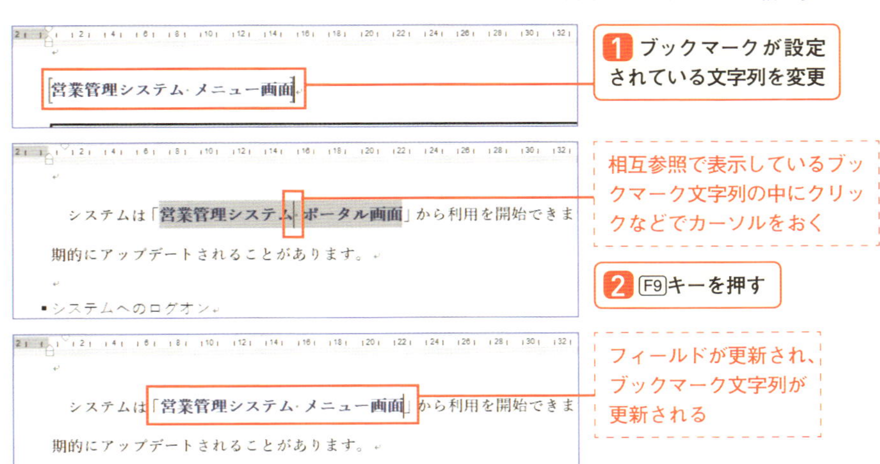

営業管理システム・メニュー画面
1 ブックマークが設定されている文字列を変更
システムは「営業管理システム・ポータル画面」から利用を開始できま
期的にアップデートされることがあります。
・システムへのログオン
相互参照で表示しているブックマーク文字列の中にクリックなどでカーソルをおく
2 F9キーを押す
システムは「営業管理システム・メニュー画面」から利用を開始できま
期的にアップデートされることがあります。
フィールドが更新され、ブックマーク文字列が更新される

ここもポイント ｜ ブックマークへのジャンプもCtrlキーを押しながらクリック

相互参照によって挿入したブックマーク文字列も、ハイパーリンクと仕組みは同じです。Ctrlキーを押しながらクリックすると該当のブックマークの場所にジャンプできます。

066 図や表に自動的に振り直される番号を表示するには

図表番号はフィールド コードで挿入できる

「図」や「画面」「表」などのラベルに、数字を組み合わせて「図1」のような図表番号を付与できます。図表番号はフィールド コードを使った仕組みであるため、番号を挿入してから図や表の配置が変わっても更新して番号を振り直すことができます。

なお、ここでは、図表番号を挿入する図のレイアウトが［行内］の状態で操作しています。図のレイアウトについてはP.234のページを参照してください。

図表番号を挿入する

04-066-図表番号.docx

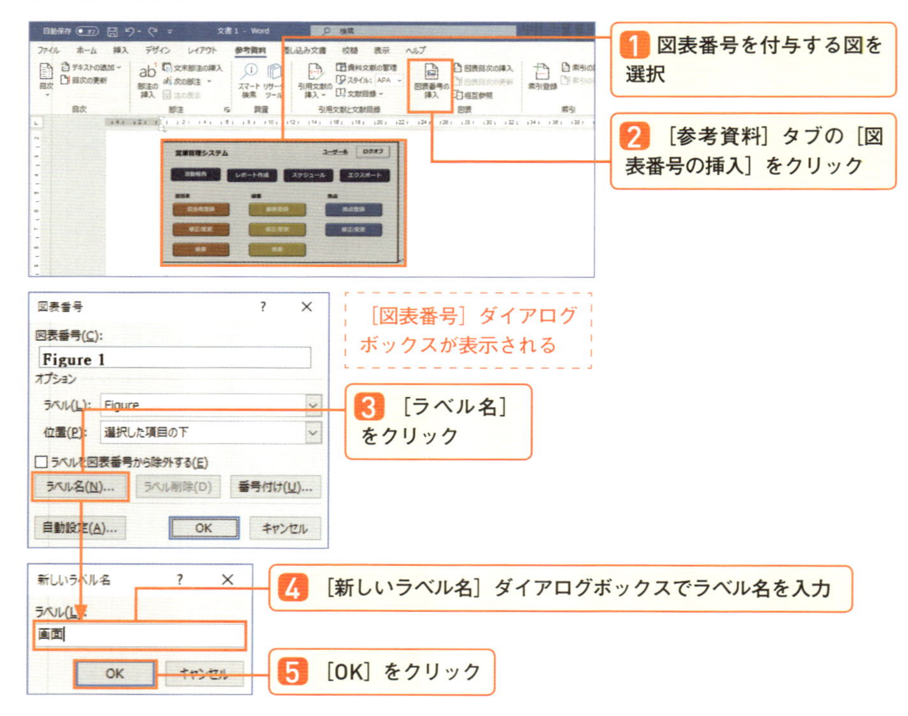
1 図表番号を付与する図を選択
2 ［参考資料］タブの［図表番号の挿入］をクリック
［図表番号］ダイアログボックスが表示される
3 ［ラベル名］をクリック
4 ［新しいラベル名］ダイアログボックスでラベル名を入力
5 ［OK］をクリック
図表番号
Figure 1
ラベル名(N)...
新しいラベル名
画面
OK

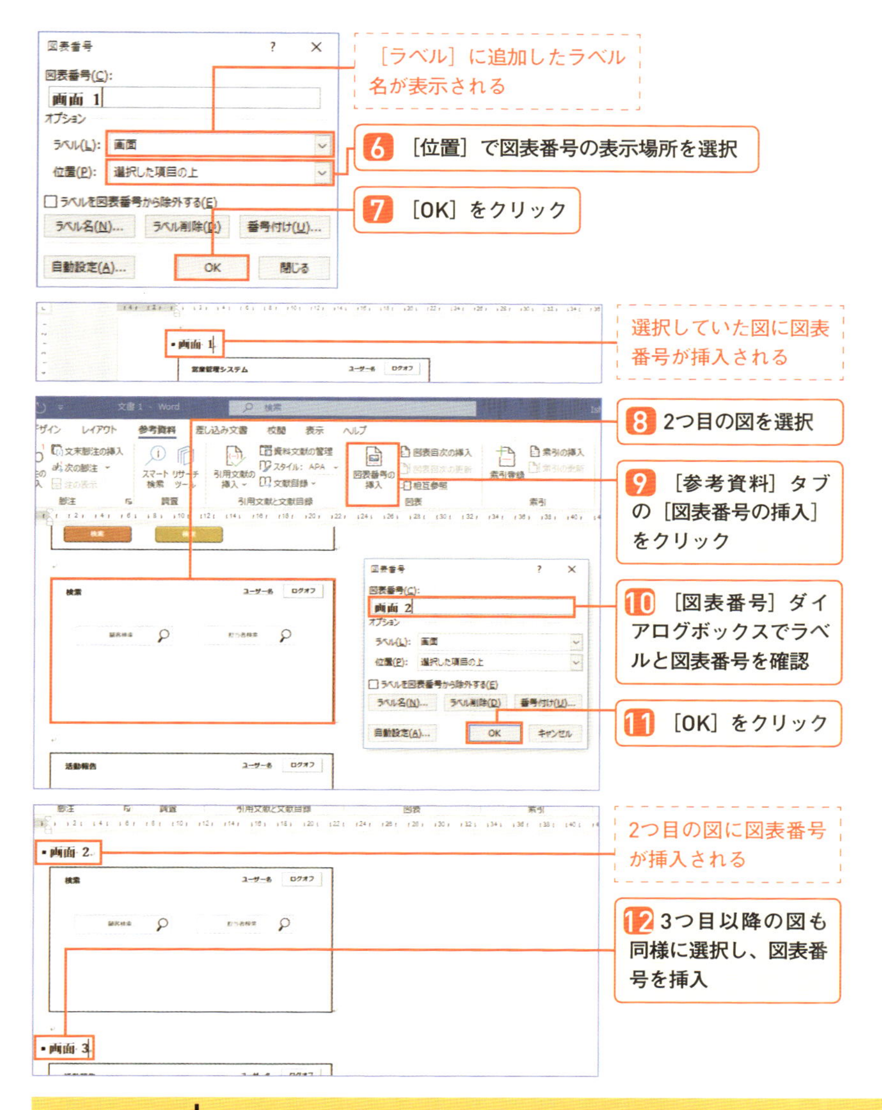
図表番号
図表番号(C):
画面 1
オプション
ラベル(L): 画面
位置(P): 選択した項目の上
ラベルを図表番号から除外する(E)
ラベル名(N)...
ラベル削除(D)
番号付け(U)...
自動設定(A)...
OK
閉じる
［ラベル］に追加したラベル名が表示される
6 ［位置］で図表番号の表示場所を選択
7 ［OK］をクリック
画面 1
選択していた図に図表番号が挿入される
8 2つ目の図を選択
9 ［参考資料］タブの［図表番号の挿入］をクリック
図表番号の挿入
画面 2
キャンセル
10 ［図表番号］ダイアログボックスでラベルと図表番号を確認
11 ［OK］をクリック
画面 2
2つ目の図に図表番号が挿入される
12 3つ目以降の図も同様に選択し、図表番号を挿入
画面 3

ここもポイント　図表の配置を変更する／図表番号を更新する

図や表の文書内での位置を変更したい場合は、図だけではなく挿入した図表番号も含めて切り取って、貼り付け先に移動してください。
図表番号は自動的には更新されないため、ほかのフィールド コードと同様に図表番号を選択して F9 キーを押して更新します。なお、文書内のすべての図表番号をまとめて更新する場合は、Ctrl + A キーで文書全体を選択して日本語入力モードをオフにしてから F9 キーを押します。

067 更新できる目次を作成するには

まずは見出しスタイルを使って目印を付けておく

目次を作成する操作自体はメニューからの選択で容易に行うことができますが、いきなりWordに「目次を作りなさい」といっても、何を材料に目次を作ればよいのかがわかりません。

Wordの目次は、文書内に設定されている**スタイルや段落に設定されているアウトライン レベルをもとに**作成されます。そのため、目次を手軽に作りたいのならアウトライン レベルを設定しつつ見出しとして強調できる見出しスタイルの使い方も知っておくべきです。

目次をメインに考えるのか、見出しをメインに考えるのかで説明のアプローチが変わるのですが、見出しスタイルが設定されていればそれを目印にして、自動作成機能を使って目次を作成できることは確かです。

目次の自動作成機能を使うと、文書内の「見出し1」「見出し2」「見出し3」などのアウトライン レベル1から3の段落の文字列とページ番号が表示される目次を作成できます。

例）目次として使用する見出し　04-067-目次の作成.docx

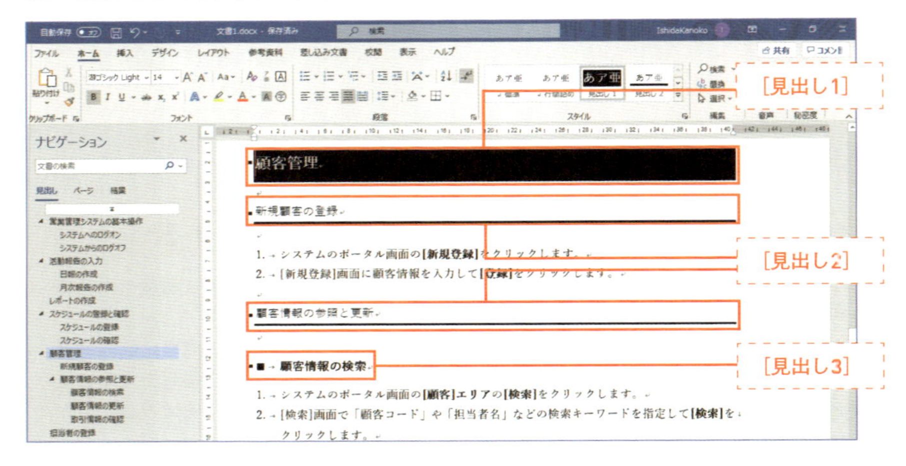
[見出し1]
[見出し2]
[見出し3]
ナビゲーション
顧客管理
新規顧客の登録
1. システムのポータル画面の[新規登録]をクリックします。
2. [新規登録]画面に顧客情報を入力して[登録]をクリックします。
顧客情報の参照と更新
■ 顧客情報の検索
1. システムのポータル画面の[顧客]エリアの[検索]をクリックします。
2. [検索]画面で「顧客コード」や「担当者名」などの検索キーワードを指定して[検索]をクリックします。

[自動作成の目次2] を使って目次を作成する

04-067-目次の作成.docx

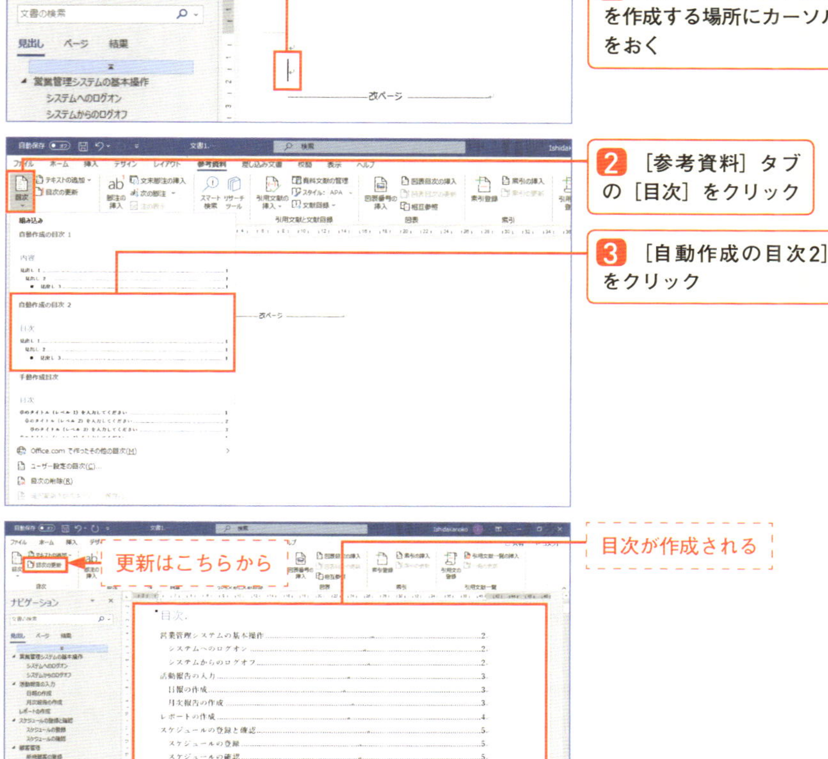

1 文書の先頭など、目次を作成する場所にカーソルをおく
2 [参考資料] タブの [目次] をクリック
3 [自動作成の目次2] をクリック
更新はこちらから
目次が作成される

ここもポイント 目次を更新するには

リボンの [参考資料] タブの [目次] グループの [目次の更新] をクリックすると、[目次の更新] ダイアログボックスが表示されます。ページ番号だけを更新するのか、見出しの文字列なども含めてすべてを更新するのかを選択して [OK] をクリックすると、目次が更新されます。

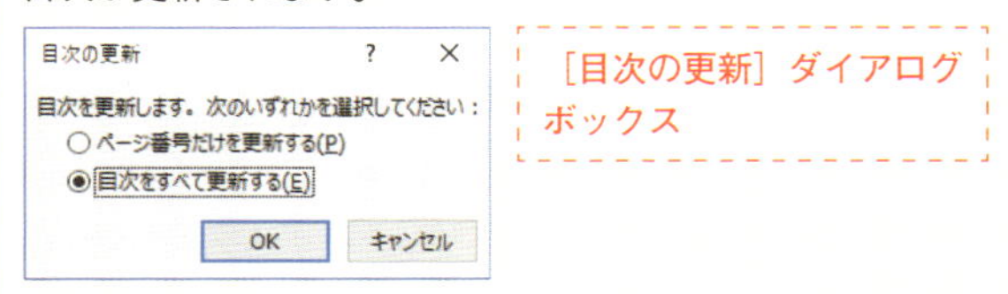

目次の更新
目次を更新します。次のいずれかを選択してください：
ページ番号だけを更新する(P)
目次をすべて更新する(E)
OK
キャンセル

[目次の更新] ダイアログボックス

参照機能の活用

068 目次で使うレベルや目次の書式を自分で決めるには

自動作成の目次で要らない見出しがあるときに

自動作成の目次では、アウトライン レベル1から3までが設定されている段落の内容がすべて目次に含まれます。「表題（レベル1）はいらないのに」とか「見出し1と見出し2まででいいな」というときには自分で何が目次に必要なのか／不要なのかを選択できる［ユーザー設定の目次］から作成します。

自分で目次のレベルを決めて作成する

04-068-目次の作成（ユーザー設定）.docx

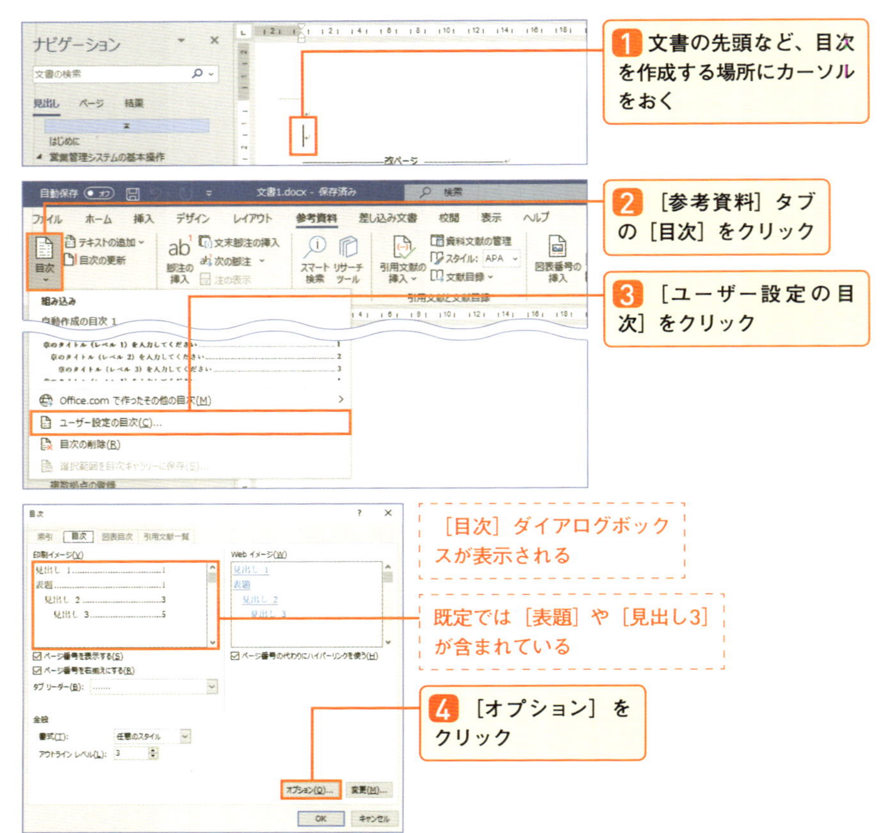
1 文書の先頭など、目次を作成する場所にカーソルをおく
2 ［参考資料］タブの［目次］をクリック
3 ［ユーザー設定の目次］をクリック
［目次］ダイアログボックスが表示される
既定では［表題］や［見出し3］が含まれている
4 ［オプション］をクリック

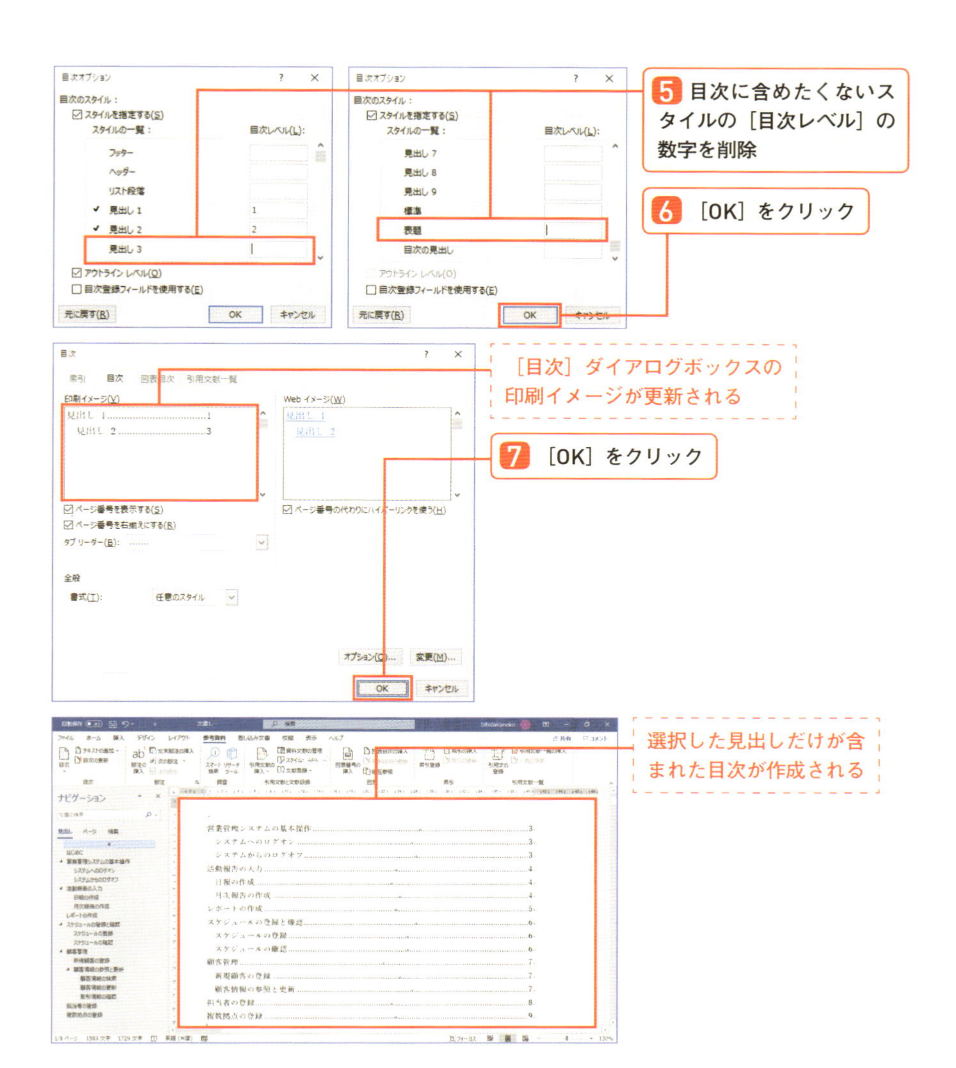

5 目次に含めたくないスタイルの［目次レベル］の数字を削除
6 ［OK］をクリック
［目次］ダイアログボックスの印刷イメージが更新される
7 ［OK］をクリック
選択した見出しだけが含まれた目次が作成される

ここもポイント | 目次の書式(フォント サイズや行間など)を変えるには

［スタイル］ウィンドウを表示して、書式を変更したい目次（上図の「営業管理システムの基本操作」などの1行）を選択すると、［目次1］というスタイルが選択され、選択している段落に［目次1］スタイルが適用されていることを確認できます。

［スタイル］ウィンドウで［目次1］を右クリックして［変更］をクリックし、ほかの段落スタイルなどと同様にスタイルの書式を変更できます。［目次2］などの下のレベルの目次の書式も同様に変更できます。

参照機能の活用

069 文章内の用語に補足説明を付け加えるには

ページ下部や文書の最後に脚注を付ける

脚注は用語などに補足で付け加えるメモのような情報のことです。

たとえば専門用語の解説を用語の後ろに括弧書きで付け加えてしまうと文章が長くなって読みにくくなります。このような場合は、小さな番号を表示しておいて、詳細はこの番号のメモのところにありますよ、と表示できる機能です。

脚注番号を挿入する

04-069-脚注.docx

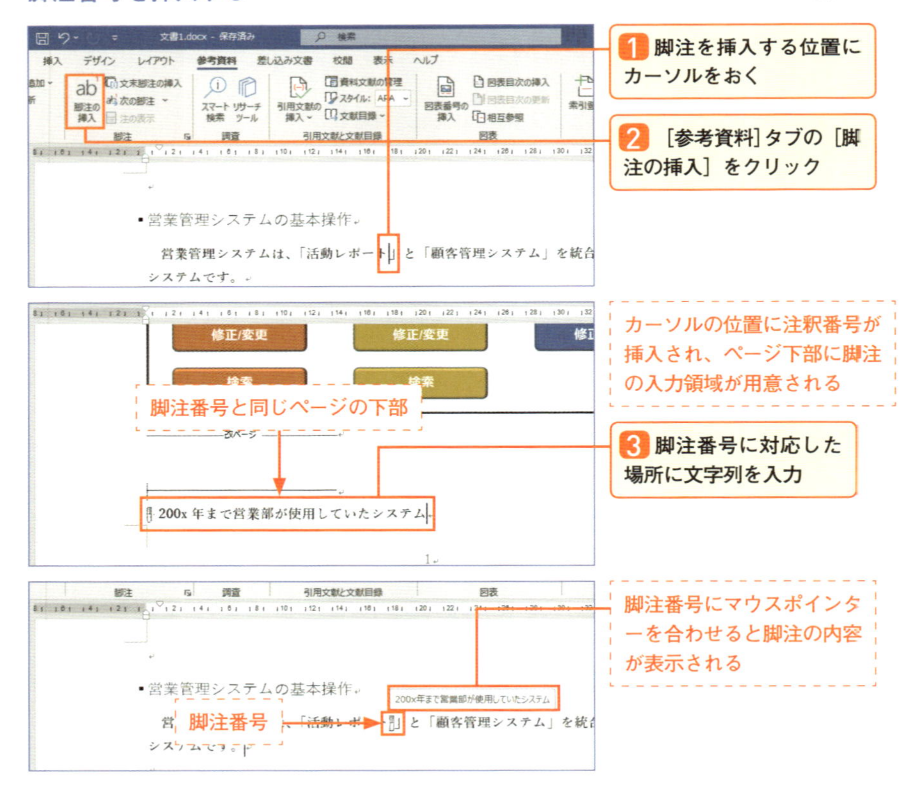
1 脚注を挿入する位置にカーソルをおく
2 [参考資料]タブの[脚注の挿入]をクリック
営業管理システムの基本操作
営業管理システムは、「活動レポート」と「顧客管理システム」を統合
システムです。
カーソルの位置に注釈番号が挿入され、ページ下部に脚注の入力領域が用意される
修正/変更
検索
脚注番号と同じページの下部
改ページ
3 脚注番号に対応した場所に文字列を入力
200x 年まで営業部が使用していたシステム
脚注番号にマウスポインターを合わせると脚注の内容が表示される
200x年まで営業部が使用していたシステム
脚注番号

脚注を追加する

04-069-脚注.docx

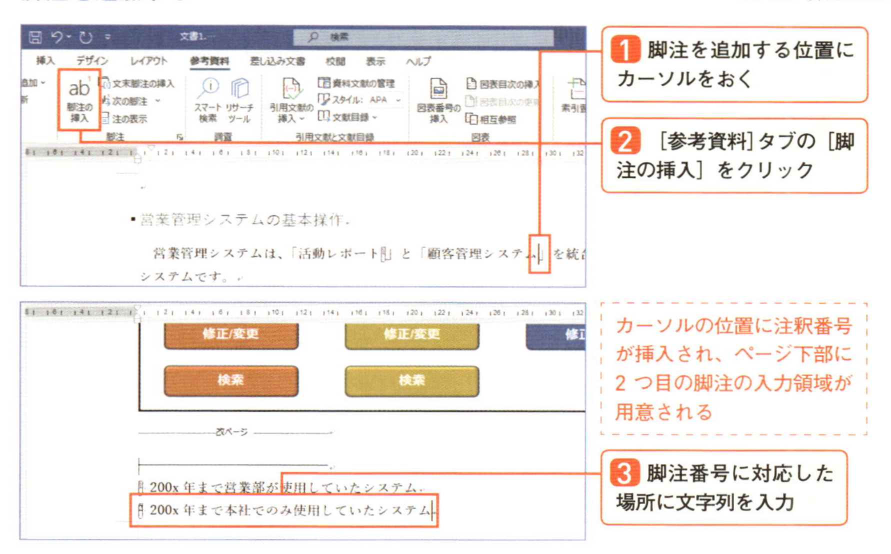
1 脚注を追加する位置にカーソルをおく
2 ［参考資料］タブの［脚注の挿入］をクリック
営業管理システムの基本操作
営業管理システムは、「活動レポート」と「顧客管理システム」を統合
システムです。
カーソルの位置に注釈番号が挿入され、ページ下部に2つ目の脚注の入力領域が用意される
修正/変更
検索
改ページ
200x 年まで営業部が使用していたシステム
200x 年まで本社でのみ使用していたシステム
3 脚注番号に対応した場所に文字列を入力

最終ページに文末脚注を作る

04-069-脚注.docx

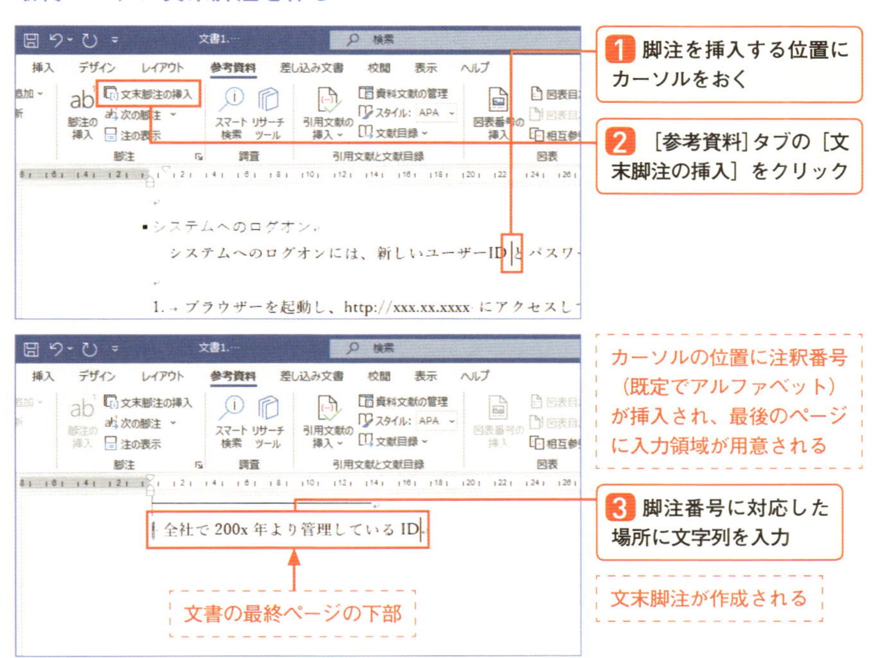
1 脚注を挿入する位置にカーソルをおく
2 ［参考資料］タブの［文末脚注の挿入］をクリック
文末脚注の挿入
システムへのログオン
システムへのログオンには、新しいユーザーIDとパスワ
1. ブラウザーを起動し、http://xxx.xx.xxxx にアクセスし
カーソルの位置に注釈番号（既定でアルファベット）が挿入され、最後のページに入力領域が用意される
全社で 200x 年より管理している ID
3 脚注番号に対応した場所に文字列を入力
文書の最終ページの下部
文末脚注が作成される

070 索引を作るための用語を登録するには

「索引で使う用語の登録」と「索引の作成」の2段階で作る

索引ページに表示したい用語を索引項目として登録しておかないと索引を作成できません。「この言葉を索引にしたい」という単語の後ろにフィールドを挿入することで目印を付けるため、**編集記号として表示される**呪文のようなコードに驚くかもしれませんし、邪魔だと思うかもしれませんが、このコードによって索引項目の削除や移動をしたときに索引ページを更新できます。

一覧を読み込んで項目を登録したり、指定した用語のすべてに目印を付けたりする方法もありますが、(個人的には) 1つずつ登録する方法が使いやすい気がしてこちらばかり使っています。

また、索引の読みは索引を作成するときの並び順に影響するため、自動的に設定された読み情報が誤っている場合やブランクになっている場合は修正、追加をして登録してください。

1つずつ索引登録をする

04-070-索引登録.docx

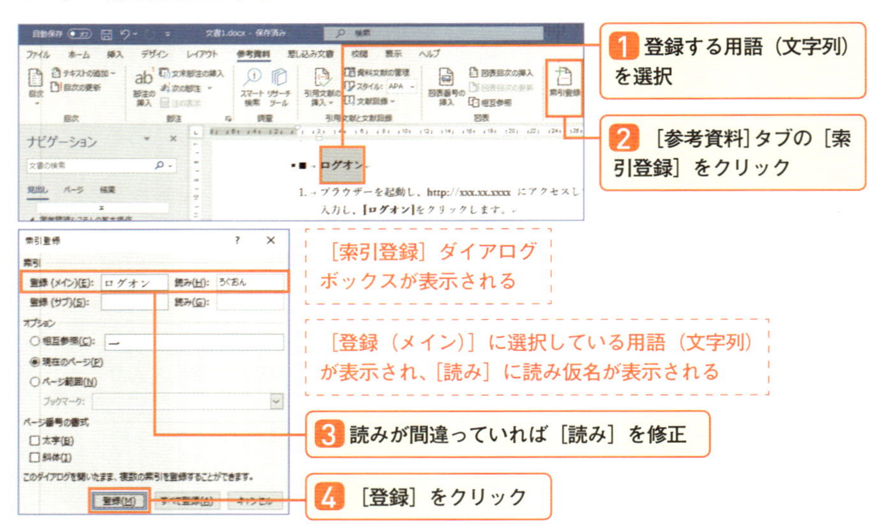
1 登録する用語（文字列）を選択
2 ［参考資料］タブの［索引登録］をクリック
［索引登録］ダイアログボックスが表示される
［登録（メイン）］に選択している用語（文字列）が表示され、［読み］に読み仮名が表示される
3 読みが間違っていれば［読み］を修正
4 ［登録］をクリック
ログオン
索引登録
登録 (メイン)(E): ログオン
読み(H): ろぐおん
登録(M)

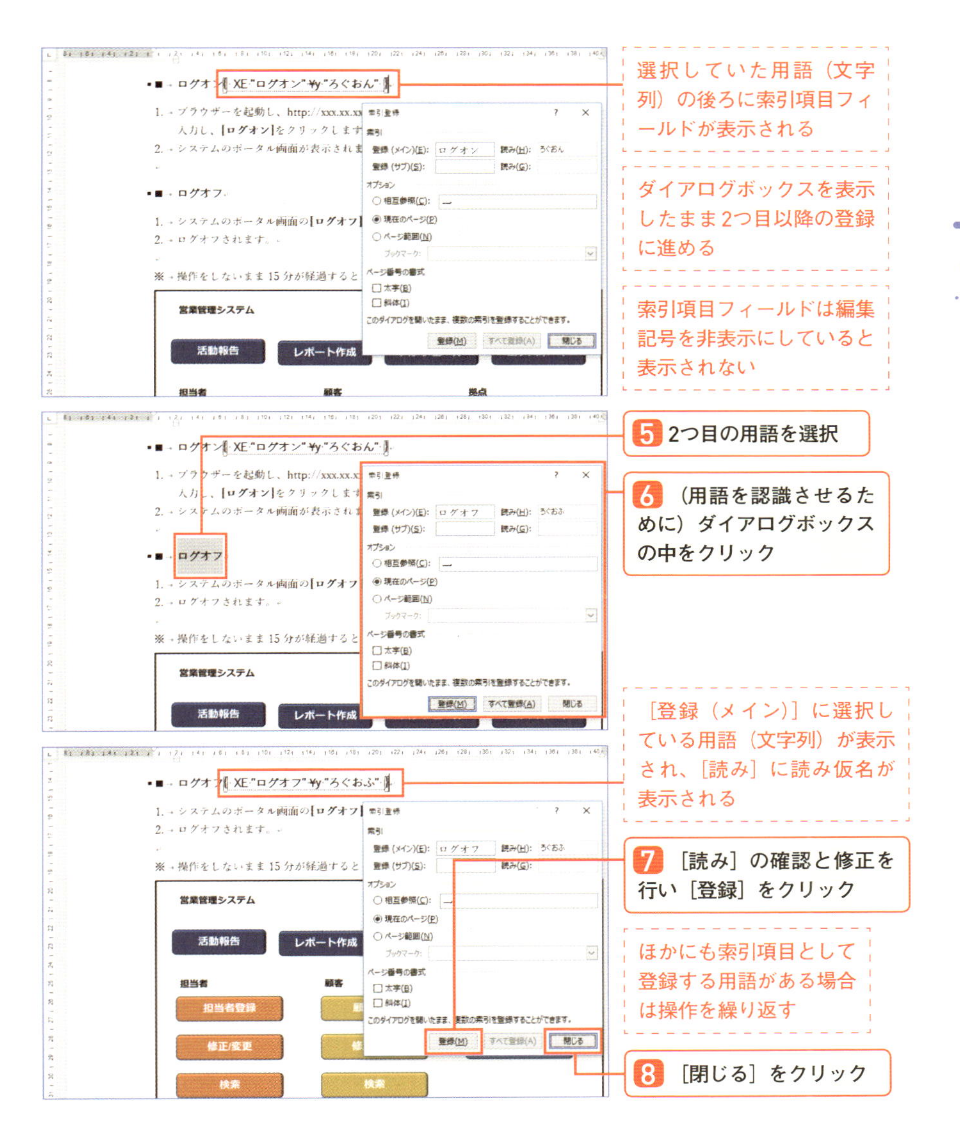

選択していた用語（文字列）の後ろに索引項目フィールドが表示される
ダイアログボックスを表示したまま2つ目以降の登録に進める
索引項目フィールドは編集記号を非表示にしていると表示されない
5 2つ目の用語を選択
6 （用語を認識させるために）ダイアログボックスの中をクリック
［登録（メイン）］に選択している用語（文字列）が表示され、［読み］に読み仮名が表示される
7 ［読み］の確認と修正を行い［登録］をクリック
ほかにも索引項目として登録する用語がある場合は操作を繰り返す
8 ［閉じる］をクリック

ここもポイント ［索引登録］ダイアログボックスの［すべて登録］を使う場合

［すべて登録］を使うと、指定した用語をすべて索引の対象とするように設定できます。ただし、掲載が不要な場所も含まれる可能性があるので、掲載されている場所をチェックして不要な索引項目フィールドを削除して索引を更新するつもりで使います。1つずつ登録するのか、すべてを登録して不要なところを削除するのが早いのかは用語の量などによって使い分けます。

071 索引ページを作成するには

登録した索引項目を使って作る

索引項目の登録が終わったら索引ページを作成します。ここでは私の好みで無難な「フォーマル」という書式を使っていますが、何度か書式の種類を変えて作成してみてお好みの書式を見つけてください。

索引を作成する

04-071-索引作成.docx

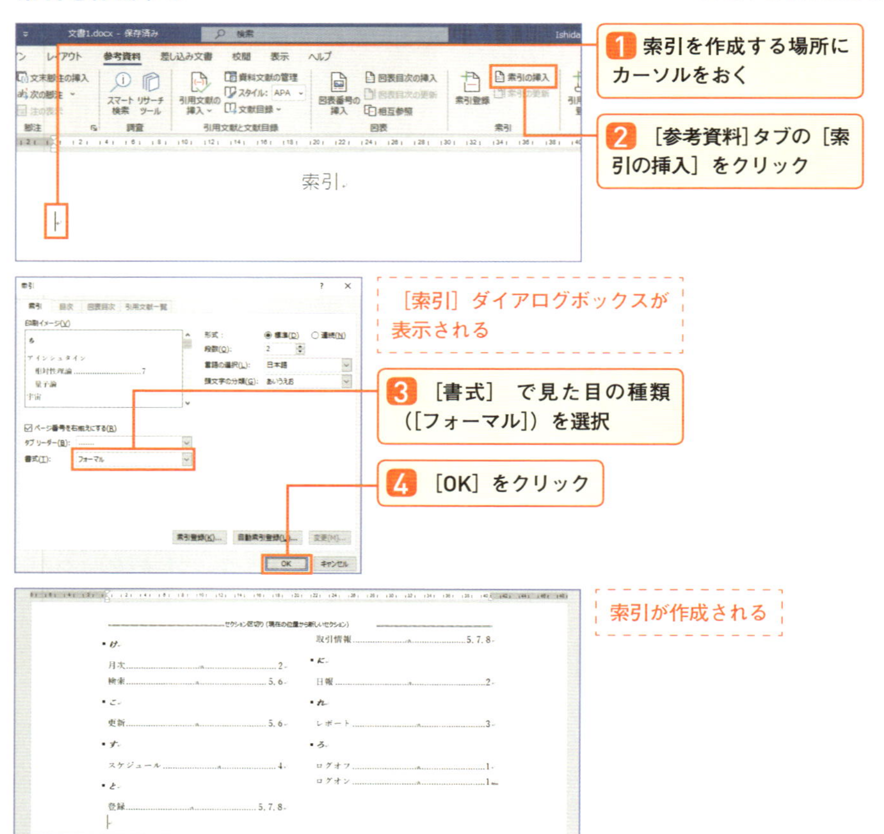

1 索引を作成する場所にカーソルをおく
2 ［参考資料］タブの［索引の挿入］をクリック
［索引］ダイアログボックスが表示される
3 ［書式］で見た目の種類（［フォーマル］）を選択
4 ［OK］をクリック
索引が作成される

索引の段区切りを変えるには

ここで作成した索引は、「と」の途中で2段目が始まっています。「と」から2段目に移動するには「と」の左側にカーソルをおいて Ctrl + Shift + Enter キーを押して**段区切り**を挿入します。

索引に段区切りを挿入する

04-071-索引作成.docx

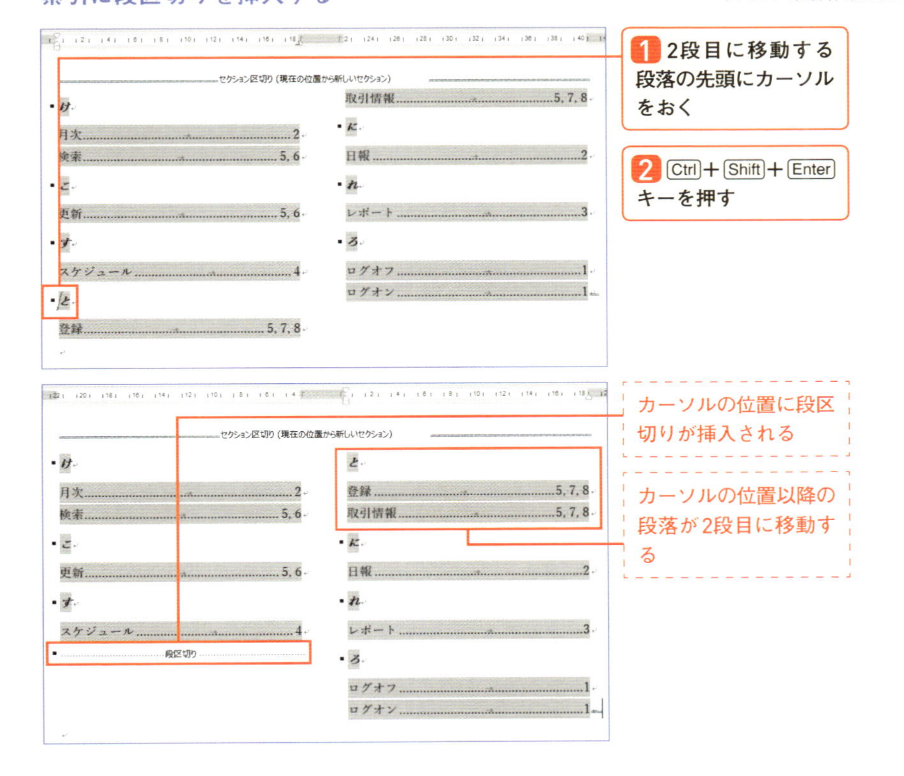

1 2段目に移動する段落の先頭にカーソルをおく
2 Ctrl + Shift + Enter キーを押す
カーソルの位置に段区切りが挿入される
カーソルの位置以降の段落が2段目に移動する

索引ページは項目の追加／削除と更新で整える

文書に追加で登録した索引項目は索引ページを更新しないと表示されません。また、索引ページから削除したい用語がある場合は、索引項目の登録によって挿入された**索引項目フィールドを削除**して索引を更新します。

索引項目を追加する

04-071-索引作成.docx

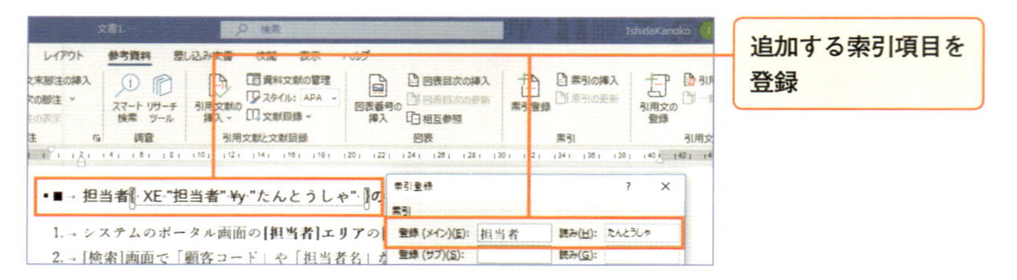

追加する索引項目を登録

索引項目を削除する

04-071-索引作成.docx

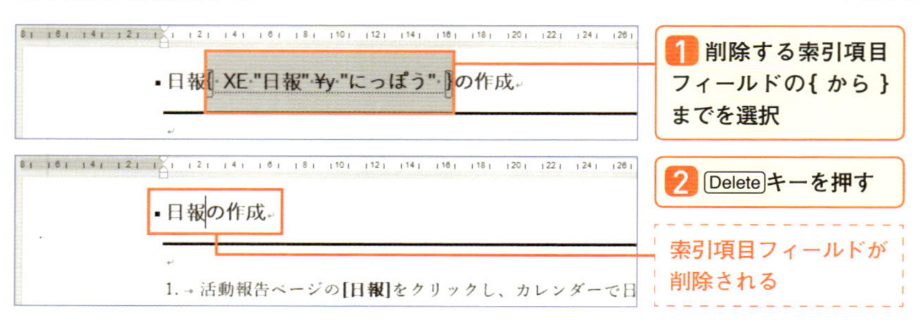

1 削除する索引項目フィールドの{ から }までを選択
2 Deleteキーを押す
索引項目フィールドが削除される

索引を更新する

04-071-索引作成.docx

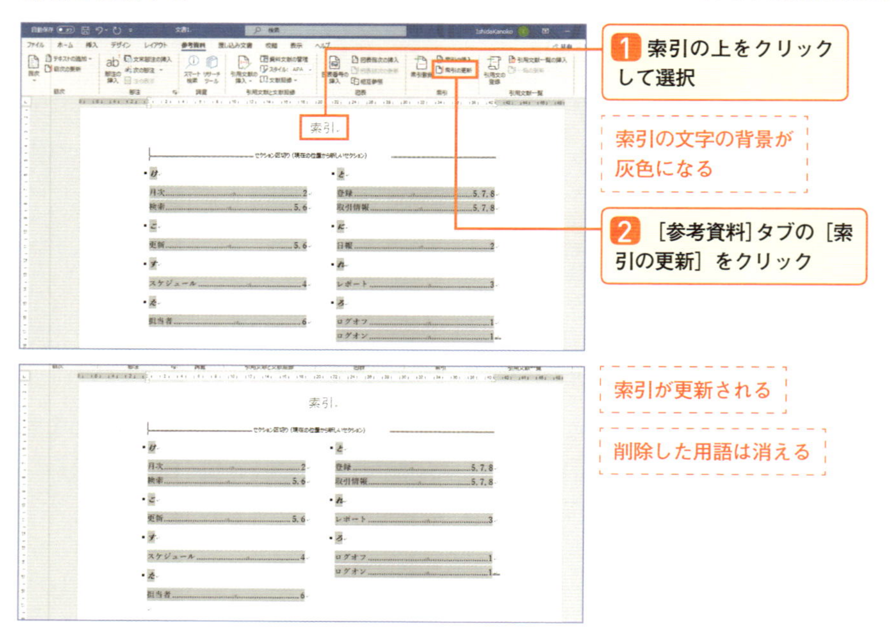

1 索引の上をクリックして選択
索引の文字の背景が灰色になる
2 [参考資料]タブの[索引の更新]をクリック
索引が更新される
削除した用語は消える

Chapter

5

文書のデザインは「機能」を使って整える

テーマの活用

072 覚えておきたい！ Office共通の「テーマ」とは

テーマはデザインの基礎になる機能

「文字を入れると○○のフォントになるのはなぜ？」「図形を描くと青い色になるのはなぜ？」の答えは「それがデザインの既定で設定されているから」です。そしてそれを司っているのが**テーマ**という機能です。

特定のなにかをイメージした施設である「テーマパーク」や、雰囲気を伝えるための「テーマソング」のように、テーマという言葉は日常的に使用されます。

Officeで使用するテーマは、ドキュメント全体の基本的な雰囲気を決定するデザイン機能で、文書を「ポップな雰囲気にするテーマ」もあれば、「シックな感じにするテーマ」もあります。

新規作成した文書には**既定で「Office（テーマ）」**という名前のテーマが適用されています。

テーマの一覧

05-072-テーマ.docx

既定で適用されるテーマ
Office
イオン
イオン ボードルーム
インテグラル
ウィスプ
オーガニック
ギャラリー
スライス
ファセット
レトロスペクト
ウォーターブル
しずく
シャボン
ダマスク
トリミング
パーセル
バッジ
ビュー
フレーム
テンプレートのテーマにリセット(R)
テーマの参照(B)...
現在のテーマを保存(A)...
文書のデザイン
Step2
Step3
Step4

テーマに含まれる要素

Wordで使うテーマには、**「フォント」「配色」「効果」の3つ**の要素が含まれています。テーマを変えることでこれら**3つの書式が変わる可能性がある、**ということです。たとえば、「Office」という既定のテーマなら［標準］スタイルの本文の文字列は「游明朝」ですが、「イオン」にすると「メイリオ」に変わります。テーマで決定されているフォントや色は、文字列の種類や色、図形の書式を変えるときに使用する一覧に表示されます。

テーマに含まれる要素

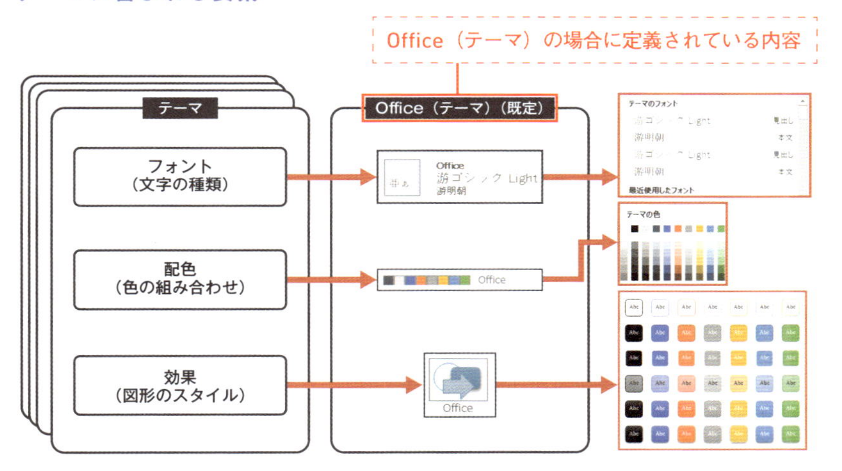
Office（テーマ）の場合に定義されている内容
テーマ
フォント
（文字の種類）
配色
（色の組み合わせ）
効果
（図形のスタイル）
Office（テーマ）（既定）
Office
游ゴシック Light
游明朝
Office
Office
テーマのフォント
最近使用したフォント
テーマの色

■ フォント

英数字と日本語で、どのような文字の種類を使うのかが決められています。なお、英数字用／日本語文字用フォントそれぞれに、「見出し用」と「本文用」の種類が決められています。

■ 配色

白と黒以外の8色の色の組み合わせが決められています。

■ 効果

図形の書式を「図形のスタイル」を使って変更するときに、候補として表示する効果の組み合わせが決められています。

テーマの活用

073 テーマとデザインを変更して着せ替えるには

文書の雰囲気をがらりと変える

WordでもExcelでもPowerPointでも、新規作成したドキュメントには「既定のテーマ」が適用されますが、ほかにもたくさんのテーマが用意されており、これを変更することでドキュメントの雰囲気を変えられます。

文章などの中身はそのままに**着せ替え**をする、というイメージです。図のように、同じ文書でもテーマを変更するだけでフォントの種類や図形の色をまとめて変更することができ、デザインが大きく変わることがわかります。

テーマによるデザインの違い

文書のデザイン
テーマとスタイルを使って、文書全体の統一感を出すこともできます。[デザイン] をクリックし新しいテーマを選ぶと、図やグラフ、SmartArt グラフィックが新しいテーマに合わせて変わります。
Step1
Step2
Step3
Step4
Step5
テーマ：Office（既定）
テーマ：イオン
テーマ：木版活字

テーマを変更する

05-073-テーマの適用.docx

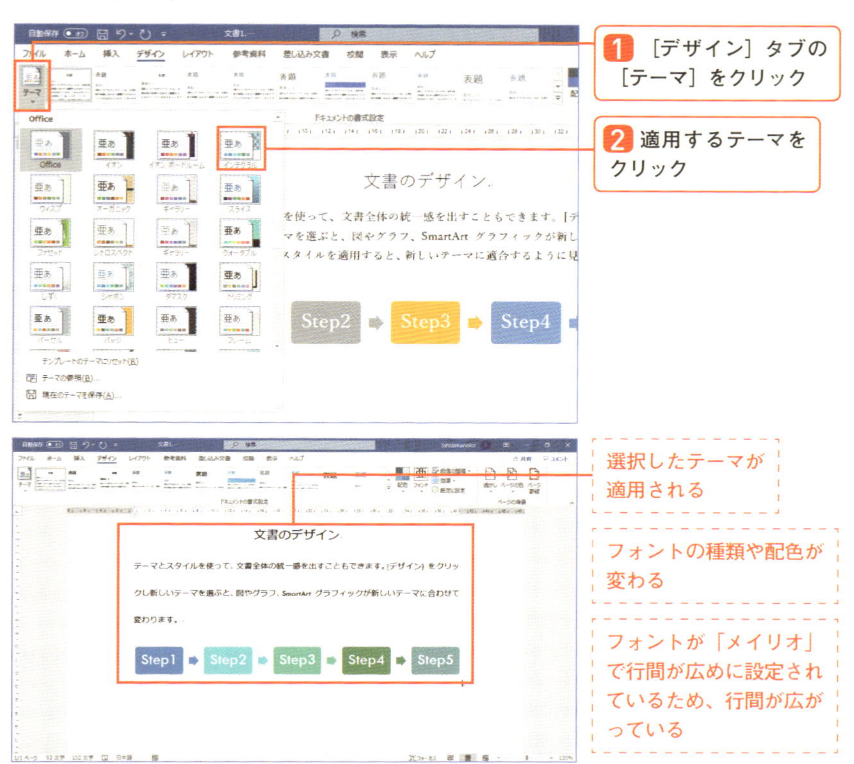

1 ［デザイン］タブの［テーマ］をクリック
2 適用するテーマをクリック
選択したテーマが適用される
フォントの種類や配色が変わる
フォントが「メイリオ」で行間が広めに設定されているため、行間が広がっている
文書のデザイン
Step1
Step2
Step3
Step4
Step5

ここもポイント｜ドキュメントの雰囲気を合わせる

テーマはOffice製品共通のデザイン機能です。ExcelにもWordにもPowerPointにも同じ名前のテーマが用意されています。たとえば、Excelで作成した表やグラフの資料と、Wordの文書の資料、発表用のプレゼンテーションの雰囲気を合わせたいときに同じテーマを使います。

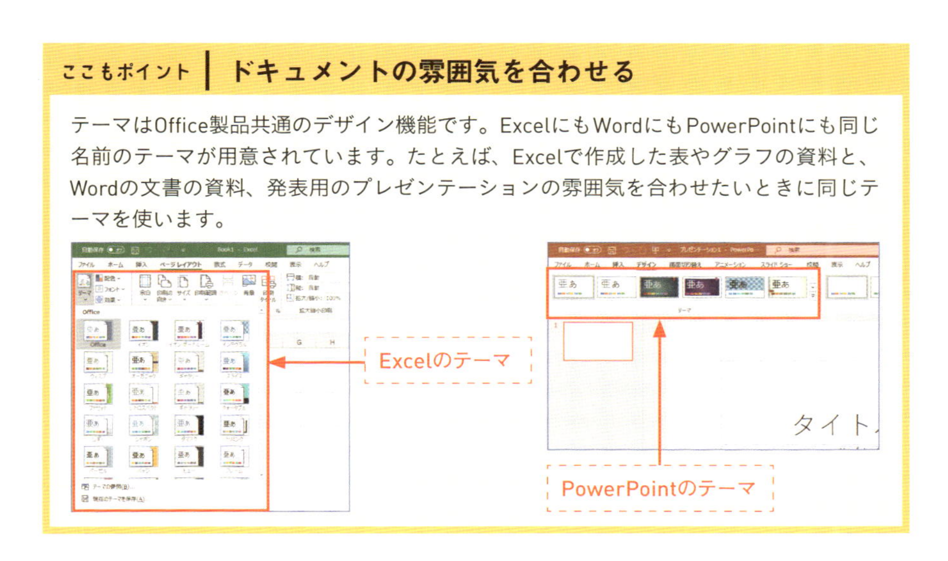

Excelのテーマ
PowerPointのテーマ

074 [テーマの色] や [テーマのフォント] を変更するには

すべてを着替えるのではなく、一部だけ変える

「フォントはいいけど配色は変えたい」とか「色はよいけれどゴシック体にしたい」など、テーマの一部だけを変えたいときには [テーマの色] や [テーマのフォント] だけを変更します。

なお、テーマで決定されているフォントや色は、書式を変えるときに使用する一覧に **[テーマの○○]** として表示されます。フォントの種類や図形の色を変更するときに [テーマの○○] から選ぶと、テーマを変えたときに文書内の既存のコンテンツも「変わってしまう」という言い方もできるでしょう。「テーマに合った書式で整えたい」のか「テーマが変わっても（フォントや色を）変えたくない」のかによって、[テーマの○○] から選ぶのか [標準の○○] から選ぶのかを選択します。

たとえば下図のタイトル（「文書のデザイン」）は [テーマの色] から選択した色を使っており、文章の部分は、[標準の色] の [濃い赤] を設定しています。[テーマの色] に変更を加えたとき、タイトルの文字の色は変わりますが、文章の文字の色は変わりません。

[テーマの○○] と [標準の○○]

自動(A)
テーマの色
標準の色
その他の色(M)...
グラデーション(G)
[テーマの色]
[標準の色]

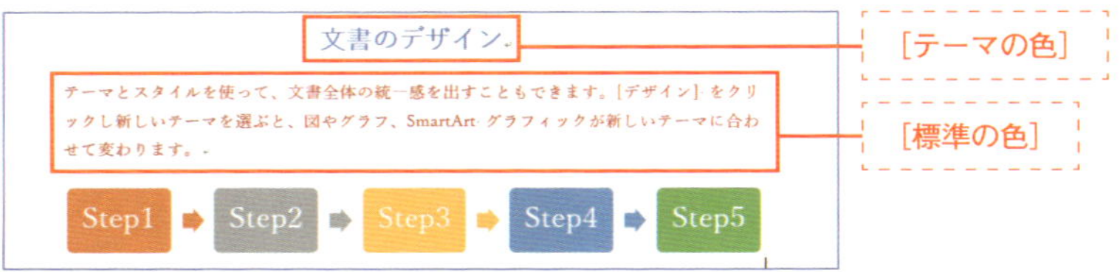
文書のデザイン
テーマとスタイルを使って、文書全体の統一感を出すこともできます。[デザイン] をクリックし新しいテーマを選ぶと、図やグラフ、SmartArt グラフィックが新しいテーマに合わせて変わります。
Step1
Step2
Step3
Step4
Step5
[テーマの色]
[標準の色]

「テーマの色」を変更する

05-074-テーマの色とテーマのフォント.docx

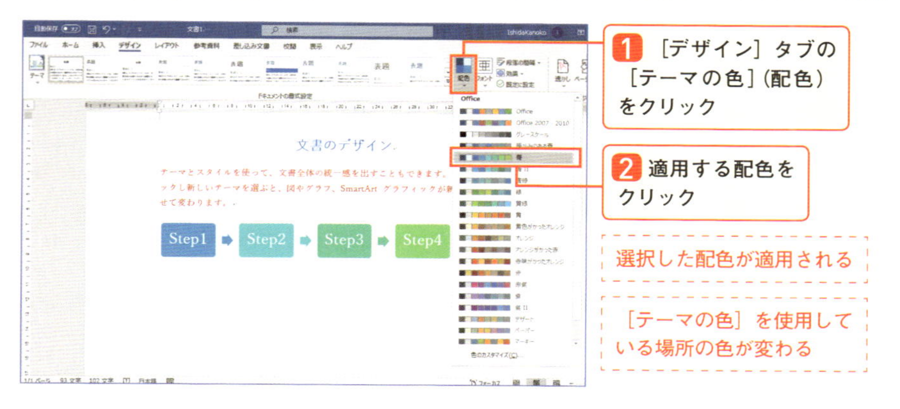

1 ［デザイン］タブの［テーマの色］（配色）をクリック
2 適用する配色をクリック
選択した配色が適用される
［テーマの色］を使用している場所の色が変わる
文書のデザイン
Step1
Step2
Step3
Step4

「テーマのフォント」を変更する

05-074-テーマの色とテーマのフォント.docx

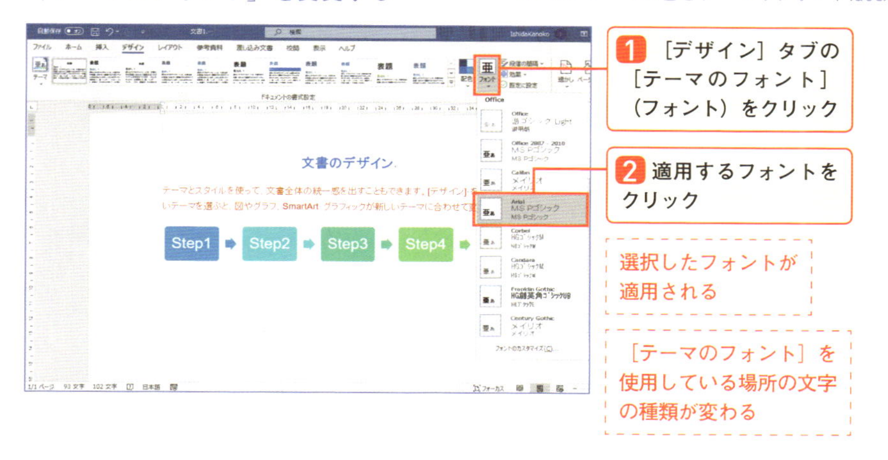

1 ［デザイン］タブの［テーマのフォント］（フォント）をクリック
2 適用するフォントをクリック
選択したフォントが適用される
［テーマのフォント］を使用している場所の文字の種類が変わる
文書のデザイン
Step1
Step2
Step3
Step4

ここもポイント ｜ ［フォントのカスタマイズ］で組み合わせを作る

［テーマのフォント］の一覧に日本語と英数字の好ましいフォントの組み合わせがない場合、一覧の一番下にある［フォントのカスタマイズ］をクリックして［新しいフォントパターンの作成］ダイアログボックスを表示して、自分で文字の種類を選択して定義を作成できます。名前を付けて保存しておき、ほかの文書を作成するときに使用することもできます。

テーマの活用

075 ［テーマの効果］はどこに影響するのか

図形などのスタイル機能を使っていないと気づかない

［テーマの効果］を知るためには、［図形のスタイル］や［SmartArtのスタイル］といった機能の存在を知らなければなりません。そうしないと［テーマの効果］を変更してもイマイチどこに影響しているのかがわかりません。

［図形のスタイル］は、図形の塗りつぶしの色、線の太さや色、立体や影などの書式のセットです。「こんな感じはどう？　1つずつ選ばなくても組み合わせておきましたよ」というWordからの提案だと思えばよいでしょう。

図形を描画すると、既定で［図形のスタイル］の上から2段目、左から2つ目のスタイルが適用されます。ほかのスタイルをクリックして適用すると、図形の色や立体的な効果を変更できます。

既定の［図形のスタイル］とスタイルの変更

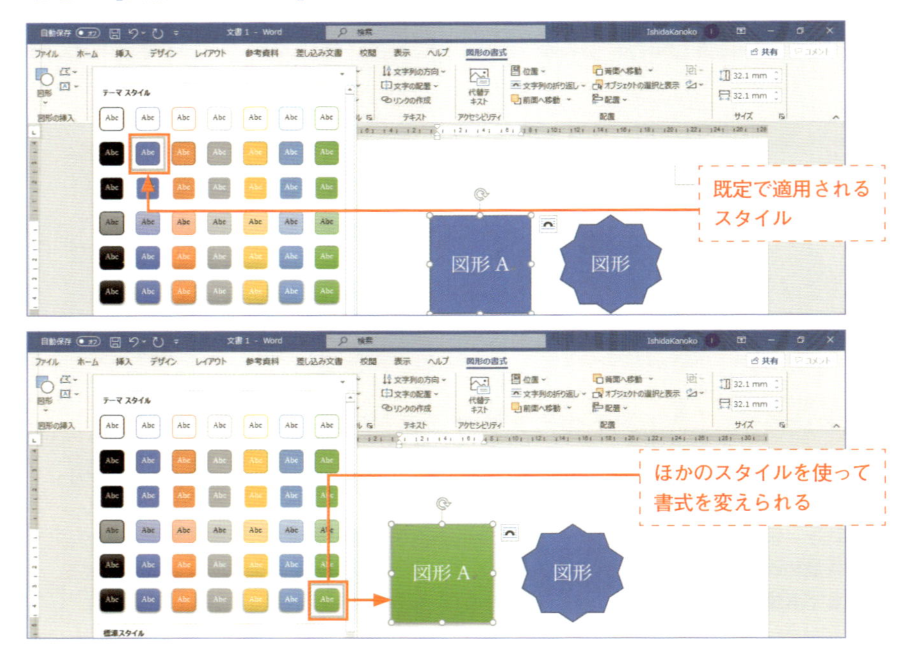
既定で適用されるスタイル
図形 A
図形
ほかのスタイルを使って書式を変えられる
図形 A
図形

◪ [テーマの効果]が変わるとスタイルが変わる

下図では、[テーマの効果] を「Office」から「グランジ テクスチャ」に変更しています。「Office」だったときには、図形Aは緑色で塗りつぶされていただけですが、([図形のスタイル] は変えていないのに)「グランジ テクスチャ」に変えただけで色合いや模様が変わったことがわかります。

[テーマの効果] は、[図形のスタイル] に表示される [テーマ スタイル] のベース、ということです。

左のページの [テーマ スタイル] が「Office」のときの、下図の [テーマ スタイル] が「グランジ テクスチャ」のときの [図形のスタイル] の一覧です。色合いや模様に違いがあることがわかります。

[テーマの効果] を変更する

05-075-テーマの効果.docx

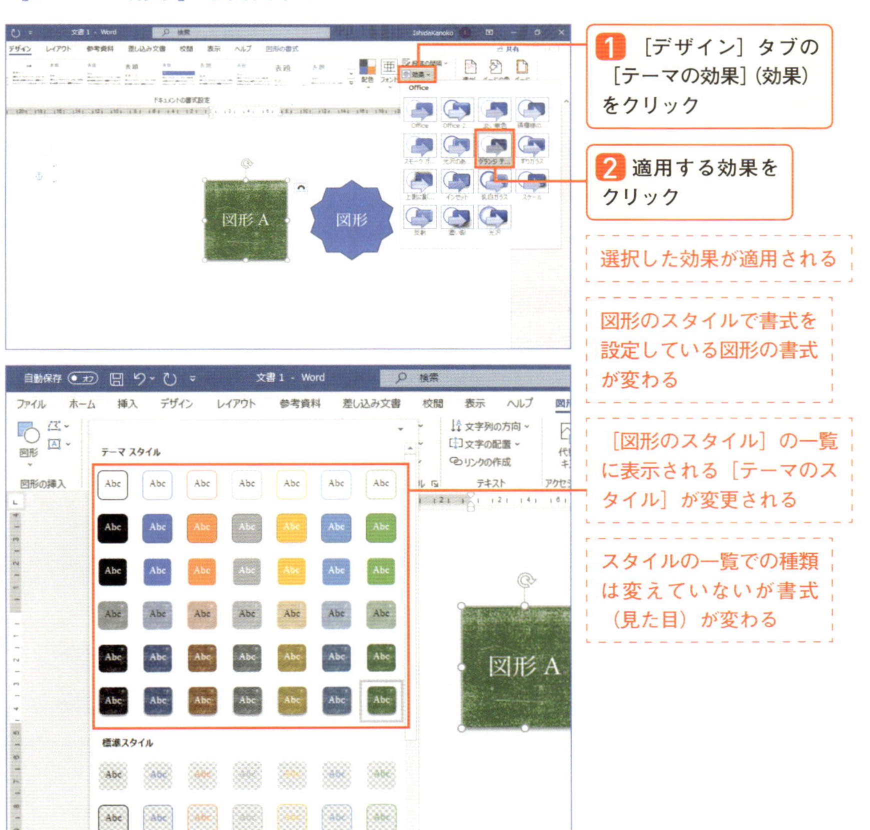
1 [デザイン] タブの [テーマの効果] (効果) をクリック
2 適用する効果をクリック
選択した効果が適用される
図形のスタイルで書式を設定している図形の書式が変わる
[図形のスタイル] の一覧に表示される [テーマのスタイル] が変更される
スタイルの一覧での種類は変えていないが書式 (見た目) が変わる
図形 A
図形
テーマ スタイル
標準スタイル

076 改ページはEnterキーの連打でやってはいけない

段落を増やすのではなくページを改めるよう指示する

文章の区切りとして適切な位置にページの区切りがくるとは限りません。このとき、Enterキーを何度かたたいて無駄な段落を増やしてカーソルを次ページに移動することはおすすめしません。この方法だと、**前に位置する文章のボリュームによってページの位置がずれてしまう**可能性があるからです。

「ここでこのページの内容は終わり。次からは新しいページにしたい」というときには、「改ページせよ」とWordに伝えればよいのです。

なお、文章の入力中などに改ページをすることが多いので、ぜひショートカットキーでの操作を覚えてもらいたいです。

キー操作で改ページを挿入する

05-076-改ページ.docx

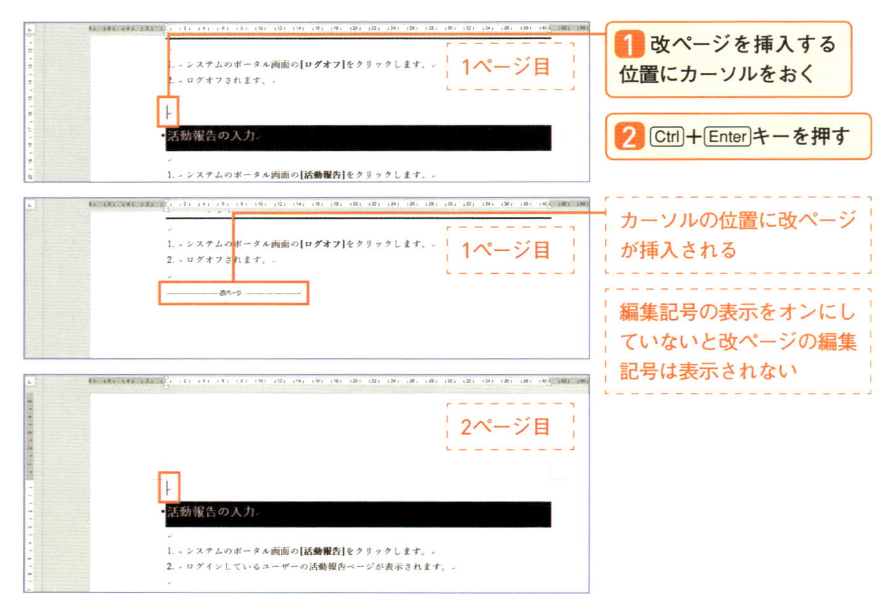
1ページ目
1 改ページを挿入する位置にカーソルをおく
2 Ctrl+Enterキーを押す
活動報告の入力
1ページ目
カーソルの位置に改ページが挿入される
改ページ
編集記号の表示をオンにしていないと改ページの編集記号は表示されない
2ページ目
活動報告の入力

[ページ区切り]と[空白のページ]の違い

リボンの［挿入］タブには、［空白のページ］と［ページ区切り］というコマンドがあります。Ctrl + Enterキーによる改ページの位置は［ページ区切り］を実行したときと同じで、［空白のページ］はそのまま、カーソルの位置に新しいページが追加されつつ改ページされる、という機能です。

空白のページを挿入する

05-076-改ページ.docx

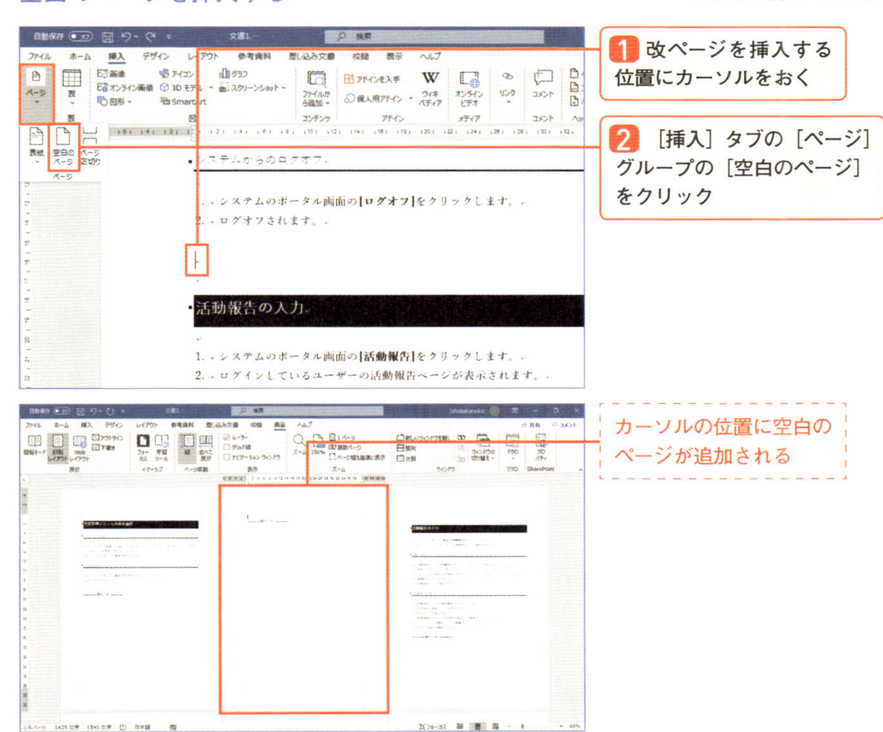
1 改ページを挿入する位置にカーソルをおく
2 ［挿入］タブの［ページ］グループの［空白のページ］をクリック
カーソルの位置に空白のページが追加される
システムからのログオフ
1. システムのポータル画面の[ログオフ]をクリックします。
2. ログオフされます。
活動報告の入力
1. システムのポータル画面の[活動報告]をクリックします。
2. ログインしているユーザーの活動報告ページが表示されます。

ここもポイント | 改ページをやめるには

改ページの編集記号は文字と同じように削除できます。改ページをやめるには、改ページの編集記号の左側にカーソルをおいてDeleteキーを押します。

ページ設定

077 文書を複数のセクションに分けてページ設定するには

文書の中を区切るために必要な単位

1章でも概要をご紹介しているように、文書の中を複数の**セクション**という単位に分けることができます。文書内のすべてのページで同じページ設定（用紙の向きや余白、フッターなど）にするときには不要ですが、たとえば、1～2ページは用紙を縦向きにし、3～5ページは横向きにするなどというときには文書を2つのセクション（セクション1とセクション2）に分けるために**セクション区切り**を挿入します。

なお、カーソルのある位置がどのセクションなのかがわかりやすいように、ステータス バーにセクション番号が表示されるようにしてから操作することをおすすめします。

ステータス バーにセクション番号を表示する

05-077-セクション.docx

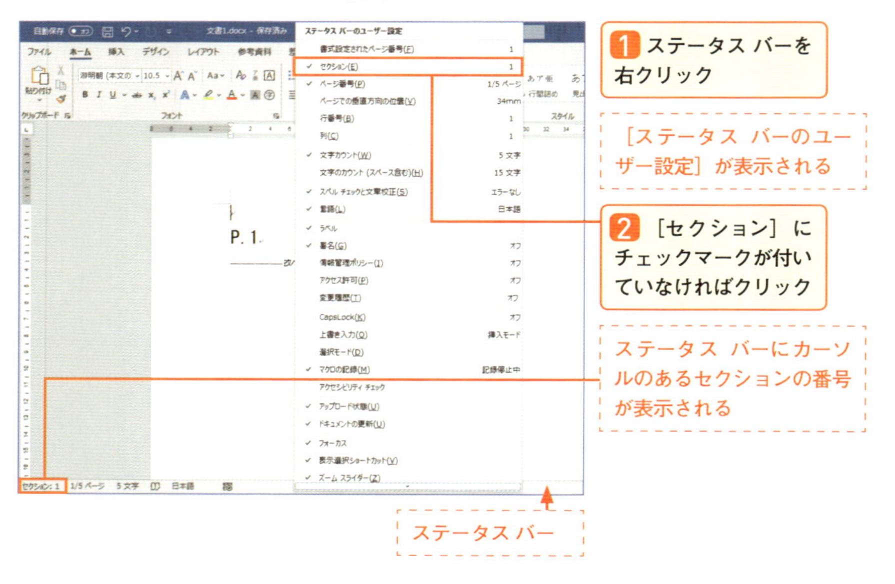
1 ステータス バーを右クリック
［ステータス バーのユーザー設定］が表示される
2 ［セクション］にチェックマークが付いていなければクリック
ステータス バーにカーソルのあるセクションの番号が表示される
ステータス バー
ステータス バーのユーザー設定
セクション(E)
セクション: 1
P. 1

セクション区切りの種類

セクション区切りには4つの種類があります。どのように分けたいのかによって使い分けますが、[次のページから開始] と [現在の位置から開始] は利用頻度が高いため、使い方を把握しておきたい種類です。

たとえば、1〜2ページはセクション1、3〜5ページはセクション2とする場合、2ページの末尾の改ページする位置に**改ページの代わりに [次のページから開始] という種類のセクション区切りを挿入**します。

改ページしながらセクション区切りを挿入する

05-077-セクション.docx

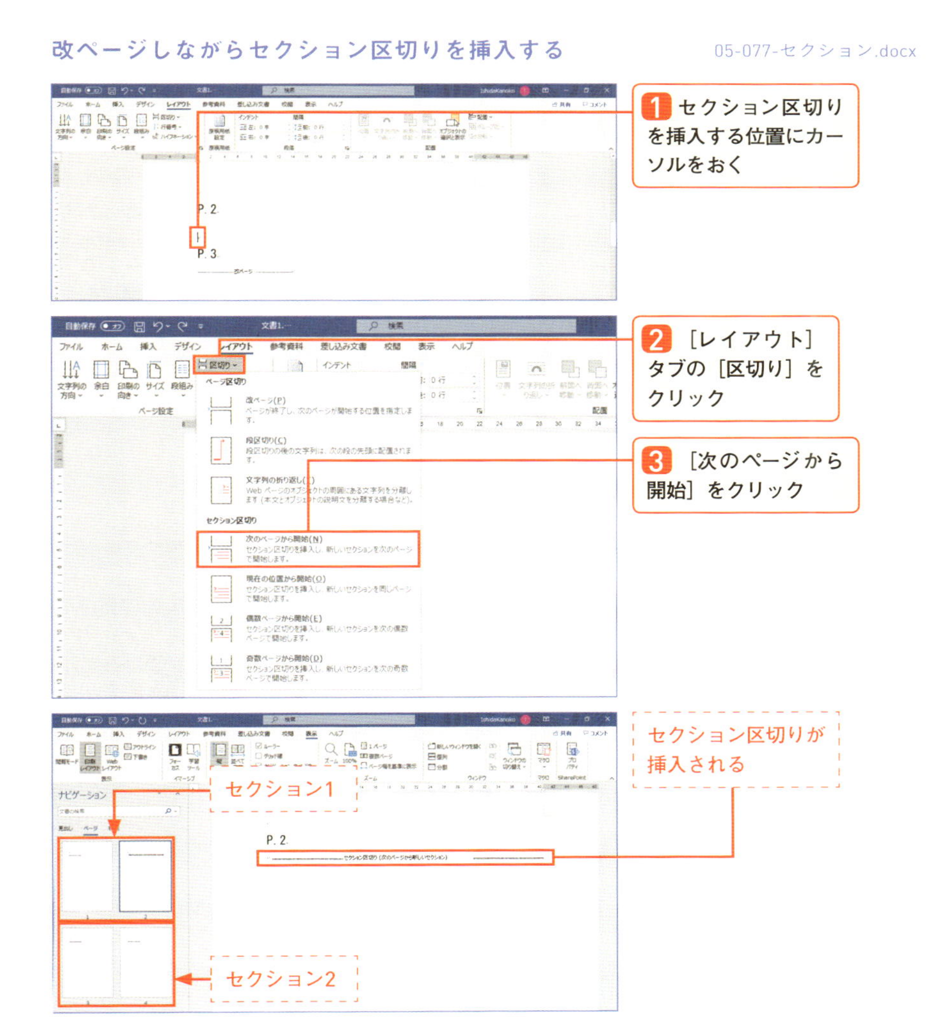
1 セクション区切りを挿入する位置にカーソルをおく
P. 2
P. 3
2 [レイアウト] タブの [区切り] をクリック
3 [次のページから開始] をクリック
次のページから開始(N)
現在の位置から開始(O)
偶数ページから開始(E)
奇数ページから開始(D)
セクション区切りが挿入される
セクション1
セクション2
ナビゲーション

ページ設定はセクションごとに変えられる

ページの余白や用紙の向き、用紙のサイズなどを変更するための操作自体は難しいことはありませんが、Wordの場合はリボンでコマンドを実行しただけでは**設定対象が選択しているセクションになる**という特徴（罠）があることを知っておかなければなりません。

文書全体のページ設定を変えたいのか、選択しているセクションのページ設定を変えたいのかをきちんと考えたうえで操作や設定を行わないと、「思っていたのと違う！」ということになりかねません。

選択しているセクションの用紙の向きを変更する

05-077-セクション.docx

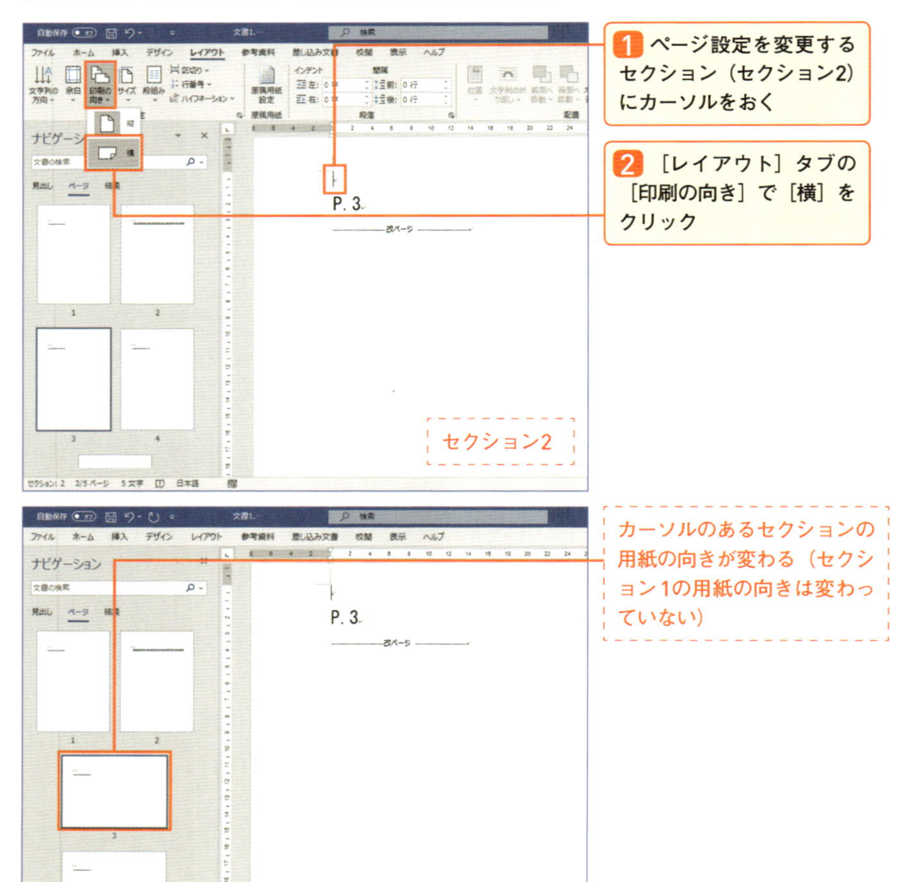

1 ページ設定を変更するセクション（セクション2）にカーソルをおく
2 ［レイアウト］タブの［印刷の向き］で［横］をクリック
セクション2
カーソルのあるセクションの用紙の向きが変わる（セクション1の用紙の向きは変わっていない）
P. 3
改ページ

ページ設定ダイアログボックスを表示する

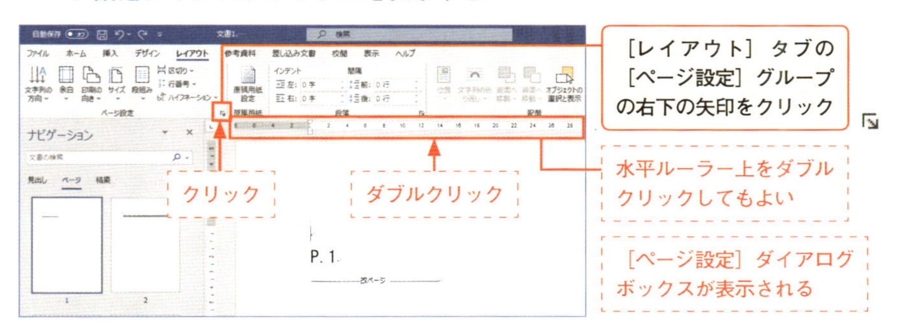
［レイアウト］タブの［ページ設定］グループの右下の矢印をクリック
クリック
ダブルクリック
水平ルーラー上をダブルクリックしてもよい
［ページ設定］ダイアログボックスが表示される
P. 1

セクションが分かれていても文書全体を同じページ設定にする場合

05-077-セクション.docx

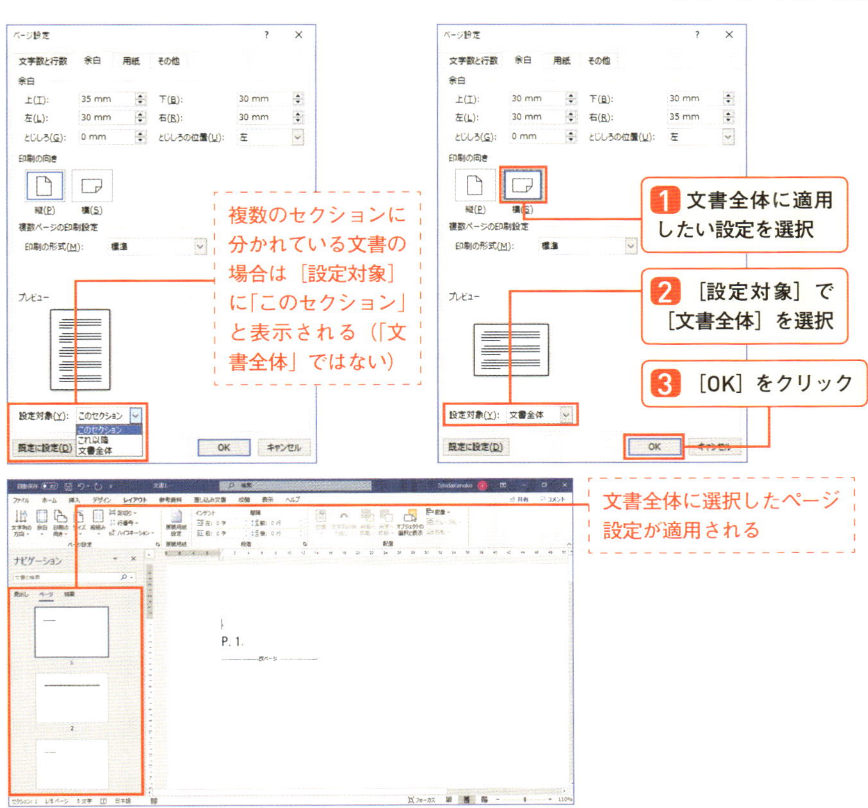
複数のセクションに分かれている文書の場合は［設定対象］に「このセクション」と表示される（「文書全体」ではない）
1 文書全体に適用したい設定を選択
2 ［設定対象］で［文書全体］を選択
3 ［OK］をクリック
文書全体に選択したページ設定が適用される
P. 1

078 見開きの設定を使って内側と外側の余白サイズを変える

左と右ではなく、内側と外側で設定できるようにする

Wordの複数ページにわたる文書を両面印刷して、ステープルなどで留めて見開きで閲覧できるように製本するとき、左側ページと右側ページで左右の余白サイズを変えたいことがありますが、「左の余白を○○に、右の余白を○○に」というように設定すると、それぞれのページの左右の余白が決定されてしまい、思い通りになりません。

文書のページ設定で**「見開きページ」を有効**にすると、「内側」と「外側」の余白サイズを個別に設定できます。

なお、見開きページの設定は、「奇数ページが右側」という前提で機能します。たとえば、下図のP.1とP.3の左が［内側］で、右が［外側］となるため、見開きにしたときに右側に配置したいページを奇数ページとして設定します。ページ番号が挿入されている文書の場合、物理的に前から何枚目（何ページ目）なのかではなく、挿入しているページ番号が奇数か偶数かで判断されます。あまりないと思うけれど、文書の構成上、奇数のページ番号が連続しているとき、見開きページの設定をすると、偶数ページにあたる位置に空白ページが差し込まれます。

見開きで閲覧する文書のイメージ

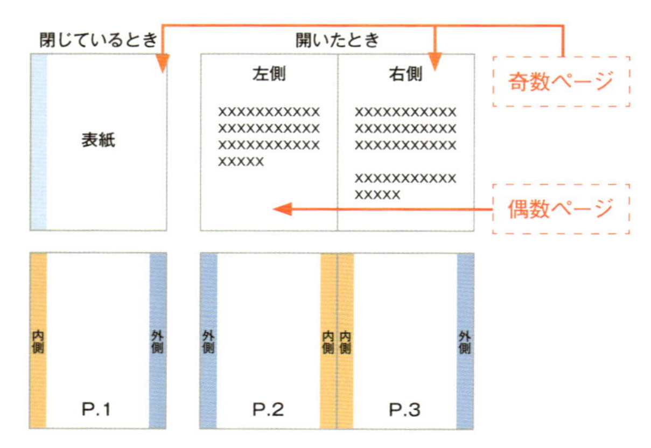

閉じているとき
開いたとき
左側
右側
奇数ページ
偶数ページ
表紙
xxxxxxxxxxx
xxxxxxxxxxx
xxxxxxxxxxx
xxxxx
内側
外側
P.1
P.2
P.3

見開きページの設定をする

05-078-見開きページ.docx

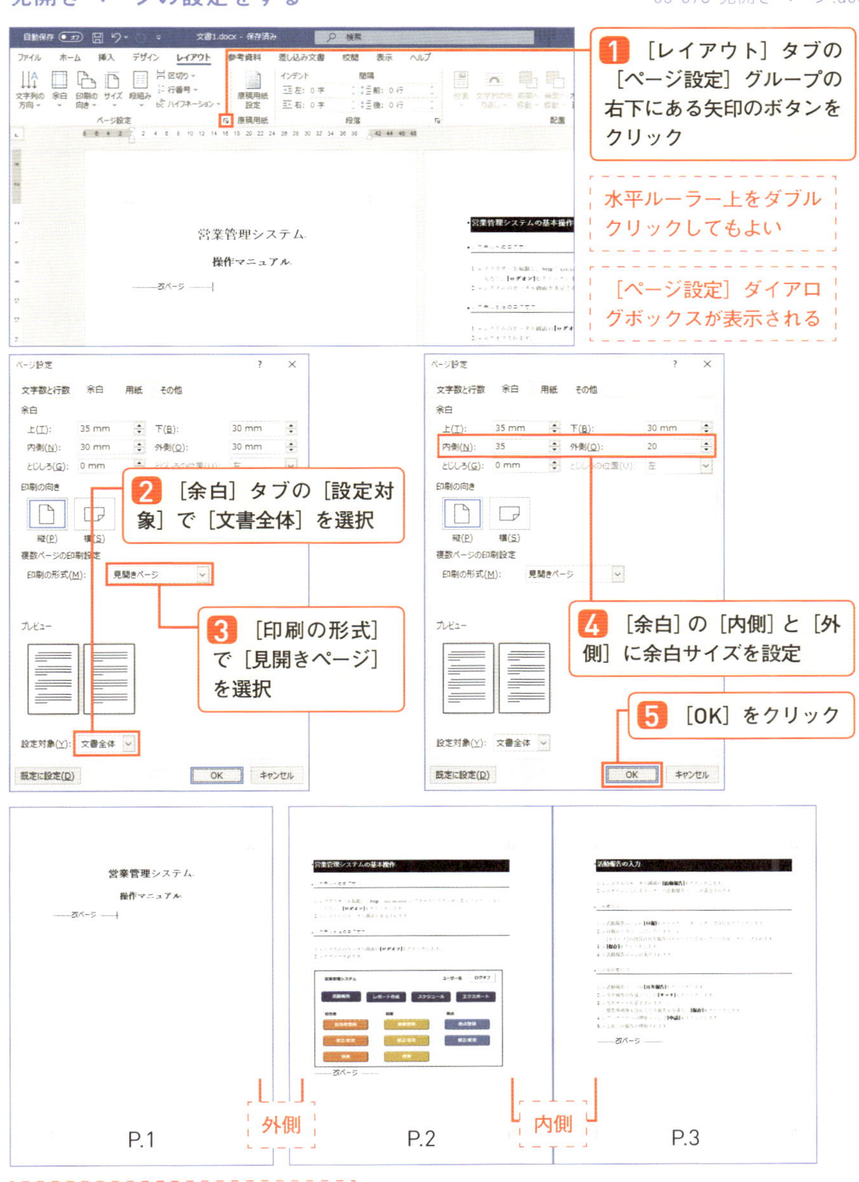

1 ［レイアウト］タブの［ページ設定］グループの右下にある矢印のボタンをクリック
水平ルーラー上をダブルクリックしてもよい
［ページ設定］ダイアログボックスが表示される
2 ［余白］タブの［設定対象］で［文書全体］を選択
3 ［印刷の形式］で［見開きページ］を選択
4 ［余白］の［内側］と［外側］に余白サイズを設定
5 ［OK］をクリック
営業管理システム
操作マニュアル
外側
内側
P.1
P.2
P.3
見開きページの設定が有効になり、左右の余白が変わる

ページ設定

079 文章をページの左右にレイアウトするには

段組みを設定して文章をブロックに分ける

長い文章をページの左右の2つのブロックに分けたり、箇条書きを左右に分けて配置したりしたいときに**段組み**を使います。

まずは中身となる文章を入力しておいて段組みを設定し、区切り位置を調整する、という流れで設定するとわかりやすいです。

2段の段組みを設定する

05-079-段組み.docx

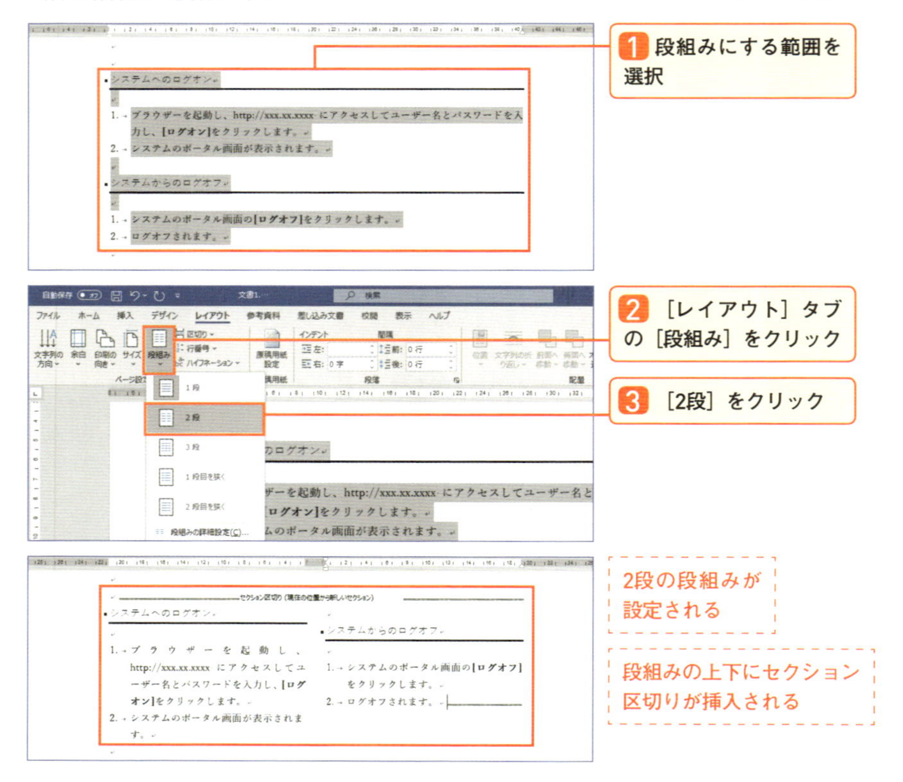
1 段組みにする範囲を選択
システムへのログオン
1. ブラウザーを起動し、http://xxx.xx.xxxx にアクセスしてユーザー名とパスワードを入力し、[ログオン]をクリックします。
2. システムのポータル画面が表示されます。
システムからのログオフ
1. システムのポータル画面の[ログオフ]をクリックします。
2. ログオフされます。
2 [レイアウト] タブの [段組み] をクリック
3 [2段] をクリック
1段
2段
3段
1段目を狭く
2段目を狭く
段組みの詳細設定(C)...
セクション区切り (現在の位置から新しいセクション)
2段の段組みが設定される
段組みの上下にセクション区切りが挿入される

段組みの配置を整える

05-079-段組み.docx

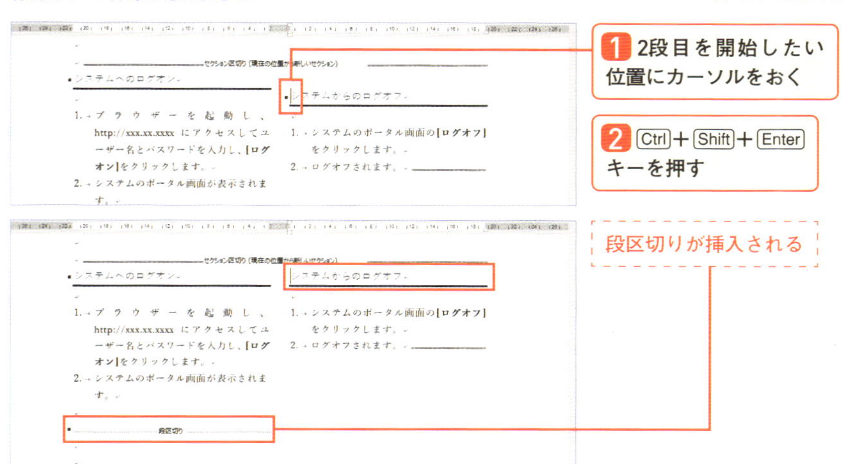

1 2段目を開始したい位置にカーソルをおく
2 Ctrl+Shift+Enter キーを押す
段区切りが挿入される

ここもポイント　幅や境界線を設定するならダイアログボックスで

段と段の境界に縦の線を表示したり、段ごとに横幅を変えたりする場合は［段組み］ダイアログボックスで設定します。
2段にしておいて、あとからダイアログボックスを表示して修正するには、段組みにしているセクションの中にカーソルをおいて、リボンの［レイアウト］タブの［ページ設定］グループの［段組み］をクリックし、［段組みの詳細設定］をクリックして［段組み］ダイアログボックスを表示します。［境界線を引く］をオンにすると段と段の間に縦線が表示されます。

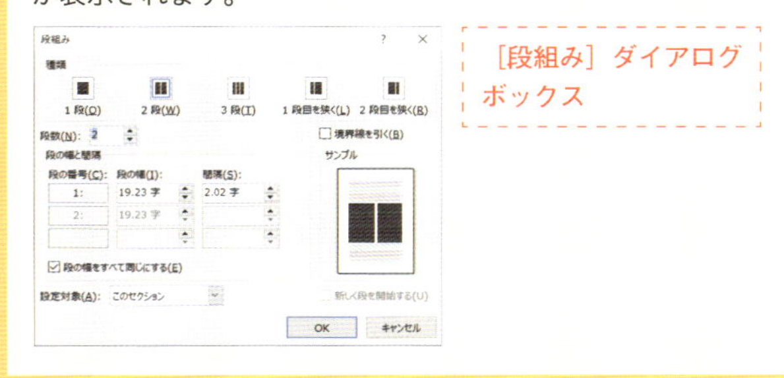

［段組み］ダイアログボックス

ここもポイント　段組みをやめたいとき

1段にするだけではセクション区切りは削除されません。セクション区切りがあっても邪魔にならないのであればそのままでもよいですが、要らない設定を残しておいても仕方ないので、セクション区切りのラインの左側にカーソルをおいてDeleteキーを押して区切りを削除します。

080 デザインされた表紙を作成するには

ページ+デザイン+プロパティ

文書の表紙は自分で作ってもよいのですが、**表紙用に用意されたパーツ**を使って文書の先頭のページに追加することも可能です。ただし、追加した表紙がそのままで完璧！ということはあまりなくて、部分的な修正が必要になるでしょう。そのため、表紙用のパーツはどんな仕組みになっていて、どこをどう直せば自分が求めている形になるのかを知ることが大切です。

多くの表紙用のパーツでは、**コンテンツ コントロール**という領域が用意されており、ファイルのプロパティ情報が自動的に表示されます。

選んだ表紙の種類によりますが、自動的に表示されるプロパティ用のコントロールが不要な場合は削除するとか、配置されている図形の色やサイズを調整するなんてことは必要になるでしょう。

文書のプロパティ

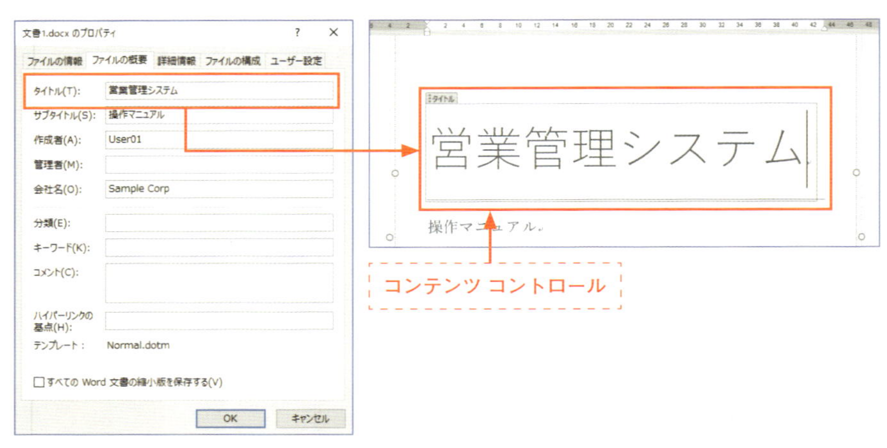
文書1.docx のプロパティ
ファイルの情報
ファイルの概要
詳細情報
ファイルの構成
ユーザー設定
タイトル(T): 営業管理システム
サブタイトル(S): 操作マニュアル
作成者(A): User01
管理者(M):
会社名(O): Sample Corp
分類(E):
キーワード(K):
コメント(C):
ハイパーリンクの基点(H):
テンプレート: Normal.dotm
すべての Word 文書の縮小版を保存する(V)
OK
キャンセル
タイトル
営業管理システム
操作マニュアル
コンテンツ コントロール

表紙を追加する

05-080-表紙の作成.docx

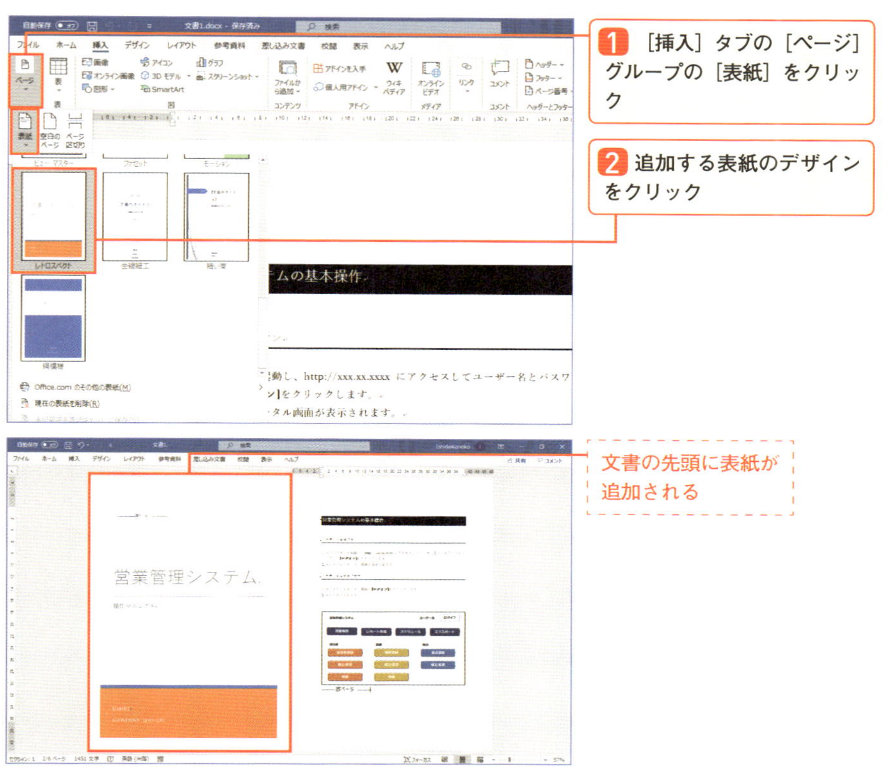
1 ［挿入］タブの［ページ］グループの［表紙］をクリック
2 追加する表紙のデザインをクリック
文書の先頭に表紙が追加される
営業管理システム

ここもポイント コンテンツ コントロールの書式を変更するには

タイトルの文字数が多くて変な位置で改行されてしまうとか、フォント サイズを大きく／小さくしたいなどということがあります。
この場合は、コンテンツ コントロールの上をクリックして枠線を表示し、左上に表示されているコントロール名をクリックして選択して、リボンの［ホーム］タブの［フォント］グループのコマンドなどを使って書式を変更します。選択した表紙のデザインによっては、小文字で入力している英字がすべて大文字で表示されることがあります。この場合は［フォント］ダイアログボックスを表示して［すべて大文字］をオフにします。

ここもポイント 表紙のパーツを文書の途中に挿入するには

追加したい位置にカーソルをおいて、リボンの［挿入］タブの［ページ］グループの［表紙］をクリックし、挿入したい表紙のパーツを右クリックして［作業中の文書の位置に挿入］をクリックします。

不要なコンテンツ コントロールは削除できる

表紙を追加すると、自動的に作成者としてユーザー名や文書のタイトルがコンテンツ コントロールに表示されます。これらは文書（ファイル）のプロパティ情報と連動している文字列ですが、表示が不要な場合は削除したり、プロパティにセットされている情報を変更して表示したりできます。

なお、**コンテンツ コントロールの内容を編集するということはプロパティ自体が変わる**、ということを知ったうえで利用しなければなりません。

コンテンツ コントロールを削除する

05-080-表紙の作成.docx

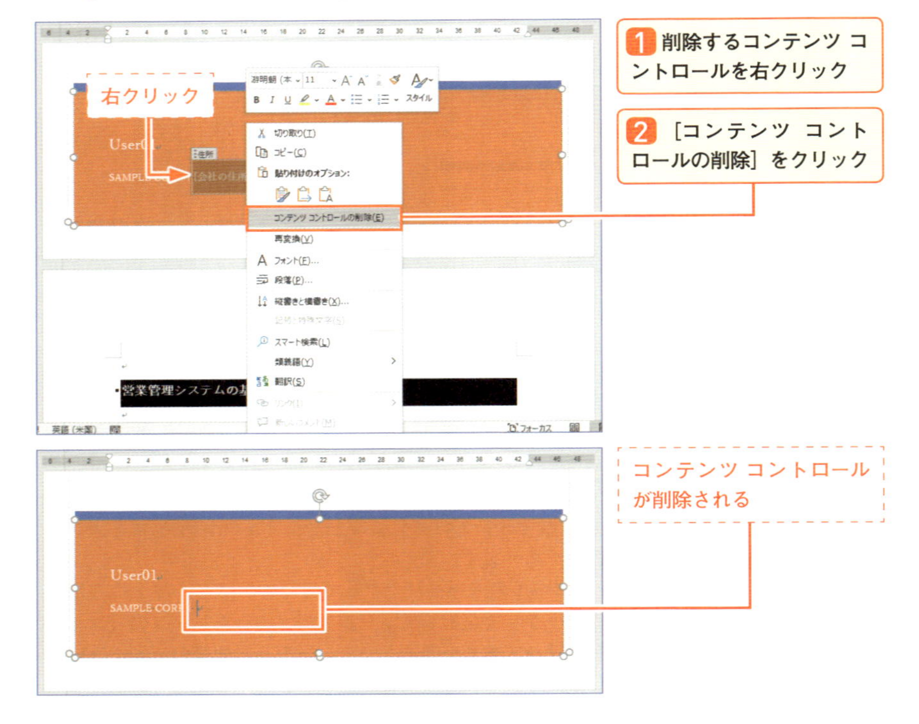
1 削除するコンテンツ コントロールを右クリック
2 ［コンテンツ コントロールの削除］をクリック
右クリック
User01
切り取り(T)
コピー(C)
貼り付けのオプション:
コンテンツ コントロールの削除(E)
再変換(V)
フォント(F)...
段落(P)...
縦書きと横書き(X)...
スマート検索(L)
類義語(Y)
翻訳(S)
営業管理システムの基
コンテンツ コントロールが削除される
User01
SAMPLE CORP

コンテンツ コントロールの内容を編集する

05-080-表紙の作成.docx

1 編集するコンテンツ コントロールの中をクリック
2 文字列を編集
作成者
情報システム本部
SAMPLE CORP
ファイルのプロパティ情報も更新される
文書1.docx のプロパティ
ファイルの情報
ファイルの概要
詳細情報
ファイルの構成
ユーザー設定
タイトル(T): 営業管理システム
サブタイトル(S): 操作マニュアル
作成者(A): 情報システム本部
管理者(M):
会社名(O): Sample Corp
分類(E):
キーワード(K):
コメント(C):
ハイパーリンクの基点(H):
テンプレート: Normal.dotm
すべての Word 文書の縮小版を保存する(V)
OK
キャンセル

ここもポイント | 表紙を削除するには

リボンの［挿入］タブの［ページ］グループの［表紙］をクリックし、［現在の表紙を削除］をクリックします。ただし、この操作で削除されるのは文書の先頭ページの表紙のみです。文書の途中に挿入した表紙を削除するには、範囲選択をして Delete キーで削除します。

081 ヘッダーとフッターとはなにか、編集するにはどうするか

すべてのページに表示したい内容を配置する層

ヘッダーがページの上部で、フッターはページの下部、という位置としての認識でよいのですが、機能としてはメインの**文章を入力する層とは別の層に用意されている「ヘッダー／フッター」という場所**のことです。

ページを画面に表示したり、印刷したりするときに、ページに重ねて利用する透明のシートのようなものをイメージするとよいでしょうか。

ヘッダー／フッターのイメージ

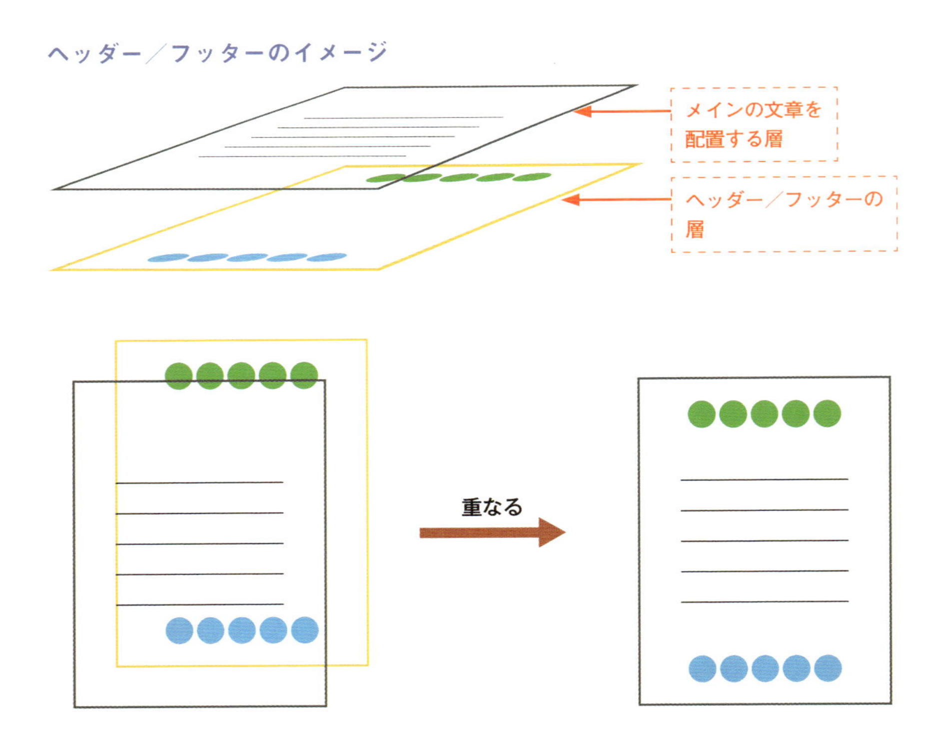
メインの文章を
配置する層
ヘッダー／フッターの
層
重なる

ヘッダーとフッターを編集できる状態にする

ヘッダー／フッターの層は普段は裏側にあるので、ヘッダーに文字を入れたいときやフッターにページ番号を入れたいときには表側に移動しなければなりません。ヘッダーとフッターを編集できる状態にすることを「**ヘッダーとフッターの編集モード**」にする、といいます。

挿入したページ番号の書式を変えたり、配置を変えたりするためには、編集モードにする方法を知っている必要があります。

ヘッダーとフッターの編集モードに切り替える／閉じる 05-081-ヘッダーとフッター.docx

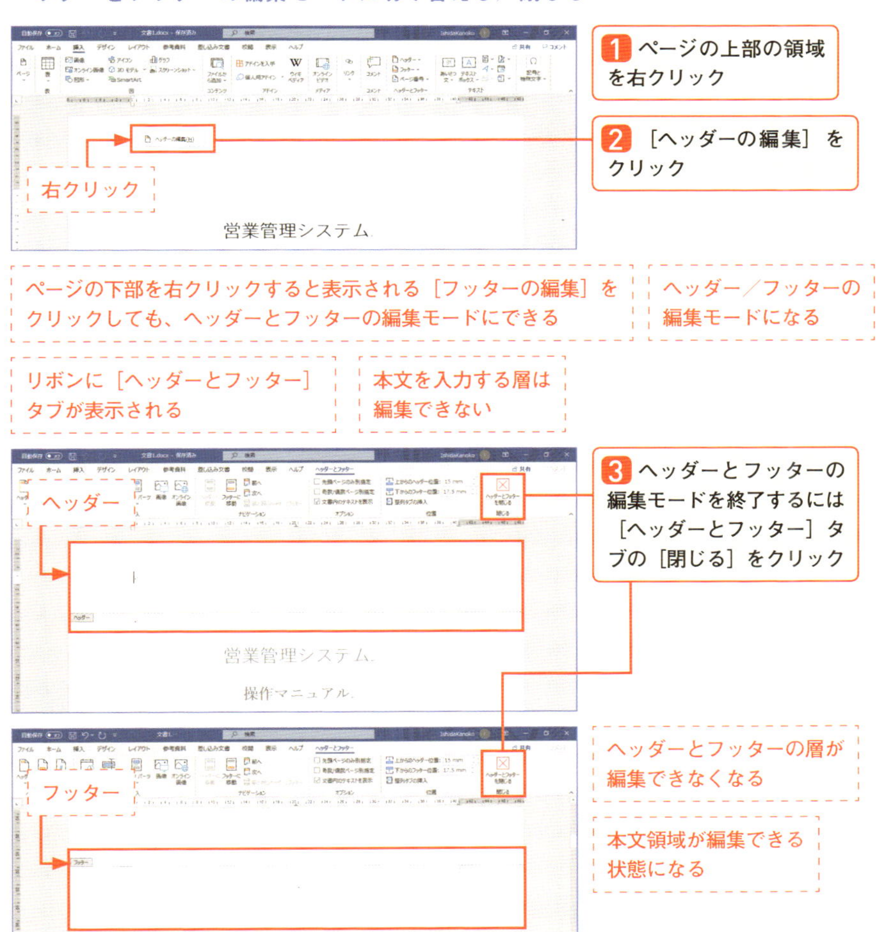
1 ページの上部の領域を右クリック
2 [ヘッダーの編集] をクリック
右クリック
営業管理システム
ページの下部を右クリックすると表示される [フッターの編集] をクリックしても、ヘッダーとフッターの編集モードにできる
ヘッダー／フッターの編集モードになる
リボンに [ヘッダーとフッター] タブが表示される
本文を入力する層は編集できない
3 ヘッダーとフッターの編集モードを終了するには [ヘッダーとフッター] タブの [閉じる] をクリック
ヘッダー
営業管理システム
操作マニュアル
フッター
ヘッダーとフッターの層が編集できなくなる
本文領域が編集できる状態になる

082 文書にページ番号を表示するには

きちんと理解しているなら簡易的な方法でもOK

ページ番号は「1、2、3……」という数字が入力されているのではなくて、「ここに何ページ目なのかをカウントして表示しなさい」という命令の結果として表示されるため、ページが増えたり減ったりしたときに自動的に番号が調整されます。

ここではフッターの中央にページ番号を表示することを例にしていますが、どこに表示したいのか、どんな書式にしたいのかを事前に考え、それに合う操作方法で挿入できます。

ページ番号をフッターの中央に挿入する

05-082-ページ番号.docx

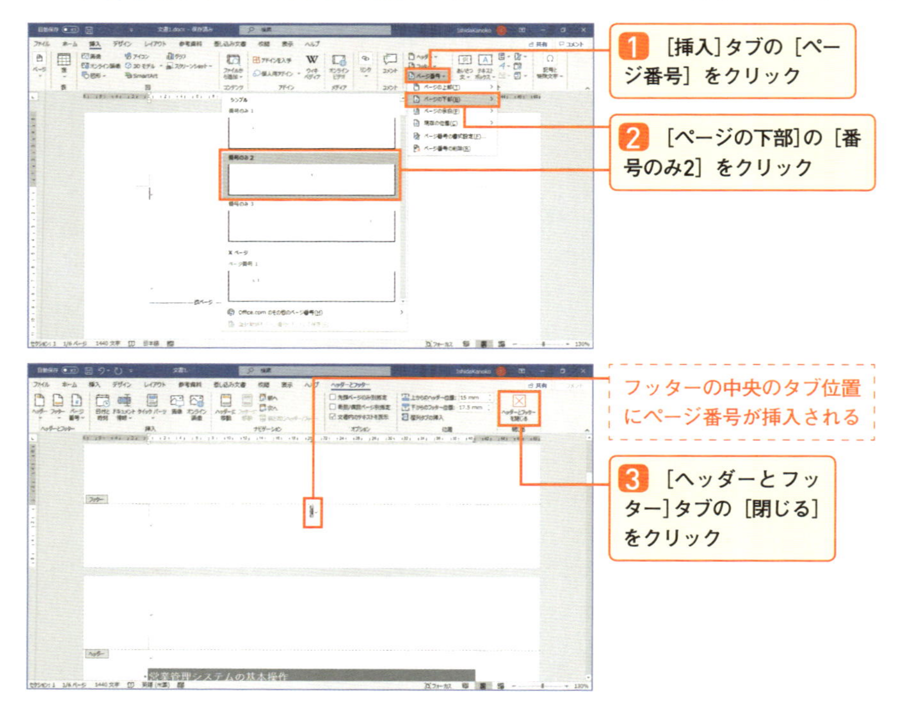
1 ［挿入］タブの［ページ番号］をクリック
2 ［ページの下部］の［番号のみ2］をクリック
フッターの中央のタブ位置にページ番号が挿入される
3 ［ヘッダーとフッター］タブの［閉じる］をクリック

フッターの中央にページ番号が表示される

営業管理システム
操作マニュアル
1

2

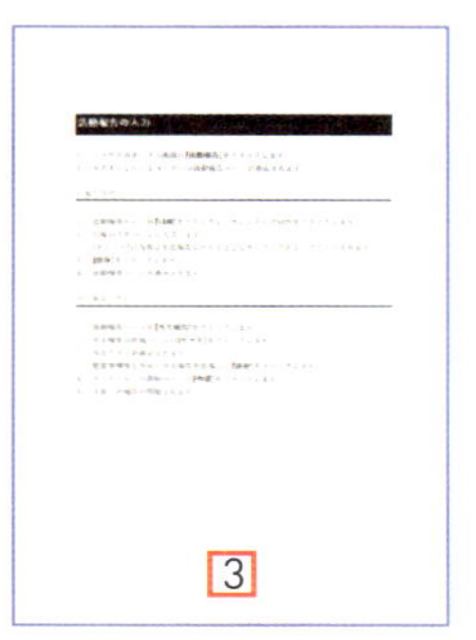

3

 ページ番号の書式は変えられる

挿入したページ番号が小さすぎて目立たない、などというときには書式を変更します。ここでは、フォント サイズを大きくして太字の設定をすることを例にしています。

ページ番号の書式を変更する

05-082-ページ番号.docx

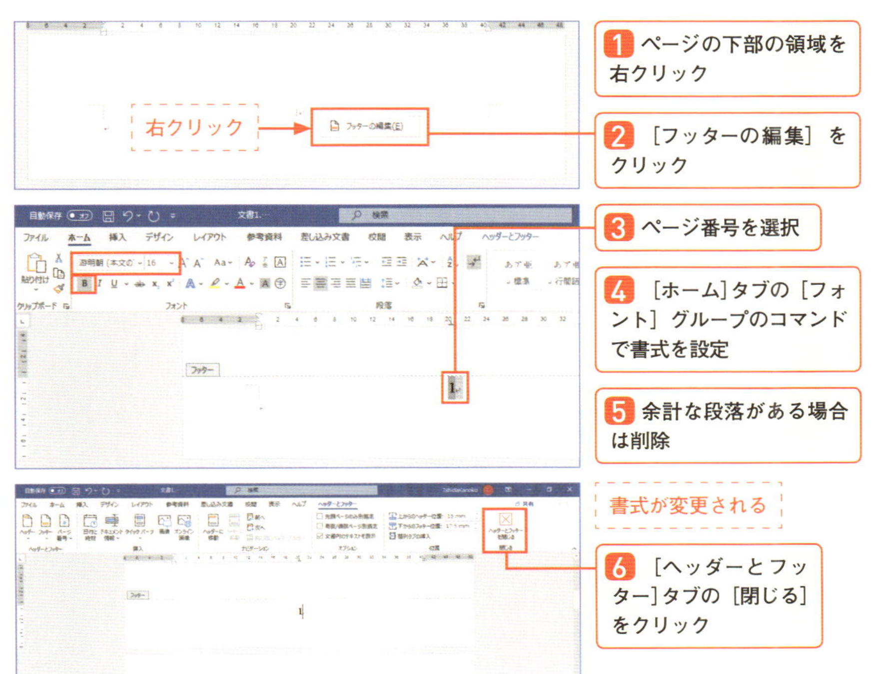

右クリック
フッターの編集(E)
1 ページの下部の領域を右クリック
2 ［フッターの編集］をクリック
3 ページ番号を選択
4 ［ホーム］タブの［フォント］グループのコマンドで書式を設定
5 余計な段落がある場合は削除
書式が変更される
6 ［ヘッダーとフッター］タブの［閉じる］をクリック

083 フッターにバランスよく3種類の情報を表示するには

Tab キーを使うだけ、Space キーは使わない

ヘッダーとフッターの領域には既定で**3つのタブ位置**が設定されています。ヘッダーとフッターの編集モードにして水平ルーラーを確認すると、3か所にタブマーカーが表示されていることがわかります。これを使って「社外持ち出し禁止　　ページ番号　　部署名」のように、3種類の情報を配置できます。

3つの情報の間を**スペースで設けるのはよろしくない**です。特にページ番号のように桁の増えていく情報を配置している場合、ページ数が増えたときにフッターが2行になってしまうこともあります。ページ数は増えないからなんでもいいよ、というのなら止めないですがキーを押す回数だって Tab キーのほうが少ないです。

タブを使って3つの情報を配置する

05-083-フッター.docx

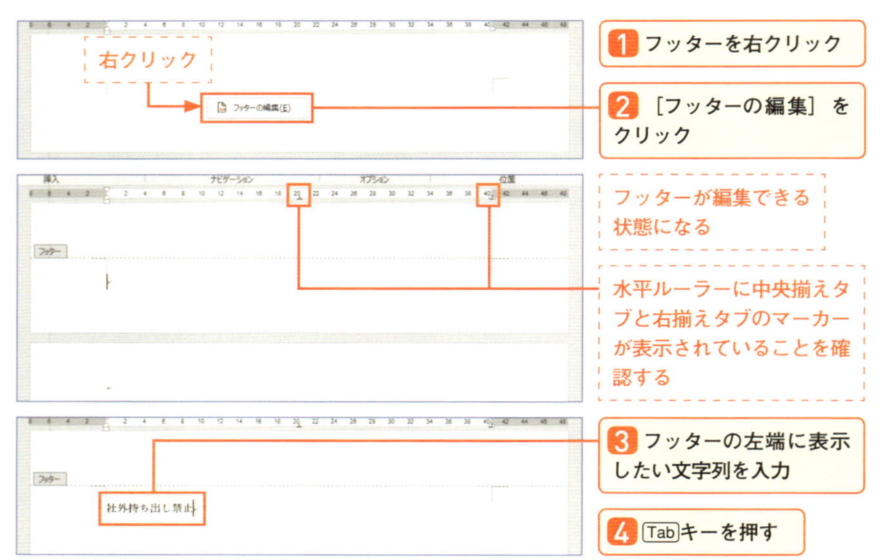
右クリック
フッターの編集(E)
1 フッターを右クリック
2 ［フッターの編集］をクリック
フッターが編集できる状態になる
水平ルーラーに中央揃えタブと右揃えタブのマーカーが表示されていることを確認する
フッター
社外持ち出し禁止
3 フッターの左端に表示したい文字列を入力
4 Tab キーを押す

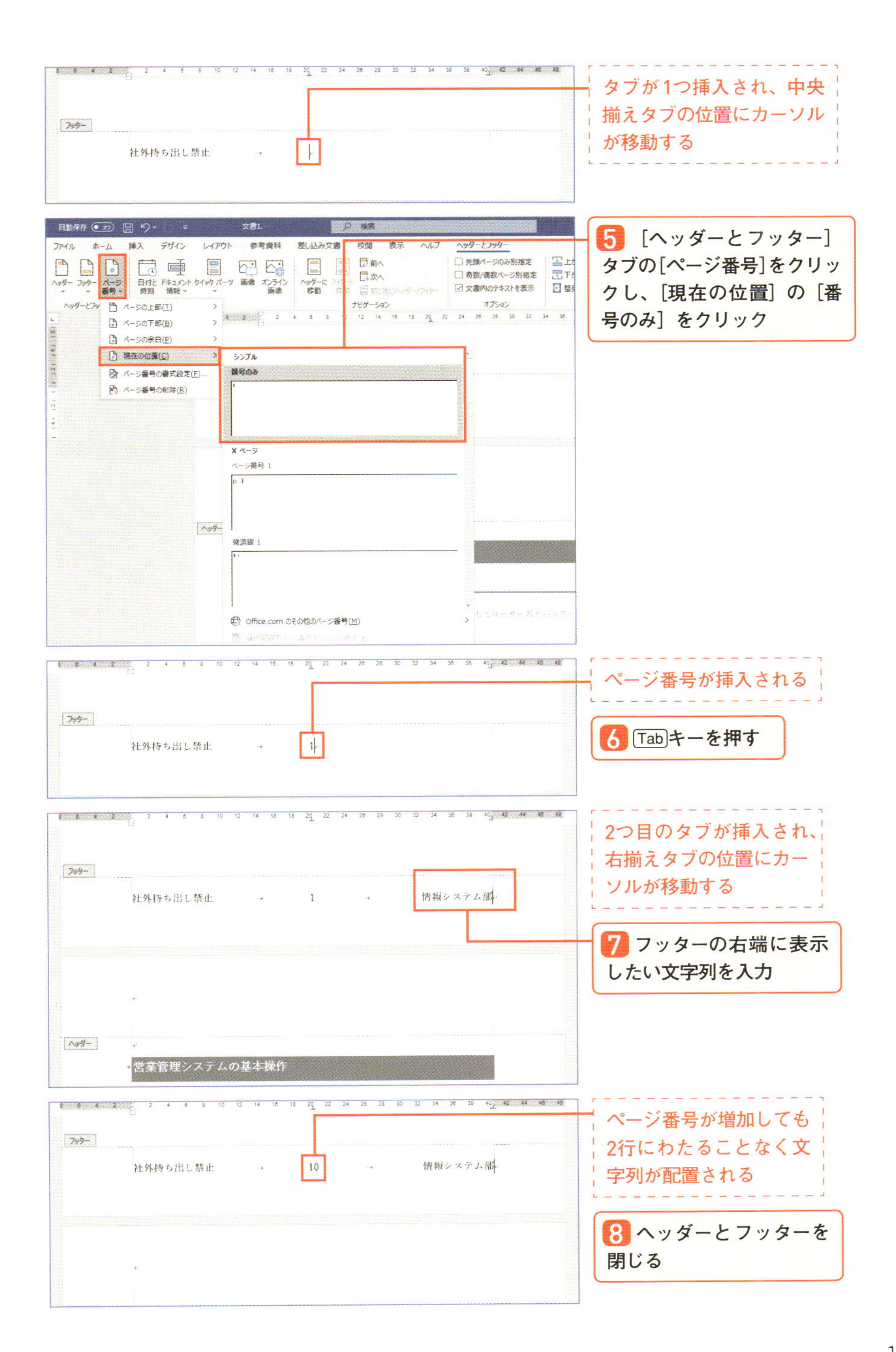
タブが1つ挿入され、中央揃えタブの位置にカーソルが移動する
フッター
社外持ち出し禁止
5 ［ヘッダーとフッター］タブの［ページ番号］をクリックし、［現在の位置］の［番号のみ］をクリック
ページの上部(T)
ページの下部(B)
ページの余白(P)
現在の位置(C)
ページ番号の書式設定(F)...
ページ番号の削除(R)
シンプル
番号のみ
X ページ
ページ番号 1
強調線 1
Office.com のその他のページ番号(M)
ページ番号が挿入される
6 Tabキーを押す
2つ目のタブが挿入され、右揃えタブの位置にカーソルが移動する
情報システム部
7 フッターの右端に表示したい文字列を入力
ヘッダー
営業管理システムの基本操作
ページ番号が増加しても2行にわたることなく文字列が配置される
10
8 ヘッダーとフッターを閉じる

084 表紙や目次にはページ番号を付けたくないときに

ページ番号を入れる→セクションで分ける→設定する、が速い

誰かが作った文書で思うようにならないときには何が原因なのかを探るところから始めなければなりませんが、基本を理解していればどんな文書のヘッダーやフッターも編集できます。

ヘッダーやフッターの情報を思い通りに設定するには、その**順番が重要**です。ここでは、ページ番号の挿入されている文書をセクション1（表紙と目次）とセクション2（3ページ目以降）に分け、セクション2にはページ番号を残し、セクション1からはページ番号を削除することを例にします。なお、ここでは表紙パーツを使っていない文書を利用しています。

ページ番号が不要なセクションと必要なセクション

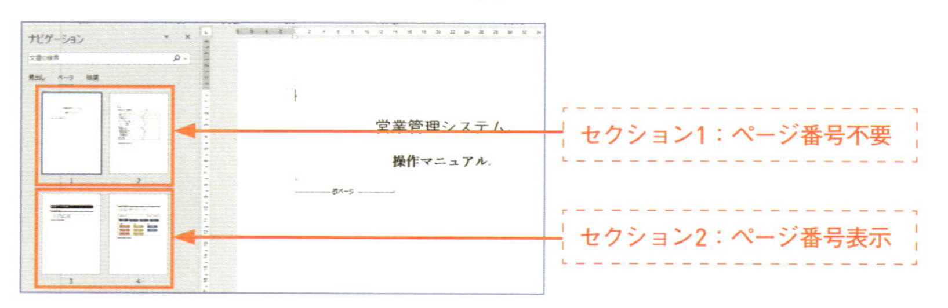
ナビゲーション
営業管理システム
操作マニュアル
改ページ
セクション1：ページ番号不要
セクション2：ページ番号表示

文書を2つのセクションに区切る

05-084-セクションとヘッダーフッター.docx

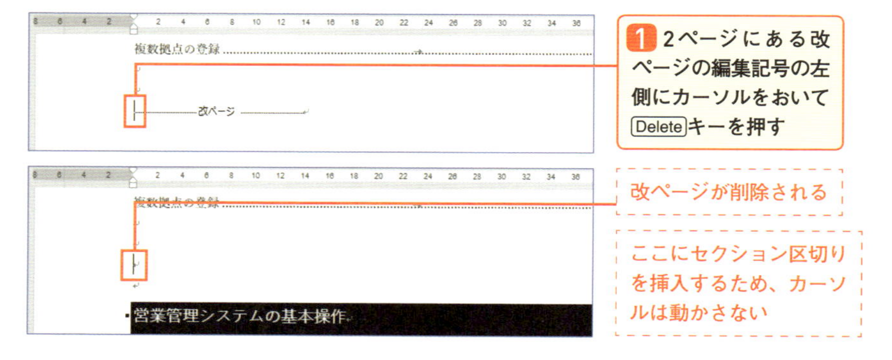
複数拠点の登録
改ページ
1 2ページにある改ページの編集記号の左側にカーソルをおいてDeleteキーを押す
改ページが削除される
ここにセクション区切りを挿入するため、カーソルは動かさない
営業管理システムの基本操作

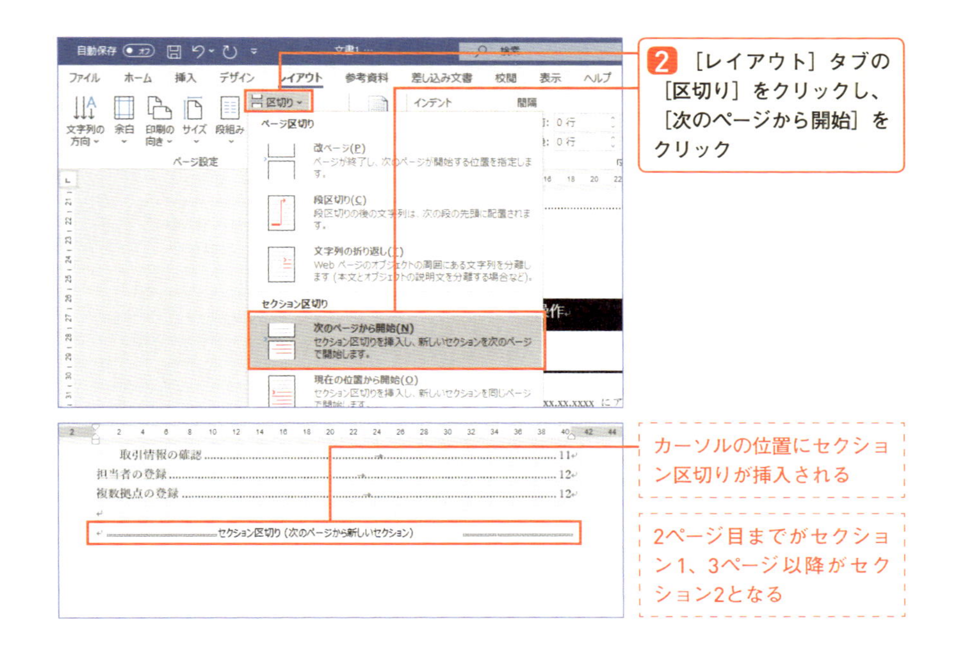
2 ［レイアウト］タブの［区切り］をクリックし、［次のページから開始］をクリック
カーソルの位置にセクション区切りが挿入される
2ページ目までがセクション1、3ページ以降がセクション2となる
次のページから開始(N)
セクション区切りを挿入し、新しいセクションを次のページで開始します。
セクション区切り (次のページから新しいセクション)

1つ前のセクションとの関係を断ち切る

1枚目だからとか目次だからということではなく、ヘッダーやフッターには既定ですべてのセクションに同じ情報が配置されます。セクションごとに情報の有無や表示する内容を変えたいのであれば、「(1つ)**前**(のセクション)**と同じ**(内容にする)」を**オフ**にしなければなりません。この設定をせずにむやみにページ番号を削除すると、すべてのページから削除されてしまいます。とても重要な設定です。

ヘッダーとフッターの編集モードにする

05-084-セクションとヘッダーフッター.docx

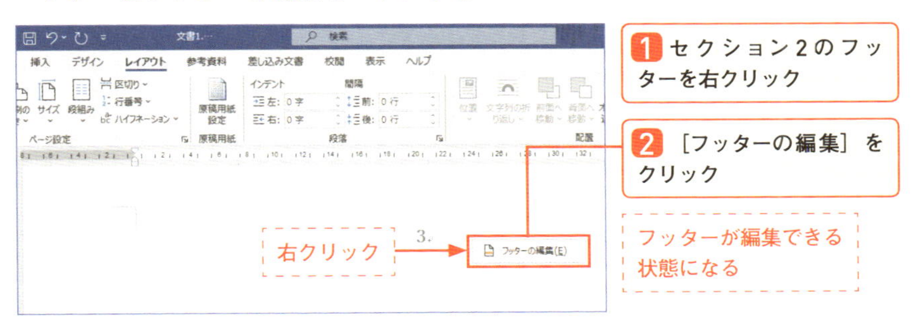
1 セクション2のフッターを右クリック
2 ［フッターの編集］をクリック
フッターが編集できる状態になる
右クリック
フッターの編集(E)

セクション1のフッターだけを削除する

05-084-セクションとヘッダーフッター.docx

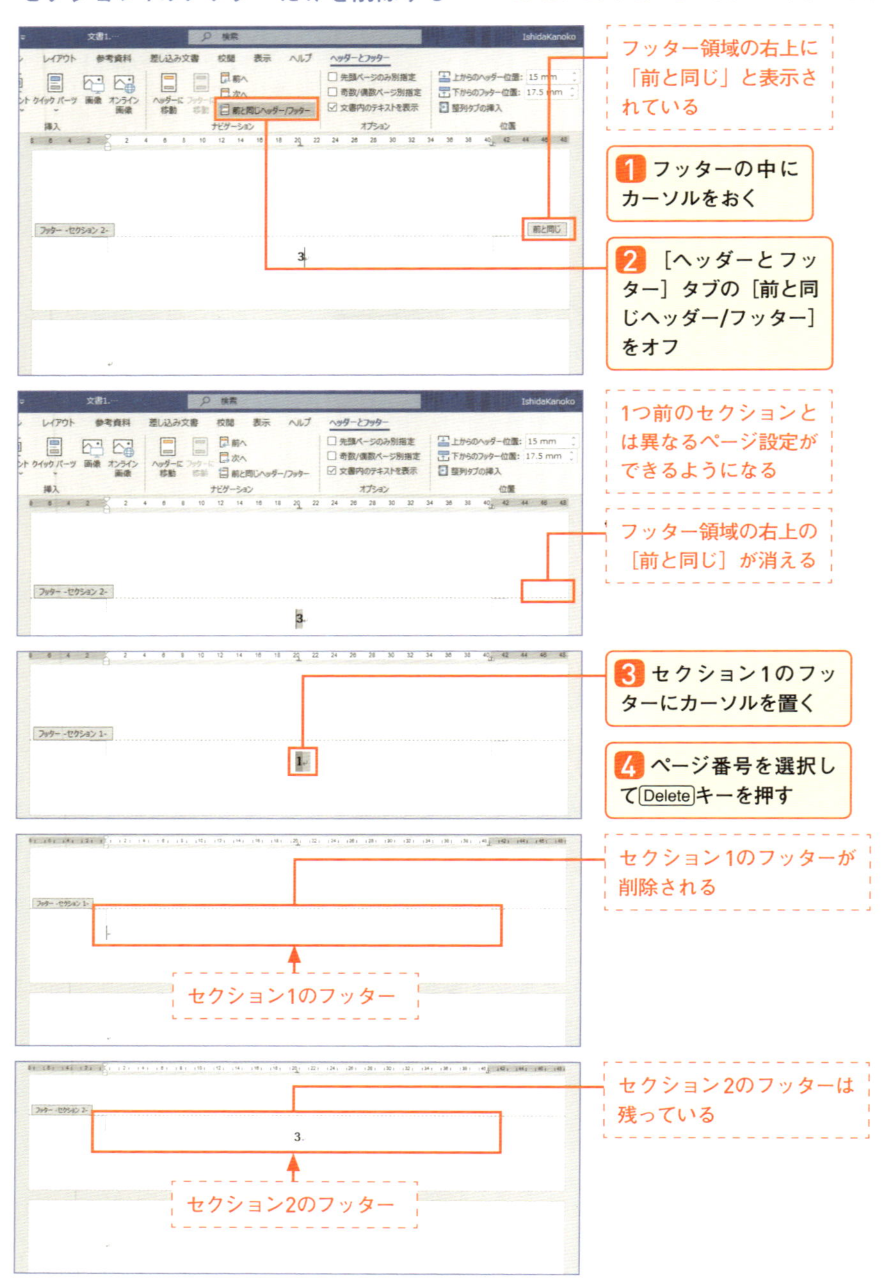

フッター領域の右上に「前と同じ」と表示されている
1 フッターの中にカーソルをおく
2 ［ヘッダーとフッター］タブの［前と同じヘッダー/フッター］をオフ
1つ前のセクションとは異なるページ設定ができるようになる
フッター領域の右上の［前と同じ］が消える
3 セクション1のフッターにカーソルを置く
4 ページ番号を選択して Delete キーを押す
セクション1のフッターが削除される
セクション1のフッター
セクション2のフッターは残っている
セクション2のフッター

ページ番号の開始番号を変更したら完璧

ページ番号は、見えていないだけで物理的な1ページ目と2ページ目も持っています。セクション2の開始ページを「1」で始めたいのなら、セクション2のページ番号の書式設定で開始番号を変更します。

セクション2のフッターに1から始まるページ番号を表示させる

05-084-セクションとヘッダーフッター.docx

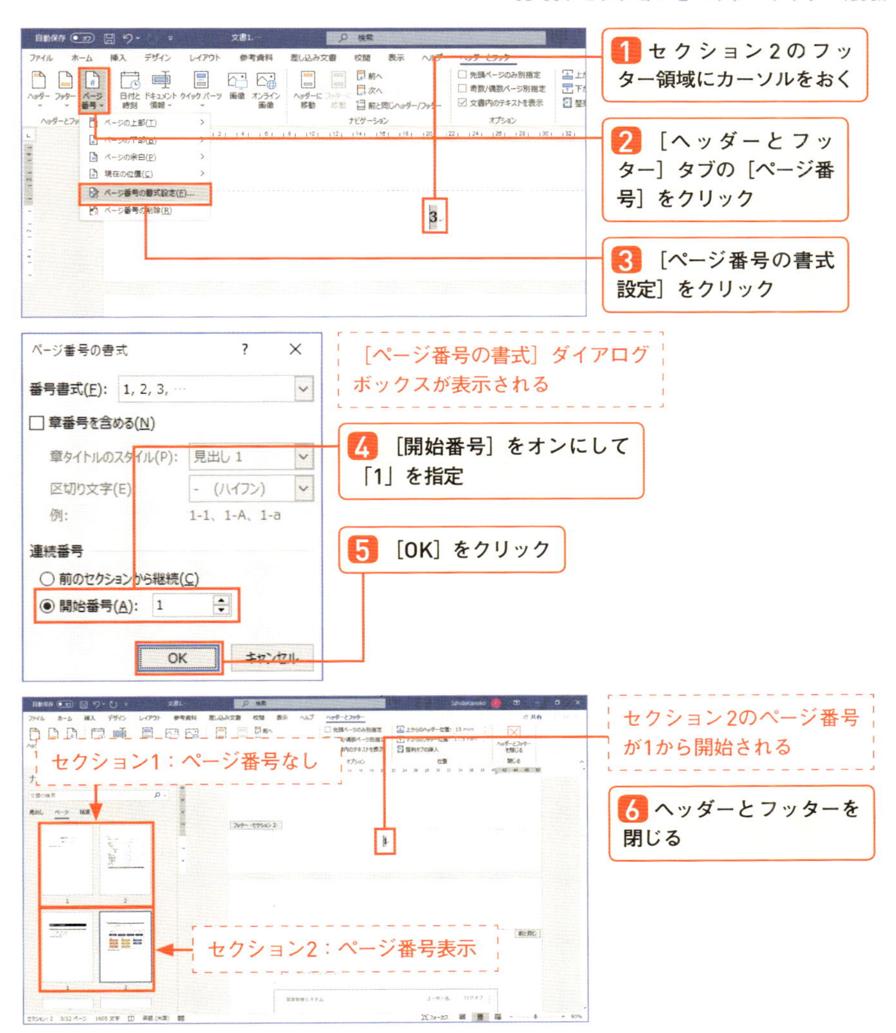

1 セクション2のフッター領域にカーソルをおく
2 ［ヘッダーとフッター］タブの［ページ番号］をクリック
3 ［ページ番号の書式設定］をクリック
［ページ番号の書式］ダイアログボックスが表示される
4 ［開始番号］をオンにして「1」を指定
5 ［OK］をクリック
ページ番号の書式
番号書式(F): 1, 2, 3, …
章番号を含める(N)
章タイトルのスタイル(P): 見出し 1
区切り文字(E): - (ハイフン)
例: 1-1、1-A、1-a
連続番号
前のセクションから継続(C)
開始番号(A): 1
OK
キャンセル
セクション2のページ番号が1から開始される
6 ヘッダーとフッターを閉じる
セクション1：ページ番号なし
セクション2：ページ番号表示

085 左ページと右ページで違うフッターを設定するには

[奇数/偶数ページ別指定]を使う

製本をしたときに左側にくるページと右側にくるページで、ヘッダーやフッターの内容を変えたり、ページ番号の配置を変えたりするには、[奇数/偶数ページ別指定]を有効にします。なお、奇数ページとは見開きにしたときに右側にくるページのことをさします。

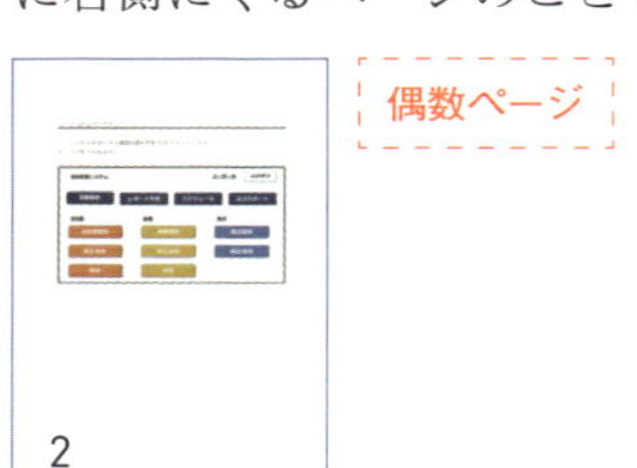
偶数ページ
2

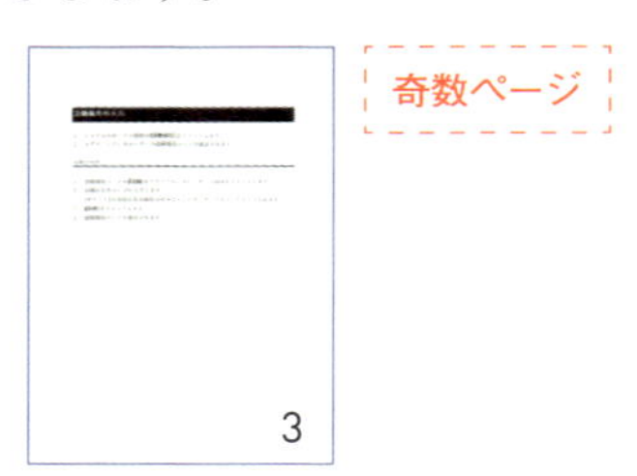
奇数ページ
3

見開きの外側にページ番号を配置する

05-085-奇数偶数ページ別指定.docx

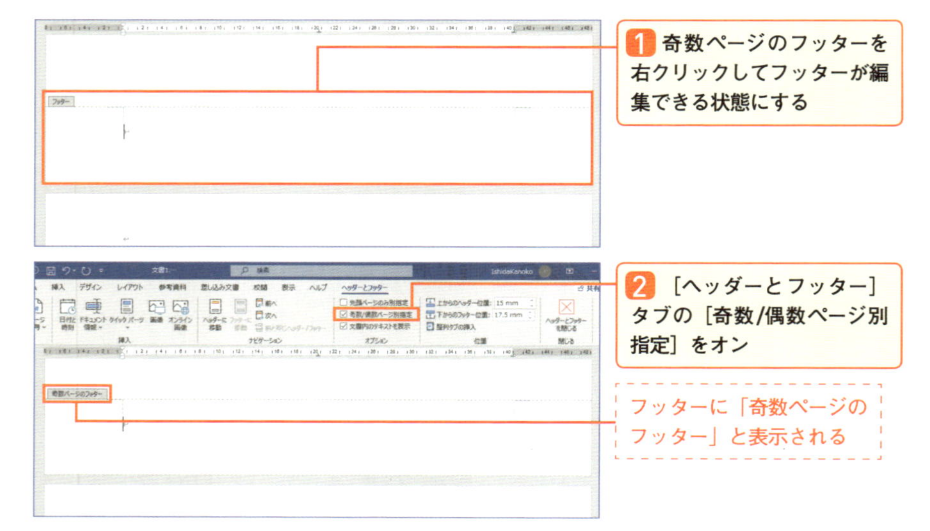
1 奇数ページのフッターを右クリックしてフッターが編集できる状態にする
2 [ヘッダーとフッター]タブの[奇数/偶数ページ別指定]をオン
フッターに「奇数ページのフッター」と表示される

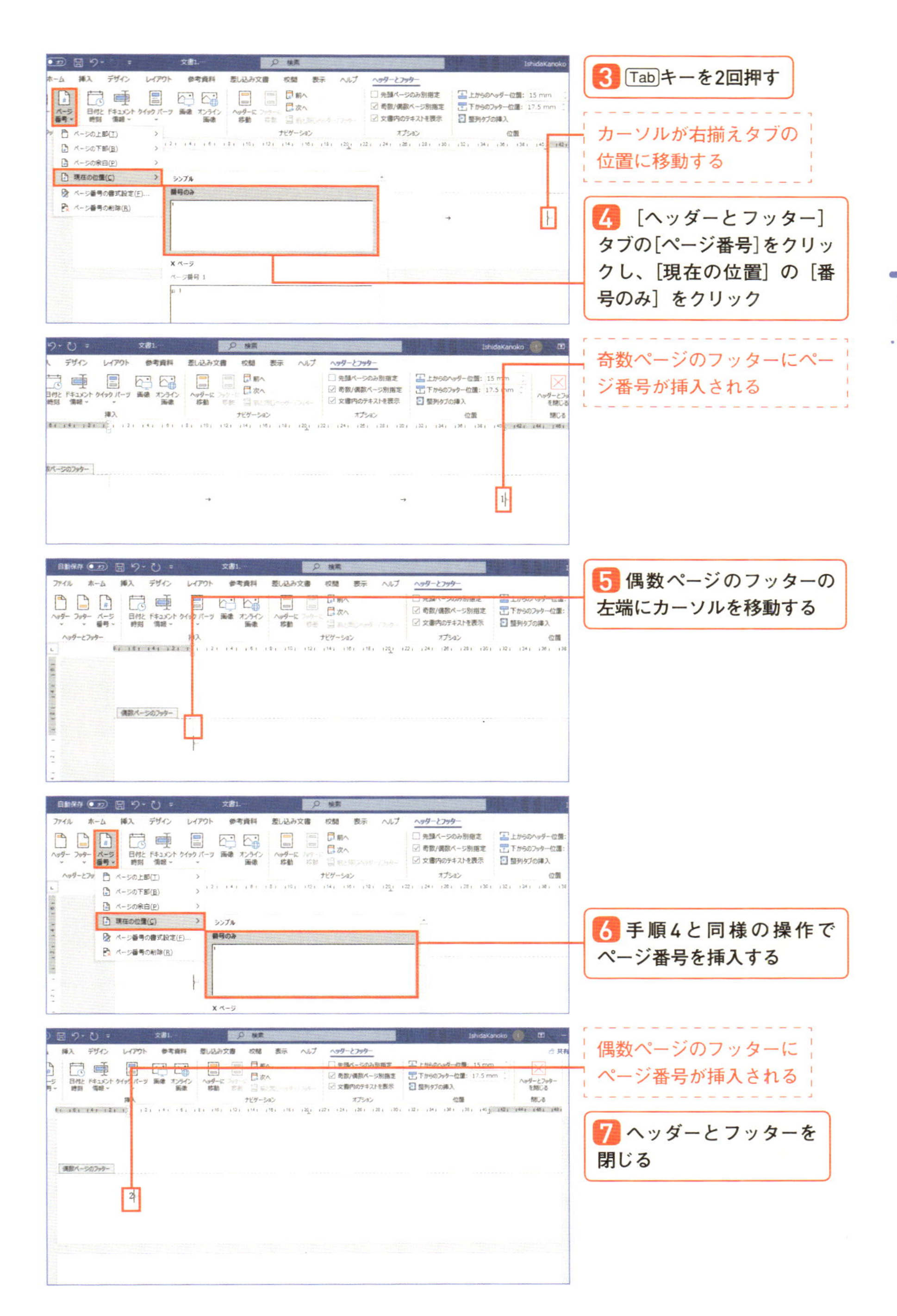
3 Tabキーを2回押す
カーソルが右揃えタブの位置に移動する
4 ［ヘッダーとフッター］タブの［ページ番号］をクリックし、［現在の位置］の［番号のみ］をクリック
奇数ページのフッターにページ番号が挿入される
5 偶数ページのフッターの左端にカーソルを移動する
6 手順4と同様の操作でページ番号を挿入する
偶数ページのフッターにページ番号が挿入される
7 ヘッダーとフッターを閉じる

086 「社外秘」などの透かし文字を入れるには

透かしはヘッダーとフッターの層に入る

本文の邪魔にならないようにうっすらと「社外秘」とか「Sample」といった文字を配置するには透かしを挿入します。操作は難しくありませんが、**透かしはヘッダーとフッターの層に配置される**、ということを知っておいたほうがよいです。

たとえば、セクションごとに異なるヘッダーとフッターが設定できるようになっていたり、[先頭ページのみ別指定] や [奇数/偶数ページ別指定] が設定されていたりする文書の場合、「そのページだけを見て」透かしを挿入すると、ほかのページに表示されていないことがあるので注意が必要です。

透かしをパーツから選んで挿入する

05-086-透かし.docx

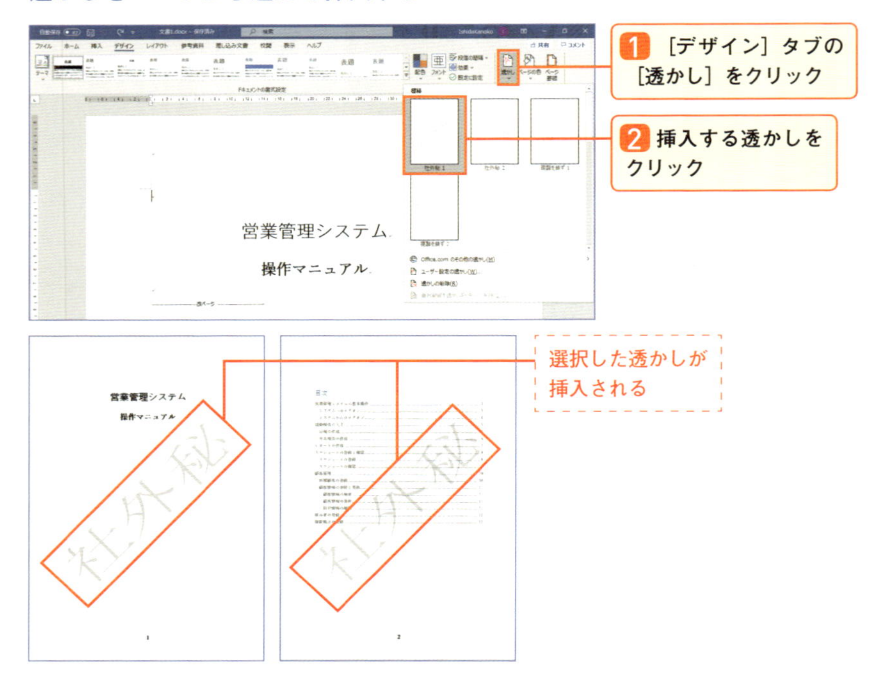
1 [デザイン] タブの [透かし] をクリック
2 挿入する透かしをクリック
営業管理システム
操作マニュアル
選択した透かしが挿入される
社外秘

透かしの文字や書式を自分で決める

05-086-透かし.docx

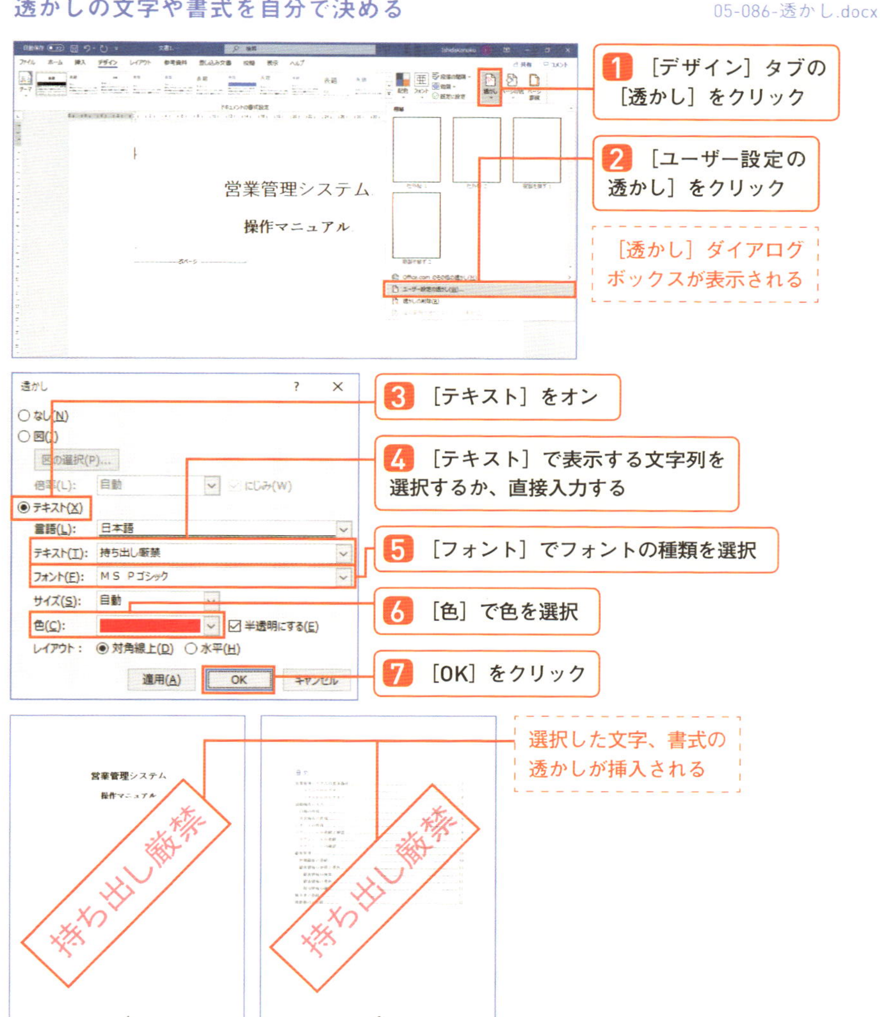

1 [デザイン] タブの[透かし] をクリック
2 [ユーザー設定の透かし] をクリック
[透かし] ダイアログボックスが表示される
営業管理システム
操作マニュアル
透かし
なし(N)
図(I)
図の選択(P)...
倍率(L): 自動
にじみ(W)
テキスト(X)
言語(L): 日本語
テキスト(T): 持ち出し厳禁
フォント(F): ＭＳ Ｐゴシック
サイズ(S): 自動
色(C):
半透明にする(E)
レイアウト: 対角線上(D) 水平(H)
適用(A)
OK
キャンセル
3 [テキスト] をオン
4 [テキスト] で表示する文字列を選択するか、直接入力する
5 [フォント] でフォントの種類を選択
6 [色] で色を選択
7 [OK] をクリック
持ち出し厳禁
持ち出し厳禁
選択した文字、書式の透かしが挿入される

ここもポイント | 透かしを削除するには

リボンの［デザイン］タブの［ページの背景］グループの［透かし］をクリックして、[透かしの削除］をクリックします。

透かしは微調整できる

このレッスンの冒頭でも書いたように、透かしはヘッダーとフッターの層に配置されています。少しだけサイズを変えたいとか、位置を少しだけずらしたいなどというときには、ヘッダーとフッターの編集モードにして調整すると思い通りの透かしを設定できます。

ヘッダーとフッターの層を表示して透かしの位置やサイズを変える

05-086-透かし.docx

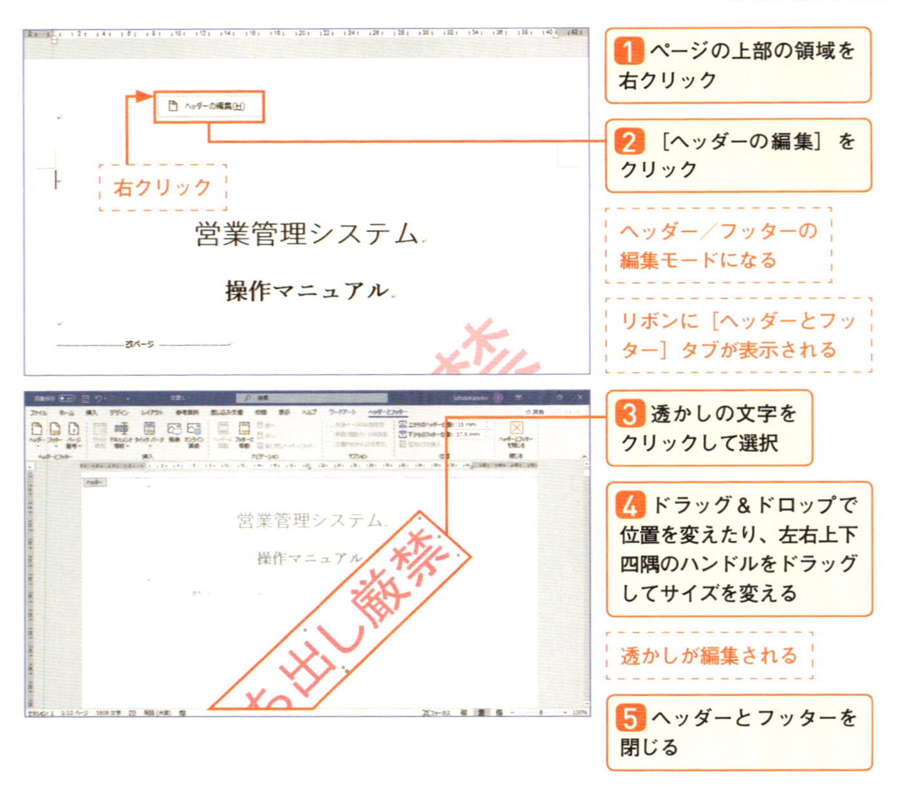
ヘッダーの編集(H)
右クリック
営業管理システム
操作マニュアル
1 ページの上部の領域を右クリック
2 ［ヘッダーの編集］をクリック
ヘッダー／フッターの編集モードになる
リボンに［ヘッダーとフッター］タブが表示される
営業管理システム
操作マニュアル
持ち出し厳禁
3 透かしの文字をクリックして選択
4 ドラッグ＆ドロップで位置を変えたり、左右上下四隅のハンドルをドラッグしてサイズを変える
透かしが編集される
5 ヘッダーとフッターを閉じる

Chapter

6

罫線と表を上手に使って文書を整える

087 Wordの「表」とはなにか

罫線を使った枠組みのこと

Wordでは**罫線を使った列と行による枠組み**で表を作成できます。表のセル（罫線で区切られたマス目）に文字列を入力したり、図を挿入したりして情報を追加して仕上げます。

基本的にはWordの表を作成する方法は次の4つです。この4つの方法によって作成された表の中にカーソルをおいたり、表の一部または全体を選択したりしているときには、リボンに［テーブル デザイン］タブなどの表の編集や設定をするためのコマンド群が表示されたり、表を右クリックしたときにミニ ツールバーが表示されたりして利用できます。

- **行数と列数を指定してセル(マス目)を用意し、文字列を入力する**
- **文字列を入力してから表に変換する**
- **「クイック表作成」でサンプルの表を挿入して文字列を編集する**
- **Excelのセル範囲をコピーしてWordの表として貼り付ける**

表の編集や設定をするためのリボンのタブとミニ ツールバー　06-087-表.docx

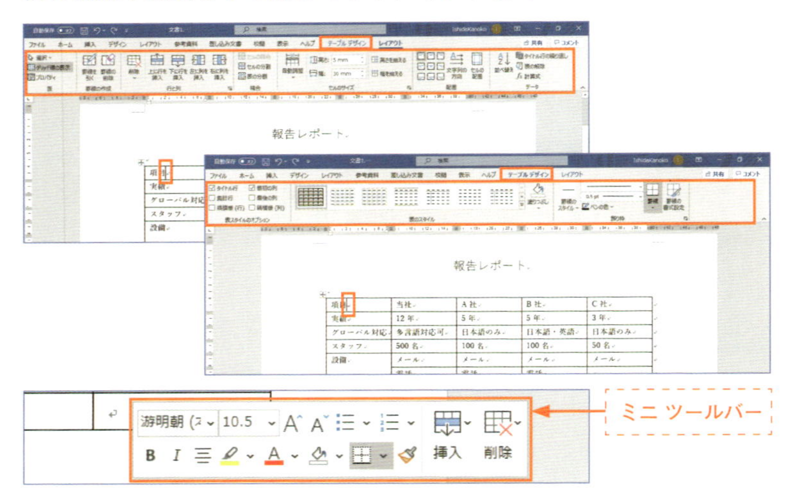
テーブル デザイン
レイアウト
報告レポート
游明朝
10.5
挿入
削除
ミニ ツールバー

リボンにコマンドが表示されないときは右クリックしてみる

Wordの文書に「Excelワークシート」を挿入したり、既存のExcelワークシートのセル範囲をコピーして、「Excelワークシート オブジェクト」として貼り付けたりすることで、文書にワークシートを埋め込むことができます。

埋め込まれているワークシートはWordの表ではないため、リボンに［テーブル デザイン］タブなどが表示されません。この場合は表を右クリックして［Worksheet オブジェクト］などのショートカットメニューを使って編集にこぎつけます（ダブルクリックもできるけれど個人的にはおすすめしません。右クリックをどうぞ）。

表を編集しなければならないときにリボンに必要なコマンドが表示されなかったら、それはWordの表ではない別の機能を使っている可能性を疑い、適切な方法で編集しましょう。

Excelワークシート オブジェクトが挿入されている表の場合

06-087-表.docx

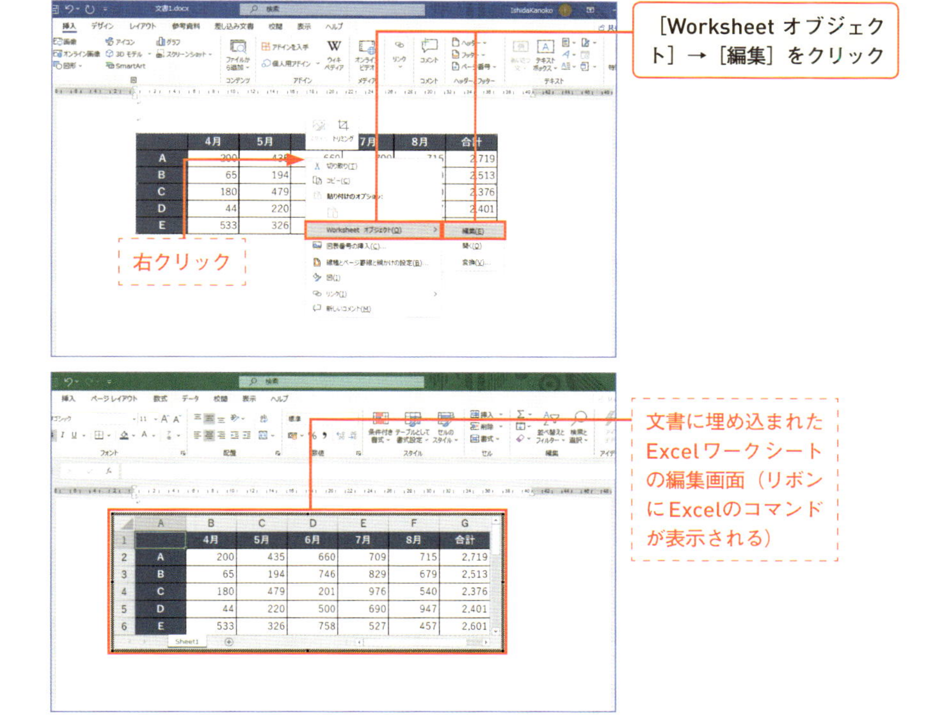
［Worksheet オブジェクト］→［編集］をクリック
右クリック
文書に埋め込まれたExcelワークシートの編集画面（リボンにExcelのコマンドが表示される）

表の作成

088 先にマス目を用意してから文字を入れて表を作るには

パレットで選ぶかダイアログボックスで指定するか

リボンの［挿入］タブにある［表の追加］のボタンをクリックすると、表を作成するためのいくつかの方法が表示されます。パレットを使用した場合は作成時に列幅の指定ができません。列幅を指定して表を作成したい場合は、［表の挿入］ダイアログボックスを使って作成します。

いずれにしても、表を右クリックしたときに表示されるミニ ツールバーなどを使って行も列も追加や削除ができ、列幅も変えられるので「とりあえずこのくらい」という感覚で作成してよいです。

パレットで行数と列数を選択して作成する

06-088-表の作成.docx

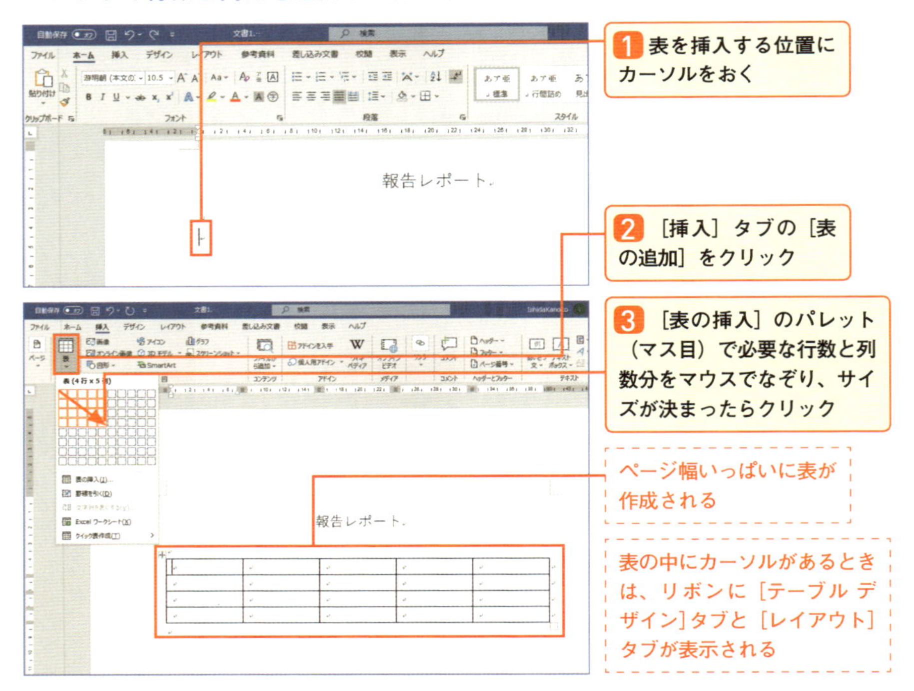

1 表を挿入する位置にカーソルをおく
報告レポート
2 ［挿入］タブの［表の追加］をクリック
3 ［表の挿入］のパレット（マス目）で必要な行数と列数分をマウスでなぞり、サイズが決まったらクリック
ページ幅いっぱいに表が作成される
表の中にカーソルがあるときは、リボンに［テーブル デザイン］タブと［レイアウト］タブが表示される

［表の挿入］ダイアログボックスで幅を決めて表を作成する　06-088-表の作成.docx

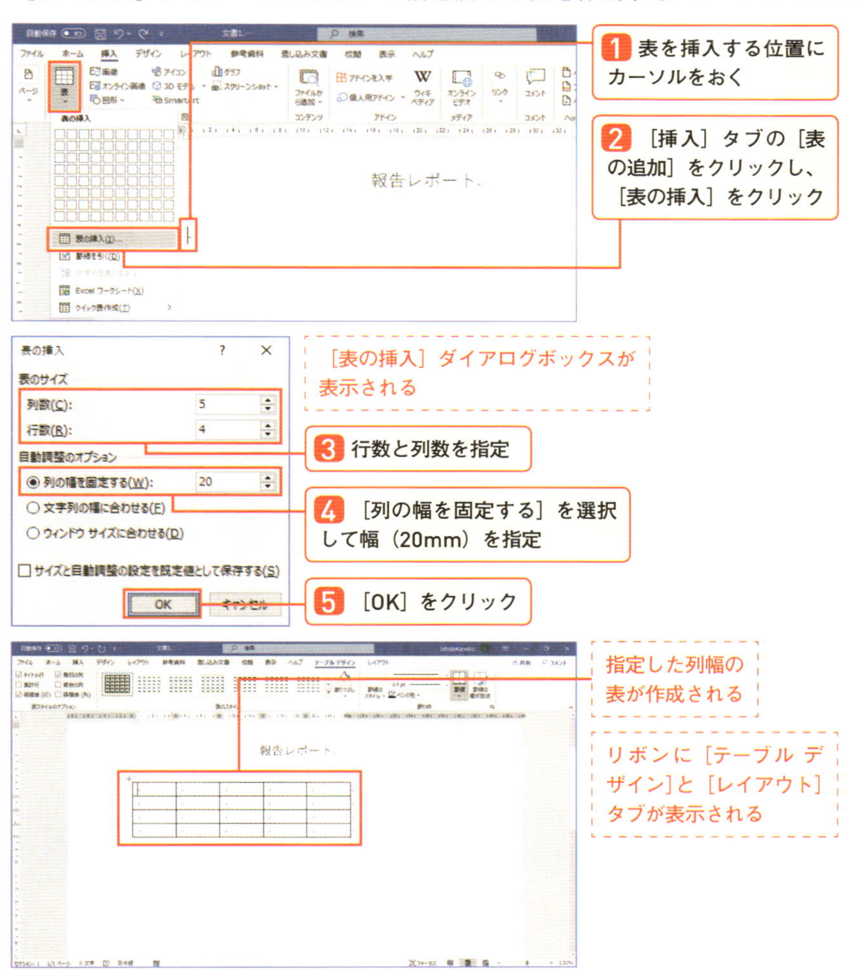
1 表を挿入する位置にカーソルをおく
2 ［挿入］タブの［表の追加］をクリックし、［表の挿入］をクリック
報告レポート
［表の挿入］ダイアログボックスが表示される
表の挿入
表のサイズ
列数(C): 5
行数(R): 4
自動調整のオプション
列の幅を固定する(W): 20
文字列の幅に合わせる(F)
ウィンドウ サイズに合わせる(D)
サイズと自動調整の設定を既定値として保存する(S)
OK
キャンセル
3 行数と列数を指定
4 ［列の幅を固定する］を選択して幅（20mm）を指定
5 ［OK］をクリック
指定した列幅の表が作成される
リボンに［テーブル デザイン］と［レイアウト］タブが表示される

ここもポイント　表を削除するには

表の中で右クリックし、ミニ ツールバーの［削除］をクリックして［表の削除］をクリックします。
リボンで操作する場合は、表の中にカーソルをおいて、リボンの［レイアウト］タブの［行と列］グループの［削除］をクリックして［表の削除］をクリックします。

表の中は[Tab]キー／[Shift]＋[Tab]キーで移動する

表のセルの中でExcelと同じように勢いで[Enter]キーを押すとセルの中で改行（改段落）されてしまいます。次のセル（右のセル）へ移動するには[Tab]**キー**を押します。前のセル（左のセル）へ移動するには[Shift]**＋**[Tab]**キー**を押します。もちろんセルの中をクリックしたり、[→]などの方向キーでカーソルを移動してもよいです。

セルを移動しながら文字列を入力する

06-088-表の作成.docx

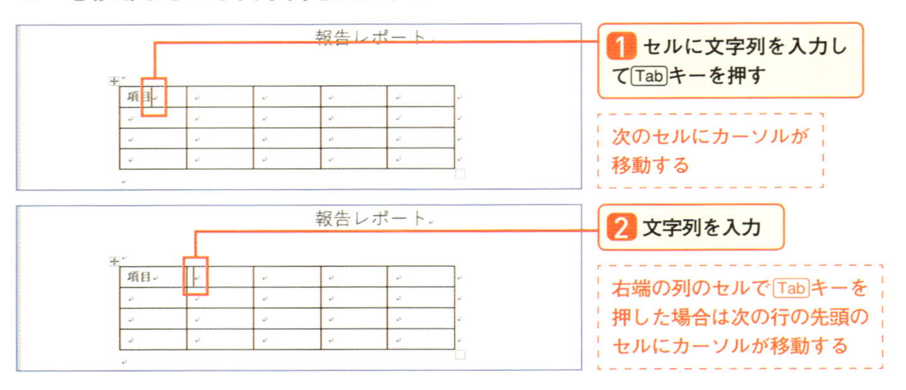
報告レポート
項目
1 セルに文字列を入力して[Tab]キーを押す
次のセルにカーソルが移動する
2 文字列を入力
右端の列のセルで[Tab]キーを押した場合は次の行の先頭のセルにカーソルが移動する

行の追加はキー操作でできる

行は追加しながら入力することが考慮されているのか、キー操作で追加する方法がいくつか用意されています。

キー操作で行を追加する

06-088-表の作成.docx

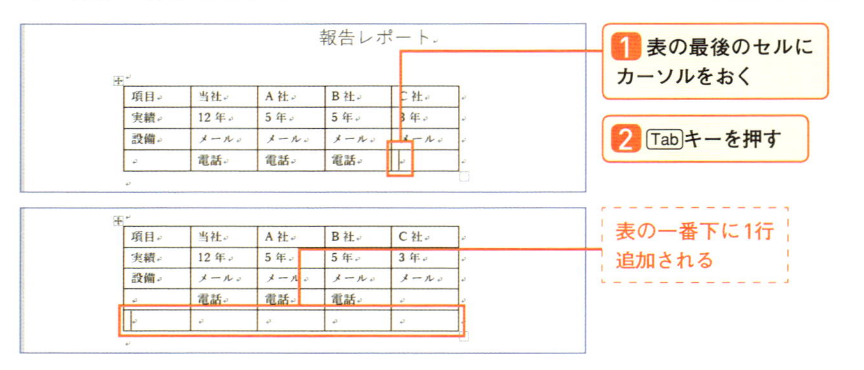
報告レポート
項目 当社 A社 B社 C社
実績 12年 5年 5年 3年
設備 メール メール メール メール
電話 電話 電話
1 表の最後のセルにカーソルをおく
2 [Tab]キーを押す
表の一番下に1行追加される

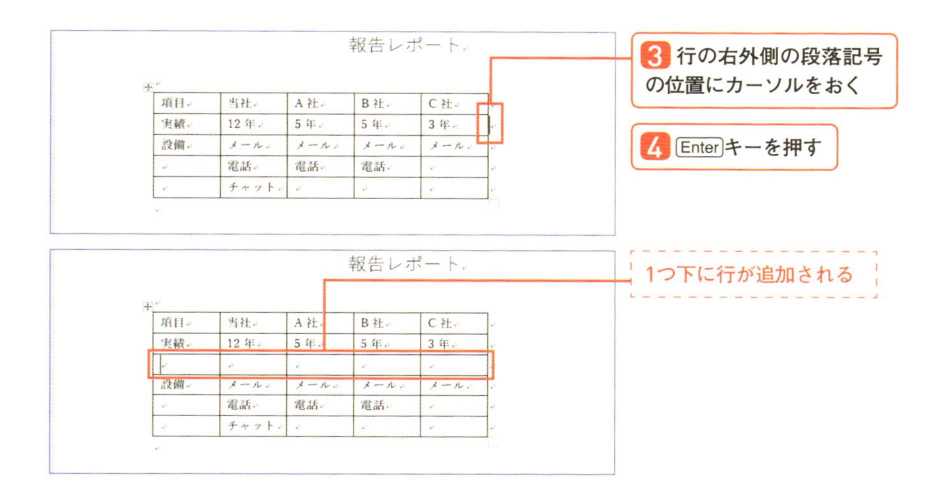
報告レポート
項目
当社
A社
B社
C社
実績
12年
5年
5年
3年
設備
メール
メール
メール
メール
電話
電話
電話
チャット
3 行の右外側の段落記号の位置にカーソルをおく
4 Enterキーを押す
報告レポート
1つ下に行が追加される

ここもポイント　行や列の追加と削除

行や列を追加したい、または削除したい場合は、追加や削除をしたい位置を右クリックしてミニ ツールバーの［挿入］や［削除］でアクションを選択します。

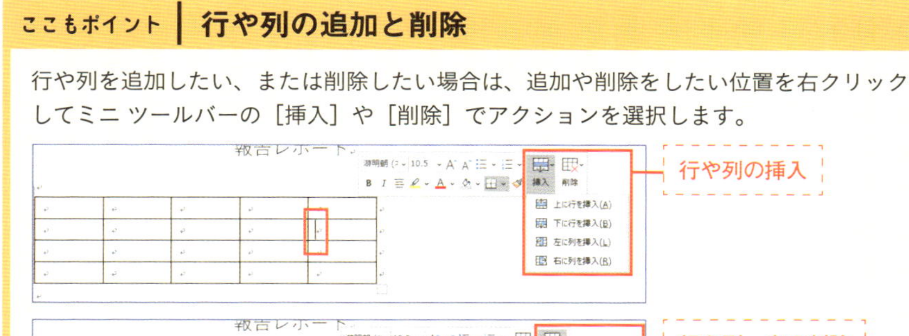
上に行を挿入(A)
下に行を挿入(B)
左に列を挿入(L)
右に列を挿入(R)
行や列の挿入

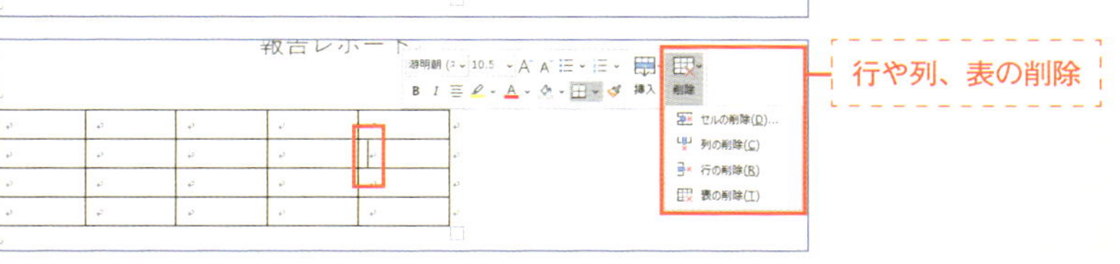
セルの削除(D)...
列の削除(C)
行の削除(R)
表の削除(T)
行や列、表の削除

ここもポイント　行や列をクリックで追加する

表の行や列を追加する位置となる境界線の上部にマウスポインターを合わせると「＋」のマークが表示され、クリックして追加できます。

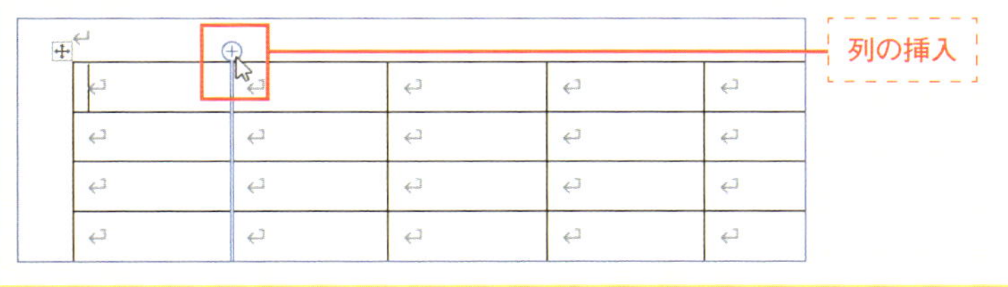
列の挿入

089 先に文字を入力してから表に変換するには

タブで罫線の数を指定しておく

段落に文字列を入力して、**列の区切りとなる位置にタブ**を挿入しておくとあとから表に変換できます。たとえば、5列にしたいなら4回Tabキーを押して4つのタブを挿入しておきます。このとき、空白になる予定のセルの分もきちんとタブは挿入しておきましょう。

表に変換する文字列を準備する

06-089-表への変換.docx

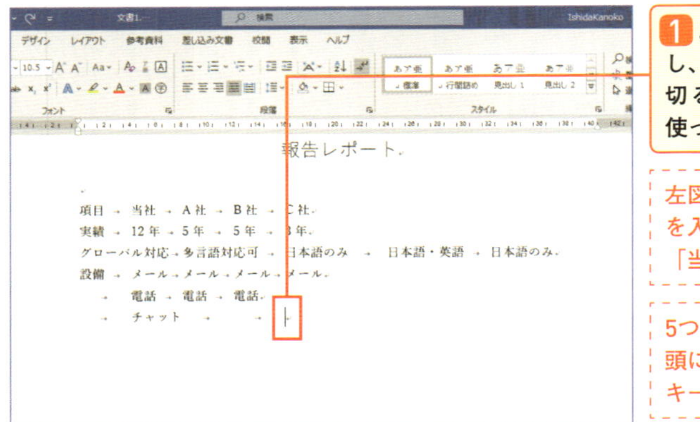
報告レポート
項目 当社 A社 B社 C社
実績 12年 5年 5年 3年
グローバル対応 多言語対応可 日本語のみ 日本語・英語 日本語のみ
設備 メール メール メール メール
電話 電話 電話
チャット

1 段落に文字列を入力し、罫線によって列を区切る位置にTabキーを使ってタブを挿入

左図の1行目では「項目」を入力後Tabキーを押して「当社」を入力している

5つ目と6つ目の段落は先頭に文字列を入れずにTabキーを押している

文字列をページ幅いっぱいの表に変換する

06-089-表への変換.docx

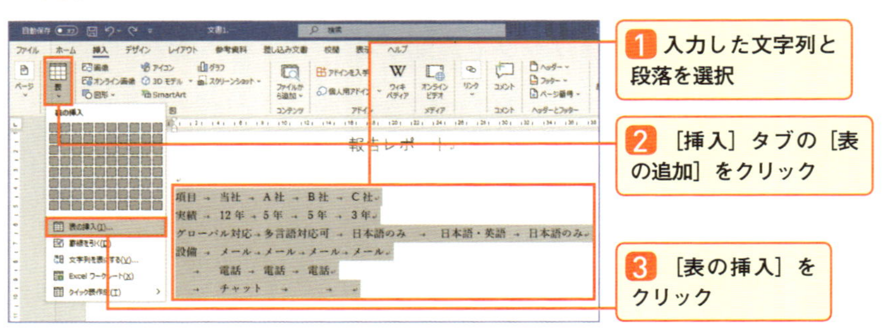
報告レポート
項目 当社 A社 B社 C社
実績 12年 5年 5年 3年
グローバル対応 多言語対応可 日本語のみ 日本語・英語 日本語のみ
設備 メール メール メール メール
電話 電話 電話
チャット

1 入力した文字列と段落を選択

2 ［挿入］タブの［表の追加］をクリック

3 ［表の挿入］をクリック

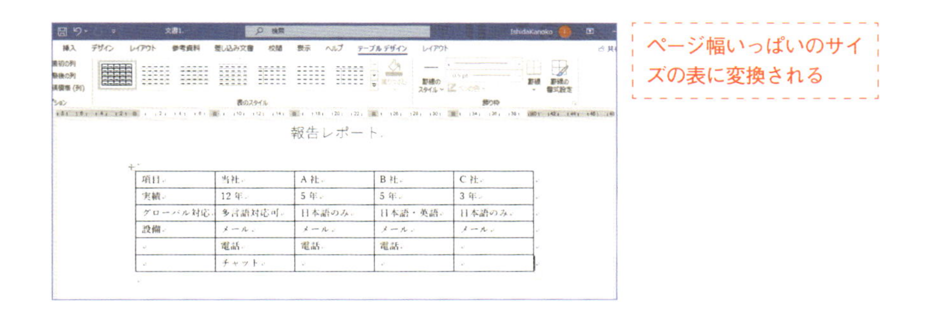
報告レポート
ページ幅いっぱいのサイズの表に変換される

文字列の幅に合わせた表に変換する

06-089-表への変換.docx

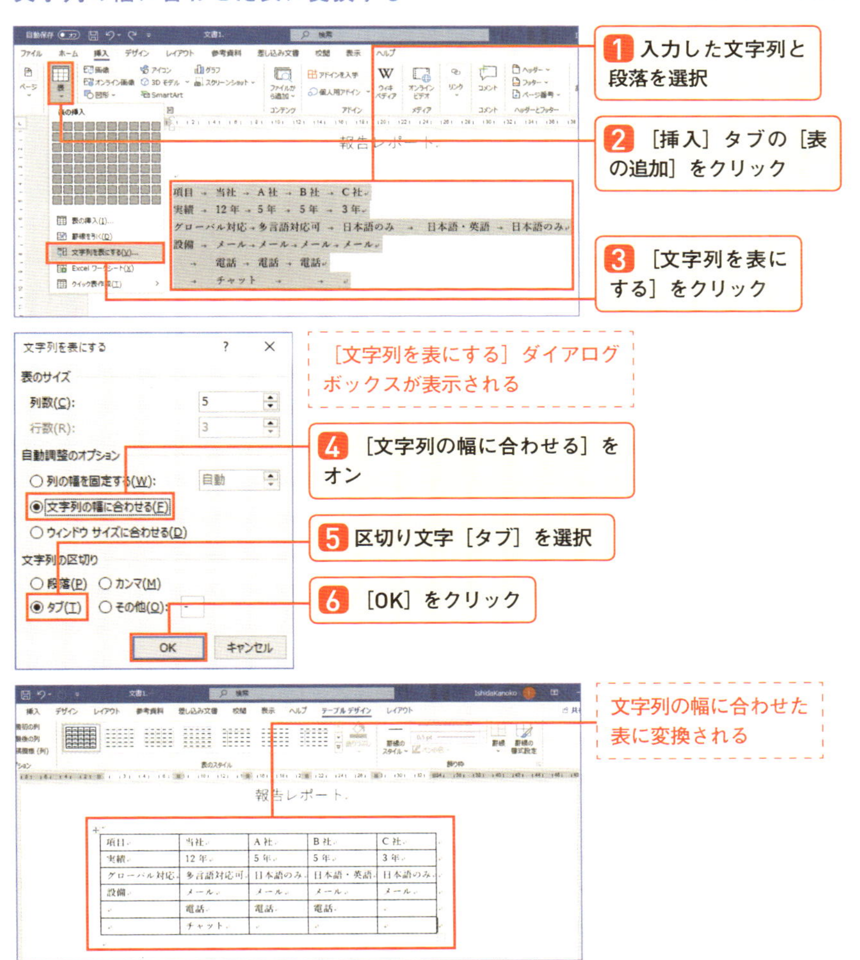
1 入力した文字列と段落を選択
2 ［挿入］タブの［表の追加］をクリック
3 ［文字列を表にする］をクリック
文字列を表にする
表のサイズ
列数(C): 5
行数(R): 3
自動調整のオプション
列の幅を固定する(W): 自動
文字列の幅に合わせる(F)
ウィンドウ サイズに合わせる(D)
文字列の区切り
段落(P)
カンマ(M)
タブ(T)
その他(O):
OK
キャンセル
［文字列を表にする］ダイアログボックスが表示される
4 ［文字列の幅に合わせる］をオン
5 区切り文字［タブ］を選択
6 ［OK］をクリック
報告レポート
文字列の幅に合わせた表に変換される

表の作成

090 Excelで作った表をWordの表として使うには

貼り付けるときがポイント

Excelの表（セル範囲）をコピーしてWordで編集できるように貼り付けることで、Wordの表を作成することもできます。Wordでイチから表を作成するのではなく、表の素材としてExcelのデータを使うということです。

Excelのセル範囲をコピーして貼り付けるときに、**貼り付けの形式を選択する**ことでその後の表の扱いを選べます。Excelで設定済みの書式を生かすのか、書式設定はWordで行うから枠組みと値（文字列や数値）だけを貼り付けたいのかなどを形式で選択します。

なお、Ctrl＋Vキーなどで普通に貼り付けた場合、（オプション設定を変えていなければ）既定では［元の書式を保持］という形式が選択され、今回の例のようにページ幅からあふれるなど、すっきりと貼り付けができないことがあります。この場合は貼り付け直後に形式を変更することで対応します。

データリンクのない表として貼り付ける

06-090-Excelの表のコピー1.docx
06-090-Excelの表のコピー2.xlsx

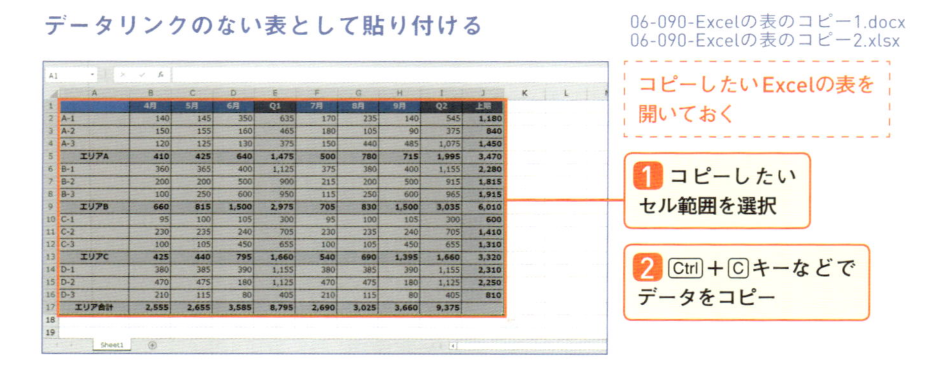

	4月	5月	6月	Q1	7月	8月	9月	Q2	上期
A-1	140	145	350	635	170	235	140	545	1,180
A-2	150	155	160	465	180	105	90	375	840
A-3	120	125	130	375	150	440	485	1,075	1,450
エリアA	410	425	640	1,475	500	780	715	1,995	3,470
B-1	360	365	400	1,125	375	380	400	1,155	2,280
B-2	200	200	500	900	215	200	500	915	1,815
B-3	100	250	600	950	115	250	600	965	1,915
エリアB	660	815	1,500	2,975	705	830	1,500	3,035	6,010
C-1	95	100	105	300	95	100	105	300	600
C-2	230	235	240	705	230	235	240	705	1,410
C-3	100	105	450	655	100	105	450	655	1,310
エリアC	425	440	795	1,660	540	690	1,395	1,660	3,320
D-1	380	385	390	1,155	380	385	390	1,155	2,310
D-2	470	475	180	1,125	470	475	180	1,125	2,250
D-3	210	115	80	405	210	115	80	405	810
エリア合計	2,555	2,655	3,585	8,795	2,690	3,025	3,660	9,375	

Sheet1
コピーしたいExcelの表を開いておく
1 コピーしたいセル範囲を選択
2 Ctrl＋Cキーなどでデータをコピー

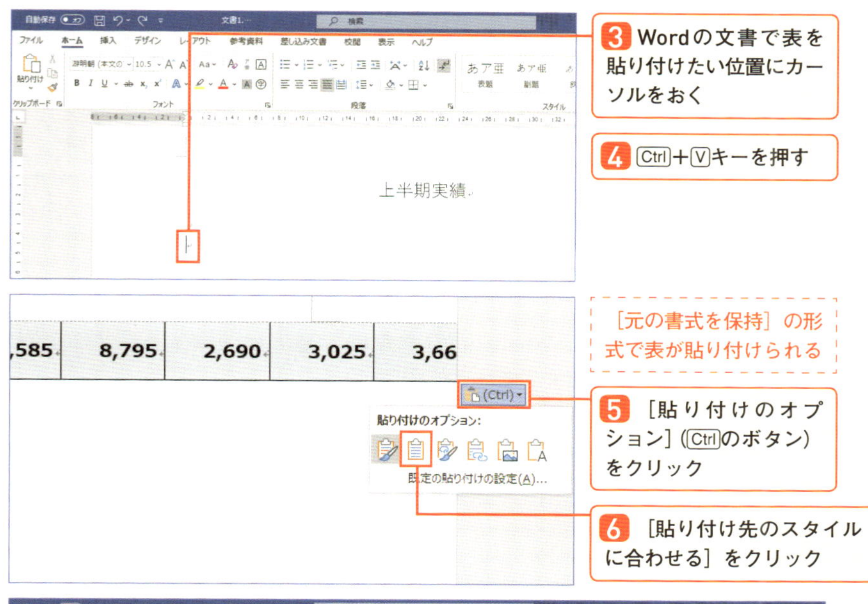
上半期実績
,585
8,795
2,690
3,025
3,66
(Ctrl)
貼り付けのオプション:
既定の貼り付けの設定(A)...

3 Wordの文書で表を貼り付けたい位置にカーソルをおく

4 Ctrl+Vキーを押す

［元の書式を保持］の形式で表が貼り付けられる

5 ［貼り付けのオプション］(Ctrlのボタン)をクリック

6 ［貼り付け先のスタイルに合わせる］をクリック

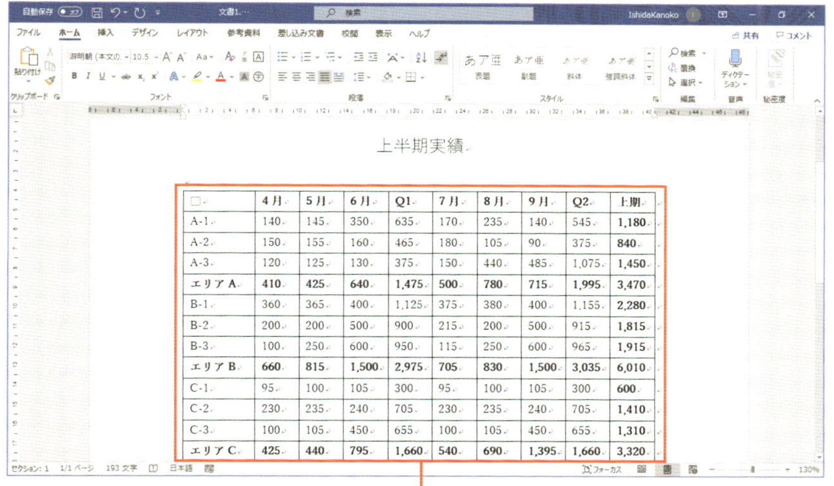

上半期実績

□	4月	5月	6月	Q1	7月	8月	9月	Q2	上期
A-1	140	145	350	635	170	235	140	545	1,180
A-2	150	155	160	465	180	105	90	375	840
A-3	120	125	130	375	150	440	485	1,075	1,450
エリアA	410	425	640	1,475	500	780	715	1,995	3,470
B-1	360	365	400	1,125	375	380	400	1,155	2,280
B-2	200	200	500	900	215	200	500	915	1,815
B-3	100	250	600	950	115	250	600	965	1,915
エリアB	660	815	1,500	2,975	705	830	1,500	3,035	6,010
C-1	95	100	105	300	95	100	105	300	600
C-2	230	235	240	705	230	235	240	705	1,410
C-3	100	105	450	655	100	105	450	655	1,310
エリアC	425	440	795	1,660	540	690	1,395	1,660	3,320

Excelで設定されていた書式がクリアされ、Wordで表を作成したときの標準の書式に変更される

091 複数のセルを1つに、1つのセルを複数にするには

セルは多めに用意しておいて結合するほうが作りやすい

複数のセルを結合して1つのセルになるようにしたり、1つのセルを複数のセルに分けたりできます。Wordの表のセルは、罫線を削除することで結果的に結合でき、罫線を追加することで分割できます。

[セルの結合] を使って複数のセルを1つにする

06-091-セルの結合と分割.docx

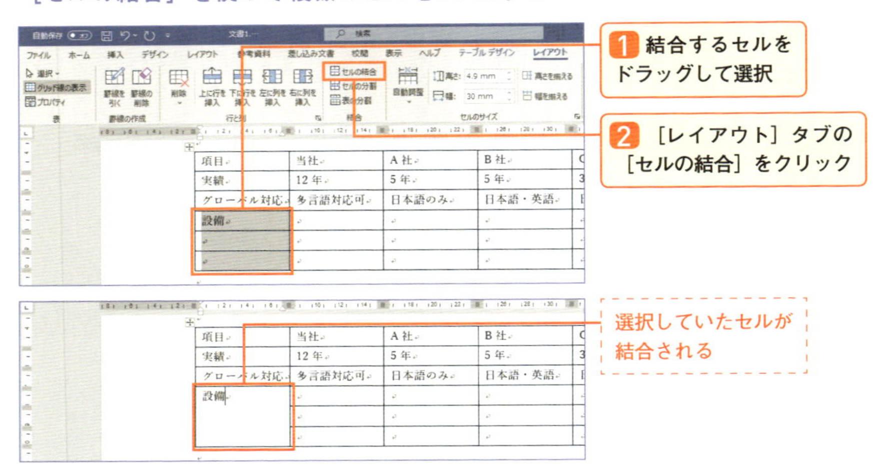

1 結合するセルをドラッグして選択
2 [レイアウト] タブの [セルの結合] をクリック
選択していたセルが結合される
項目
当社
A社
B社
実績
12年
5年
5年
グローバル対応
多言語対応可
日本語のみ
日本語・英語
設備

罫線を削除してセルを結合する

06-091-セルの結合と分割.docx

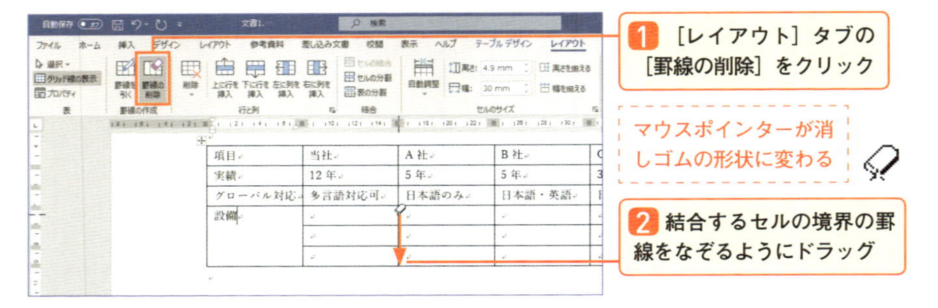

1 [レイアウト] タブの [罫線の削除] をクリック
マウスポインターが消しゴムの形状に変わる
2 結合するセルの境界の罫線をなぞるようにドラッグ
項目
当社
A社
B社
実績
12年
5年
5年
グローバル対応
多言語対応可
日本語のみ
日本語・英語
設備

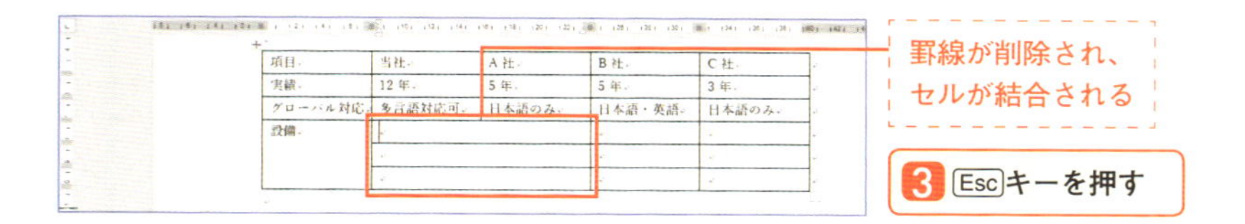
罫線が削除され、
セルが結合される
3 Escキーを押す

罫線を追加してセルを分割する

06-091-セルの結合と分割.docx

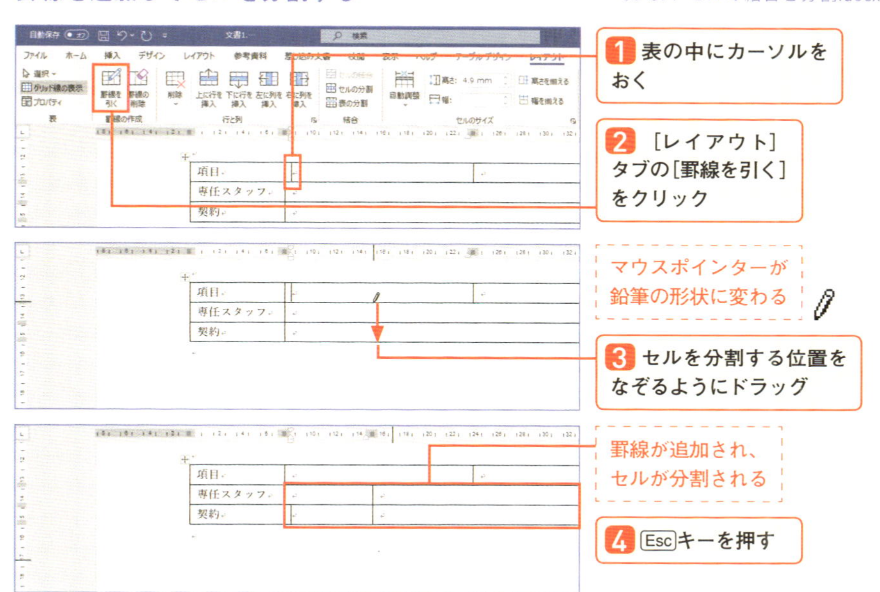
1 表の中にカーソルをおく
2 [レイアウト]タブの[罫線を引く]をクリック
マウスポインターが
鉛筆の形状に変わる
3 セルを分割する位置をなぞるようにドラッグ
罫線が追加され、
セルが分割される
4 Escキーを押す

ここもポイント | コマンドボタンとダイアログボックスでセルを分割するには

分割したいセルにカーソルをおいて、リボンの［レイアウト］タブの［結合］グループの［セルの分割］をクリックし、表示されるダイアログボックスで行数と列数を指定して［OK］をクリックします。

ここもポイント | 表を上下に分割するには

表は上下に分割して2つに分けられます。分割する位置のセルにカーソルをおいて、リボンの［レイアウト］タブの［結合］グループの［表の分割］をクリックします。

092 右の列が狭くならないように列幅を調整するには

ドラッグしただけでは右の列幅が狭くなる

列幅を変更するために列の右罫線をドラッグするとき、キーを添えないと右側の列の幅に影響がでます。ドラッグで幅を調整したいのならキーを組み合わせたり、水平ルーラーを使ったりすることをおすすめします。

Ctrlキー＋ドラッグで列幅を変える

06-092-列幅の調整.docx

1 列幅を変えたい列の右側の境界線にマウスポインターを合わせる

2 Ctrlキーを押しながら右にドラッグ

表全体の幅は変わらず、右側の複数の列は均等に狭まる

手順の最初で左にドラッグした場合、右側の複数の列の幅は均等に広がる

Shiftキー＋ドラッグで列幅を変える

06-092-列幅の調整.docx

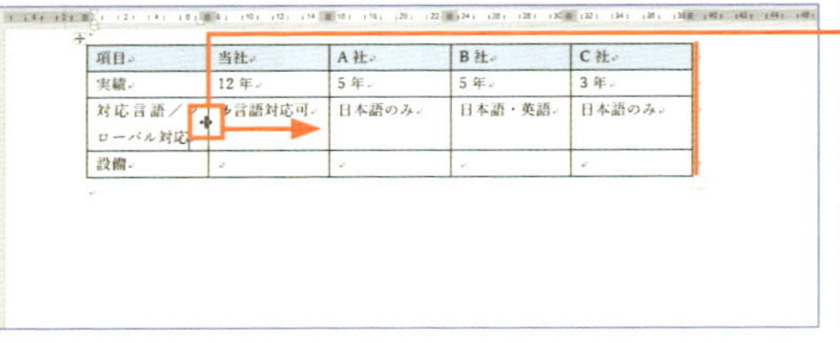
項目
当社
A社
B社
C社
実績
12年
5年
5年
3年
対応言語／グローバル対応
多言語対応可
日本語のみ
日本語・英語
日本語のみ
設備

1 列幅を変えたい列の右側の境界線にマウスポインターを合わせる

2 Shiftキーを押しながら右にドラッグ

右側の複数の列の幅は変わらず、表全体の幅が広がる

手順の最初で左にドラッグした場合、表全体の幅が狭まる

ルーラーの［列の移動］をドラッグする

06-092-列幅の調整.docx

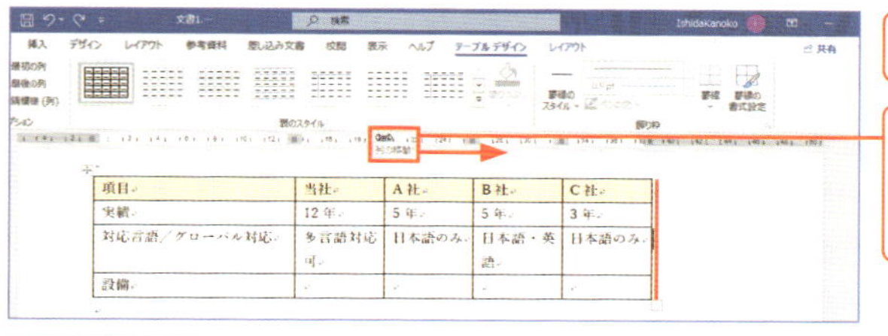

1 表の中にカーソルをおく

2 列の幅を変更する位置にある水平ルーラーの［列の移動］を右にドラッグ

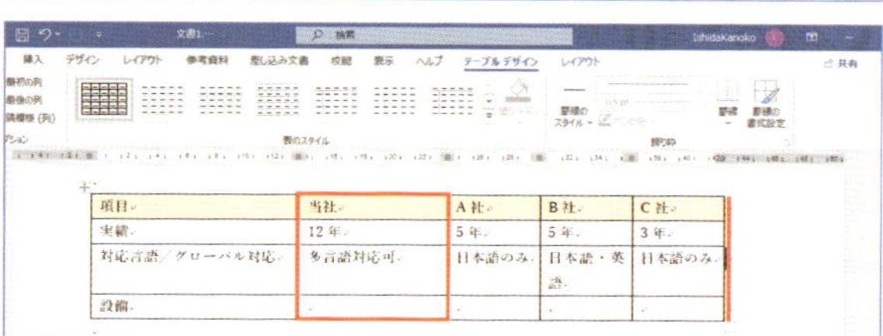

右側の複数の列の幅は変わらず、表全体の幅が広がる

手順の最初で左にドラッグした場合、表全体の幅が狭まる

列幅を揃える

06-092-列幅の調整.docx

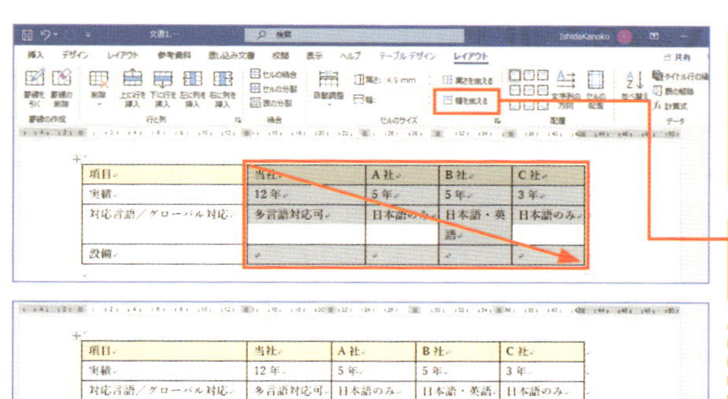

1 列の幅を変更する列（列に含まれるすべてのセル）をなぞるようにドラッグして選択

2 ［レイアウト］タブの［幅を揃える］をクリック

選択していた列の横幅が均等になる

ここもポイント｜サイズを指定して幅を変更するには

列の幅を変更する列（列に含まれるすべてのセル）を選択し、リボンの［レイアウト］タブの［セルのサイズ］グループの［列の幅の設定］にサイズを指定します。

ここもポイント｜行の高さを変更するには

行の高さも行の下罫線をドラッグして変更できます。行の高さはキーを添えずに境界線をドラッグしても、ほかの行の高さに影響を及ぼすことはありません。

093 セルの中の文字をきれいに配置するには

全体→行／列→セル範囲の順番で範囲を狭めていく

既定では、セルの左上端を基準に文字列が配置されます。セル内での文字列の配置を変更する場合は対象となるセルを選択してリボンの[レイアウト]タブの［配置］グループのボタンで設定します。ボタンの絵柄がわかりやすいので、見ればわかると思います。同じ設定にしたい範囲が広いところから進めていくと効率よく整えられます。

セル内の文字の配置を選択するボタン

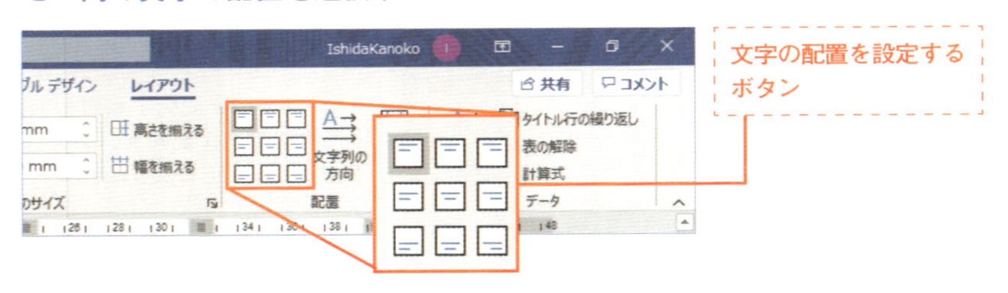
IshidaKanoko
ブル デザイン
レイアウト
共有
コメント
高さを揃える
幅を揃える
文字列の方向
配置
タイトル行の繰り返し
表の解除
計算式
データ
のサイズ
文字の配置を設定するボタン

表全体を選択する

06-093-表の文字の配置.docx

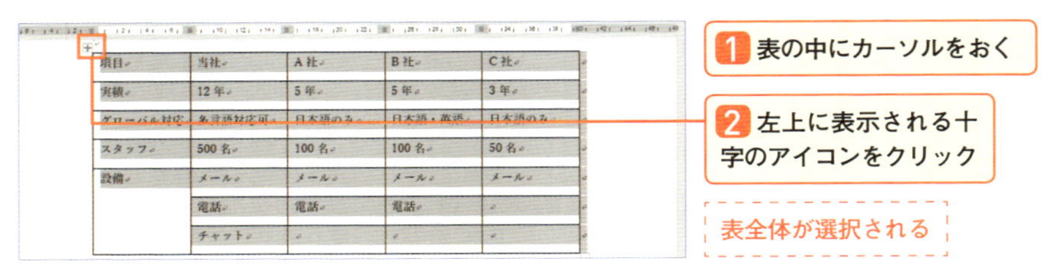
項目 当社 A社 B社 C社
実績 12年 5年 5年 3年
グローバル対応 多言語対応可 日本語のみ 日本語・英語 日本語のみ
スタッフ 500名 100名 100名 50名
設備 メール メール メール メール
電話 電話 電話
チャット
1 表の中にカーソルをおく
2 左上に表示される十字のアイコンをクリック
表全体が選択される

行を選択する

06-093-表の文字の配置.docx

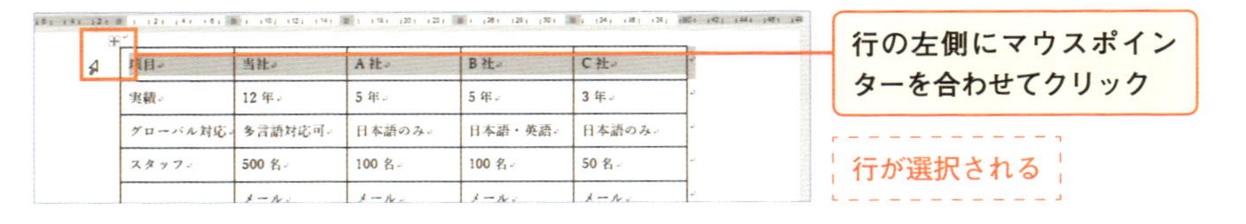
項目 当社 A社 B社 C社
実績 12年 5年 5年 3年
グローバル対応 多言語対応可 日本語のみ 日本語・英語 日本語のみ
スタッフ 500名 100名 100名 50名
メール メール メール メール
行の左側にマウスポインターを合わせてクリック
行が選択される

配置を整える

06-093-表の文字の配置.docx

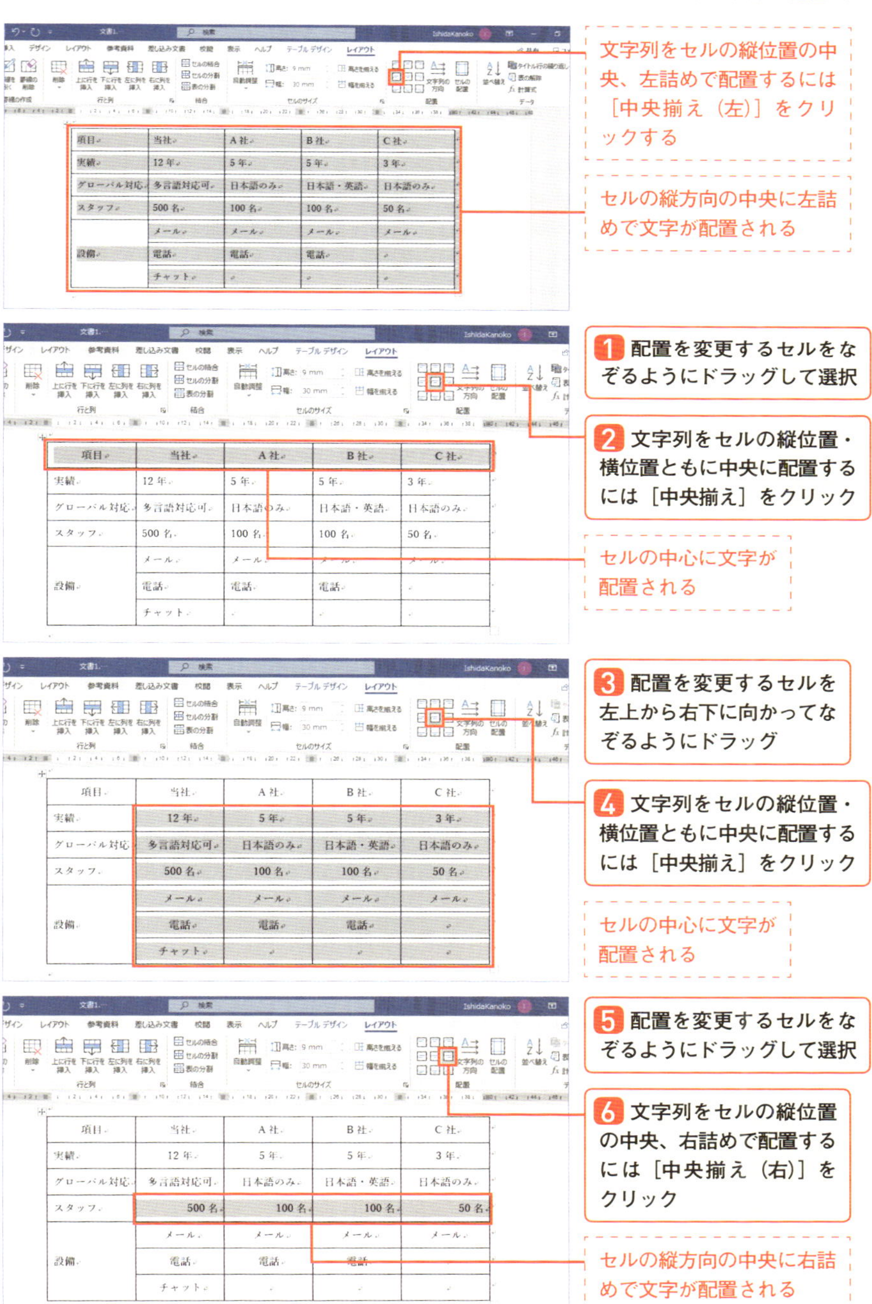
文字列をセルの縦位置の中央、左詰めで配置するには［中央揃え（左）］をクリックする
セルの縦方向の中央に左詰めで文字が配置される
1 配置を変更するセルをなぞるようにドラッグして選択
2 文字列をセルの縦位置・横位置ともに中央に配置するには［中央揃え］をクリック
セルの中心に文字が配置される
3 配置を変更するセルを左上から右下に向かってなぞるようにドラッグ
4 文字列をセルの縦位置・横位置ともに中央に配置するには［中央揃え］をクリック
セルの中心に文字が配置される
5 配置を変更するセルをなぞるようにドラッグして選択
6 文字列をセルの縦位置の中央、右詰めで配置するには［中央揃え（右）］をクリック
セルの縦方向の中央に右詰めで文字が配置される

表の書式

094 表のスタイルを使って書式を設定するには

表が選択されているときに表示されるリボンの［テーブル デザイン］タブの［表のスタイル］グループのギャラリーには、表全体に適用できる書式の組み合わせが表示されています。表のスタイルには、タイトル行（1行目）や最初の列（1列目）を強調するための色や罫線、1行／1列おきに塗りつぶしの色を変えるための書式などが定義されています。

表のスタイルを適用する

06-094-表のスタイル.docx

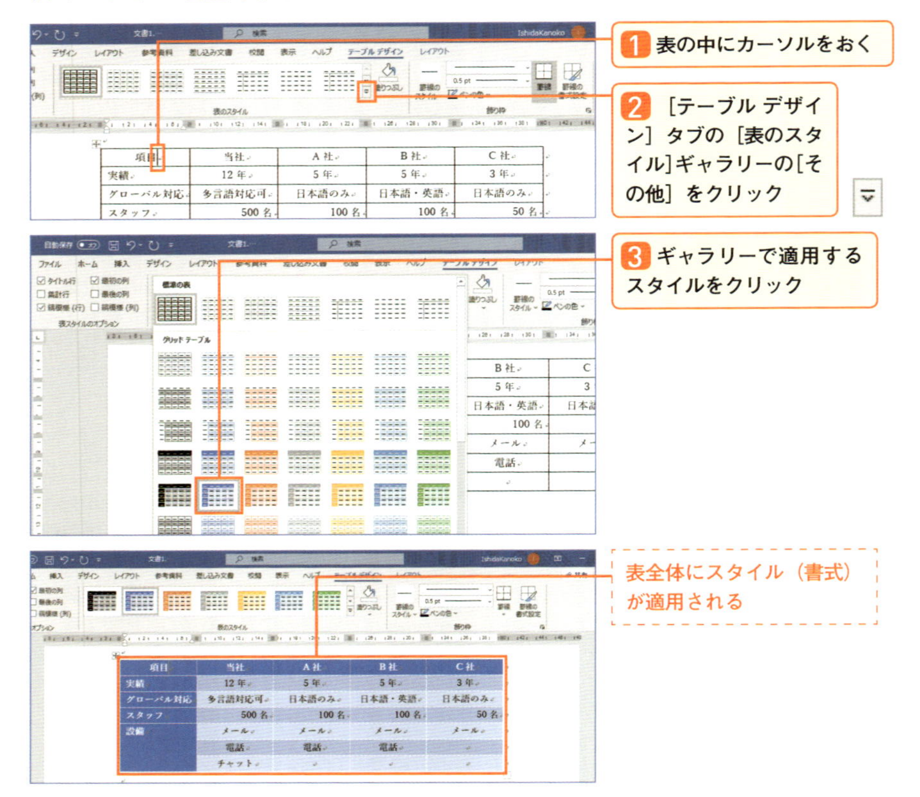
1 表の中にカーソルをおく
2 ［テーブル デザイン］タブの［表のスタイル］ギャラリーの［その他］をクリック
3 ギャラリーで適用するスタイルをクリック
表全体にスタイル（書式）が適用される

◪ 1行おきの色違いをやめたいときなど

表のスタイルは、表のどの部分をどうするのか、という設定で書式をコントロールできます。たとえば1行おきの色違いをやめたいときや、表の左端列（最初の列）だけを目立たせる必要がない場合はこれらのオプションをオフにします。

表スタイルのオプションを変える

06-094-表のスタイル.docx

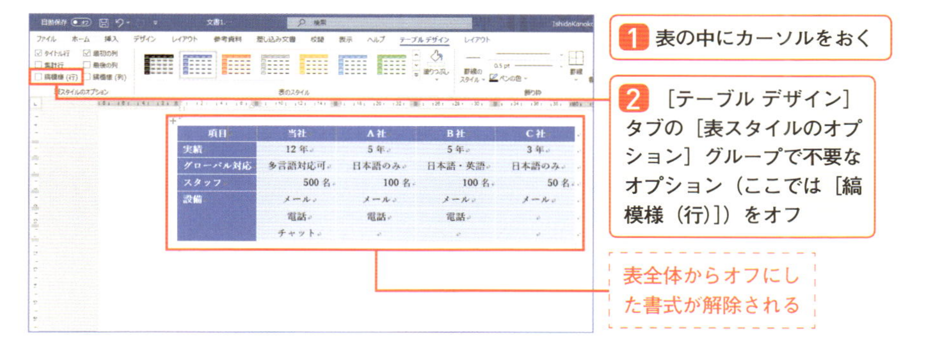

1 表の中にカーソルをおく
2 ［テーブル デザイン］タブの［表スタイルのオプション］グループで不要なオプション（ここでは［縞模様（行）］）をオフ
表全体からオフにした書式が解除される
項目
当社
A社
B社
C社
実績
12年
5年
5年
3年
グローバル対応
多言語対応可
日本語のみ
日本語・英語
日本語のみ
スタッフ
500名
100名
100名
50名
設備
メール
メール
メール
メール
電話
電話
電話
チャット

ここもポイント｜表のスタイルに表示される色はテーマの色

表のスタイルで使用されている色は、文書に適用されているテーマの色を使用しています。テーマ（またはテーマの配色）が変更された場合、表のスタイルも変更されます。テーマについてはP.158を参照してください。

ここもポイント｜書式を黒い格子に戻すには／クリアするには

［表のスタイル］ギャラリーで［表（格子）］をクリックすると黒い格子の表になり、［標準の表］をクリックすると罫線の表示のない枠組みが残ります。

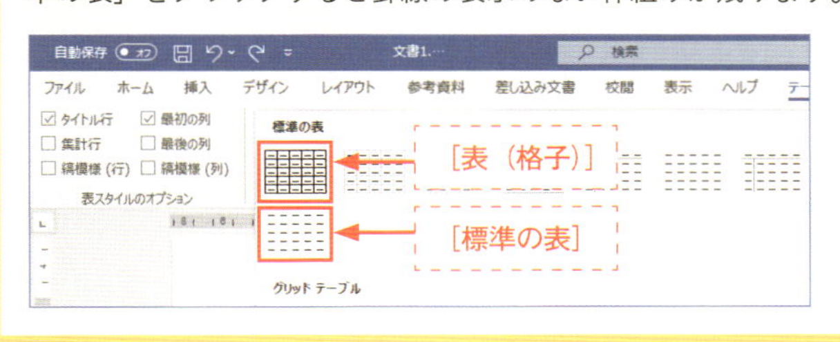

［表（格子）］
［標準の表］
標準の表
グリッド テーブル
タイトル行
最初の列
集計行
最後の列
縞模様（行）
縞模様（列）
表スタイルのオプション

表の書式

095 セルの色や線の色を自分で決めて設定するには

表のスタイルもいいけど、自分で決めたいこともある

表の罫線や塗りつぶしの色などの書式は、Excelのセルのように個別に設定することも可能です。

テーマによって変わらない［標準の色］を使って書式設定をしたいときや、罫線を好みの種類に個別に変更したいときにはやはりこちらの方法がよい場面もあります。

塗りつぶしの色を変更する

06-095-表の書式.docx

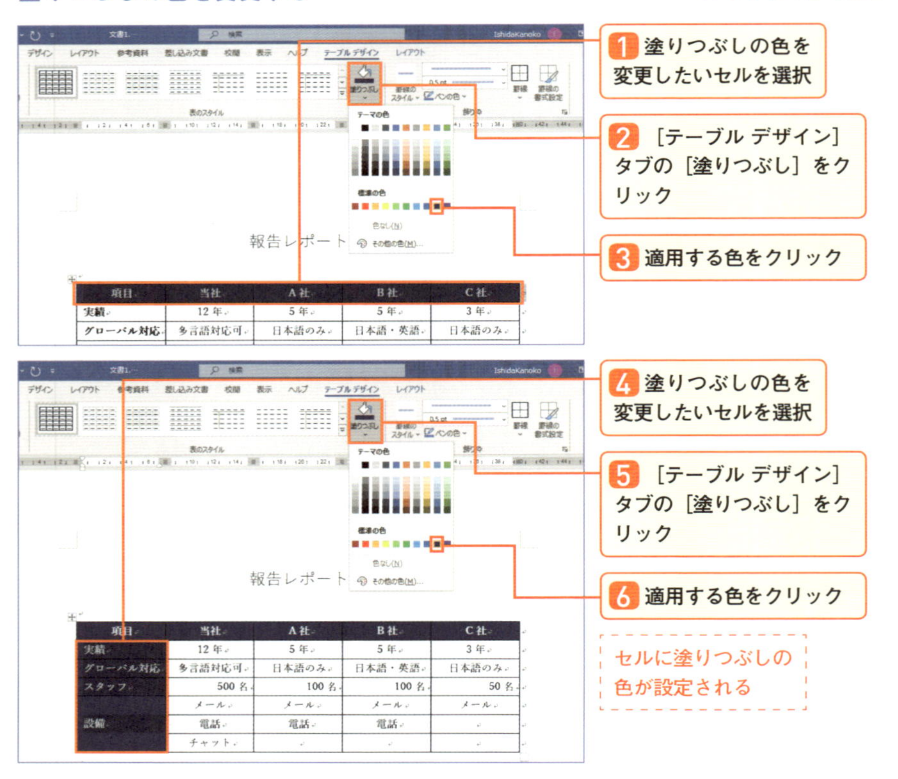
1 塗りつぶしの色を変更したいセルを選択
2 ［テーブル デザイン］タブの［塗りつぶし］をクリック
3 適用する色をクリック
4 塗りつぶしの色を変更したいセルを選択
5 ［テーブル デザイン］タブの［塗りつぶし］をクリック
6 適用する色をクリック
セルに塗りつぶしの色が設定される
報告レポート
項目
当社
A社
B社
C社
実績
12年
5年
5年
3年
グローバル対応
多言語対応可
日本語のみ
日本語・英語
日本語のみ
スタッフ
500名
100名
100名
50名
設備
メール
電話
チャット

罫線を変えたいときは先に種類や色、太さを選ぶ

罫線は、**先に線の種類や太さ、色などを選んでから**どのように適用するのかを選びます。罫線上をドラッグして部分的に書式を変えることも、表全体を選択してから［格子］などを適用することで全体的に罫線の書式を変えることもできます。

表全体を囲む罫線（格子）の種類と色を変更する

06-095-表の書式.docx

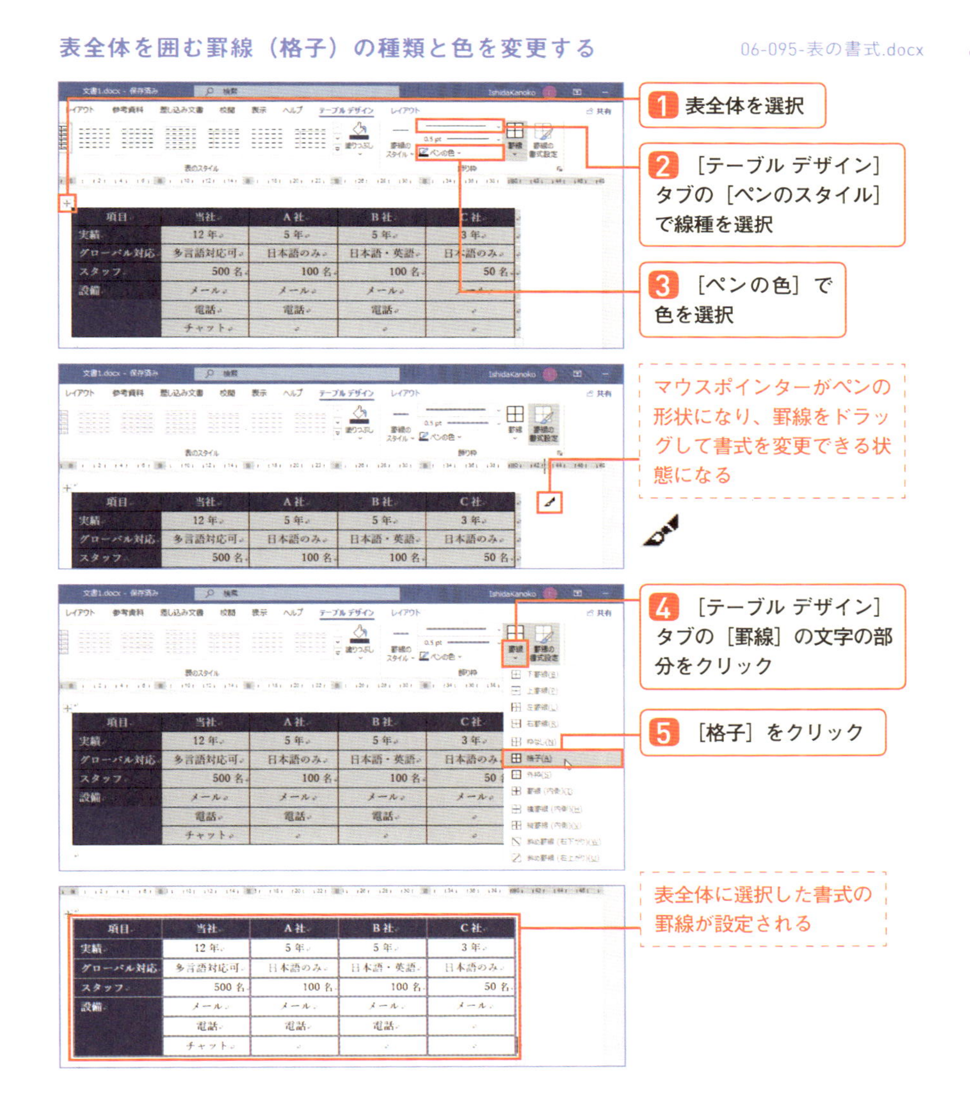
1 表全体を選択
2 ［テーブル デザイン］タブの［ペンのスタイル］で線種を選択
3 ［ペンの色］で色を選択
マウスポインターがペンの形状になり、罫線をドラッグして書式を変更できる状態になる
4 ［テーブル デザイン］タブの［罫線］の文字の部分をクリック
5 ［格子］をクリック
表全体に選択した書式の罫線が設定される
項目
当社
A社
B社
C社
実績
12年
5年
3年
グローバル対応
多言語対応可
日本語のみ
日本語・英語
スタッフ
500名
100名
50名
設備
メール
電話
チャット

表の書式

096 自分で表のスタイルを作るには

文書内の複数の表に同じ書式を適用するのに最適

［表のスタイル］ギャラリーに自分で決めた表の書式をスタイルとして追加できます。表のスタイルは行や列が追加されても維持される書式であるため、文書内に行数や列数の異なる複数の表があって同じデザインにしたいときに、スタイルを作成しておくと選択するだけで同じ書式を適用できて効率的です。

表のスタイルを作成する

06-096-表のスタイルの作成.docx

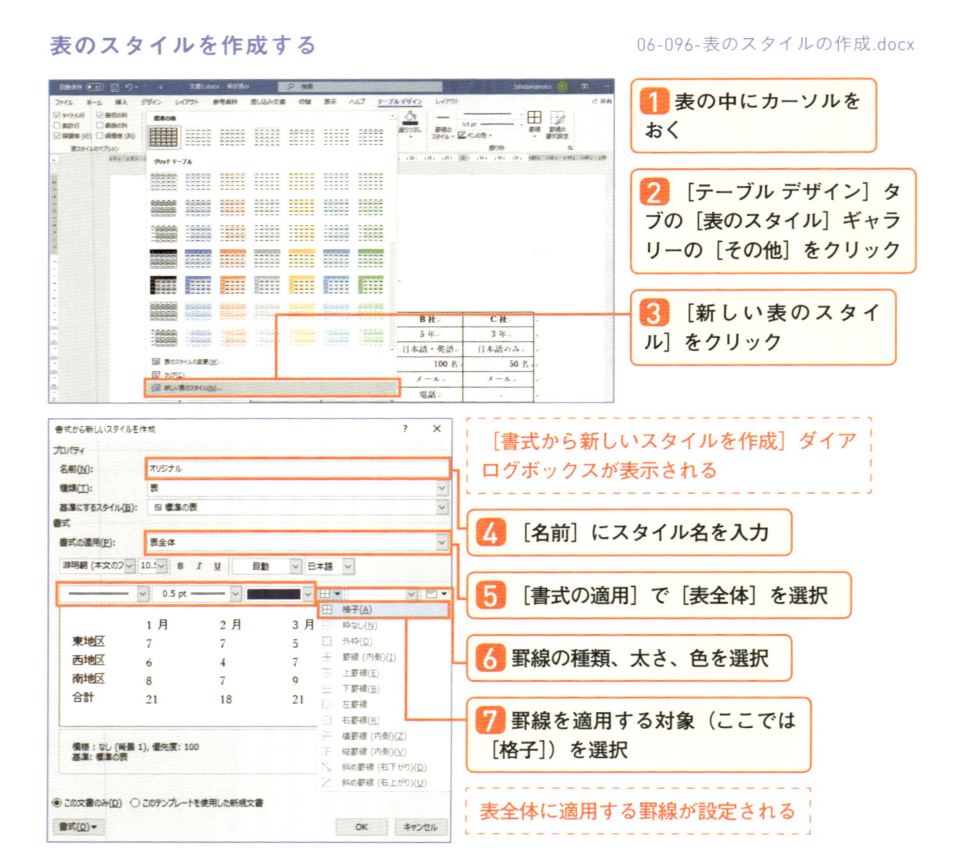

1 表の中にカーソルをおく
2 ［テーブル デザイン］タブの［表のスタイル］ギャラリーの［その他］をクリック
3 ［新しい表のスタイル］をクリック
［書式から新しいスタイルを作成］ダイアログボックスが表示される
4 ［名前］にスタイル名を入力
5 ［書式の適用］で［表全体］を選択
6 罫線の種類、太さ、色を選択
7 罫線を適用する対象（ここでは［格子］）を選択
表全体に適用する罫線が設定される
書式から新しいスタイルを作成
名前(N):
オリジナル
書式の適用(P):
表全体
格子(A)

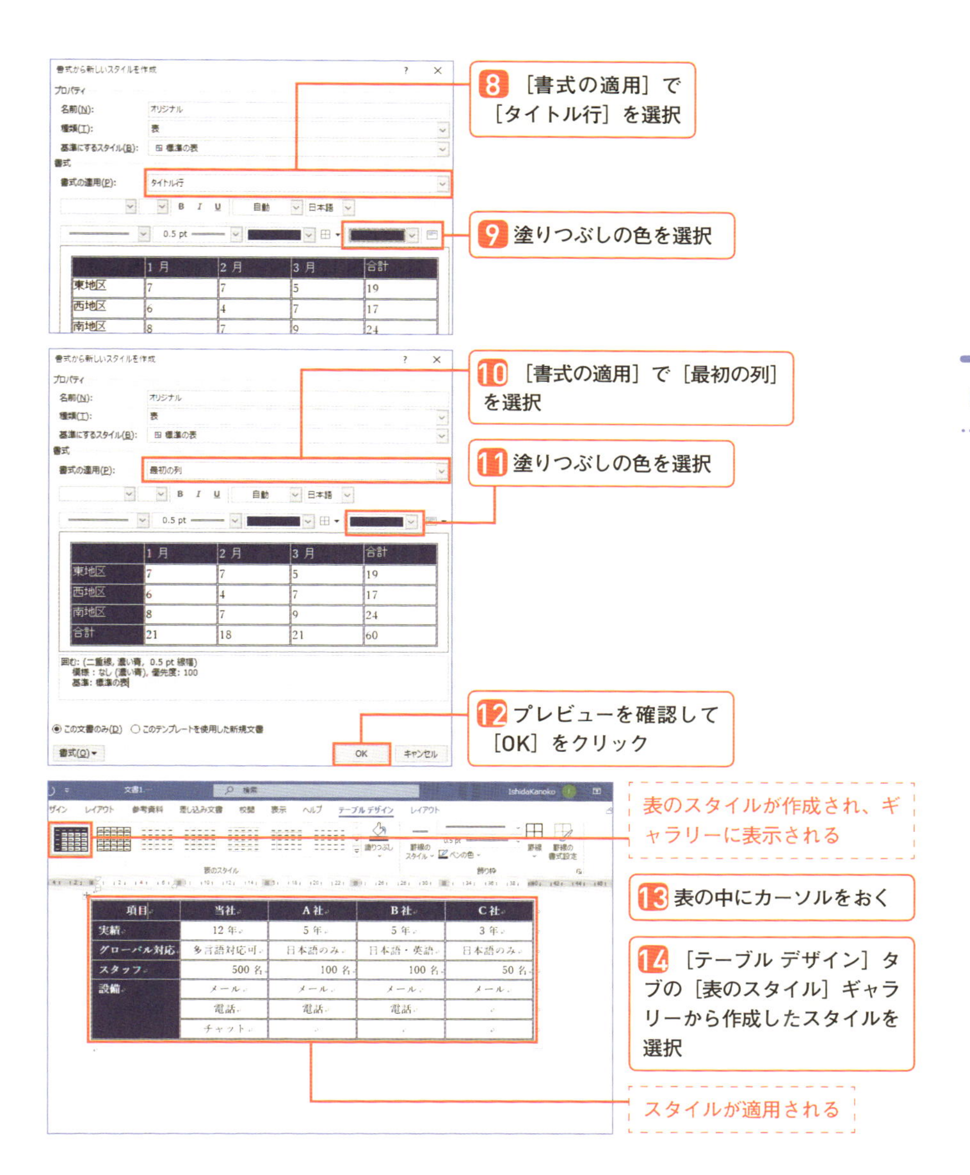
書式から新しいスタイルを作成
プロパティ
名前(N): オリジナル
種類(T): 表
基準にするスタイル(B): 標準の表
書式
書式の適用(P): タイトル行
0.5 pt
日本語
自動
8 ［書式の適用］で［タイトル行］を選択
9 塗りつぶしの色を選択
1 月
2 月
3 月
合計
東地区
西地区
南地区
書式の適用(P): 最初の列
10 ［書式の適用］で［最初の列］を選択
11 塗りつぶしの色を選択
12 プレビューを確認して［OK］をクリック
OK
キャンセル
この文書のみ(D)
このテンプレートを使用した新規文書
書式(O)
テーブルデザイン
表のスタイル
表のスタイルが作成され、ギャラリーに表示される
13 表の中にカーソルをおく
14 ［テーブル デザイン］タブの［表のスタイル］ギャラリーから作成したスタイルを選択
項目
当社
A 社
B 社
C 社
実績
グローバル対応
スタッフ
設備
スタイルが適用される

ここもポイント ｜ 作成したスタイルをギャラリーから削除するには

［表のスタイル］ギャラリーで削除するスタイルを右クリックし、［表のスタイルの削除］をクリックし、表示されるメッセージで［はい］をクリックします。なお、スタイルを削除すると、そのスタイルが適用されている表のスタイル（書式）がクリアされます。

表の配置

097 表を中央に配置する、少しだけ位置をずらすには

表の配置はドラッグでやらないほうがいい

表の中にカーソルをおくと左上に十字型のマークが表示され、これをクリックすると表全体を選択できます。このマークを「表全体の選択マーク」という仮称だとします。

「表全体の選択マーク」はドラッグをして表の位置を変更するためにも使用できるのですが、おそらく（高確率で）自分の思っている位置にうまい具合に配置できず、微調整ができなくて動かしているうちに文字列の回り込みなども行われてしまったりしてぐちゃぐちゃになります。うまく配置できるのならよいのですが、私は表の配置は書式設定などで整えていますので、ここではそちらの方法を。

表をページの中央に配置する

06-097-表の配置.docx

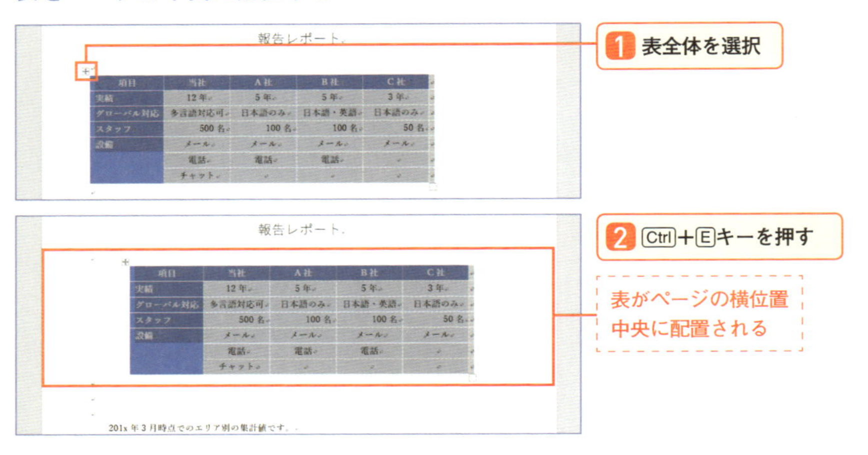
報告レポート
1 表全体を選択
報告レポート
2 Ctrl＋Eキーを押す
表がページの横位置中央に配置される
201x年3月時点でのエリア別の集計値です。

項目	当社	A社	B社	C社
実績	12年	5年	5年	3年
グローバル対応	多言語対応可	日本語のみ	日本語・英語	日本語のみ
スタッフ	500名	100名	100名	50名
設備	メール	メール	メール	メール
	電話	電話	電話	
	チャット			

ここもポイント | Ctrl ＋ E キーは中央揃えのショートカットキー

リボンの［ホーム］タブの［段落］グループの［中央揃え］をクリックして設定することと同じ結果になります。

インデントを使って表の位置を少しずらす

06-097-表の配置.docx

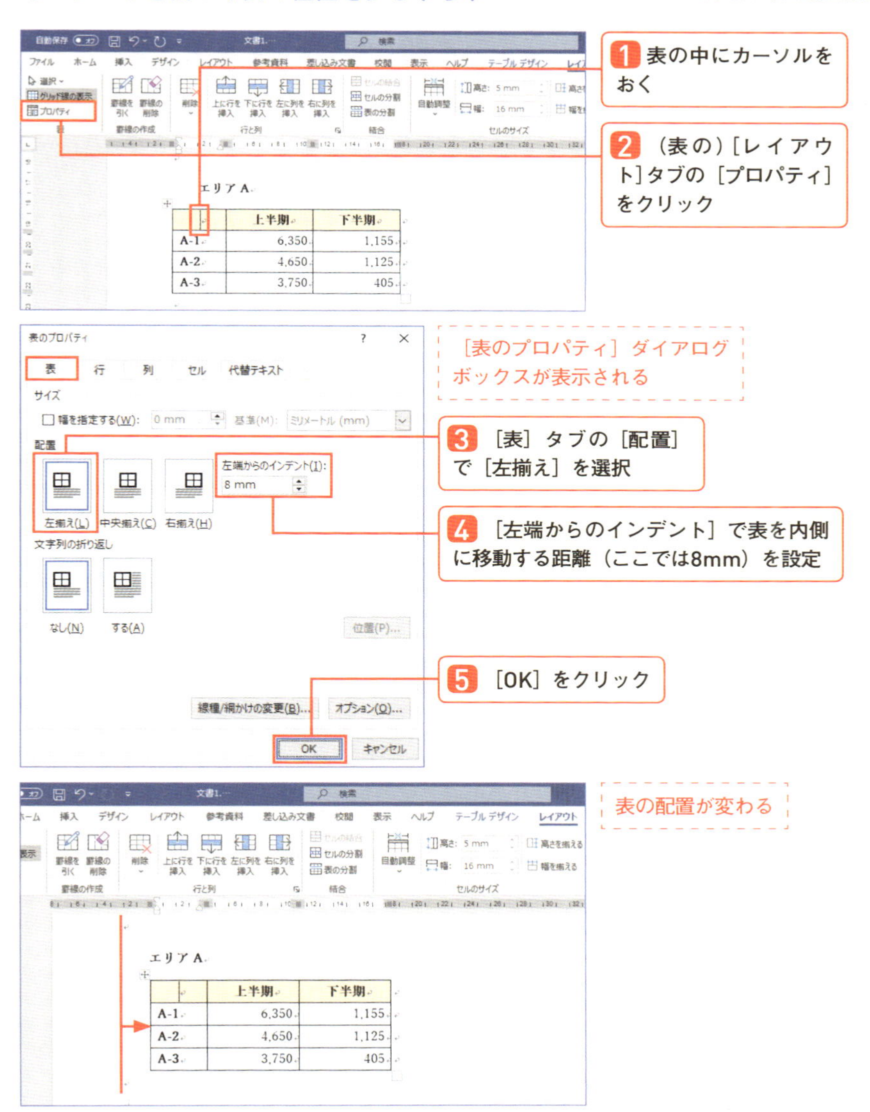

1 表の中にカーソルをおく
2 （表の）[レイアウト]タブの［プロパティ］をクリック
［表のプロパティ］ダイアログボックスが表示される
3 ［表］タブの［配置］で［左揃え］を選択
4 ［左端からのインデント］で表を内側に移動する距離（ここでは8mm）を設定
5 ［OK］をクリック
表の配置が変わる

ここもポイント | インデントを解除するには

［表のプロパティ］ダイアログボックスを表示し、［表］タブの［配置］で［左揃え］を選択して［左端からのインデント］に「0mm」を設定します。

表の配置

098 複数ページにわたる表で使いたい設定

次のページが空白になるのを防ぐ

ページは表で終わることができず表の下には必ず1つ段落が必要であるため、文書の最後に表があるときに空白ページが残ってしまうことがあります。ページの余白を狭めるなどの工夫をしてもどうにもならないときには、はみ出している段落の行間を固定値にして前のページに収めてみてはいかがでしょうか。「それでも無理！」という場合もありますが、意外と使える場面は多いです。

段落の行間を小さくして前のページに収める

06-098-複数ページにわたる表1.docx

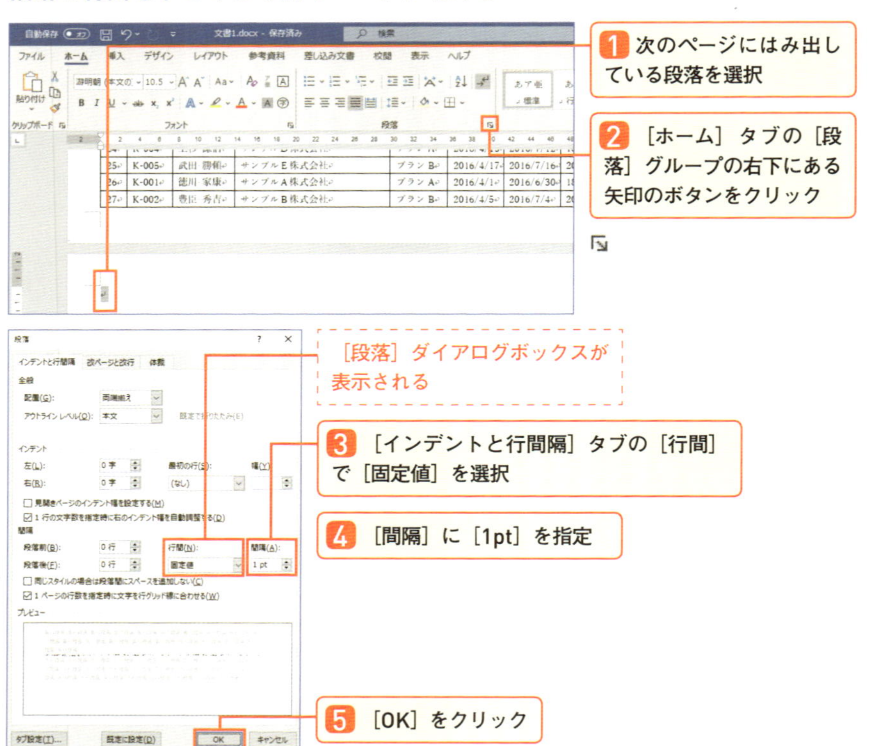
1 次のページにはみ出している段落を選択
2 ［ホーム］タブの［段落］グループの右下にある矢印のボタンをクリック
［段落］ダイアログボックスが表示される
3 ［インデントと行間隔］タブの［行間］で［固定値］を選択
4 ［間隔］に［1pt］を指定
5 ［OK］をクリック

22	K-002	豊臣 秀吉	サンプルB株式会社	プランB	2016/4/5
23	K-003	織田 信長	サンプルC株式会社	プランC	2016/4/9
24	K-004	上杉 謙信	サンプルD株式会社	プランA	2016/4/13
25	K-005	武田 勝頼	サンプルE株式会社	プランB	2016/4/17
26	K-001	徳川 家康	サンプルA株式会社	プランA	2016/4/1
27	K-002	豊臣 秀吉	サンプルB株式会社	プランB	2016/4/5

段落の行間が小さくなり、表の左下の位置に配置される（次のページにはみ出すことがなくなる）

タイトル行はここ、と指定すると次ページにも表示される

表が2つのページにわたっているとき、表の先頭の1行または数行をタイトル行として設定すると自動的に次ページ以降も表の先頭に表示されます。表の行数が変動してもきちんと次ページの表の先頭にタイトルが表示される、というのが設定するメリットです。

［タイトル行の繰り返し］を設定する

06-098-複数ページにわたる表2.docx

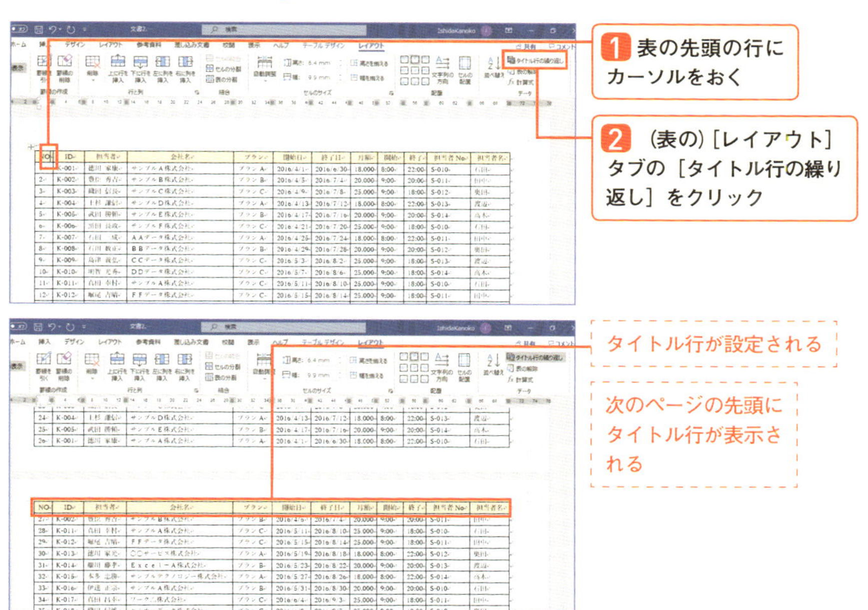
1 表の先頭の行にカーソルをおく
2 （表の）［レイアウト］タブの［タイトル行の繰り返し］をクリック
タイトル行が設定される
次のページの先頭にタイトル行が表示される

ここもポイント | 複数行をタイトル行にするには

たとえば、表の先頭の2行をタイトル行にしたい場合は、この2行の先頭のセル（左端の2つとか）を選択してから［タイトル行の繰り返し］をクリックします。

表の配置

099 文字をきれいに配置するために罫線をうまく使う

罫線をクリアしても枠組みは残る

文字列と複数の画像などをページ内にきれいに配置するときに、表の罫線をクリアして無色にして罫線の枠組みだけを活用するのも1つの表の使い方です。特にページの左右に文字と図を配置するようなレイアウトにしたいときにはこの方法がおすすめです。

[標準の表] スタイルを使って罫線を無色にする

06-099-罫線のクリア.docx

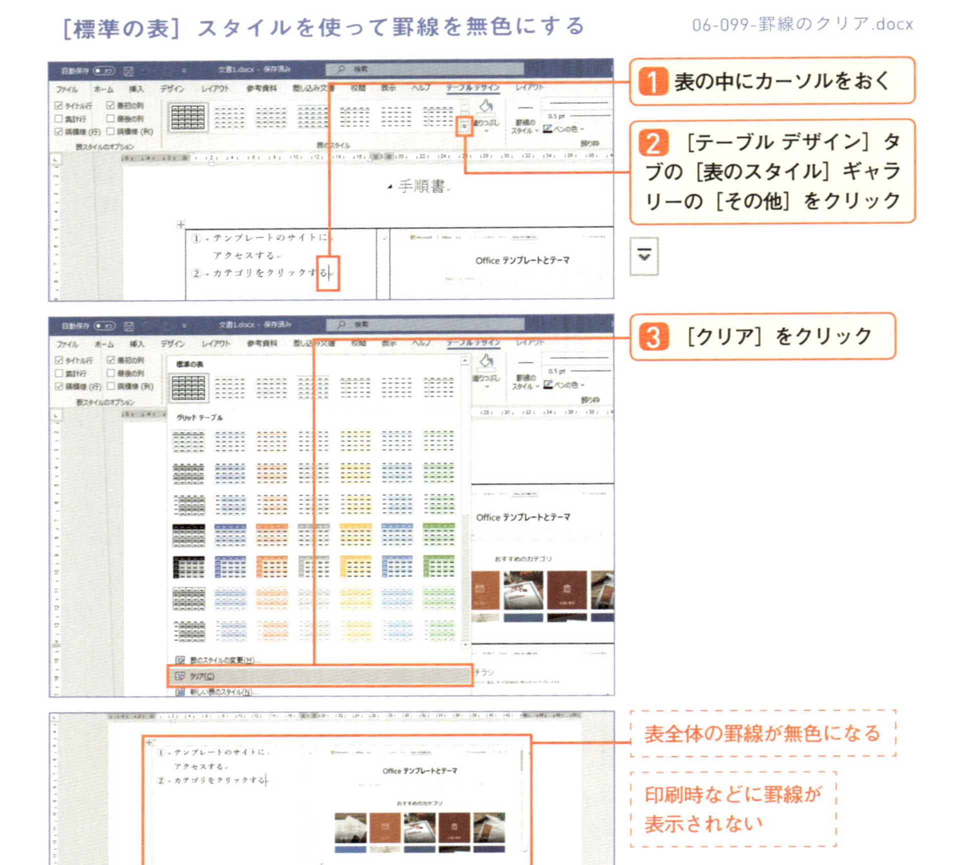
1 表の中にカーソルをおく
2 [テーブル デザイン] タブの [表のスタイル] ギャラリーの [その他] をクリック
3 [クリア] をクリック
表全体の罫線が無色になる
印刷時などに罫線が表示されない
手順書
①→テンプレートのサイトに
アクセスする
②→カテゴリをクリックする
Office テンプレートとテーマ
標準の表
グリッド テーブル
表のスタイルの変更(M)...
クリア(C)
新しい表のスタイル(N)...
おすすめのカテゴリ

Chapter

7

図形や図を扱うときに知っておくべきこと

100 「オブジェクト」の種類とリボンに表示されるタブ

図形、図、図表などのコンテンツをオブジェクトという

文書には、文字列だけでなく図形や図などを配置できます。段落に入力して配置する文字列以外の**コンテンツ**のことを**オブジェクト**といいます。

オブジェクトごとに設定のできる書式などには違いがあり、選択したときにリボンに表示されるタブが異なるため、オブジェクトの種類をタブで見分けることもできます。

オブジェクトは、リボンの［挿入］タブの［図］グループや、［テキスト］グループのコマンドを利用して作成、配置できます。

オブジェクトの種類とリボンのタブ

07-100-オブジェクトの種類.docx

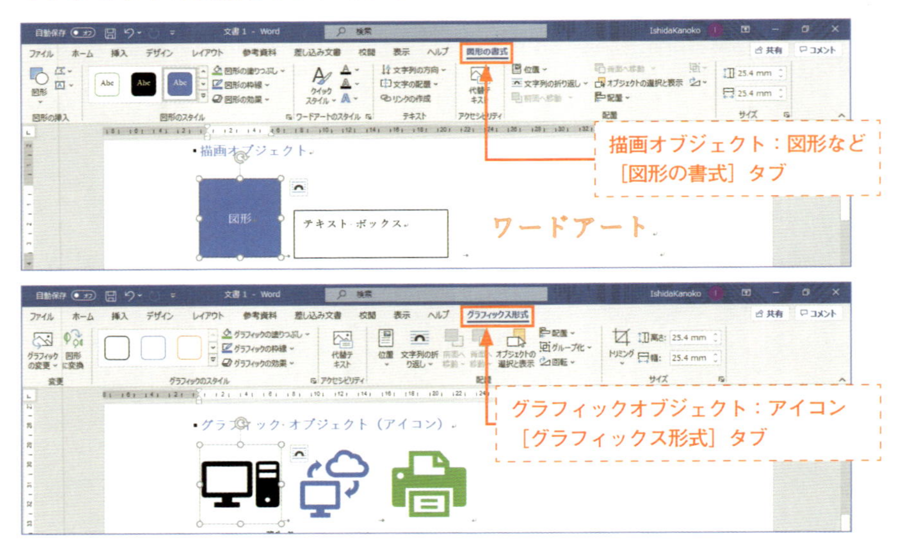
描画オブジェクト：図形など
［図形の書式］タブ
描画オブジェクト
図形
テキスト ボックス
ワードアート
グラフィックオブジェクト：アイコン
［グラフィックス形式］タブ
グラフィック オブジェクト（アイコン）

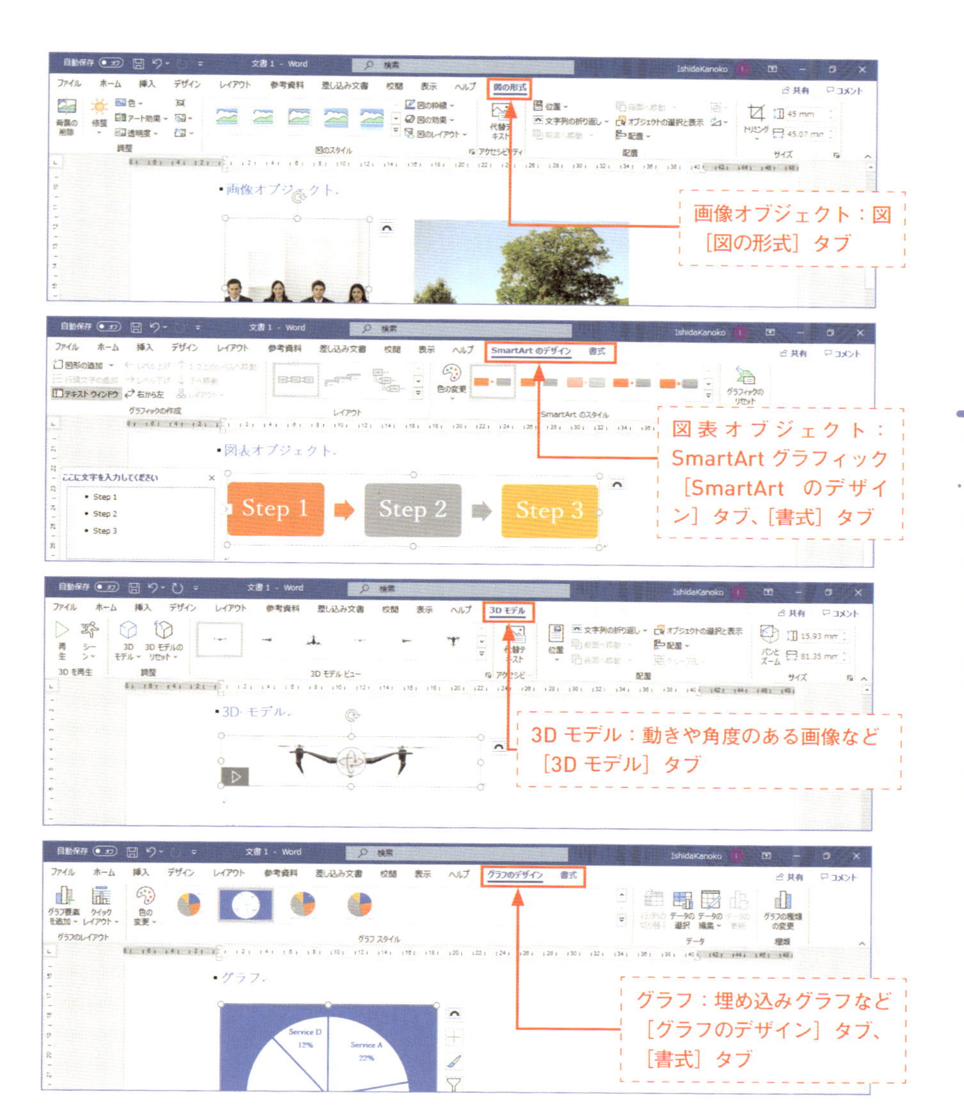
画像オブジェクト：図
［図の形式］タブ
図表オブジェクト：SmartArt グラフィック
［SmartArt のデザイン］タブ、［書式］タブ
Step 1
Step 2
Step 3
3D モデル：動きや角度のある画像など
［3D モデル］タブ
グラフ：埋め込みグラフなど
［グラフのデザイン］タブ、
［書式］タブ

ここもポイント ［〇〇ツール］と［〇〇の書式］などの違い

本書ではOffice 365のWordを利用していますが、最新のアップデートが適用されていないWordの場合は、オブジェクトを選択したときに［〇〇ツール］がリボンに表示され、その中に［書式］などのタブが含まれています。「書式」や「デザイン」などから想像して、同じコマンドが含まれているタブを利用してください。おそらく今後も変わっていくので、名称を暗記をするものではありません。

描画オブジェクト

101 四角形や線などの図形を描画するには

四角形や線は描画するモノ

図形は写真などの図とは異なり、塗りつぶしの色や形、線の書式を自由に変更できます。図形を描画するとき、**ドラッグをして任意のサイズ**で描くことはもちろんのこと、描画する位置を**クリックして既定のサイズ**で描くこともできます。とりあえず既定のサイズで描画しておいてあとでサイズ調整する、という方法で作成することもできます。

クリックで図形を描画する

07-101-図形と線の描画.docx

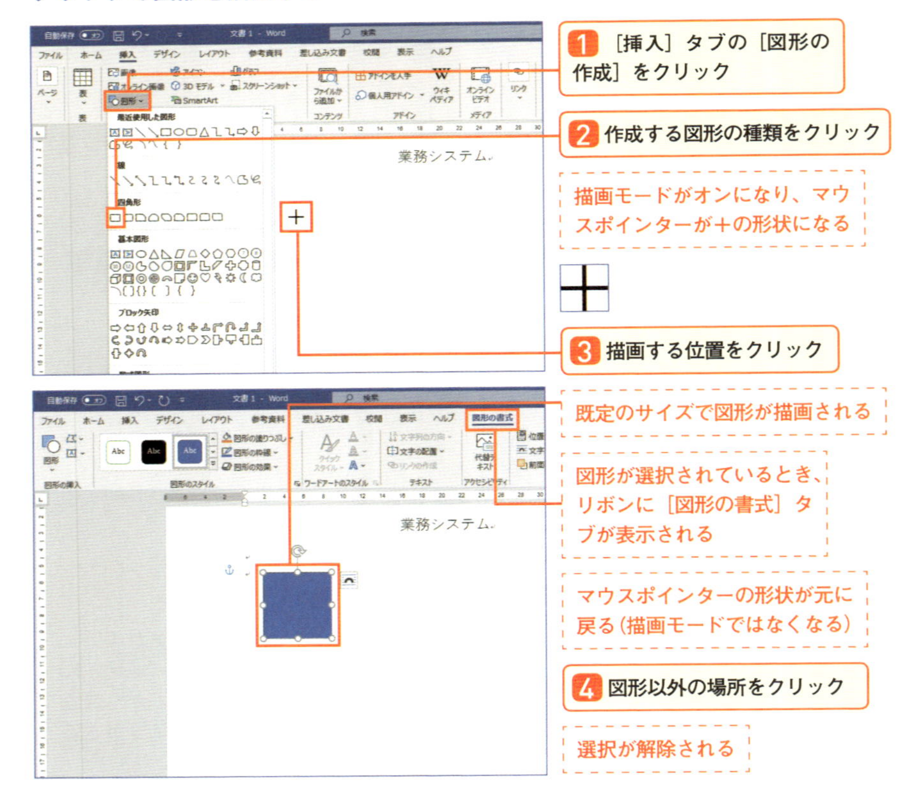

1 ［挿入］タブの［図形の作成］をクリック
2 作成する図形の種類をクリック
描画モードがオンになり、マウスポインターが＋の形状になる
3 描画する位置をクリック
既定のサイズで図形が描画される
図形が選択されているとき、リボンに［図形の書式］タブが表示される
マウスポインターの形状が元に戻る（描画モードではなくなる）
4 図形以外の場所をクリック
選択が解除される
業務システム

図形をコピーして複数の図形を配置する

図形を選択して、コピーと貼り付けで図形を増やしていくこともできますが、コピーしつつ配置も済ませてしまうほうが効率がよいので、Ctrl**キー＋ドラッグ**での図形のコピーがおすすめです。

なお、ドラッグするときにCtrl**＋**Shift**キー＋ドラッグ**をすると、真横や真下／真上にコピーできます。

ドラッグで図形をコピーする

07-101-図形と線の描画.docx

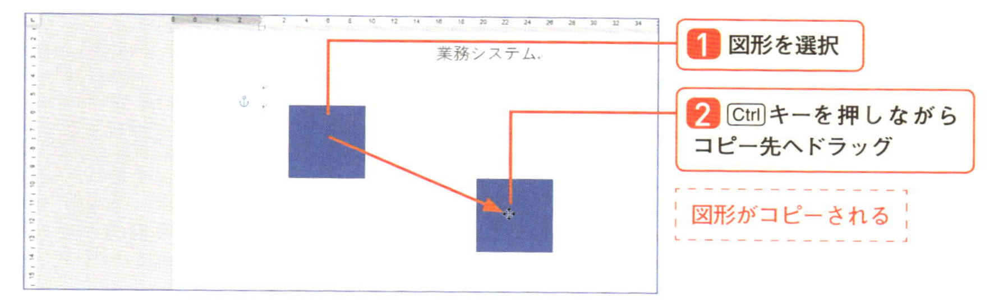
業務システム
1 図形を選択
2 Ctrlキーを押しながらコピー先へドラッグ
図形がコピーされる

ここもポイント | ドラッグで図形を描画する

描画する図形の種類を一覧で選択したあと、ドラッグで図形を描画する場合は、Shiftキー＋ドラッグをすると図形の縦横比を維持したサイズで描画できます。正円や正方形をドラッグで描画したいときにおすすめです。

ここもポイント | 図形を選択するには

文字列の追加されていない図形の場合は、図形の任意の位置にマウスポインターを合わせて、ポインターがの形状のときにクリックします。

文字列の追加されている図形は、文字列の上をクリックするとカーソルが表示され、文字列を編集できる状態になります。この状態でEscキーを押すか、最初にクリックするときに文字列以外の場所にマウスポインターを合わせて、ポインターがの形状のときにクリックしてください。選択されている図形にはサイズ変更ハンドルが表示されます。

ここもポイント | 図形を移動するには

図形にマウスポインターを合わせて、ポインターがの形状のときに、移動先へドラッグします。または、図形が選択されている状態で↑キーなどの方向キーを押して移動することもできます。

◪ 図形の種類やサイズはあとから調整する

図形の種類はあとから変更できます。たとえば、すべての図形を四角形で描画しておいて、一部の図形だけほかの種類に変更できると、図形の種類を選び直して描画する必要がありません。また、図形のサイズは全体のバランスを見ながらあとから配置とともに調整します。

図形の種類を変更する

07-101-図形と線の描画.docx

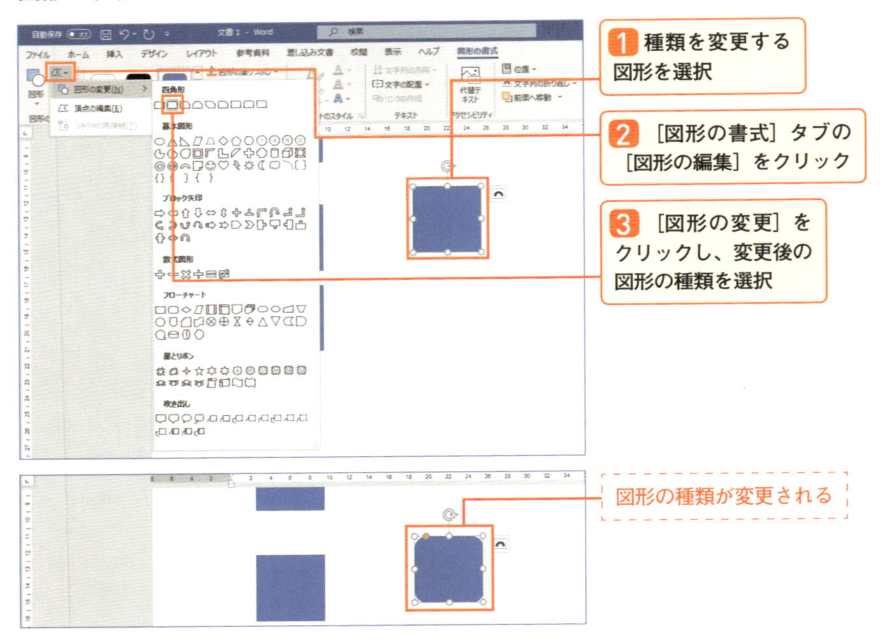

1 種類を変更する図形を選択
2 ［図形の書式］タブの［図形の編集］をクリック
3 ［図形の変更］をクリックし、変更後の図形の種類を選択
図形の種類が変更される

ここもポイント ｜ 図形が重なっているときに

あとから描画した図形が既存の図形の上に重なっていきます。
図形の重なりの順序を変更したい場合は、対象となる図形を右クリックして、［最背面へ移動］や［最前面へ移動］をクリックします。1つだけ後ろや、1つだけ前に移動するには、［背面へ移動］や［前面へ移動］を使います。
サイズの小さい図形が一番後ろに隠れていて操作しづらいときには、図形を選択してリボンの［図形の書式］タブの［配置］グループの［オブジェクトの選択と表示］をクリックして［選択］ウィンドウを表示し、上に重なっている図形を非表示にすると操作しやすいです。［選択］ウィンドウで非表示にしたい図形の 👁 をクリックすると一時的に非表示にできます。

線を描画する

07-101-図形と線の描画.docx

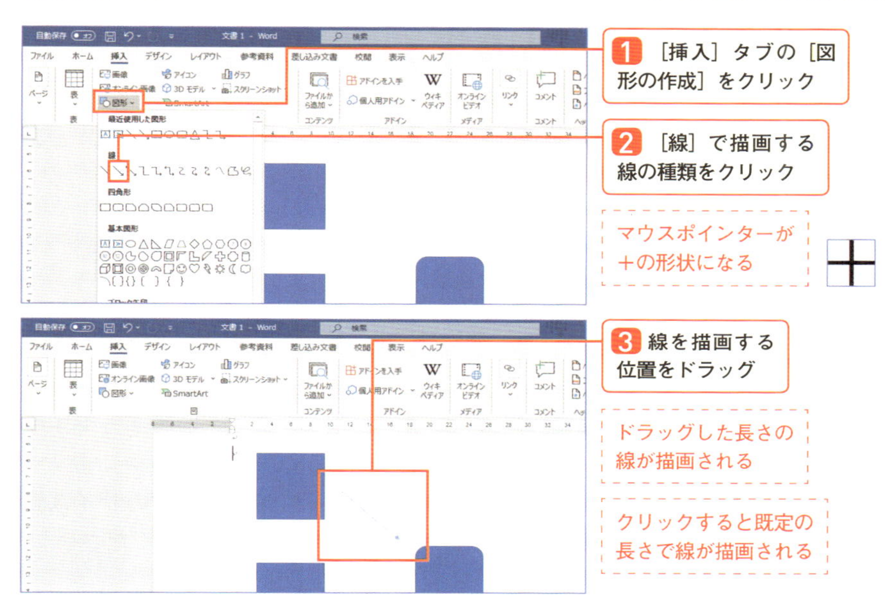

1 ［挿入］タブの［図形の作成］をクリック
2 ［線］で描画する線の種類をクリック
マウスポインターが＋の形状になる
3 線を描画する位置をドラッグ
ドラッグした長さの線が描画される
クリックすると既定の長さで線が描画される

ここもポイント　線を水平や垂直に描画するには

線を描画するときにShiftキーを押しながらドラッグすると、真横や真下／真上に伸びる線を描画できます。

ここもポイント　同じ図形を連続して描画したいときは描画モードをロックする

図形の一覧で種類をクリックして選択した場合は、連続して2つ目以降を描画できません。同じ図形を連続して描画するには、図形の一覧で描画する図形や線の種類を右クリックして［描画モードのロック］をクリックします。Escキーを押すまで連続して図形を描画できます。

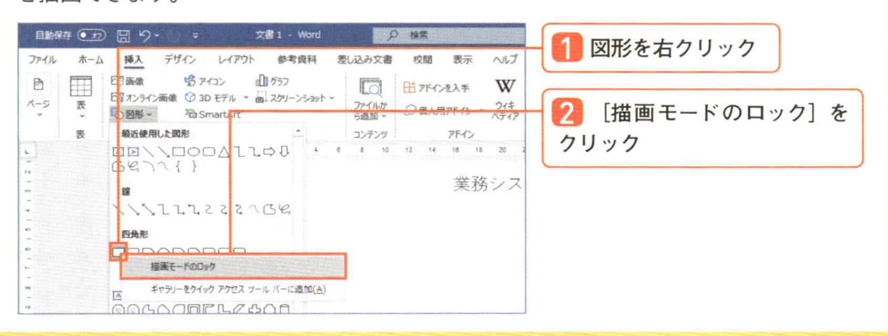

1 図形を右クリック
2 ［描画モードのロック］をクリック
描画モードのロック

描画オブジェクト

102 図形の選択とサイズ変更のポイント

キー操作＋ドラッグや、キー操作のみの方法もある

四角形などの図形や線でもテキスト ボックスでも、写真などの図でも、オブジェクトのサイズは同じ方法で変更できます。

文字列が含まれている図形やテキスト ボックスは、「オブジェクトを」選択していないとキー操作だけでのサイズ変更ができないため、下図のように「文字の上をクリック→Escキー」でオブジェクトを選択する方法をおすすめします。

なお、［文字の折り返し］が **［行内］の場合はキー操作だけでのサイズ変更はできません。［文字の折り返し］についてはP.234を参照してください。**

図形のサイズを変更する

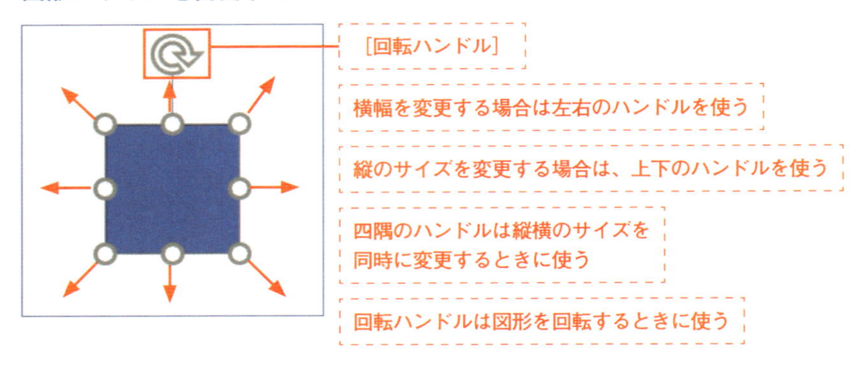
［回転ハンドル］
横幅を変更する場合は左右のハンドルを使う
縦のサイズを変更する場合は、上下のハンドルを使う
四隅のハンドルは縦横のサイズを
同時に変更するときに使う
回転ハンドルは図形を回転するときに使う

文字の含まれる図形を選択する

07-102-図形の選択とサイズ.docx

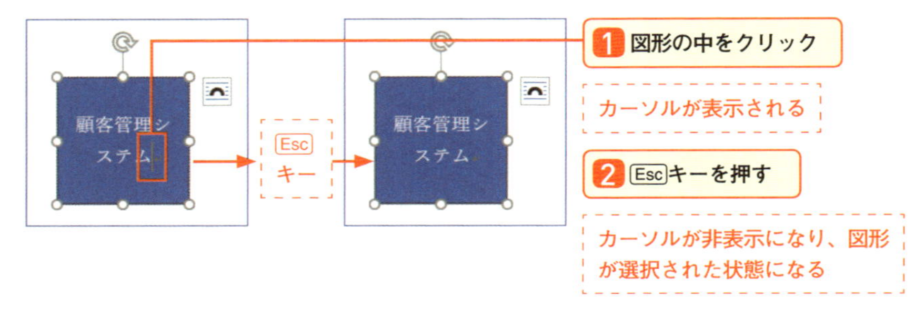
顧客管理システム
Esc
キー
顧客管理システム
1 図形の中をクリック
カーソルが表示される
2 Escキーを押す
カーソルが非表示になり、図形が選択された状態になる

縦横比を維持して、ドラッグでサイズ変更する

07-102-図形の選択とサイズ.docx

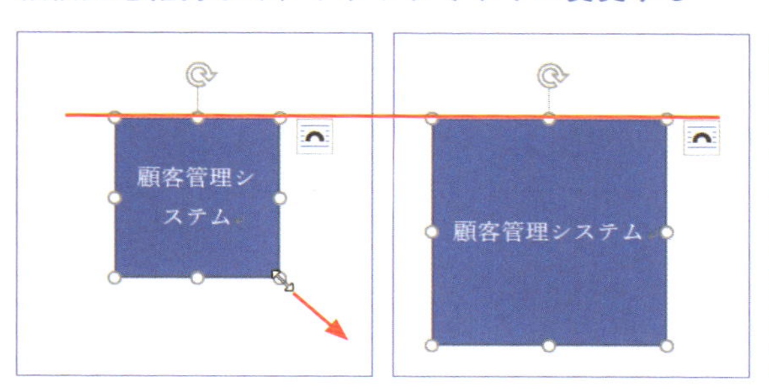
顧客管理システム
顧客管理システム

Shiftキーを押しながらサイズ変更ハンドルをドラッグ

縦横比が維持された状態でサイズが変わる

右下のハンドルを使用すると左上が基点となる

縦横比を維持して、ドラッグでサイズ変更する

07-102-図形の選択とサイズ.docx

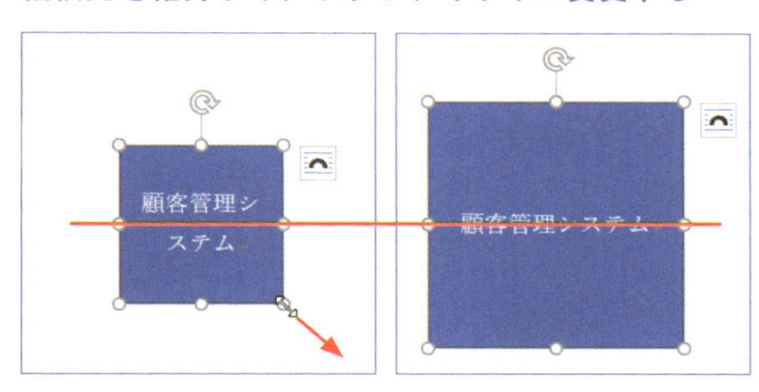
顧客管理システム
顧客管理システム

Ctrl＋Shiftキーを押しながらサイズ変更ハンドルをドラッグ

中心の位置と縦横比が維持された状態でサイズが変わる

ここもポイント ｜ キー操作だけで高さや幅を変更するには

横幅を変更する：Shift＋→キー／←キー
高さを変更する：Shift＋↑キー／↓キー
このとき、Ctrlキーもいっしょに押していると細かくサイズ変更できます。

ここもポイント ｜ リボンの[サイズ]グループで高さや幅を変更するには

図形を選択すると、リボンに［図形の書式］タブが表示されます。［サイズ］グループの［図形の高さ］と［図形の幅］に数値を指定してサイズを変更できます。縦横のサイズを同じにしたいなど、正確なサイズを指定する場合はこちらを利用することをおすすめします。

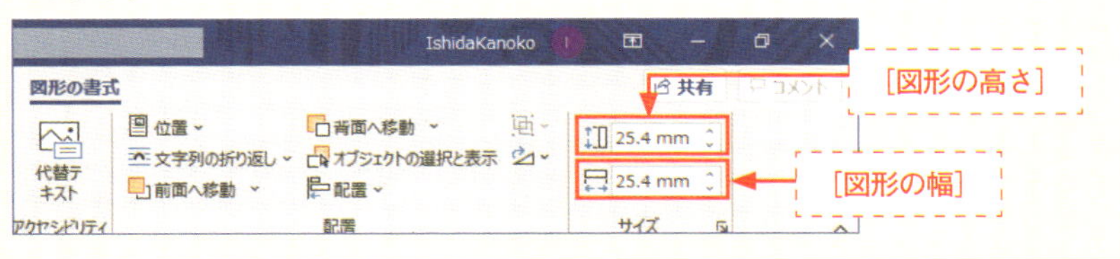
IshidaKanoko
図形の書式
共有
代替テキスト
アクセシビリティ
位置
文字列の折り返し
前面へ移動
背面へ移動
オブジェクトの選択と表示
配置
配置
25.4 mm
25.4 mm
サイズ
[図形の高さ]
[図形の幅]

描画オブジェクト

103 複数の図形の選択と配置のポイント

複数のオブジェクトを同時に選択する2つの方法

［文字の折り返し］の設定が［行内］以外であれば、複数のオブジェクトをクリックやドラッグで同時に選択できます。試したけど同時選択できないよ！というときはP.234を参照して［文字の折り返し］を確認してください。

書式設定や図形の整列をするときに使うので、同時に選択する方法は知っておくべきです。ドラッグで囲んで複数の図形を選択するには**［オブジェクトの選択］**を有効にする、と覚えておきましょう。

1つずつ選択する

07-103-複数の図形.docx

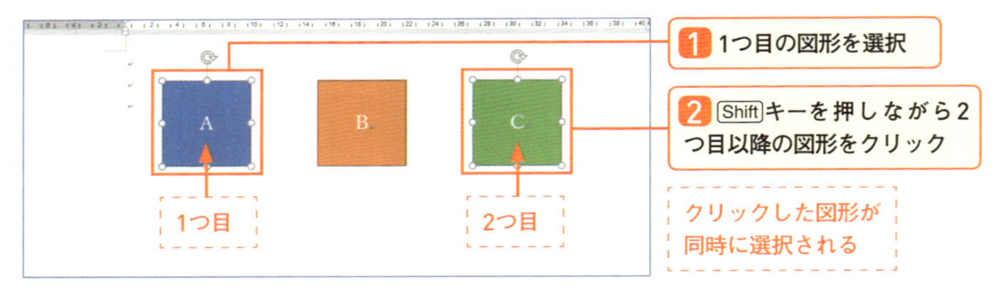

A
B
C
1つ目
2つ目
1 1つ目の図形を選択
2 Shiftキーを押しながら2つ目以降の図形をクリック
クリックした図形が同時に選択される

ドラッグで囲んで選択する

07-103-複数の図形.docx

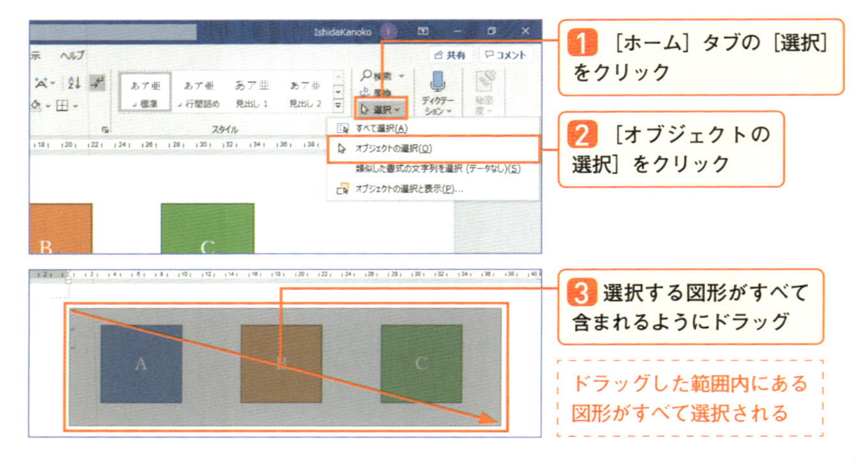

IshidaKanoko
ヘルプ
共有
コメント
標準
行間詰め
見出し 1
見出し 2
スタイル
検索
置換
選択
ディクテーション
すべて選択(A)
オブジェクトの選択(O)
類似した書式の文字列を選択 (データなし)(S)
オブジェクトの選択と表示(P)...
A
B
C
1 ［ホーム］タブの［選択］をクリック
2 ［オブジェクトの選択］をクリック
3 選択する図形がすべて含まれるようにドラッグ
ドラッグした範囲内にある図形がすべて選択される

オブジェクトを整列して配置する

07-103-複数の図形.docx

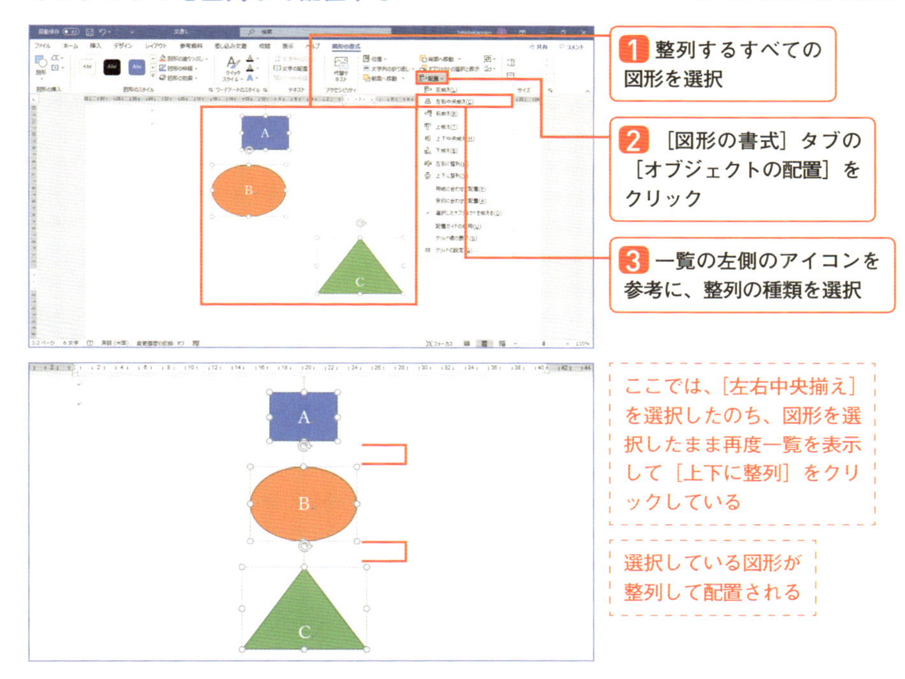
1 整列するすべての図形を選択
2 ［図形の書式］タブの［オブジェクトの配置］をクリック
3 一覧の左側のアイコンを参考に、整列の種類を選択
ここでは、［左右中央揃え］を選択したのち、図形を選択したまま再度一覧を表示して［上下に整列］をクリックしている
選択している図形が整列して配置される

ここもポイント｜オブジェクトをグループ化して1つにまとめる

複数のオブジェクトをグループ化すると、1つのオブジェクトのように扱えるようになり、まとめて移動したりサイズを変更したりできます。グループ化する図形をすべて選択し、選択しているいずれかの図形の枠線の上で右クリックして、［グループ化］の［グループ化］をクリックするとグループ化されます（右クリックがやりにくければリボンの［図形の書式］タブの［オブジェクトのグループ化］からどうぞ）。グループ化を解除しなくても、グループを選択したあとで特定の図形をクリックすれば、グループ内の単独の図形を選択して書式設定などを行うことも可能です。ただし、グループ化をしてから整列や重なり順序の変更をするのは操作しづらいので、これらはグループ化の前に済ませておくことをおすすめします。

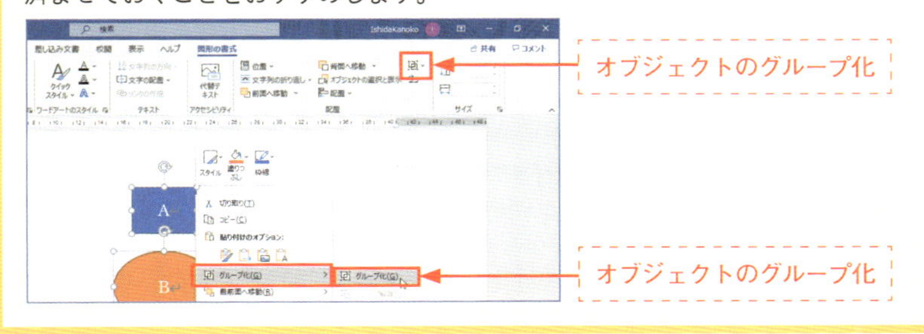
オブジェクトのグループ化
オブジェクトのグループ化

描画オブジェクト

104 ［文字の折り返し］で配置と扱い方を選ぶ

自由に動かしたいなら［四角］などの浮動タイプを

図形や図に設定できる［文字の折り返し］は、ページ上の文字列をどのように図形や図の周りに回り込ませるかを決めるための設定です。

いくつかある種類のうち**［行内］というレイアウトは特別**で、行の中にオブジェクトを収めて、文字列と同じように段落書式などを適用できます。

「図形を自由に動かしたい！」とおっしゃる方におすすめなのは［四角］などの浮動タイプです。

［文字列の折り返し］は、オブジェクトを選択しているときに表示される［レイアウト オプション］や、リボンの［図形の書式］タブの［文字列の折り返し］で選択できます。

なお、浮動タイプのオブジェクトもふわふわと浮いているわけではなく必ずどこかの段落に属しています。属している段落の選択領域には**アンカー**が表示されています。

［文字の折り返し］は、文字列をどのように回り込ませるかだけでなく、オブジェクトを［行内］に配置して文字列といっしょに移動できるほうが扱いやすいのか、絵を載せるように配置したいのかによって種類を選択します。

アンカーと［レイアウト オプション］

07-104-文字の折り返し.docx

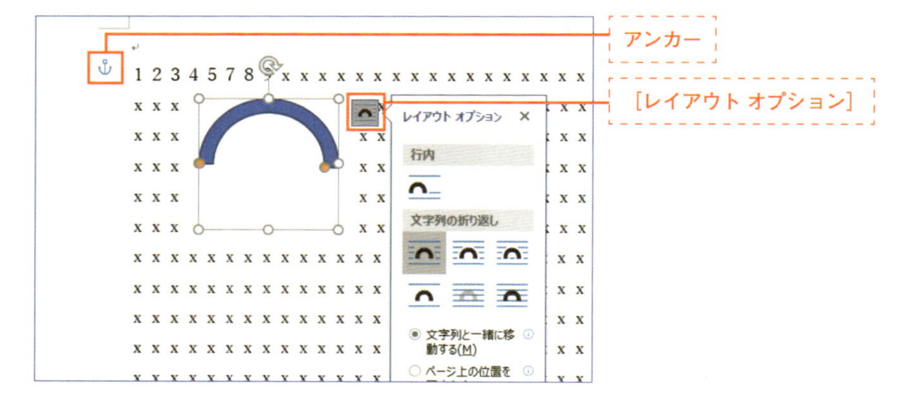
アンカー
［レイアウト オプション］
レイアウト オプション
行内
文字列の折り返し
文字列と一緒に移動する(M)
ページ上の位置を

[文字の折り返し] によるレイアウトオプションの種類

種類	解説
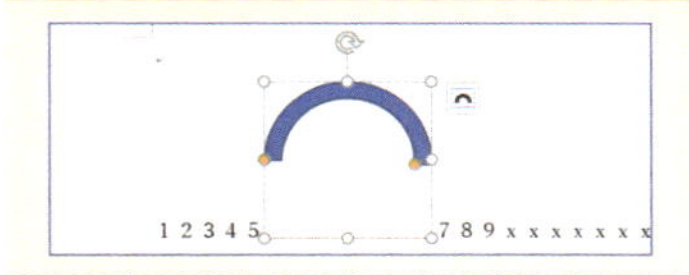	**[行内]** 行の中にオブジェクトが配置され、文字と同じように移動する。
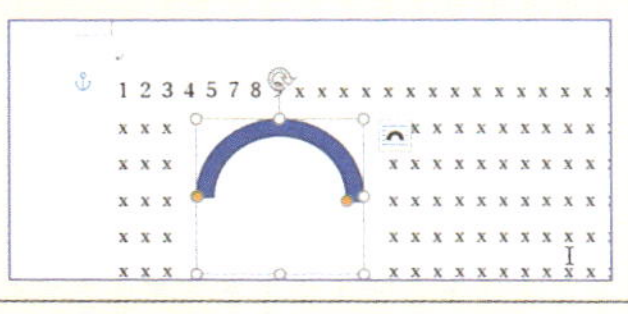	**[四角]** オブジェクトの周りの四角い境界線に沿ってオブジェクトの上下左右に文字列が表示される。 丸や三角形などでも、それが収まる四角形の外枠が存在し、その周りに文字列が表示される。
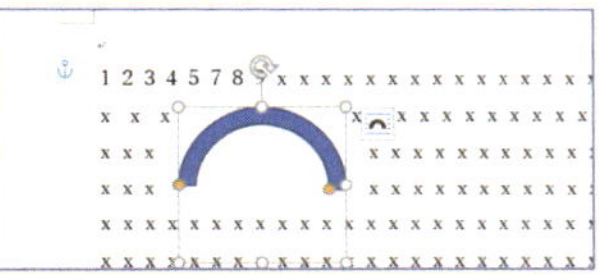	**[狭く]([外周])** オブジェクトの実際の外周（正円と三角形では外周の形が違う）に沿ってオブジェクトの周りに文字列が表示される。
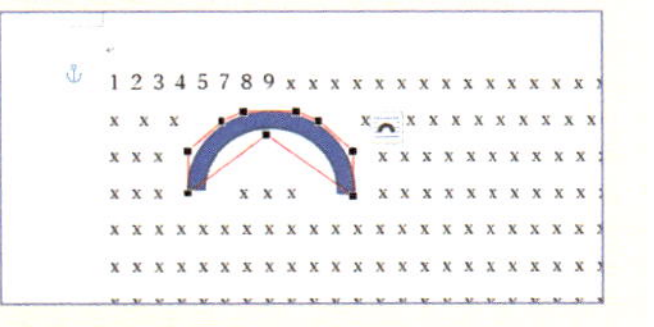	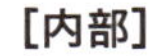**[内部]** [外周] より内側の空いている空間に文字列を表示したいときに使用する。 ※ 多くのオブジェクトでは [狭く]([外周]) と [内部] の表示に違いがありませんが、[折り返し点の編集] を有効にして、ハンドルをオブジェクトの内側に向かって移動すると違いがわかります。 ※ [折り返し点の編集] を有効にするには、リボンの [図の書式] タブの [文字列の折り返し] をクリックして、[折り返し点の編集] をクリックします。
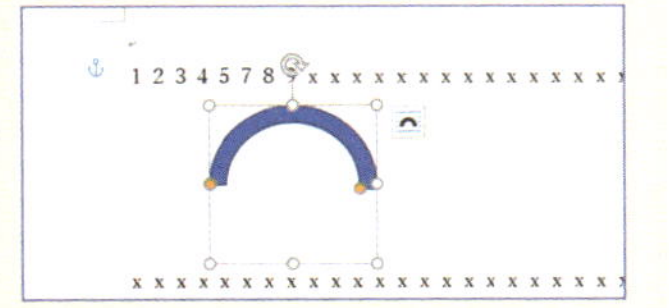	**[上下]** オブジェクトだけが行の中に配置され、オブジェクトの左右に文字列が表示されない。
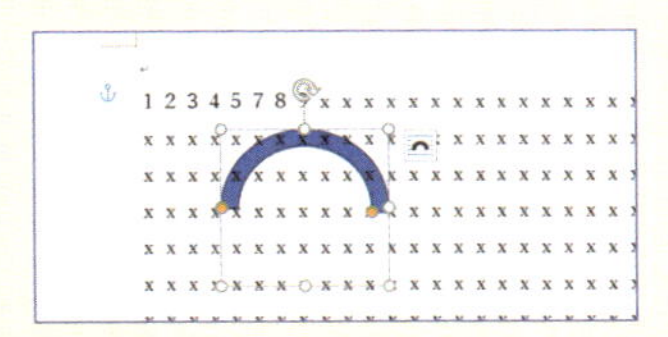	**[背面]** 文字列の下（背面）にオブジェクトが表示される。 ※ 背面にあるオブジェクトがクリックで選択しづらい場合は、リボンの [ホーム] タブの [編集] グループの [選択] をクリックし、[オブジェクトの選択] をクリックして、オブジェクトを囲むようにドラッグして選択します。
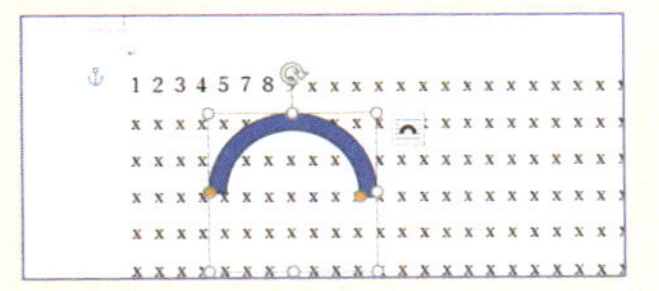	**[前面]** 文字列の上（前面）にオブジェクトが表示される。

105 図形やテキスト ボックスを使って文字を表示するには

テキスト ボックスは図形の一種

四角形は「文字は表示しなくてもいいけど、表示したいならどうぞ」というオブジェクトで、テキスト ボックスは最初から「ページの任意の位置に文字を表示したいのならこちらをどうぞ」というオブジェクトです。どちらも描画して利用します。図形は既定で塗りつぶしの色が適用され、文字列の追加を行わなければカーソルが表示されないのに対し、テキスト ボックスは作成直後にカーソルが表示されて文字の入力ができる状態になっています。

既定で文字の表示される位置が図形（[上下中央] で [中央揃え]）とテキスト ボックス（[上揃え] で [両端揃え]）では異なりますが、これはあとから変えられるし、塗りつぶしの色なども変更できます。作成直後の状態が異なるだけで、テキスト ボックスも図形の一種といえます。どちらも選択するとリボンに [図形の書式] タブが表示されます。

図形とテキストボックスの作成直後

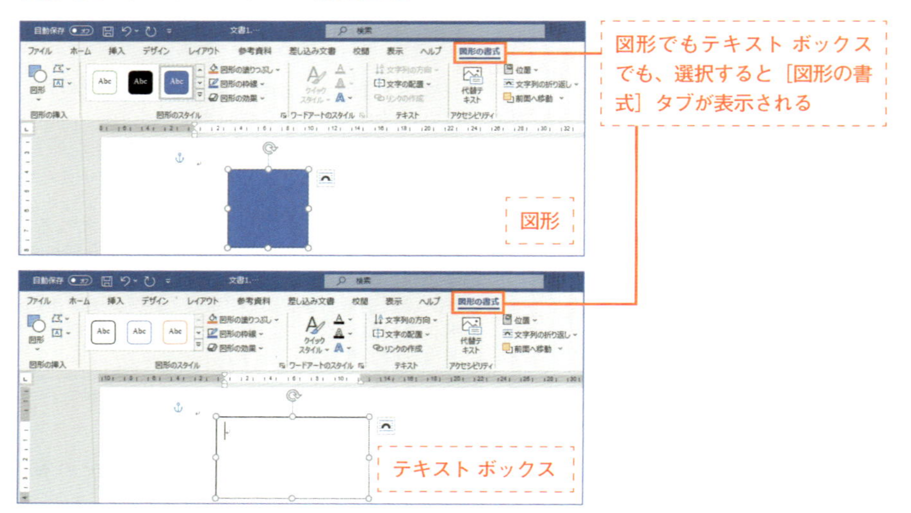
図形でもテキスト ボックスでも、選択すると [図形の書式] タブが表示される
図形
テキスト ボックス

横書きテキスト ボックスを描画して文字を表示する

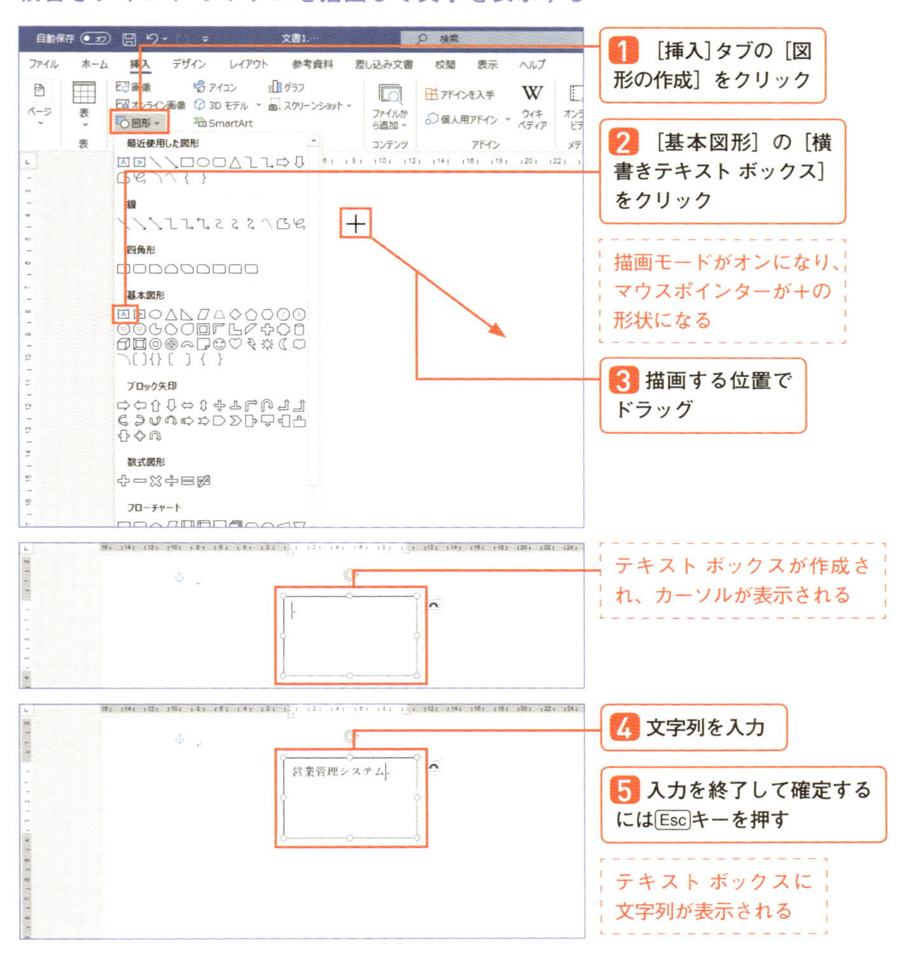

1 ［挿入］タブの［図形の作成］をクリック
2 ［基本図形］の［横書きテキスト ボックス］をクリック
描画モードがオンになり、マウスポインターが＋の形状になる
3 描画する位置でドラッグ
テキスト ボックスが作成され、カーソルが表示される
4 文字列を入力
5 入力を終了して確定するにはEscキーを押す
テキスト ボックスに文字列が表示される
営業管理システム

図形に文字を追加して表示する

07-105-図形とテキストボックス.docx

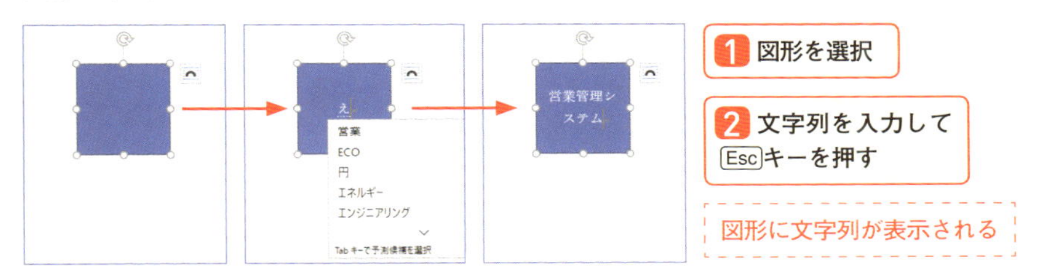

1 図形を選択
2 文字列を入力してEscキーを押す
図形に文字列が表示される
営業管理システム

描画オブジェクト

106 「ワードアート」で華やかな文字を配置するには

ワードアートは最初から文字に書式の付いたテキストボックス

少し大きめでカラフルな色や影、立体的に見える文字がチラシなどで使われていることがあります。この文字はたいてい**ワードアート**という装飾のある文字を表示するオブジェクトで作成されます。

テキスト ボックスを作成してから文字の装飾をしても結果は同じなのですが、**見た目を選んでから文字を入力できる**のがワードアートです。テキスト ボックスとワードアートの違いは文字から入るか、見た目から入るかの違いです。

ワードアートを描画する

07-106-ワードアート.docx

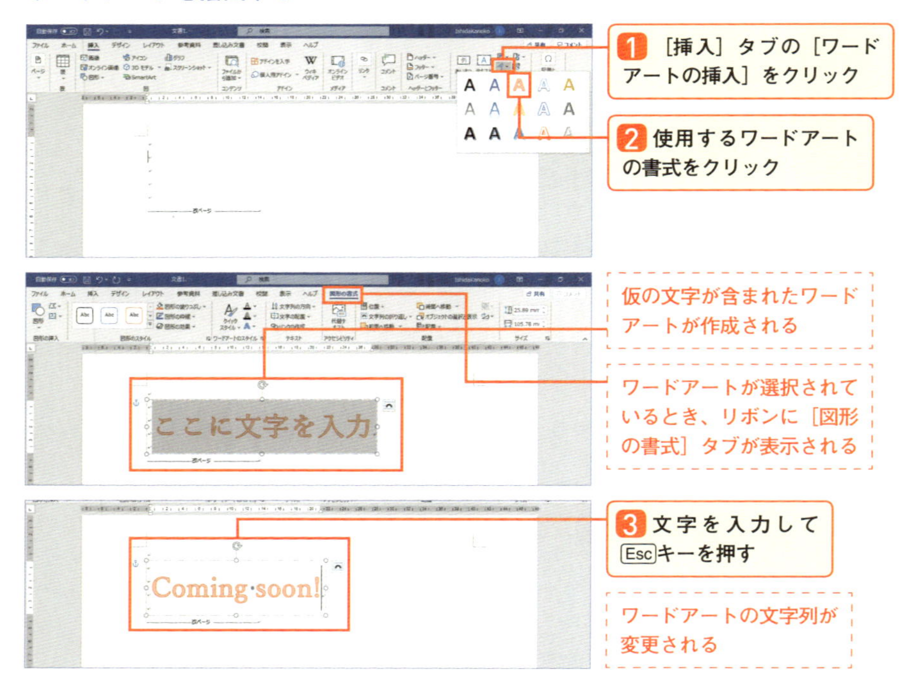

1 ［挿入］タブの［ワードアートの挿入］をクリック
2 使用するワードアートの書式をクリック
仮の文字が含まれたワードアートが作成される
ワードアートが選択されているとき、リボンに［図形の書式］タブが表示される
ここに文字を入力
Coming soon!
3 文字を入力して Escキーを押す
ワードアートの文字列が変更される

ワードアートの書式や形状はあとから変えられる

ワードアート（テキスト ボックス）の中の一部の文字を選択して色や効果を変えられます。すべての文字の書式を変えたいのなら「文字」ではなく「ワードアート全体」を選択して操作しましょう。

ここではワードアートの形状を例にしていますが、影を加えたいとか、反射させたい、などという場合も［文字の効果］の一覧で選択できます。

なお、ワードアートに設定できる［3-D回転］と［変形］の効果は文字単位での設定はできません。

ワードアートの形状を変更する

07-106-ワードアート.docx

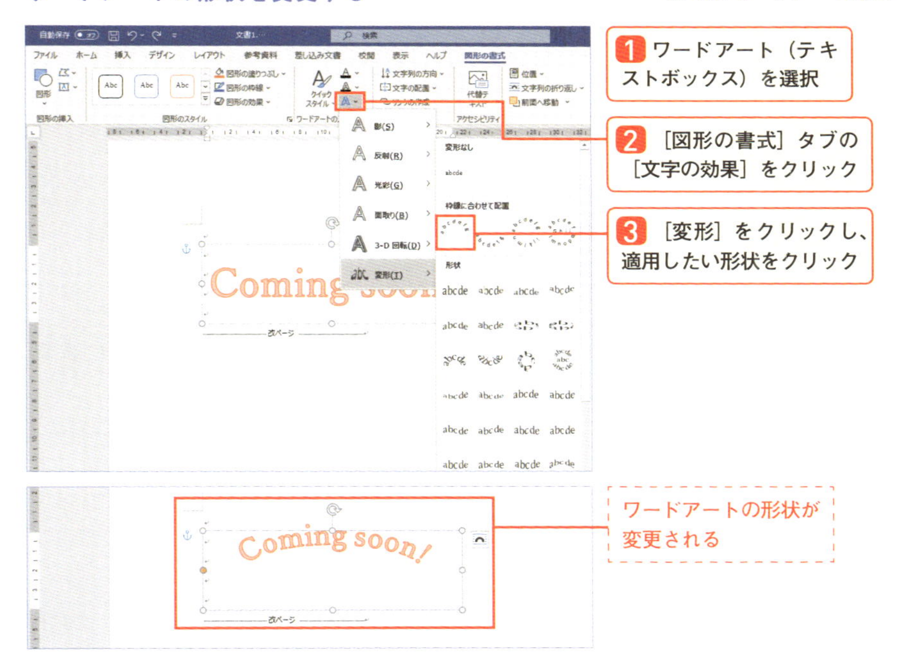
1 ワードアート（テキストボックス）を選択
2 ［図形の書式］タブの［文字の効果］をクリック
3 ［変形］をクリックし、適用したい形状をクリック
ワードアートの形状が変更される
Coming soon!

ここもポイント｜テキスト ボックスの文字に効果を設定する

テキスト ボックスを選択、またはテキスト ボックスの中の文字を選択して、リボンの［図形の書式］タブの［ワードアートのスタイル］ギャラリーでスタイルをクリックします。［ワードアートのスタイル］ギャラリーに表示されるスタイルと、ワードアートの作成時に利用する［ワードアートの挿入］をクリックしたときに表示されるスタイルは同じです。

[フォント]グループの[文字の効果]は文字列に使える

リボンの［ホーム］タブの［フォント］グループに［文字の効果］というコマンドがあります。これはテキスト ボックスなどのオブジェクトだけではなく、段落内の文字列に設定できる文字書式の1つです。フォント サイズや太字、下線といった文字書式と同じように使用でき、その最大のメリットは、スタイルの中に組み込めることです。

たとえば、見出しスタイルの段落の文字をワードアートのような書式で目立たせたいときにワードアートで作成すると、それはオブジェクトであるため、［ナビゲーション］ウィンドウに表示したり、目次の作成に利用したりできません。見た目はワードアートなのに文字として扱える、というのが文字の効果の書式のメリットです。ただ、［スタイルの変更］ダイアログボックスで1つずつ効果を選んで設定するのは手間なので、先に文字に効果を設定してからスタイルを更新するほうがすばやくスタイルに効果を含められるでしょう。

文字の効果を設定する

07-106-ワードアート.docx

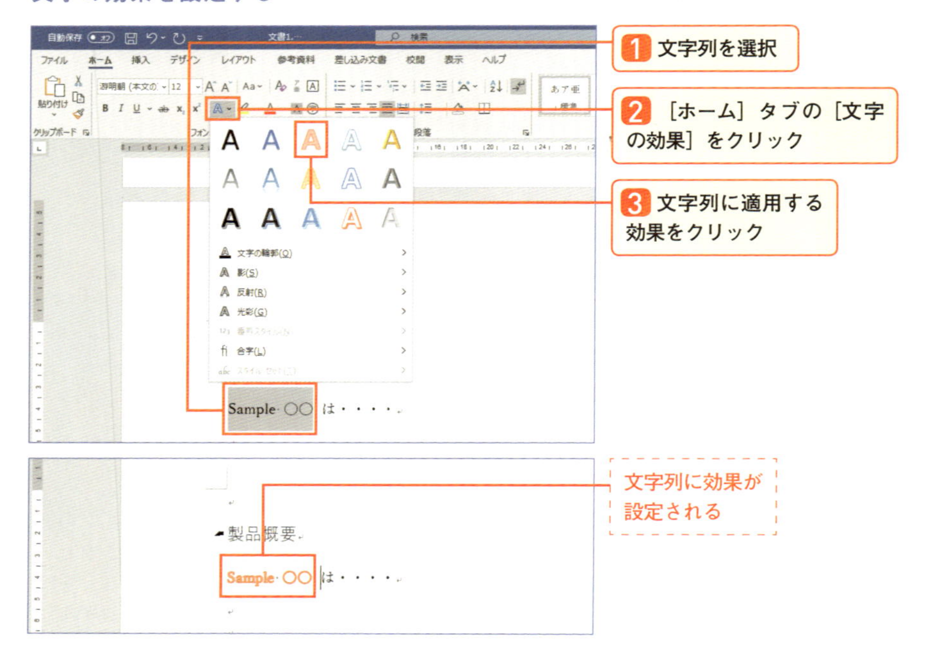
1 文字列を選択
2 ［ホーム］タブの［文字の効果］をクリック
3 文字列に適用する効果をクリック
文字列に効果が設定される
Sample ○○ は・・・・
製品概要
Sample ○○ は・・・・

文字の効果をスタイルに含める

07-106-ワードアート.docx

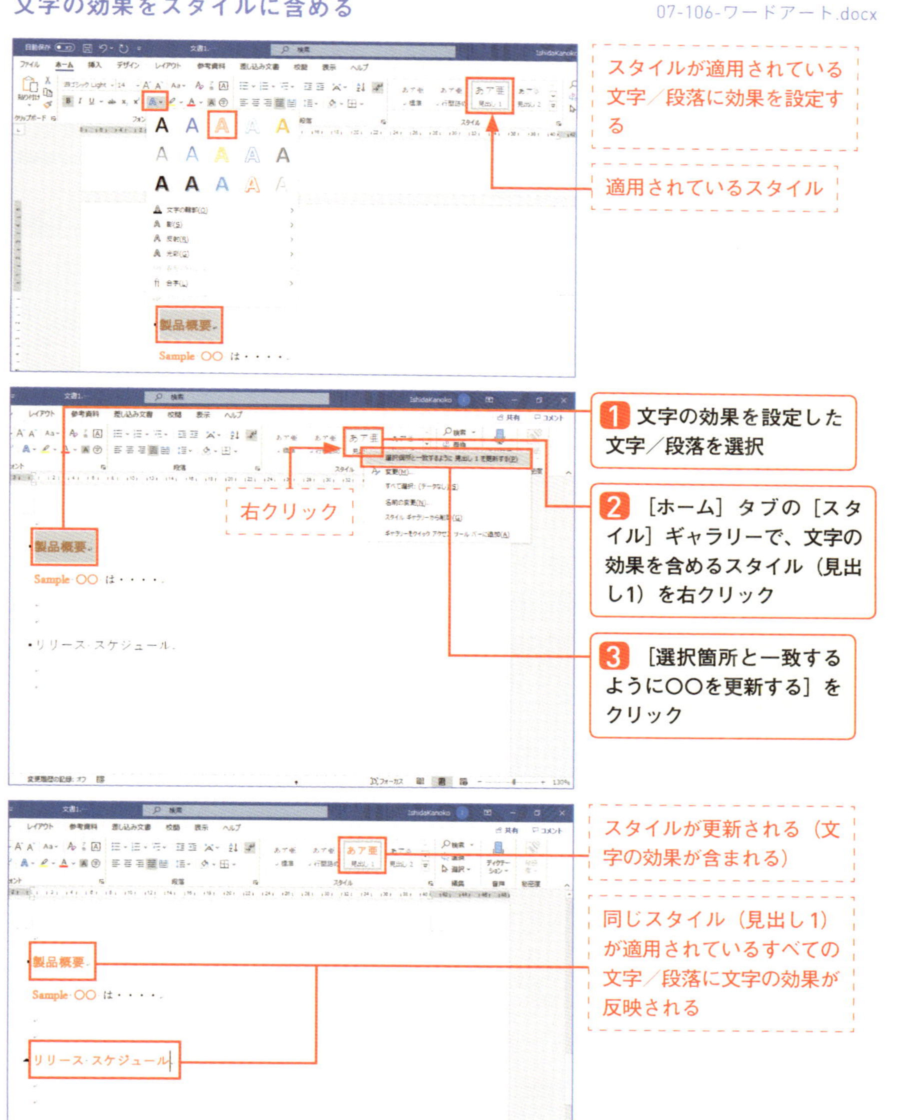

スタイルが適用されている文字／段落に効果を設定する
適用されているスタイル
製品概要
Sample ○○ は・・・・
1 文字の効果を設定した文字／段落を選択
右クリック
2 ［ホーム］タブの［スタイル］ギャラリーで、文字の効果を含めるスタイル（見出し1）を右クリック
3 ［選択箇所と一致するように○○を更新する］をクリック
リリース スケジュール
スタイルが更新される（文字の効果が含まれる）
同じスタイル（見出し1）が適用されているすべての文字／段落に文字の効果が反映される

描画オブジェクト

107 図形を移動しても離れない線でつなぐには

普通に描画しただけではくっついているようで離れている

フローチャートのように、図形と図形の間に線を描画して繋がりや流れを表現したいとき、ただ線を描くだけではきちんと接続されておらず、あとで図形を移動したときに線から離れてしまいます。

図形を移動しても離れない線を描画するには、**描画キャンバス**を使います。描画キャンバスは複数のオブジェクトをまとめて扱うときに使用するオブジェクトです。図形を描く前に描画キャンバスで場所を確保しておいて、その中に図形や線を配置します。

図形を移動してもコネクタが外れないようにする

07-107-図形と線の接続.docx

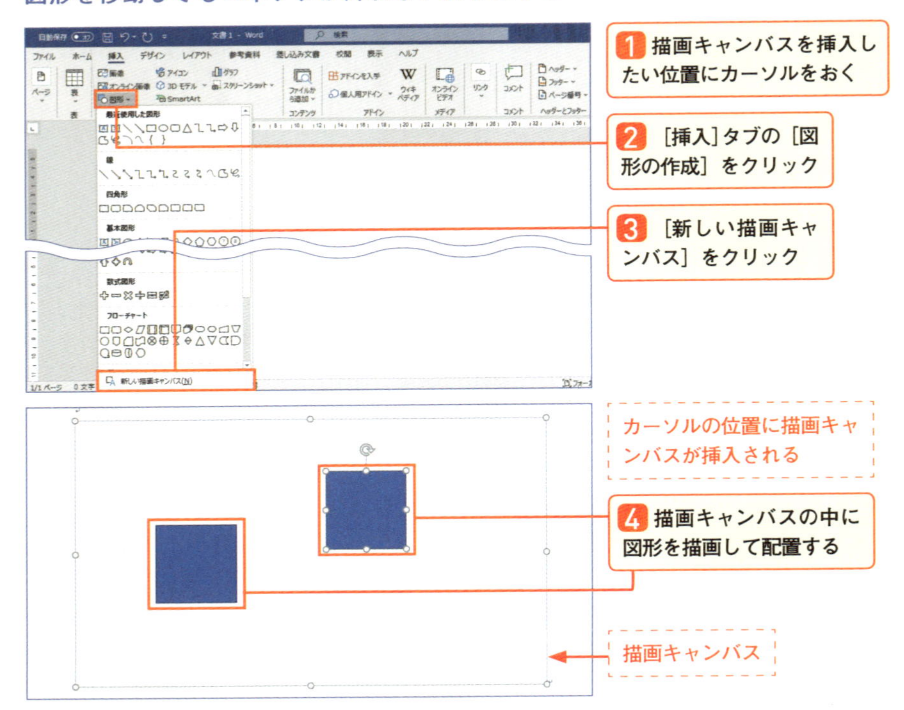

1 描画キャンバスを挿入したい位置にカーソルをおく
2 ［挿入］タブの［図形の作成］をクリック
3 ［新しい描画キャンバス］をクリック
カーソルの位置に描画キャンバスが挿入される
4 描画キャンバスの中に図形を描画して配置する
描画キャンバス

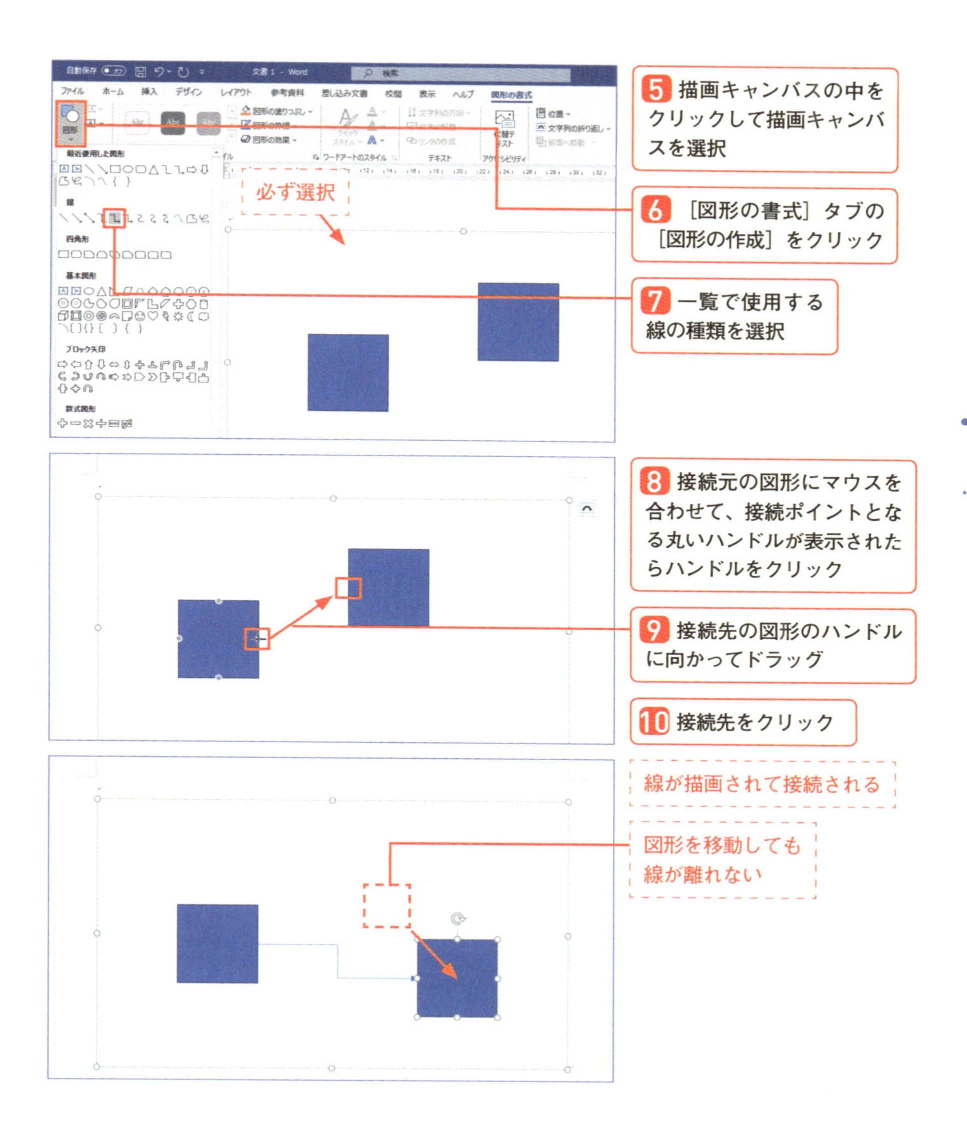

必ず選択
5 描画キャンバスの中をクリックして描画キャンバスを選択
6 ［図形の書式］タブの［図形の作成］をクリック
7 一覧で使用する線の種類を選択
8 接続元の図形にマウスを合わせて、接続ポイントとなる丸いハンドルが表示されたらハンドルをクリック
9 接続先の図形のハンドルに向かってドラッグ
10 接続先をクリック
線が描画されて接続される
図形を移動しても線が離れない

7 図形や図を扱うときに知っておくべきこと

ここもポイント｜コネクタを使ったときに線がガタガタするのを防ぐには

［コネクタ：カギ線矢印］などを使って接続している図形を真横に並べて配置したとき、図形の中心は同じ高さにあっても線がまっすぐになりません。まっすぐにする場合は、線を選択してリボンの［図形の書式］タブ［サイズ］グループの［高さ］を「0cm」(ゼロ）にします。

描画オブジェクト

108 図形や線の書式を変える／既定の書式を決める

自分ですべてを選ぶのか、スタイルを使うのか

図形は既定の色で塗りつぶされ、枠線にも色が設定されて描画されます。［図形のスタイル］は、図形の塗りつぶしの色、線の太さや色、立体や影などの書式のセットで、描画直後の図形には既定で［図形のスタイル］の上から2段目、左から2つ目のスタイルが適用されています。たとえば色違いの複数の図形を描画したいときには、スタイルの一覧の同じ段（行）のスタイルから選択すると、効果は同じで色違いの書式を設定できます。

スタイルを使って図形の書式を変更する

07-108-図形の書式.docx

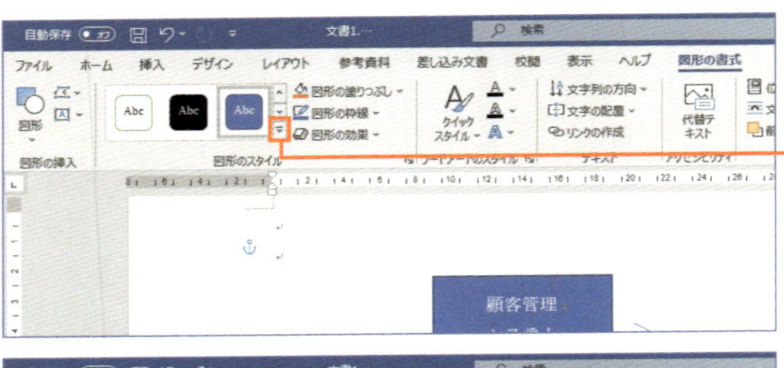

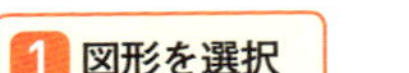
1 図形を選択

2 ［図形の書式］タブの［図形のスタイル］ギャラリーの［その他］をクリック

既定のスタイル
同じ行は効果が同じで色違い

3 設定するスタイルをクリック

図形のスタイルが変更される

スタイルを使って線の書式を変更する

07-108-図形の書式.docx

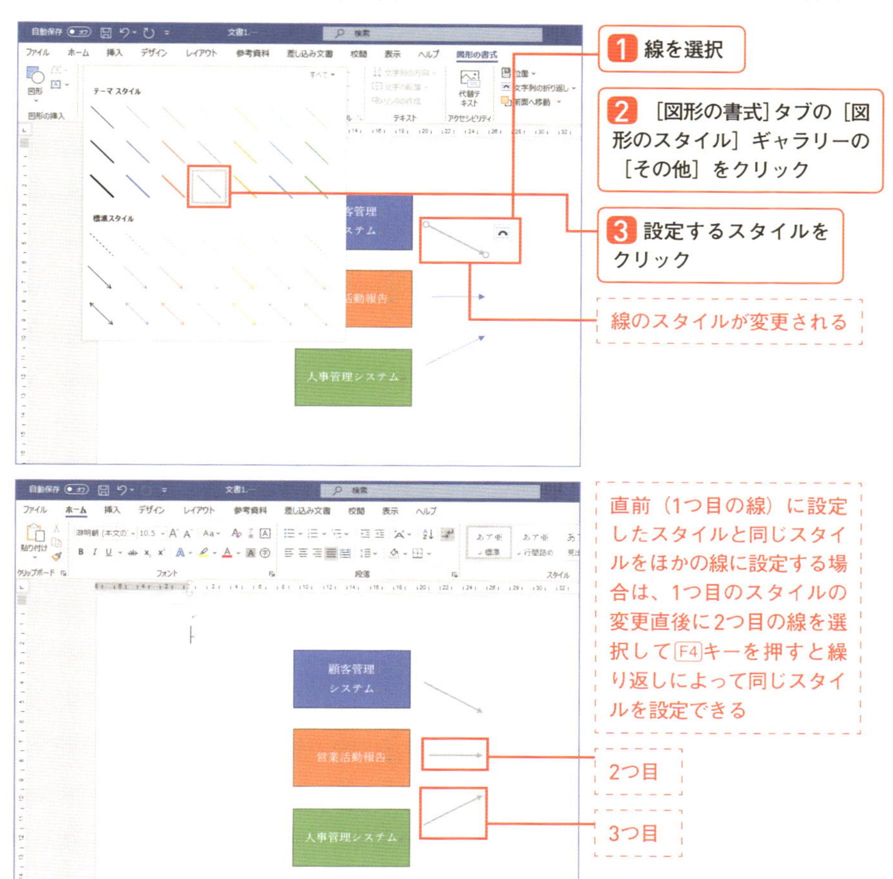

1 線を選択
2 ［図形の書式］タブの［図形のスタイル］ギャラリーの［その他］をクリック
3 設定するスタイルをクリック
線のスタイルが変更される
直前（1つ目の線）に設定したスタイルと同じスタイルをほかの線に設定する場合は、1つ目のスタイルの変更直後に2つ目の線を選択してF4キーを押すと繰り返しによって同じスタイルを設定できる
2つ目
3つ目
顧客管理システム
営業活動報告
人事管理システム

ここもポイント｜事前に同じ書式にしたい複数の図形や線を選択するには

リボンの［ホーム］タブの［編集］グループの［選択］をクリックして［オブジェクトの選択］をクリックすると、オブジェクトの選択モードになり、マウスポインターが白い矢印の形になります。その状態で同時に選択するオブジェクトを囲むようにドラッグすると、囲んだ範囲に含まれるオブジェクトを同時に選択できます。

私は［オブジェクトの選択］を頻繁に利用するのでクイック アクセス ツールバーに追加しています。リボンの［ホーム］タブの［編集］グループの［選択］をクリックして［オブジェクトの選択］を右クリックして［クイック アクセス ツールバーに追加］をクリックすると、クイック アクセス ツールバー（リボンの左上のバー）に追加されワンクリックで利用できます。

テーマに影響されないようにするには[標準の色]から

既定の図形の塗りつぶしの色は、テーマの色の［アクセント 1］という色です。［アクセント 1］が何色なのかは、文書に適用しているテーマや配色によって異なります。塗りつぶしや枠線の色を変更するのは難しいことではありませんが、**テーマが影響する色なのかどうかは意識して**変更すべきです。テーマの色についてはP.158を参照してください。

なお、枠線の書式を変更するときは、色→太さ→線種の順序で設定するとスムーズです。

図形の塗りつぶしの色を変更する

07-108-図形の書式.docx

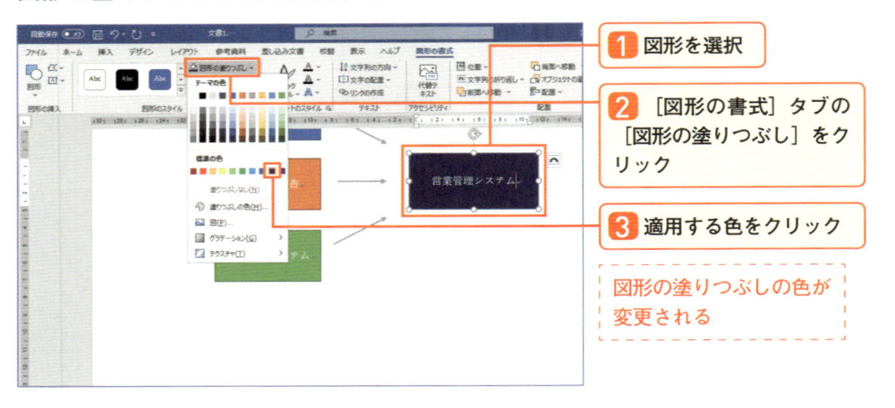
1 図形を選択
2 ［図形の書式］タブの［図形の塗りつぶし］をクリック
3 適用する色をクリック
図形の塗りつぶしの色が変更される

図形の枠線や線の色を変更する

07-108-図形の書式.docx

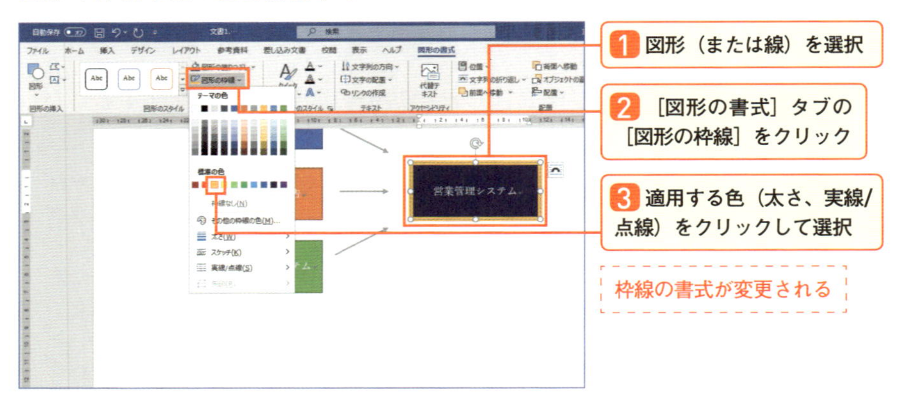
1 図形（または線）を選択
2 ［図形の書式］タブの［図形の枠線］をクリック
3 適用する色（太さ、実線/点線）をクリックして選択
枠線の書式が変更される

同じ書式の図形をたくさん描画するときは既定に設定する

文書内で図形を描画するたびに書式を変更するのは現実的ではありません。そんなときは図形や線のその文書（ファイル）での**既定の書式**を設定します。

描画したらこんな書式になるといいな、という図形や線を作っておいて既定の設定をすると、次回その文書で描画をしたときに書式が自動的に適用されます。たとえば、塗りつぶしの色はいらない、枠線だけほしいというような場合は、色の一覧で［塗りつぶしなし］を設定した図形を描画して既定にしておきます。

図形や線の既定の書式を設定する

07-108-図形の書式.docx

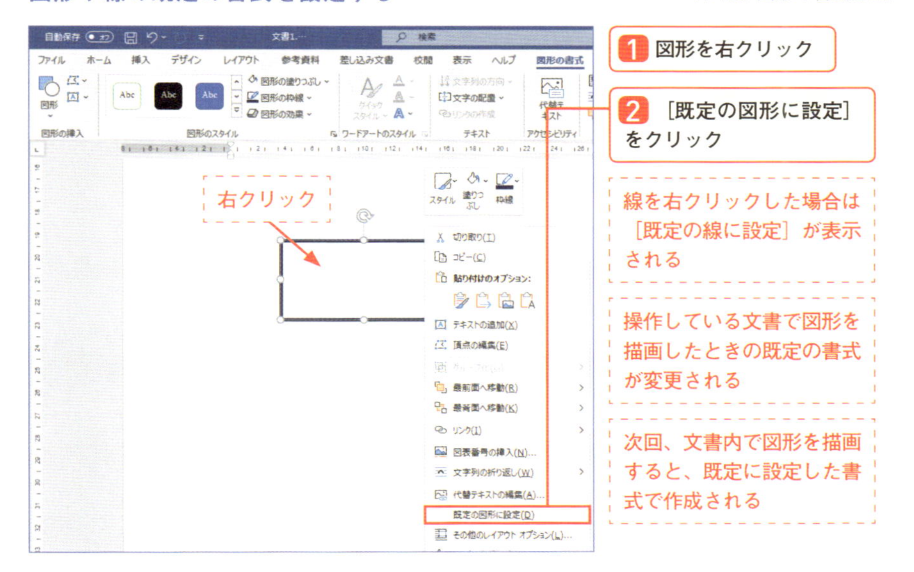

1 図形を右クリック
2 ［既定の図形に設定］をクリック
右クリック
線を右クリックした場合は［既定の線に設定］が表示される
操作している文書で図形を描画したときの既定の書式が変更される
次回、文書内で図形を描画すると、既定に設定した書式で作成される
既定の図形に設定(D)

ここもポイント｜新規作成した文書の図形の書式

文書を新規作成したときの図形の既定の書式を決めてしまいたい、とにかく全部真っ白で黒い枠線にしたい！ということがあるようですが、それは起動時に使用されるテンプレート（Normal.dotm）を開いて同じことを行えばできます。しかし、できるからといって慣れないユーザーが本当にそれをやるべきかどうかは別問題です。楽をしたい、毎回変えるのが面倒くさい、という気持ちもわかりますが、まずは文書ごとにできるようになり、起動時に読み込まれるテンプレートのことを勉強してからのほうがよいと、個人的には思っています。機能的に可能であることと、それを本当にやるべきかどうかは異なりますので、あえて詳細なやり方はここには書きません。

写真やイラストなどの図

109 コピペではなく、ロゴや写真を文書に「挿入」するには

図は貼り付けるだけじゃなく、挿入して利用できる

文書に図を配置するとき、コピーして貼り付けてもよいのですが、本来は挿入して配置するべきです。数が少ない場合は絶対に貼り付けたらダメとはいいませんが、大量の図を配置するマニュアルなどの場合は、貼り付けを繰り返すと文書のサイズが大きくなることがあるためおすすめしません。

図を挿入する

07-109-図の挿入1.docx、07-109-図の挿入2.jpg、07-109-図の挿入3.jpg

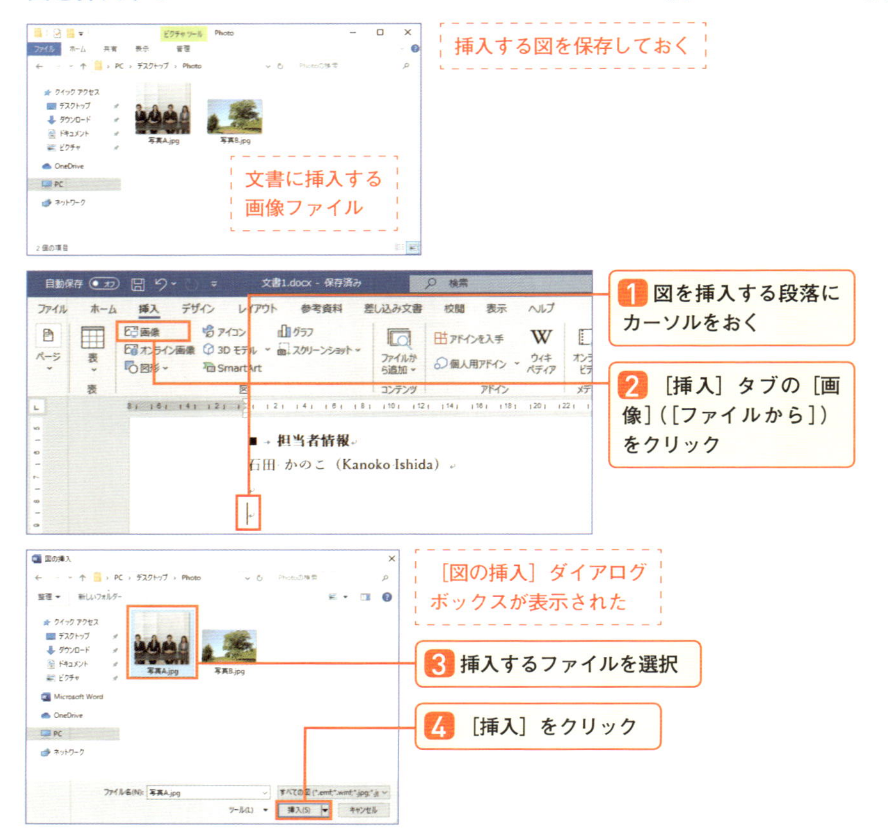
挿入する図を保存しておく
文書に挿入する
画像ファイル
1 図を挿入する段落に
カーソルをおく
2 ［挿入］タブの［画
像］（［ファイルから］）
をクリック
■ 担当者情報
石田 かのこ（Kanoko Ishida）
［図の挿入］ダイアログ
ボックスが表示された
3 挿入するファイルを選択
4 ［挿入］をクリック

図の形式
■ 担当者情報
石田 かのこ（Kanoko Ishida）
図が挿入される
図が選択されているとき、リボンに［図の書式］タブが表示される

ここもポイント｜スタイルを使って図に手早く効果を設定できる

リボンの［図の書式］タブの［図のスタイル］ギャラリーには、図に回転やぼかし、枠や線などの複数の書式と効果をまとめて適用できるスタイルがあります。ロゴや商品の画像は勝手に回転させたりはできないけれど、それ以外の図をページになじませたりするときには、ぼかしなどは使い勝手がよいです。スタイルは［図のリセット］で解除できます。

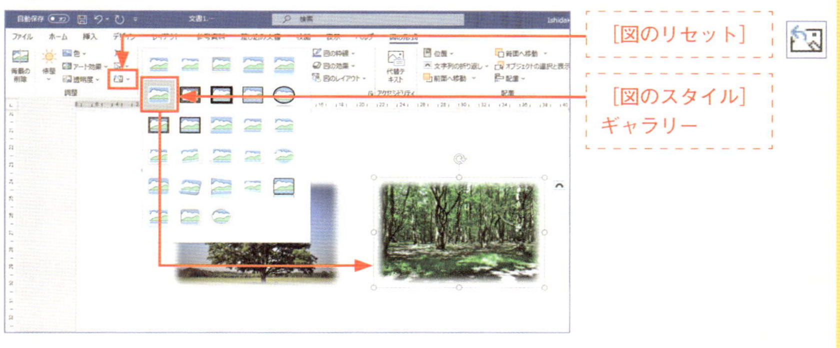
［図のリセット］
［図のスタイル］ギャラリー

ここもポイント｜効果を設定してから図を差し替える

図は、サイズの変更をしたり、スタイルを適用したりしてから、ほかの図に変更できます。たとえば、同じスタイルを適用したい図が複数あるときに、スタイルを適用した図をコピーしておき、中身を差し替えることで少ないステップで同じ効果を複数の図に適用できます。図を右クリックすると［図の変更］コマンドが表示されます。［ファイルから］をクリックすると挿入時と同じように［図の挿入］ダイアログボックスが表示され、差し替える図を選択できます。

110 図の要らない部分をトリミングするには

トリミングで図の外側を削れる

トリミングは、挿入した図の外側の不要な部分を削除する機能です。自分でドラッグして範囲を選択するトリミングと、「写真を丸く切り抜きたい」というような場合に使える図形の形に沿ったトリミングが可能です。

なお、トリミングをするのなら［図の圧縮］によるトリミング部分の削除も併せて知っておくべきでしょう。

ドラッグして上下左右のトリミングをする

07-110-図のトリミング.docx

右クリック
■ 担当者情報
石田 かのこ（Kanoko Ishida）
ECO Program
1 トリミングする図を右クリック
2 ミニ ツールバーの［トリミング］をクリック
トリミングモードになり、図の上下左右にトリミングハンドルが表示される
3 トリミングハンドルにマウスポインターを合わせて図の内側へ向かってドラッグ
サイズ変更のときとはハンドルの形が異なるので注意する
ドラッグをしてなぞった部分がトリミングされる
4 Esc キーを押してトリミングを終了

図形の形にトリミングをする

07-110-図のトリミング.docx

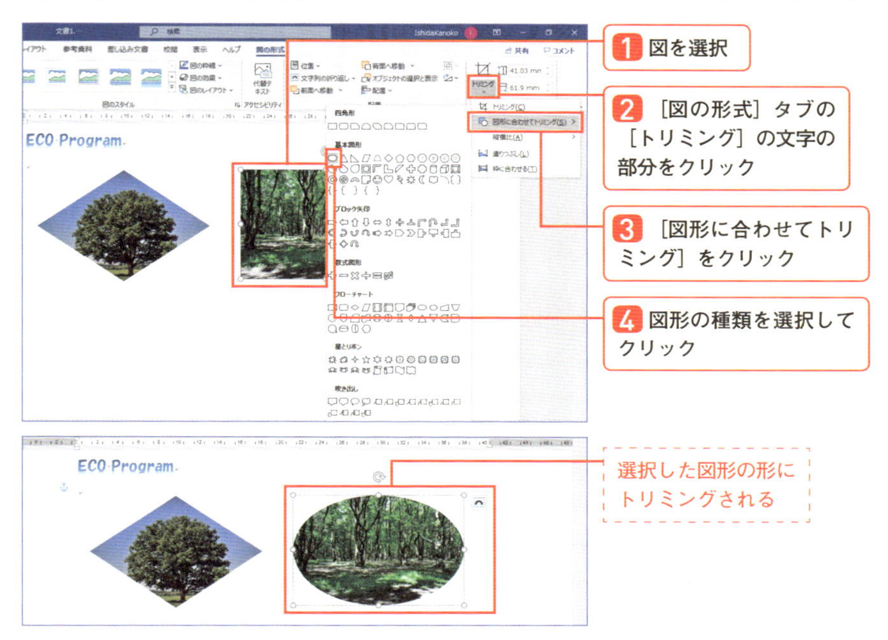
1 図を選択
2 ［図の形式］タブの［トリミング］の文字の部分をクリック
3 ［図形に合わせてトリミング］をクリック
4 図形の種類を選択してクリック
選択した図形の形にトリミングされる
ECO Program

ここもポイント　トリミングをやめて元に戻すには／完全に削除するには

文書上ではトリミングした部分が削除されたように見えますが、完全に削除するまでトリミングした部分は残っており、リセットをすればトリミング前の状態に戻せます。トリミングした部分を戻すには図を選択し、リボンの［図の形式］タブの［調整］グループの［図のリセット］をクリックします。

リセットは不要、無駄にファイル サイズを大きくしたくないから完全に削除したいという場合は、トリミング部分を文書から削除します。ただし、トリミング部分を完全に削除するとリセットを実行しても戻すことができなくなるため、当たり前ですが注意して操作してください（直後なら［元に戻す］で戻せます）。

図を選択して、リボンの［図の形式］タブの［調整］グループの［図の圧縮］をクリックし、［画像の圧縮］ダイアログボックスを表示して、［この画像だけに適用する］をオンにし、［図のトリミング部分を削除する］をオンにして［OK］をクリックすると、選択した図のトリミング部分が削除されます。

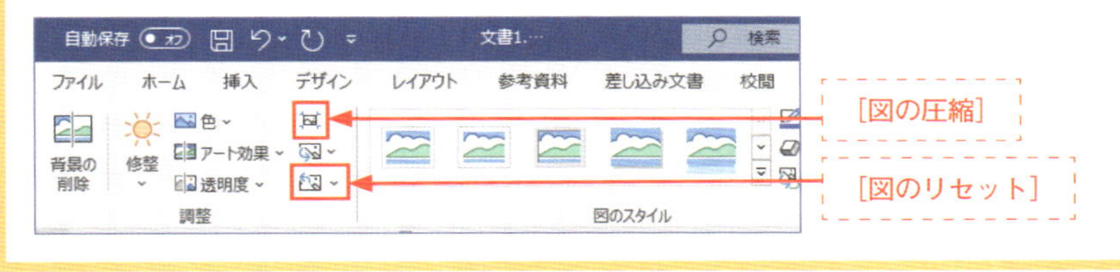
自動保存
文書1…
検索
ファイル
ホーム
挿入
デザイン
レイアウト
参考資料
差し込み文書
校閲
背景の削除
修整
色
アート効果
透明度
調整
図のスタイル
［図の圧縮］
［図のリセット］

図表

111 項目数や形をあとから変えられる図表を作るには

SmartArt グラフィックは文字を図表で表現できる機能

複数の図形で作業手順を表したり、階層構造を表す組織図などを作成したりするときには、**SmartArt グラフィック**が活用できます。

複数の図形を配置して図表を作成した場合、項目が増減したときに個々の図形のサイズや配置を再調整するのに結構時間が取られるのですが、SmartArt グラフィックは、**文字情報を図表で表現するオブジェクト**であり、項目（図形）の追加や削除に応じて図形のサイズや配置の自動調整が行われたり、図表そのものの種類をあとから変更したりできるため、複数の図形で構成される図表の作成時間を大きく削減できます。

形はあとからいくらでも変えられるので、とりあえず頭の中に浮かんでいる項目を書き出してみてはいかがでしょう。

図表を作成する

07-111-図表の作成.docx

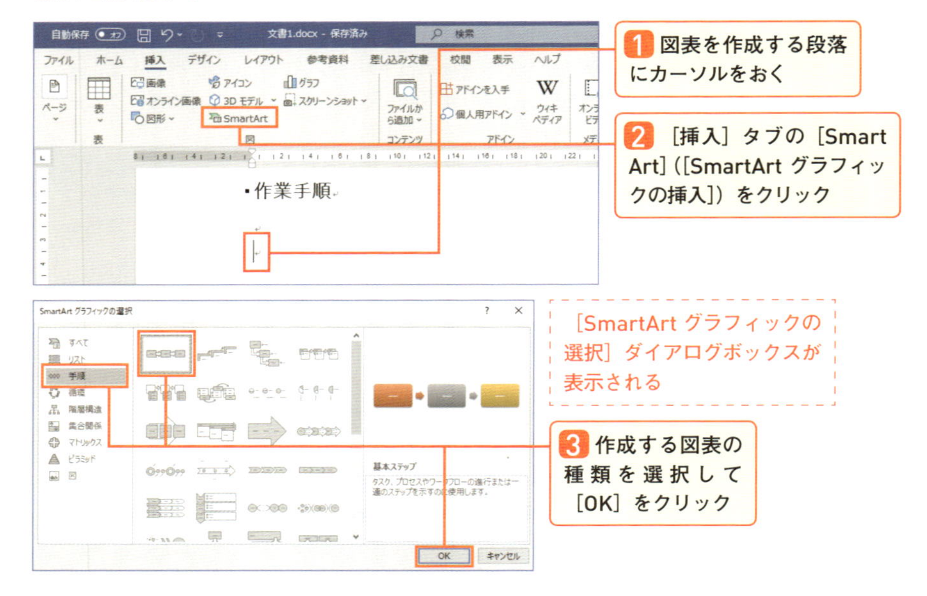

1 図表を作成する段落にカーソルをおく
2 ［挿入］タブの［SmartArt］（［SmartArt グラフィックの挿入］）をクリック
［SmartArt グラフィックの選択］ダイアログボックスが表示される
3 作成する図表の種類を選択して［OK］をクリック
・作業手順

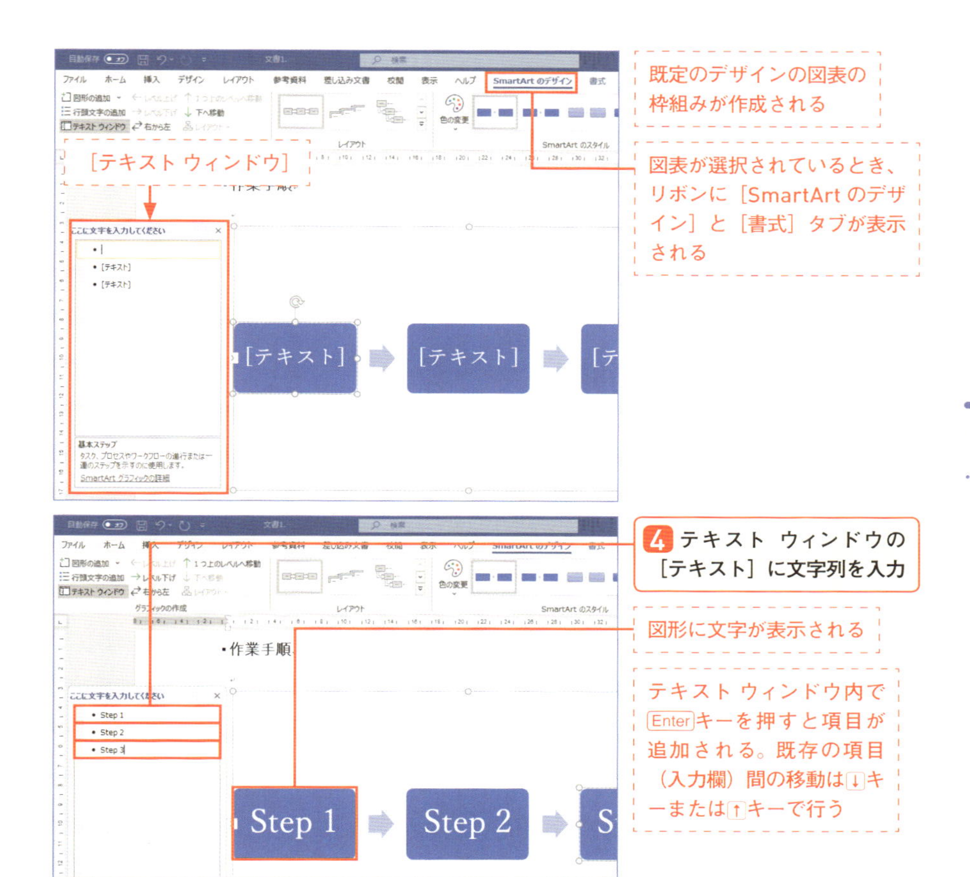
既定のデザインの図表の枠組みが作成される
図表が選択されているとき、リボンに［SmartArt のデザイン］と［書式］タブが表示される
［テキスト ウィンドウ］
ここに文字を入力してください
[テキスト]
[テキスト]
[テキスト]
4 テキスト ウィンドウの［テキスト］に文字列を入力
図形に文字が表示される
テキスト ウィンドウ内でEnterキーを押すと項目が追加される。既存の項目（入力欄）間の移動は↓キーまたは↑キーで行う
•作業手順
Step 1
Step 2
Step 3

ここもポイント 図表の選択／図形の選択

図表内の図形をクリックすると、クリックした図形に枠線が表示されます。この状態でEscキーを押すと図表全体が選択されます。
図表内の特定の図形を選択する場合は、図形の枠線をクリックします。

ここもポイント 図表の項目を削除するには

削除する図形の枠線をクリックして選択してDeleteキーを押します。または、［テキスト ウィンドウ］で該当する箇条書きを削除します。図形を削除すると、図表内のほかの図形のサイズと位置が自動的に調整されます。

図表へ項目を追加する

07-111-図表の作成.docx

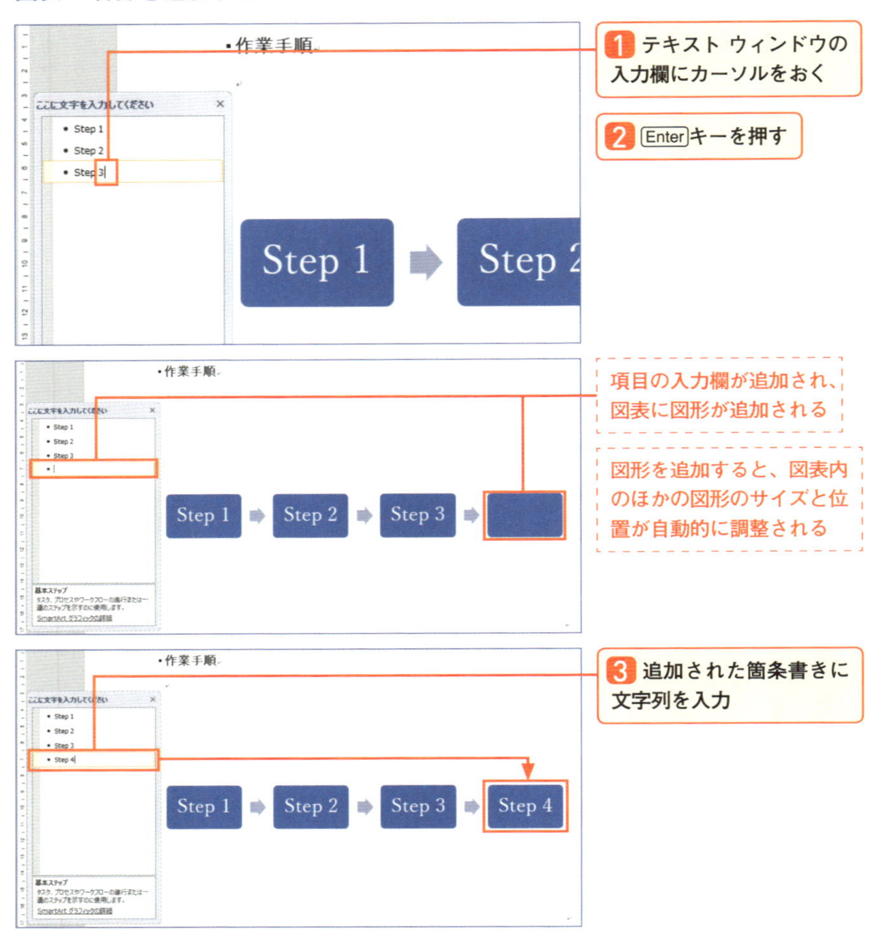

1 テキスト ウィンドウの入力欄にカーソルをおく
2 Enterキーを押す
項目の入力欄が追加され、図表に図形が追加される
図形を追加すると、図表内のほかの図形のサイズと位置が自動的に調整される
3 追加された箇条書きに文字列を入力
作業手順
ここに文字を入力してください
Step 1
Step 2
Step 3
Step 4
基本ステップ
SmartArt グラフィックの詳細

ここもポイント | [テキスト ウィンドウ]の表示／非表示

[テキスト ウィンドウ] は、図表を選択すると自動的に表示されます。図表を選択してもテキスト ウィンドウが表示されない場合は、図表を選択してリボンの [SmartArt のデザイン] タブの [グラフィックの作成] グループの [テキスト ウィンドウ] をクリックしてオンにします。

[テキスト ウィンドウ] は、右上の [閉じる] ([×]) をクリックしても非表示にできます。

ここもポイント｜項目の階層(レベル)を変更するには

SmartArt グラフィックのレイアウトによっては、項目の下にサブ項目を追加できます。たとえば図表Aの「Step1」と「Step2」の間に項目を追加してレベルを1つ下げると、図表Bのように「Step1」のサブ項目として2つの項目を表示できます。

項目のレベルを下げたり上げたりするには、[テキスト ウィンドウ] で対象の項目欄にカーソルをおいてリボンの [SmartArt のデザイン] タブの [グラフィックの作成] グループの [レベル下げ] または [レベル上げ] をクリックします。

キーを使用してレベルを下げるには、テキスト ウィンドウで対象の項目欄にカーソルをおき、Tabキーを押します。レベルを上げるにはShift+Tabキーを押します。

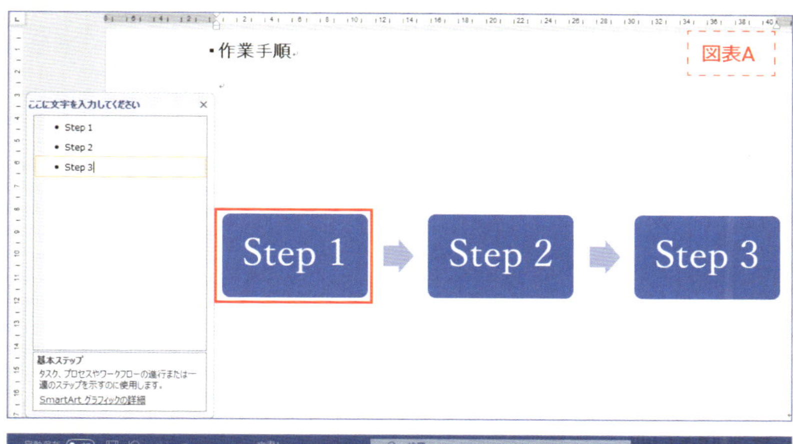
図表A
作業手順
ここに文字を入力してください
Step 1
Step 2
Step 3
Step 1
Step 2
Step 3
基本ステップ
タスク、プロセスやワークフローの進行または一連のステップを示すのに使用します。
SmartArt グラフィックの詳細

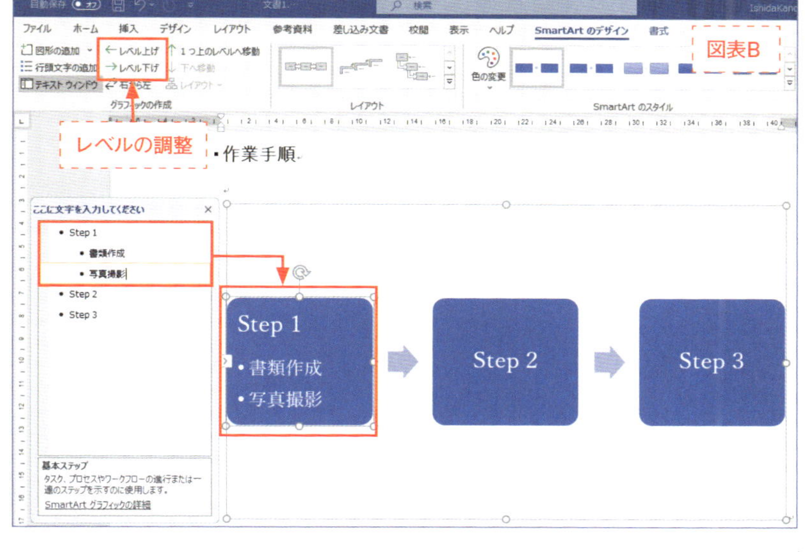
図表B
ファイル
ホーム
挿入
デザイン
レイアウト
参考資料
差し込み文書
校閲
表示
ヘルプ
SmartArt のデザイン
書式
図形の追加
行頭文字の追加
テキスト ウィンドウ
レベル上げ
レベル下げ
1 つ上のレベルへ移動
グラフィックの作成
レイアウト
色の変更
SmartArt のスタイル
レベルの調整
作業手順
ここに文字を入力してください
Step 1
書類作成
写真撮影
Step 2
Step 3
Step 1
書類作成
写真撮影
Step 2
Step 3
基本ステップ
タスク、プロセスやワークフローの進行または一連のステップを示すのに使用します。
SmartArt グラフィックの詳細

112 SmartArt グラフィックのレイアウトや色を変えるには

ちょっとリッチな図表にできる

ただ図形が並んでいるだけの絵ではなく、色合いや効果、図形の並び方や形状の整った図表を、文字情報をもとに作成できるのがSmartArt グラフィックのよいところです。色の一覧に表示されるパターンはテーマの色をベースに表示されます。

個人的には、カラフルで図形ごとに色を変えてしまうと、図形が表現する意味が変わってしまうことがあるので、シンプルなカラーを使うことのほうが多いのですが、やっぱりカラフルだと美しいです。

図表の色を変更する

07-112-図表の書式.docx

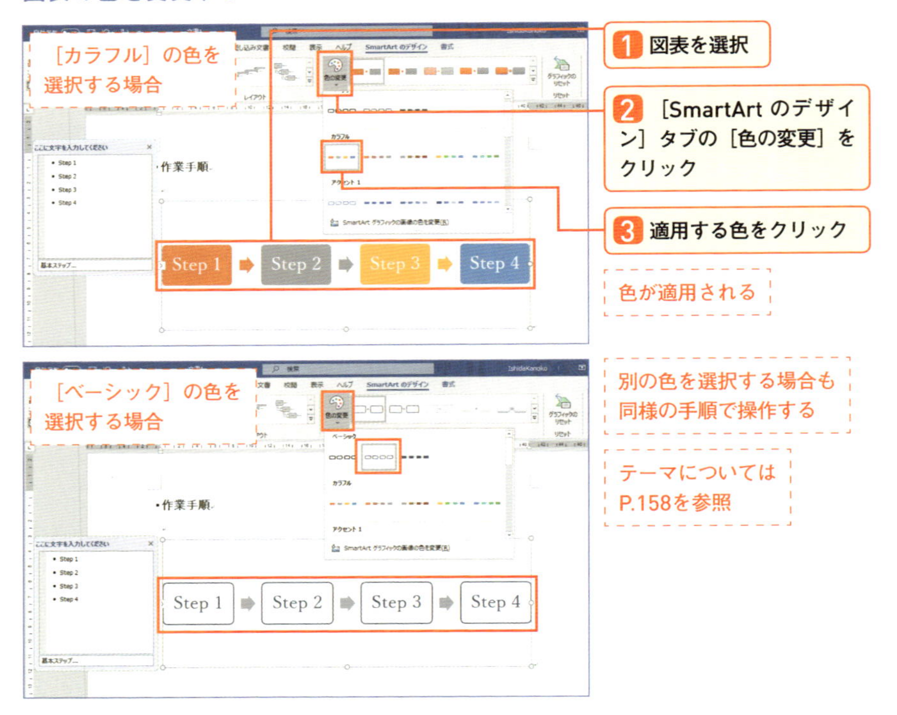
［カラフル］の色を選択する場合
1 図表を選択
2 ［SmartArt のデザイン］タブの［色の変更］をクリック
3 適用する色をクリック
色が適用される
作業手順
Step 1
Step 2
Step 3
Step 4
［ベーシック］の色を選択する場合
別の色を選択する場合も同様の手順で操作する
テーマについてはP.158を参照

図形のスタイルを変更する

07-112-図表の書式.docx

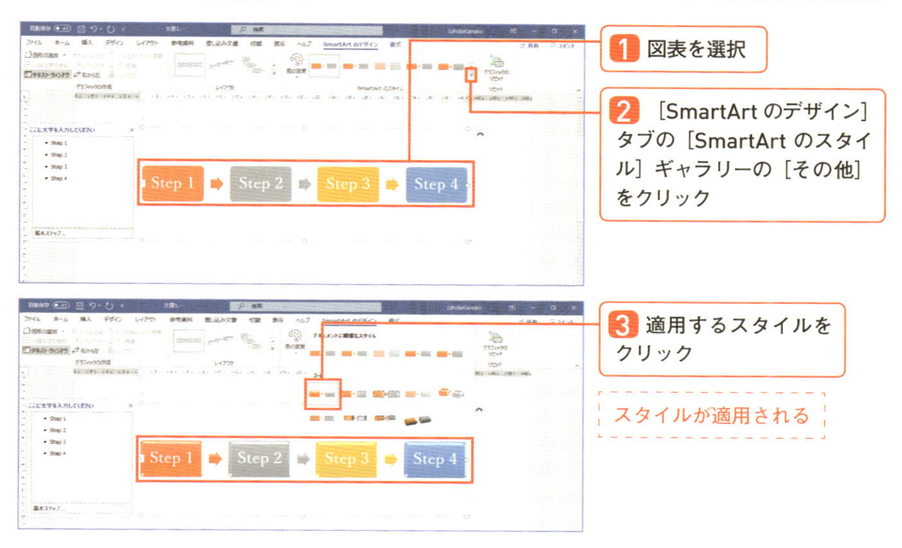

1 図表を選択
2 ［SmartArt のデザイン］タブの［SmartArt のスタイル］ギャラリーの［その他］をクリック
3 適用するスタイルをクリック
スタイルが適用される
Step 1
Step 2
Step 3
Step 4

図表のレイアウト（種類）を変更する

07-112-図表の書式.docx

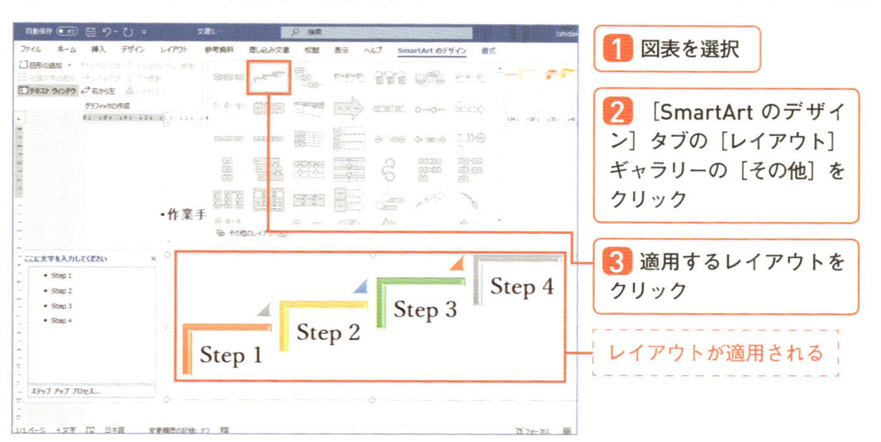

1 図表を選択
2 ［SmartArt のデザイン］タブの［レイアウト］ギャラリーの［その他］をクリック
3 適用するレイアウトをクリック
レイアウトが適用される
Step 1
Step 2
Step 3
Step 4

ここもポイント　図形ごとに個別に書式設定するには

図表内の特定の図形を選択して、リボンの［書式］タブの［図形のスタイル］グループの［図形の塗りつぶし］や［図形の枠線］で図形ごとに書式を設定できます。なお、個別に色を設定したあとで［色の変更］や［SmartArt のスタイル］ギャラリーで変更すると、個別に設定した色などの書式はクリア（上書き）されるので、注意してください。

113 Excelのグラフを文書に貼り付けるときのポイント

何も考えずに貼り付けてはダメ

Wordの文書にグラフを配置したいとき、文書内でイチから作成することもできますが、Excelで作成してコピーし、貼り付けるケースのほうが一般的な気がします。グラフを貼り付けるときに形式を選ばずに（Ctrl＋Vキーなどで）貼り付けをしてしまうと**［貼り付け先テーマを使用しデータをリンク］**という形式で貼り付けられている可能性があることを知ったうえで使うべきです。一番よろしくないのは、ちゃんと貼り付け形式の特徴を理解せずになんとなく貼り付けて利用することです。

作成からかなり時間がたっているとか、ほかのユーザーが作ったからとか、いろいろと事情のわからない文書を編集しなければならないときには、コピー元として使っていたExcelブックがどこかにいってしまったなんてことも発生します。そんなときは作業時間とのバランス次第ではありますが、あきらめて作り直すのもアリです。

貼り付け形式の選択（貼り付けのオプション）

07-113-Excelグラフの貼り付け1.docx
07-113-Excelグラフの貼り付け2.xlsx

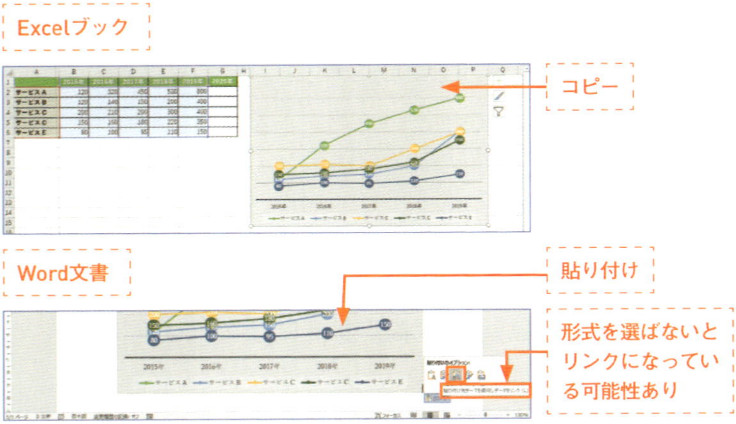

Excelブック

コピー

Word文書

貼り付け

形式を選ばないとリンクになっている可能性あり

グラフの貼り付け形式は貼り付け時に選ぶ

グラフをコピーして貼り付けるときに形式を選択します。リボンの［貼り付け］ボタンや貼り付ける場所を右クリックしたときに表示される貼り付けオプションで選択できます。

貼り付け形式の選択（貼り付けのオプション）

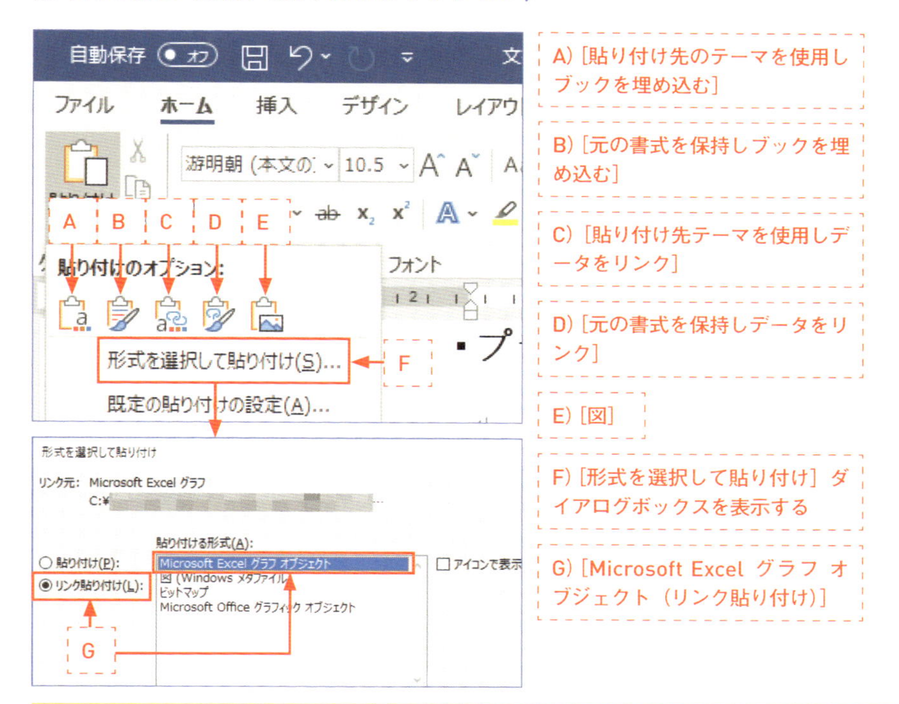
自動保存
ファイル
ホーム
挿入
デザイン
A
B
C
D
E
貼り付けのオプション:
フォント
形式を選択して貼り付け(S)...
F
既定の貼り付けの設定(A)...
形式を選択して貼り付け
リンク元: Microsoft Excel グラフ
貼り付ける形式(A):
貼り付け(P):
リンク貼り付け(L):
Microsoft Excel グラフ オブジェクト
図 (Windows メタファイル)
ビットマップ
Microsoft Office グラフィック オブジェクト
アイコンで表示
G
A)［貼り付け先のテーマを使用しブックを埋め込む］
B)［元の書式を保持しブックを埋め込む］
C)［貼り付け先テーマを使用しデータをリンク］
D)［元の書式を保持しデータをリンク］
E)［図］
F)［形式を選択して貼り付け］ダイアログボックスを表示する
G)［Microsoft Excel グラフ オブジェクト（リンク貼り付け）］

ここもポイント｜グラフの編集とリボンのコマンド

文書上のグラフを選択したときに、リボンに何が表示されるのかによって、ある程度のグラフのタイプを知ることができます。グラフのタイプについては次ページに記載されています。埋め込みタイプまたはデータリンクタイプの場合は、リボンに［グラフのデザイン］タブが表示され、デザインだけでなくデータの編集などもここから行えますが、グラフリンクタイプの場合はリボンに［グラフのデザイン］タブが表示されません。「グラフなのにタブが出てこない」という状況になったら、グラフリンクタイプを疑い、グラフ上を右クリックしてみてください。このとき、［リンクされたWorksheet オブジェクト］と表示されたら、それはグラフリンクタイプのグラフです（ここから編集などができます）。なお、［図のデザイン］タブが出てきたらそれは画像です。

データとグラフの関係(タイプ)と貼り付け形式

4つのタイプは、私が勝手に命名したので公式な呼び方ではありませんが、グラフとデータ、文書の関係を表しています。**グラフを貼り付けた文書をどのように管理していきたいのか**によってタイプと貼り付け形式を選択します。

Word文書さえあればデータを編集してグラフを更新できるようにしたいのなら埋め込みタイプがよいでしょう。データリンクタイプになっているにも関わらずExcelブックがなくなってしまうと、グラフのデータを編集できませんので注意が必要です。

グラフの貼り付けタイプ

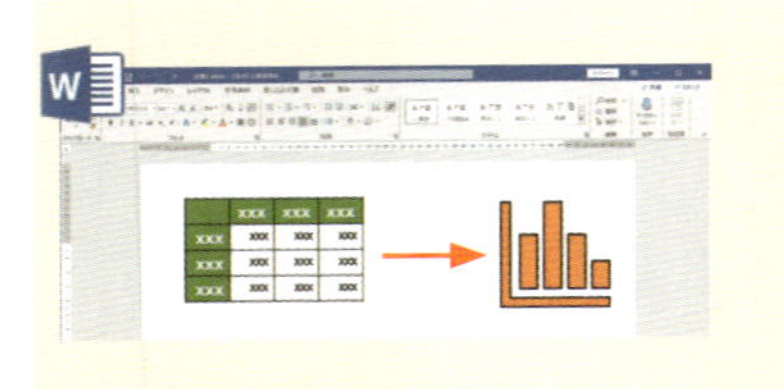

■ 埋め込みタイプ

元データとグラフの両方が文書内にある

- [貼り付け先のテーマを使用しブックを埋め込む] を選択
- [元の書式を保持しブックを埋め込む] を選択

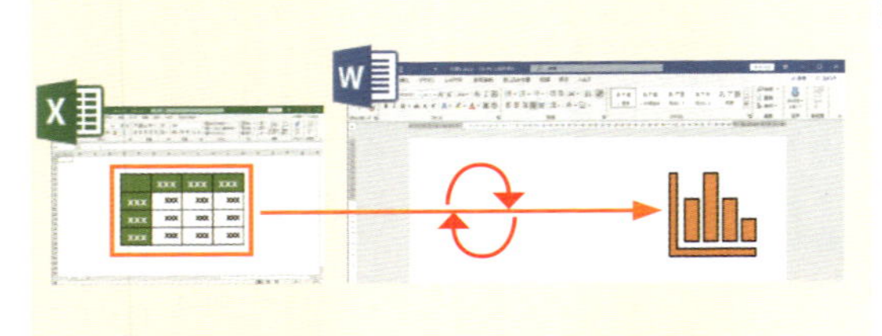

■ データリンクタイプ

元データが文書外のExcelブックにあり、そのデータをもとにしたグラフが文書にある

- [貼り付け先テーマを使用しデータをリンク] を選択
- [元の書式を保持しデータをリンク] を選択

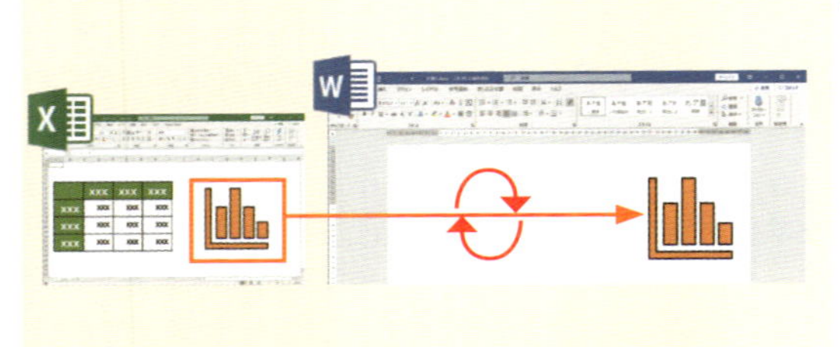

■ グラフリンクタイプ

元データとグラフの両方が文書外のExcelブックにあり、文書上にリンクされたグラフが表示されている

- [形式を選択して貼り付け] ダイアログボックスで [Microsoft Excel グラフ オブジェクト (リンク貼り付け)] を選択

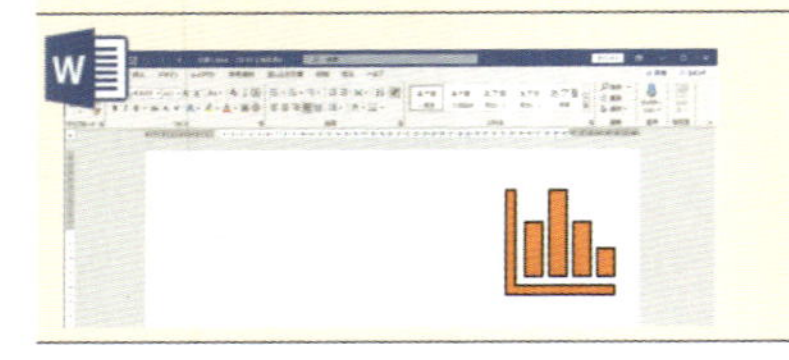

■ 画像タイプ

画像で作成されている

- [図] を選択

Chapter 8

履歴やコメントを残しながら文書を編集する

114 Wordの校閲機能の特徴と扱うときのポイント

文書に赤入れするための機能

いま手元に「紙」の原稿があり、それをチェックする立場にいるとしましょう。この原稿を読んだ結果、意見を伝えたり印を付けたりするときには付箋でメモを残し、明らかな間違いを修正したり適切ではない内容を削除するときにはペンで線を引いて修正や削除をしたりします。

これを電子ファイル（Word文書）の中で行うことができるのが**校閲機能**と呼ばれる機能です。校閲機能には付箋のようにメモを残す**コメント**（という機能）と、修正や削除の履歴を残す**変更履歴**（という機能）があります。

例）コメントや変更履歴が含まれる文書　08-114-校閲機能.docx

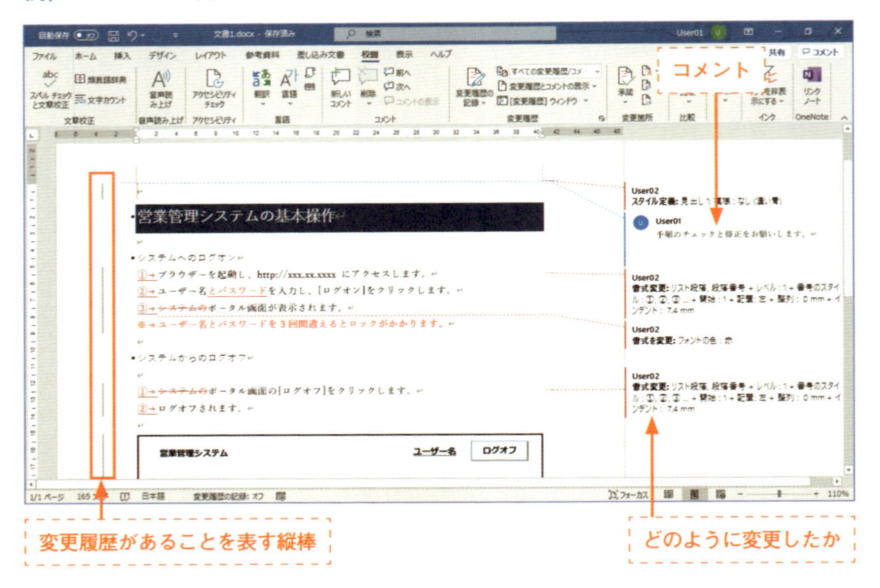
コメント
営業管理システムの基本操作
システムへのログオン
ブラウザーを起動し、http://xxx.xx.xxxx にアクセスします。
ユーザー名とパスワードを入力し、[ログオン]をクリックします。
システムのポータル画面が表示されます。
※ ユーザー名とパスワードを3回間違えるとロックがかかります。
システムからのログオフ
システムのポータル画面の[ログオフ]をクリックします。
ログオフされます。
営業管理システム
ユーザー名
ログオフ
User01
手順のチェックと修正をお願いします。
変更履歴があることを表す縦棒
どのように変更したか

ユーザー名は確認しておく

文書は最初から完璧なモノができあがることはなく、1人の人が何度もチェックすることもあれば、多くのメンバーによる作成とチェックが行われることもあります。Wordの校閲機能は後者のような複数のメンバーによる文書作成でも活用できるように、ユーザー名や日時を残しながら校閲作業を行うことができます。実際に使用する前に、ユーザー名の設定がどうなっているのかは確認し、必要ならわかりやすい名前に変更しておいたほうがよいでしょう。ただし、組織の管理下にあるパソコンの場合は、ユーザー自身でユーザー名を変更できないこともあります。

ユーザー名を確認する／変更する

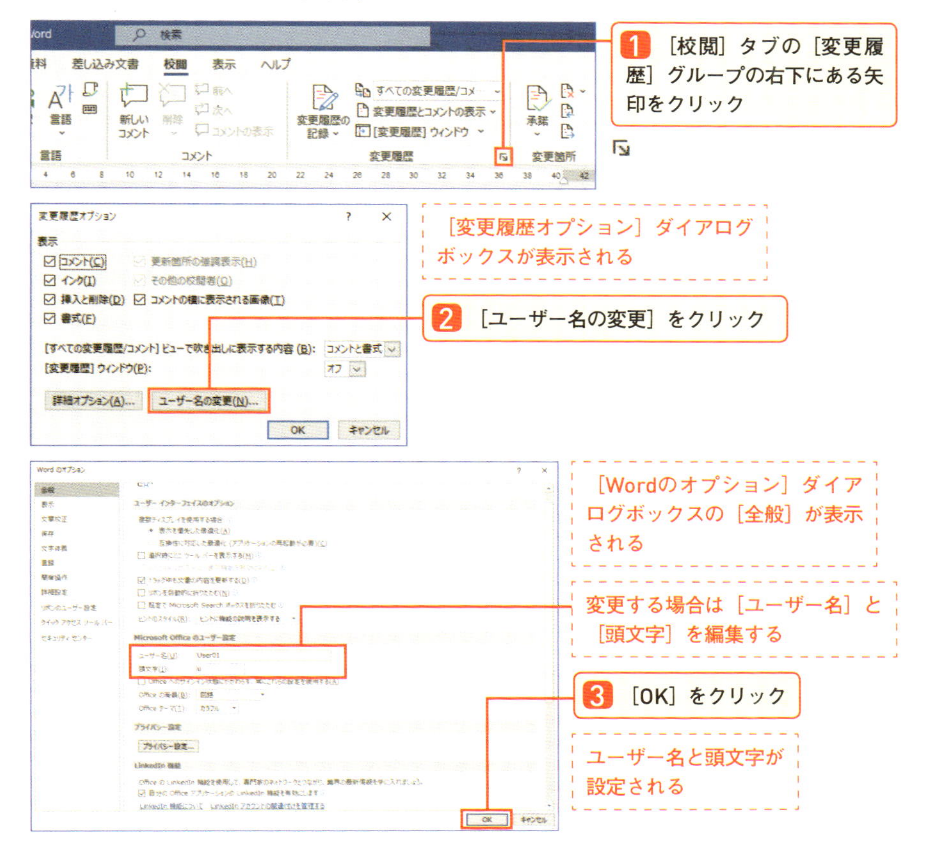
1 ［校閲］タブの［変更履歴］グループの右下にある矢印をクリック
［変更履歴オプション］ダイアログボックスが表示される
2 ［ユーザー名の変更］をクリック
［Wordのオプション］ダイアログボックスの［全般］が表示される
変更する場合は［ユーザー名］と［頭文字］を編集する
3 ［OK］をクリック
ユーザー名と頭文字が設定される

「変更履歴付けてあるんで、よろしく」といわれたときに

まずは手にした文書（ファイル）を開いて、変更履歴を文書内に表示してみます。[変更内容の表示] という設定で、変更履歴を**どのようにページ上に表示するのか**を選択できます。変更があるはずなのに画面の右側になにも表示されない！などという場合は [変更内容の表示] を確認し、必要なら種類を変更します。[変更内容の表示] には次の4種類があります。

[変更履歴/コメントなし] と [初版] を選択したとき、**画面上に変更履歴やコメントは示されませんが、文書には履歴が残っています**。不要な変更履歴やコメントがある場合は必ず削除や適用を行わなければなりません。消したつもりでいたらトラブルのもとなので気をつけましょう。

[変更内容の表示] はリボンの [校閲] タブの [変更履歴] グループにあるドロップダウン リストで選択できます。

[変更内容の表示] の種類

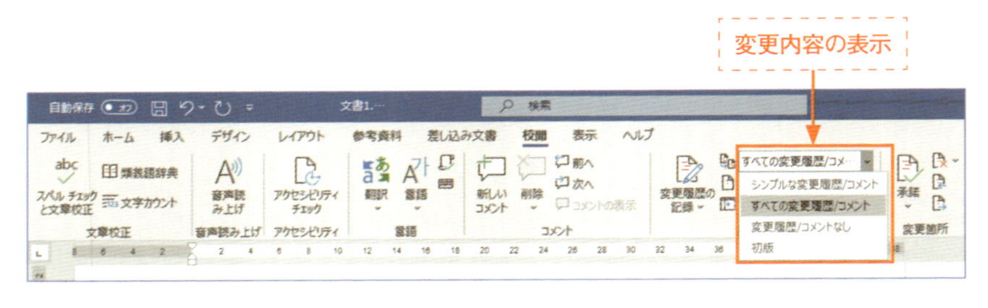
変更内容の表示
ファイル
ホーム
挿入
デザイン
レイアウト
参考資料
差し込み文書
校閲
表示
ヘルプ
すべての変更履歴/コメ…
シンプルな変更履歴/コメント
すべての変更履歴/コメント
変更履歴/コメントなし
初版

種類	意味
[シンプルな変更履歴/コメント]	すべての変更が反映された状態の文書が表示される。 コメントのある位置には吹き出しマークが表示され、変更箇所の選択領域に縦棒が表示される。縦棒をクリックすると、該当箇所の変更の詳細が画面の右側の領域などに表示される。
[すべての変更履歴/コメント]	すべての変更が反映された状態の文書が表示される。 変更内容とコメントがすべて表示される。
[変更履歴/コメントなし]	すべての変更が反映された状態の文書が表示される。 ※ 変更内容とコメントは表示されない。
[初版]	変更前の状態の文書が表示される。 ※ 変更内容とコメントは表示されない。

◩ 表示する項目を細かく選んで確認できる

リボンの［校閲］タブの［変更履歴］グループの［変更履歴とコメントの表示］で表示する変更履歴の情報を絞ることができます。たとえば、［書式設定］はオンのままで［挿入と削除］をオフにすると、書式設定に関する履歴は画面上に表示されますが、文字列の追加や削除は強調表示されなくなります。

なお、オフにした項目があっても、ファイルを開き直すとすべての変更履歴が強調表示されます。

変更履歴の表示内容を細かく選択する

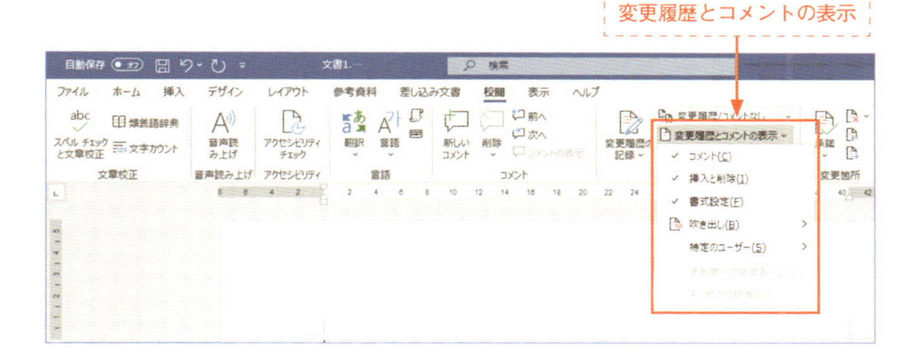

変更履歴とコメントの表示
自動保存
文書1
検索
ファイル
ホーム
挿入
デザイン
レイアウト
参考資料
差し込み文書
校閲
表示
ヘルプ
スペル チェックと文章校正
類義語辞典
文字カウント
文章校正
音声読み上げ
アクセシビリティ チェック
アクセシビリティ
翻訳
言語
新しいコメント
削除
前へ
次へ
コメント
変更履歴の記録
変更履歴とコメントの表示
コメント(C)
挿入と削除(I)
書式設定(F)
吹き出し(B)
特定のユーザー(S)
承諾
変更箇所

ここもポイント │ 既定では非表示にしていても印刷に含まれる

編集画面に変更履歴が表示されていると、印刷を実行したときに変更履歴やコメントが印刷されます。変更履歴やコメントを印刷したくないのなら、［変更履歴/コメントなし］などの表示状態にしてから印刷を実行するか、印刷プレビューの設定で［変更履歴/コメントの印刷］をオフにしてから印刷を実行してください。

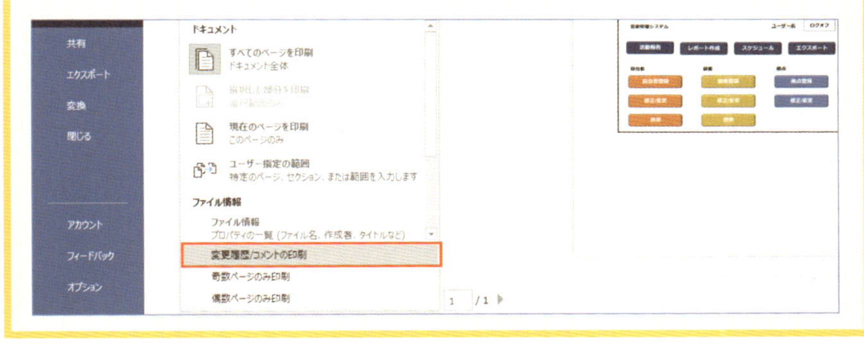

共有
エクスポート
変換
閉じる
アカウント
フィードバック
オプション
ドキュメント
すべてのページを印刷
ドキュメント全体
現在のページを印刷
このページのみ
ユーザー指定の範囲
特定のページ、セクション、または範囲を入力します
ファイル情報
ファイル情報
プロパティの一覧 (ファイル名、作成者、タイトルなど)
変更履歴/コメントの印刷
奇数ページのみ印刷
偶数ページのみ印刷

コメント

115 新しいコメントを追加して残すには

本文には影響を与えない付箋のような機能

文書の作成者や文書の内容を確認するユーザーが、文書の本文には残さない情報をメモとして挿入する機能のことを**コメント**といい、文書の作成過程で変更を指示したり、指示に対する返信を残したりできます。

コメントをどのように表示するのかは設定次第であるため、まずは自分でコメントの追加を試したり、コメントの含まれる文書で「いまどんな設定になっているのか」を確認したりしてから進めることをおすすめします。

新しいコメントを挿入する

08-115-コメントの挿入.docx

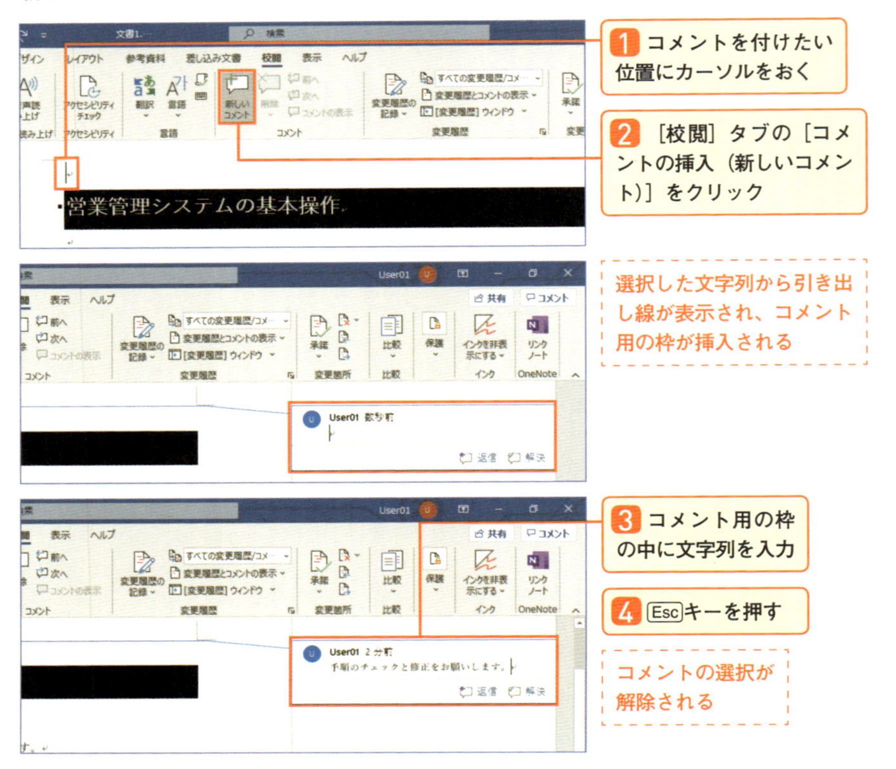
1 コメントを付けたい位置にカーソルをおく
2 ［校閲］タブの［コメントの挿入（新しいコメント）］をクリック
選択した文字列から引き出し線が表示され、コメント用の枠が挿入される
3 コメント用の枠の中に文字列を入力
4 Escキーを押す
コメントの選択が解除される
営業管理システムの基本操作
手順のチェックと修正をお願いします。

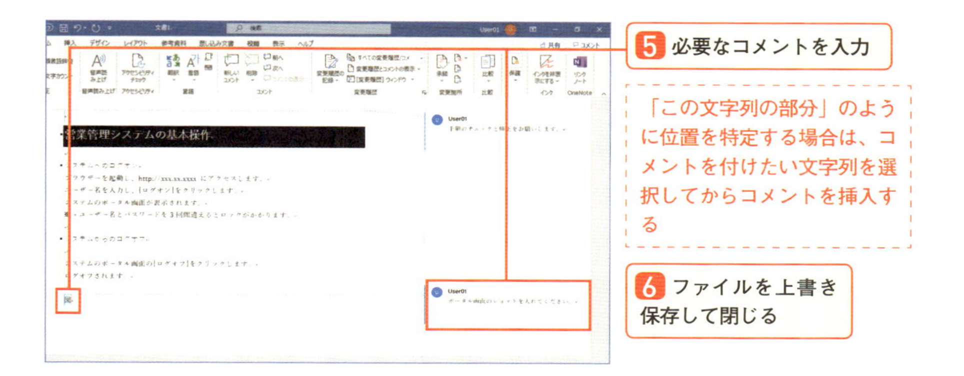
5 必要なコメントを入力
「この文字列の部分」のように位置を特定する場合は、コメントを付けたい文字列を選択してからコメントを挿入する
6 ファイルを上書き保存して閉じる

ここもポイント ショートカットキーで新しいコメントを追加するには

リボンのコマンドボタンを使う代わりに、Ctrl+Alt+Mキーで新しいコメントを追加できます。

ここもポイント 挿入したコメントを削除するには

削除したいコメントの枠の中を右クリックして［コメントの削除］をクリックします。コメントを選択している状態で、リボンの［校閲］タブの［コメント］グループの［削除］（［コメントの削除］）をクリックしても同じように削除されます。なお、すべてのコメントを一括で削除する場合は、［校閲］タブの［コメント］グループの［削除］（［コメントの削除］）の文字の部分をクリックして、［ドキュメント内のすべてのコメントを削除］をクリックしてください。

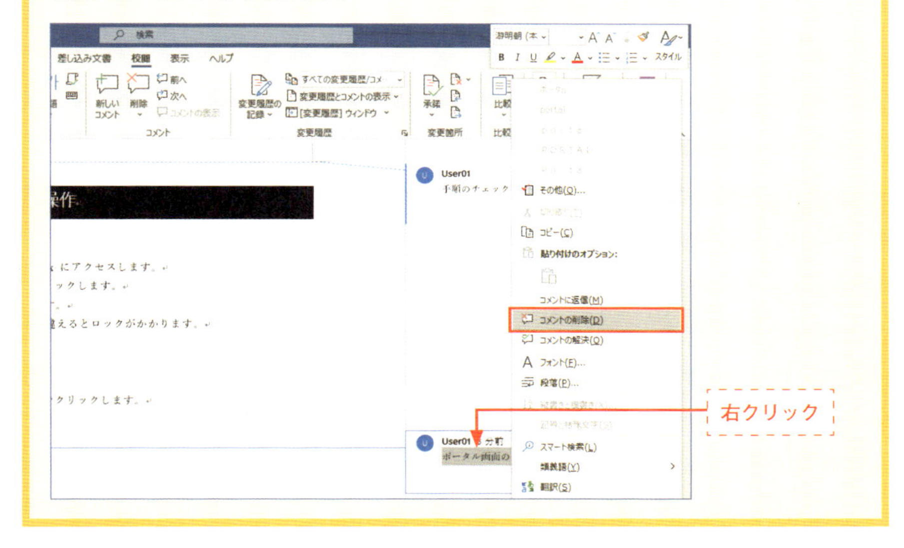
右クリック
コメントの削除(D)

116 コメントを確認する／返信する

読んで終わりでもよいし､返信コメントを付けてもよし

ほかのユーザーが残したコメントを確認して編集時の指示として利用したり、再度確認したいときに返信を付けたりして利用します。

コメントを1つずつ確認して選択する

08-116-コメントの返信.docx

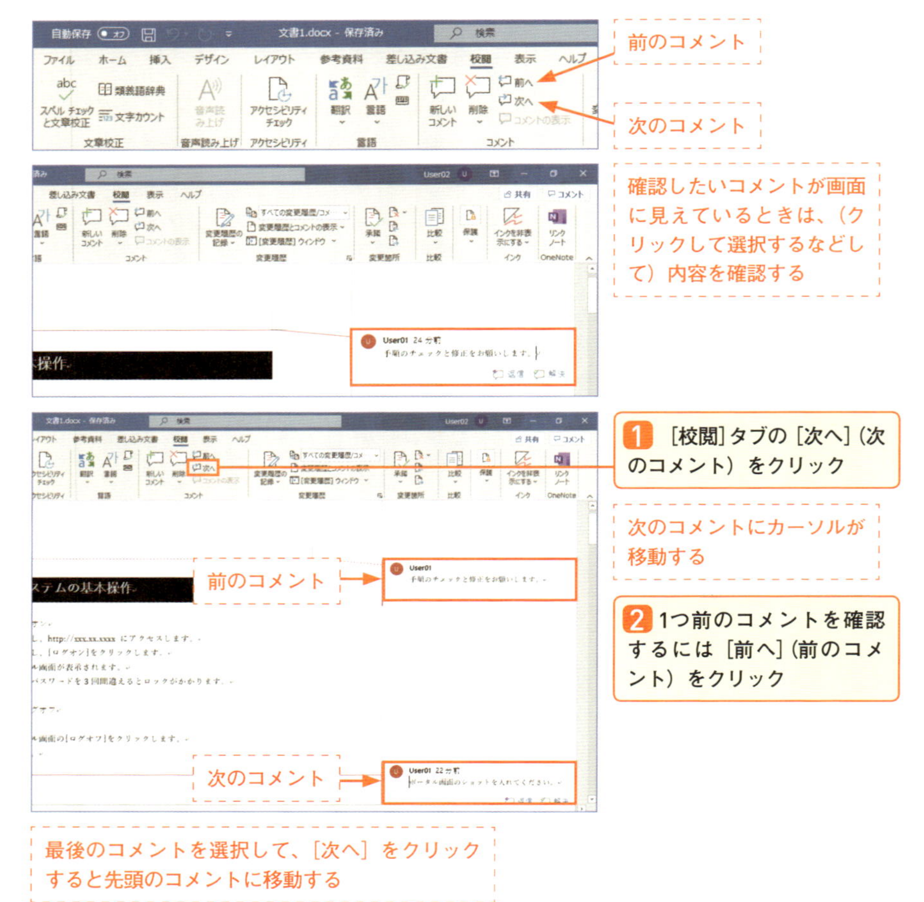
前のコメント
次のコメント
確認したいコメントが画面に見えているときは、（クリックして選択するなどして）内容を確認する
1 ［校閲］タブの［次へ］（次のコメント）をクリック
次のコメントにカーソルが移動する
2 1つ前のコメントを確認するには［前へ］（前のコメント）をクリック
前のコメント
次のコメント
最後のコメントを選択して、［次へ］をクリックすると先頭のコメントに移動する

コメントに返信する

08-116-コメントの返信.docx

1 返信するコメントを選択
2 ［返信］をクリック
User01 27 分前
手順のチェックと修正をお願いします。
返信
解決
ます。
コメントの枠内に返信コメントを入力する領域が表示される
3 返信用のコメントを入力
User01 27 分前
手順のチェックと修正をお願いします。
User02 数秒前
テスト環境で手順を確認して修正しました。
返信
解決
ます。

ここもポイント｜コメントを「解決」にして閉じる

コメントの［解決］ボタンをクリックすると、図のようにコメントの吹き出し部分がグレーで表示され、コメントを編集できなくなります。また、［解決］ボタンは［もう一度開く］ボタンに変わります。

［解決］ボタンはコメントを残したという事実は保持したまま、指示等は解決したことを表現したいときなどに利用します。コメントを入れたユーザーと打ち合わせなどで直接話し合い、やりとりして解決した内容を文書に残しておきたいときなどにも使用できます。

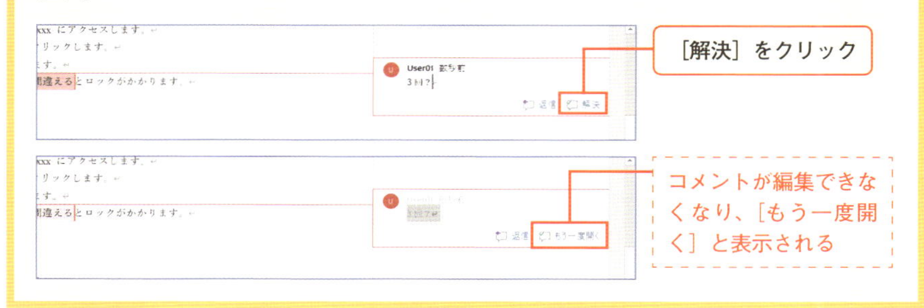
［解決］をクリック
User01 数秒前
3日?
返信
解決
コメントが編集できなくなり、［もう一度開く］と表示される
返信
もう一度開く

117 前の状態に戻せる！文書に変更の履歴を残すには

変更を記録するというより、前の状態が残っていることがメリット

変更履歴には、文字列の挿入／削除、オブジェクト（表や図など）の挿入／削除、文字列や段落の書式変更やスタイルの変更など、文書に加えられた変更が記録されます。

文言などに悩みながら文書を作っていて、直接的な変更をためらうようなときには、自分1人で作っている文書でも変更履歴を記録しながら編集します。また、複数のユーザーで1つの文書を作成しているときに文書の添削をするために変更履歴を役立てられます。

記録の開始（オン）→文書の編集→記録の停止（オフ）というのをワンセットとして利用します。

なお、ステータス バーに［変更履歴］(のオン／オフ）が表示されるように設定しておくと、いまオンになっているのかどうかがわかりやすく、クリックでオン／オフを切り替えられます。

ステータス バーに変更履歴の状態を表示する

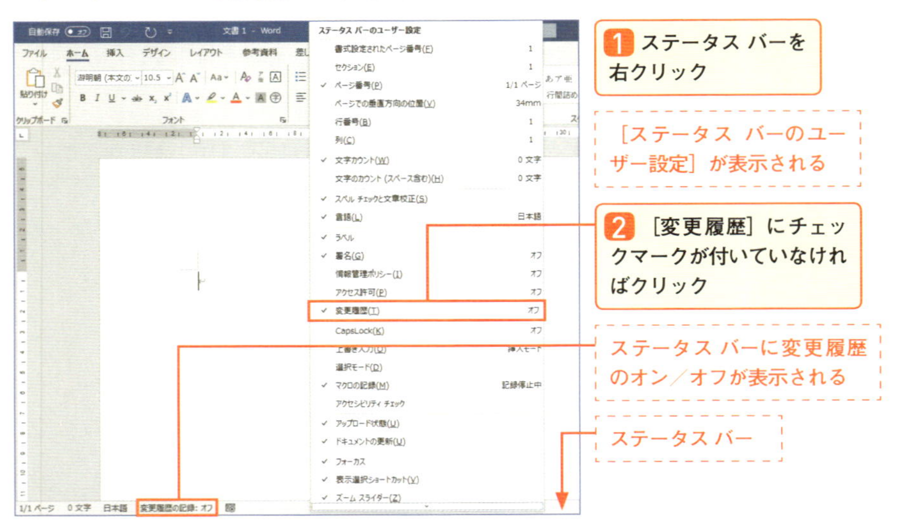
1 ステータス バーを右クリック
［ステータス バーのユーザー設定］が表示される
2 ［変更履歴］にチェックマークが付いていなければクリック
ステータス バーに変更履歴のオン／オフが表示される
ステータス バー
変更履歴の記録: オフ

変更履歴の記録の開始と終了（オンとオフ）

08-117-変更履歴1.docx

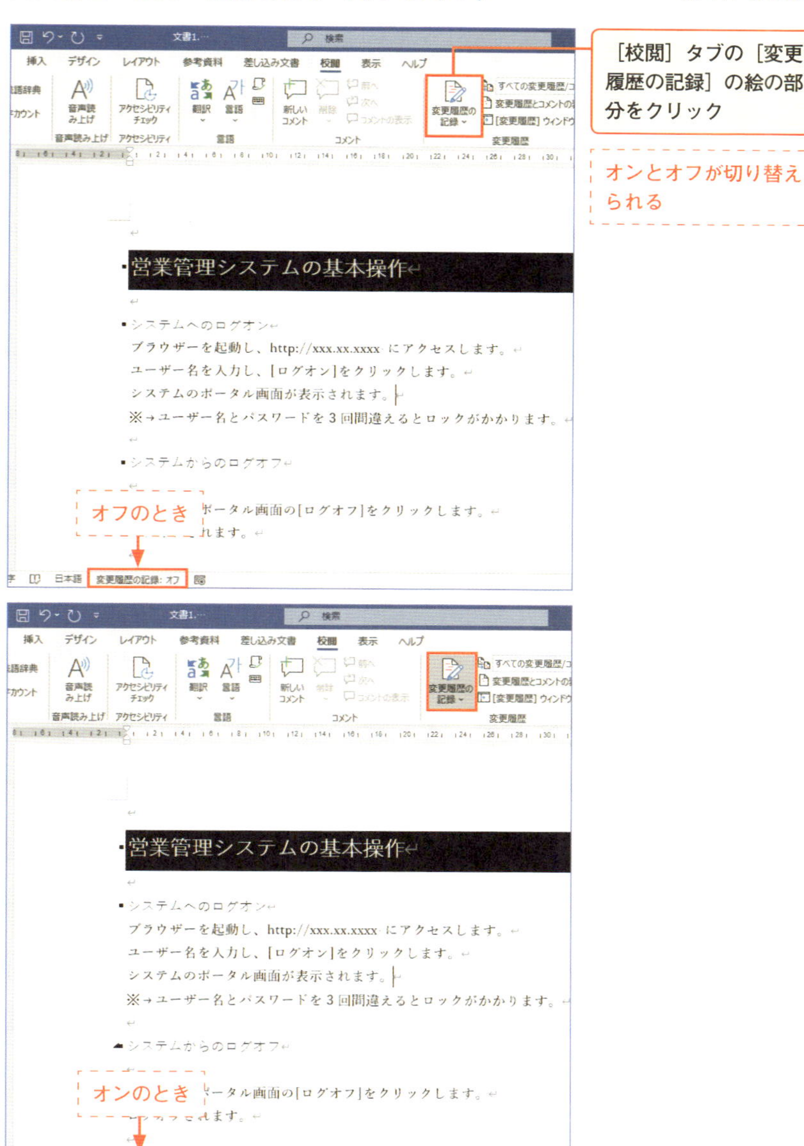

［校閲］タブの［変更履歴の記録］の絵の部分をクリック
オンとオフが切り替えられる
営業管理システムの基本操作
システムへのログオン
ブラウザーを起動し、http://xxx.xx.xxxx にアクセスします。
ユーザー名を入力し、［ログオン］をクリックします。
システムのポータル画面が表示されます。
※→ユーザー名とパスワードを3回間違えるとロックがかかります。
システムからのログオフ
オフのとき
変更履歴の記録：オフ
オンのとき
変更履歴の記録：オン

ここもポイント | **ショートカットキーで変更履歴の記録のオン／オフを切り替えるには**

リボンのコマンドボタンを使う代わりに、Ctrl＋Shift＋Eキーで切り替えられます。

[シンプルな変更履歴/コメント] で編集する

08-117-変更履歴1.docx

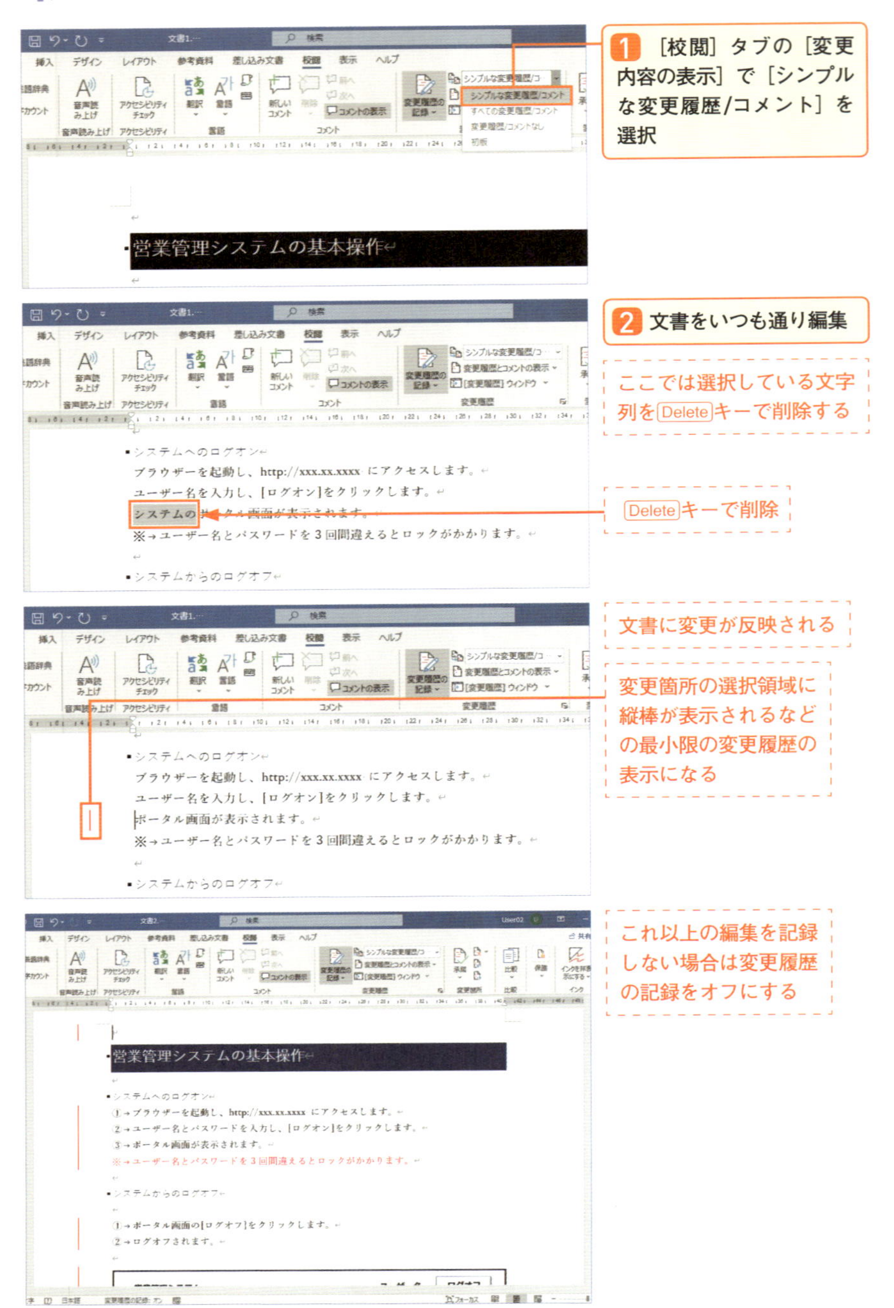

1 [校閲] タブの [変更内容の表示] で [シンプルな変更履歴/コメント] を選択
2 文書をいつも通り編集
ここでは選択している文字列を Delete キーで削除する
Delete キーで削除
システムのポータル画面が表示されます。
文書に変更が反映される
変更箇所の選択領域に縦棒が表示されるなどの最小限の変更履歴の表示になる
これ以上の編集を記録しない場合は変更履歴の記録をオフにする
営業管理システムの基本操作

［すべての変更履歴/コメント］で確認する

08-117-変更履歴2.docx

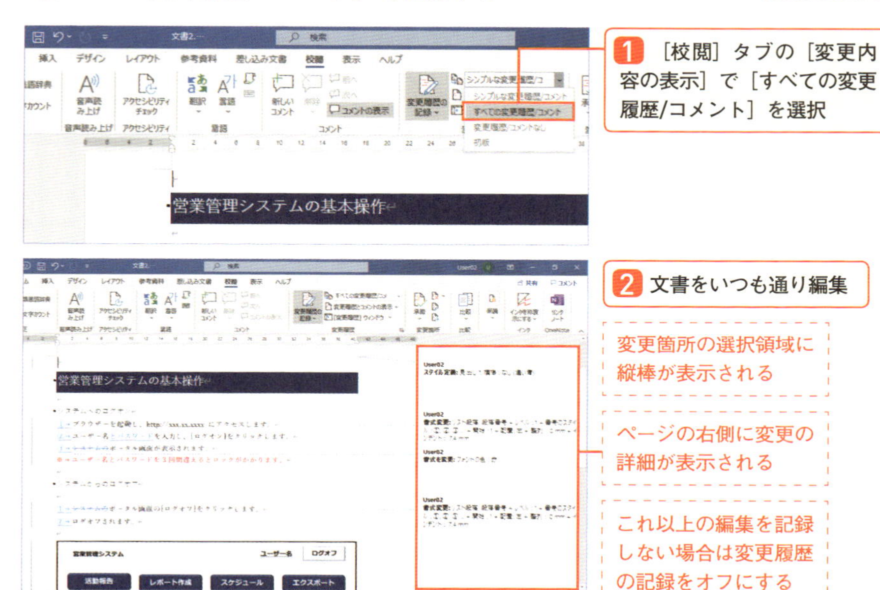
1 ［校閲］タブの［変更内容の表示］で［すべての変更履歴/コメント］を選択
2 文書をいつも通り編集
変更箇所の選択領域に縦棒が表示される
ページの右側に変更の詳細が表示される
これ以上の編集を記録しない場合は変更履歴の記録をオフにする
営業管理システムの基本操作

ここもポイント｜変更履歴のオプションで色や線の種類を変更する

変更履歴は既定で校閲者別に異なる色で画面上に表示されます。また、文字列などが挿入／削除された箇所には下線や取り消し線が表示されます。これらの書式は変更できます。リボンの［校閲］タブの［変更履歴］グループの右下の矢印のマークをクリックして［変更履歴オプション］ダイアログボックスを表示し、［変更履歴オプション］ダイアログボックスの［詳細オプション］をクリックすると、変更履歴の書式を変更できる［変更履歴の詳細オプション］ダイアログボックスが表示されます。

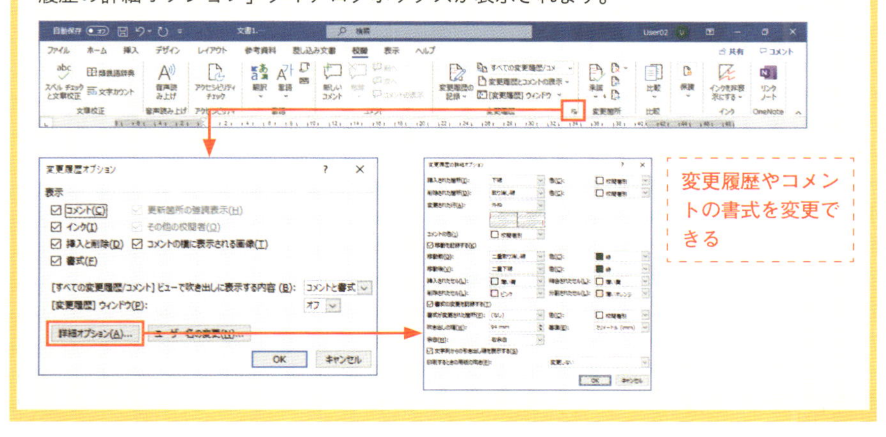
変更履歴オプション
表示
コメント(C)
インク(I)
挿入と削除(D)
コメントの横に表示される画像(T)
書式(F)
詳細オプション(A)...
OK
キャンセル
変更履歴やコメントの書式を変更できる

118 変更履歴を使って、元に戻したり仕上げたりするには

[承諾](して変更する)と(変更はやめて)[元に戻す]

変更履歴を確認して文書に対して行われた変更を承諾して適用するのか、適用せずに変更前の状態に戻すのかを選択します。

次の変更箇所へ移動→［承諾］／［元に戻す］または、とりあえず保留→次の変更履歴へ移動……というように、上から順番に変更履歴のある場所を移動しながらチェックして仕上げられます。

ここでは［すべての変更履歴/コメント］という表示方法で操作していますが、［シンプルな変更履歴/コメント］でもよいし、変更履歴のボリュームや自分がどちらかやりやすいのかによって切り替えながら操作します（どちらでなければいけない、ということはない）。

文書の先頭から1つずつ変更箇所を確認する　08-118-変更履歴.docx

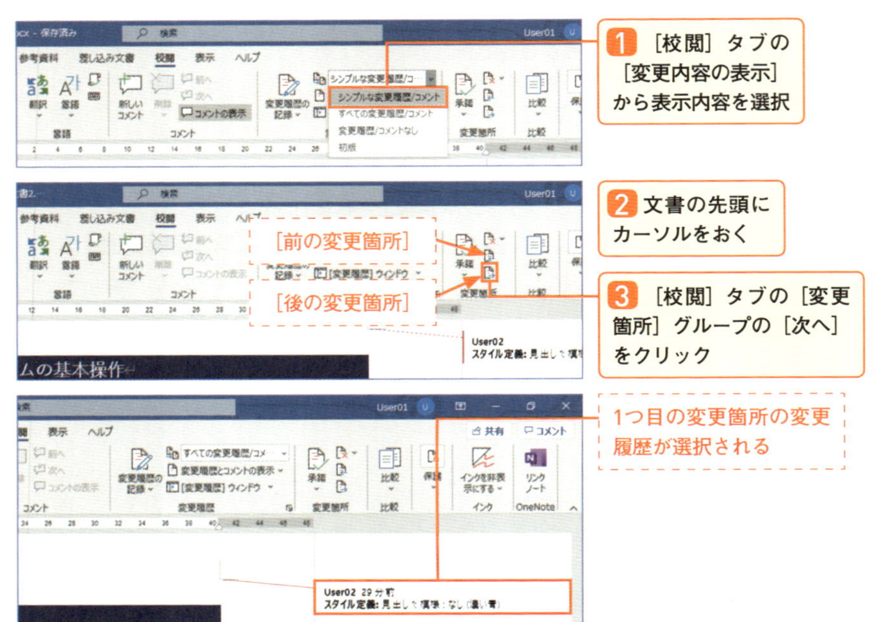
1 ［校閲］タブの［変更内容の表示］から表示内容を選択
シンプルな変更履歴/コメント
すべての変更履歴/コメント
変更履歴/コメントなし
初版
2 文書の先頭にカーソルをおく
［前の変更箇所］
［後の変更箇所］
3 ［校閲］タブの［変更箇所］グループの［次へ］をクリック
1つ目の変更箇所の変更履歴が選択される
User02 29 分前
スタイル定義: 見出し 1 構築: なし (濃い青)

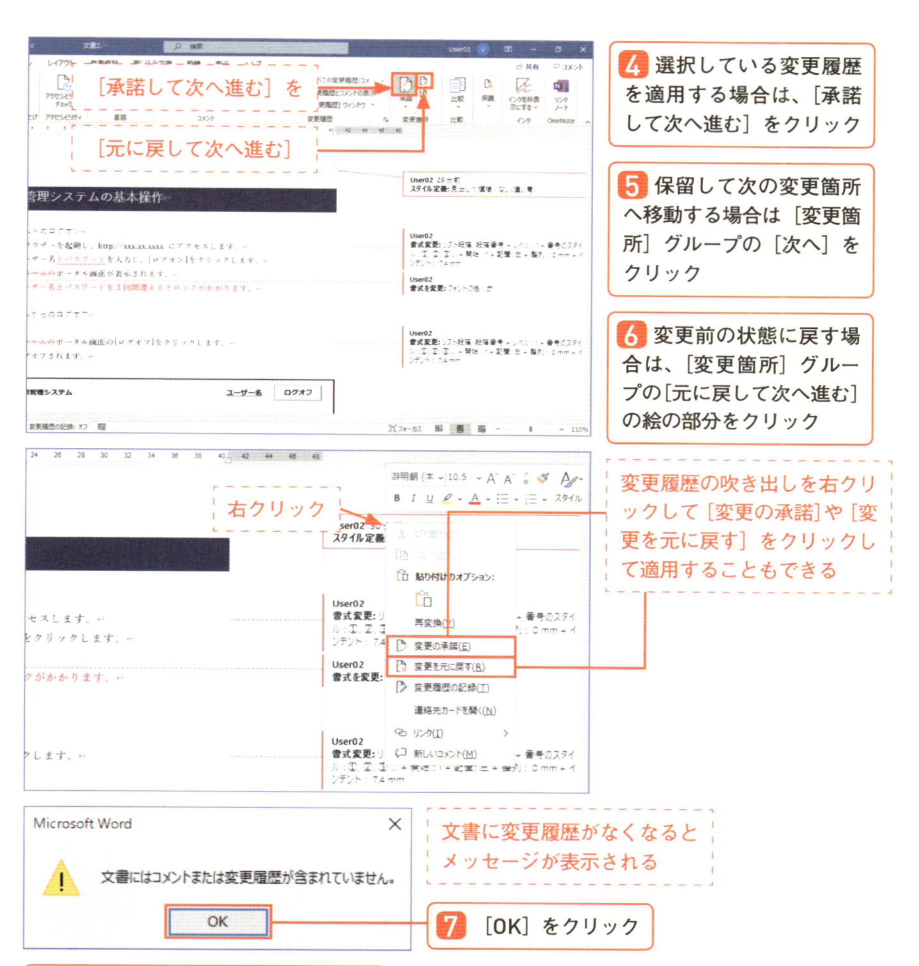

［承諾して次へ進む］を
［元に戻して次へ進む］
4 選択している変更履歴を適用する場合は、［承諾して次へ進む］をクリック
5 保留して次の変更箇所へ移動する場合は［変更箇所］グループの［次へ］をクリック
6 変更前の状態に戻す場合は、［変更箇所］グループの［元に戻して次へ進む］の絵の部分をクリック
右クリック
変更履歴の吹き出しを右クリックして［変更の承諾］や［変更を元に戻す］をクリックして適用することもできる
変更の承諾(E)
変更を元に戻す(R)
Microsoft Word
文書にはコメントまたは変更履歴が含まれていません。
OK
文書に変更履歴がなくなるとメッセージが表示される
7 ［OK］をクリック

8 ファイルを上書き保存して閉じる

ここもポイント｜すべての変更を一括で承諾する／元に戻す

先にすべての変更箇所の状態をチェックして一括で適用をすることもあります。リボンの［校閲］タブの［変更履歴］グループの［承諾］(［承諾して次へ進む］) の文字の部分をクリックして［すべての変更を反映］をクリックすると文書内のすべての変更履歴が［承諾］されます。逆に、加えた変更をとにかく全部元に戻して最初の状態に戻したいときには、［校閲］タブの［変更履歴］グループの［元に戻す］(元に戻して次へ進む) の文字の部分をクリックして［すべての変更を元に戻す］をクリックすると文書内のすべての変更履歴が削除され、変更前の状態に戻ります。

119 コメントや変更履歴が残るのはNG!　一括削除するには

「表示がない=コメントや変更履歴がない」とは限らない

編集の過程で加えたコメントや変更履歴には、関係者だけが目にすることを想定したセンシティブな内容が含まれることがあります。これらが意図しない相手に公開されてしまうのはトラブルのもとですから、コメントや変更履歴は非表示になっている可能性があることを常に意識して文書を扱うべきです。コメントや変更履歴を使って文書の編集を行ったときには必ず、なんならどんな文書でも、自分以外の誰かにその文書が渡る可能性があるときには、文書の仕上げの最後に、**ドキュメント検査**を実行して文書の状態を確認すべきです。

ドキュメント検査とは

ドキュメント(文書、ファイル)の作成者情報や文書上で非表示になっている変更履歴などの**情報の有無をチェック**して結果を表示し、情報が不要な場合には**削除などの処理を実行**できる機能です。

ExcelやPowerPointでも利用できる機能で、アプリケーションごとに用意されているチェック項目が異なります。Wordでは変更履歴とコメントの有無などをチェックできます。

なお、ドキュメント検査によって削除した情報は**元に戻すことができないことがある**ため、ファイルをコピーするなどバックアップを用意してから操作してください。

ここもポイント | 変更履歴やコメントを匿名にするには

変更履歴は残したいけれど、「誰が」というのは表示したくないときにもドキュメント検査で作成者情報を削除して匿名にします。
変更履歴やコメントが含まれているファイルを開いて、ドキュメント検査で[ドキュメントのプロパティと個人情報]を検査し、[すべて削除]を実行して、ファイルを上書き保存して閉じると、次にファイルを開いたとき、文書内のすべての変更履歴とコメントのユーザー名が「作成者」に変更されていることを確認できます。

ドキュメント検査を実行する

08-119-変更履歴の削除.docx

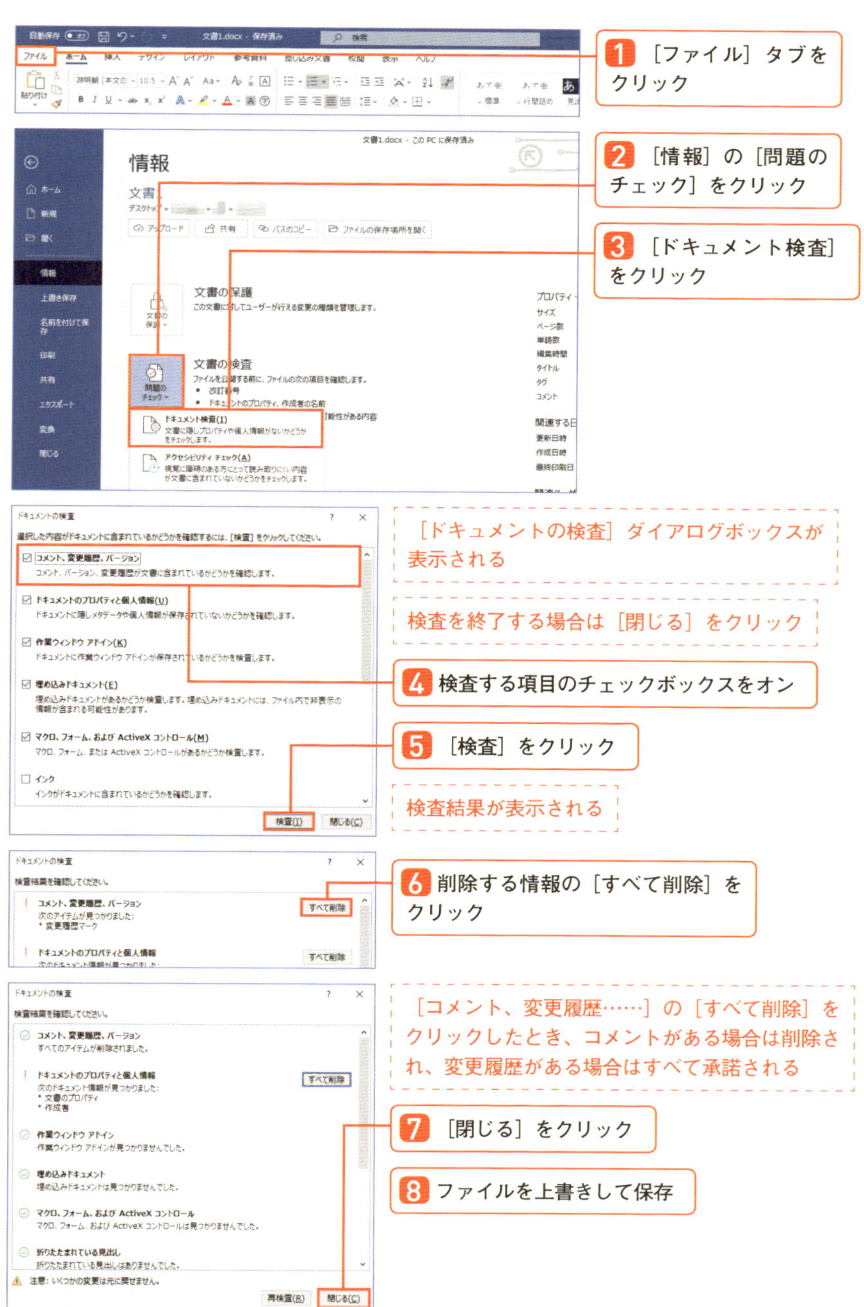

1 ［ファイル］タブをクリック
2 ［情報］の［問題のチェック］をクリック
3 ［ドキュメント検査］をクリック
［ドキュメントの検査］ダイアログボックスが表示される
検査を終了する場合は［閉じる］をクリック
4 検査する項目のチェックボックスをオン
5 ［検査］をクリック
検査結果が表示される
6 削除する情報の［すべて削除］をクリック
［コメント、変更履歴……］の［すべて削除］をクリックしたとき、コメントがある場合は削除され、変更履歴がある場合はすべて承諾される
7 ［閉じる］をクリック
8 ファイルを上書きして保存

文書の比較

120 2つの文書を並べて表示して、同時にスクロールするには

自分で1つずつウィンドウのサイズを調節しなくてよい

たとえば、編集前（A）と編集中（B）の2つの文書があり、Aから必要な文章や図などをコピーしてきたり、Aに残っているコメントを参考にBを編集したりするとき、2つの文書を開いたあと、自分でそれぞれのウィンドウサイズを調節しなくても、[並べて表示] を有効にするだけで均等なサイズで左右に並べられ、[同時にスクロール] という機能も利用できます。

過去の成果物を見ながら新しい文書を作るときなどにおすすめです。

2つの文書を並べて編集する

08-120-並べて表示1.docx
08-120-並べて表示2.docx

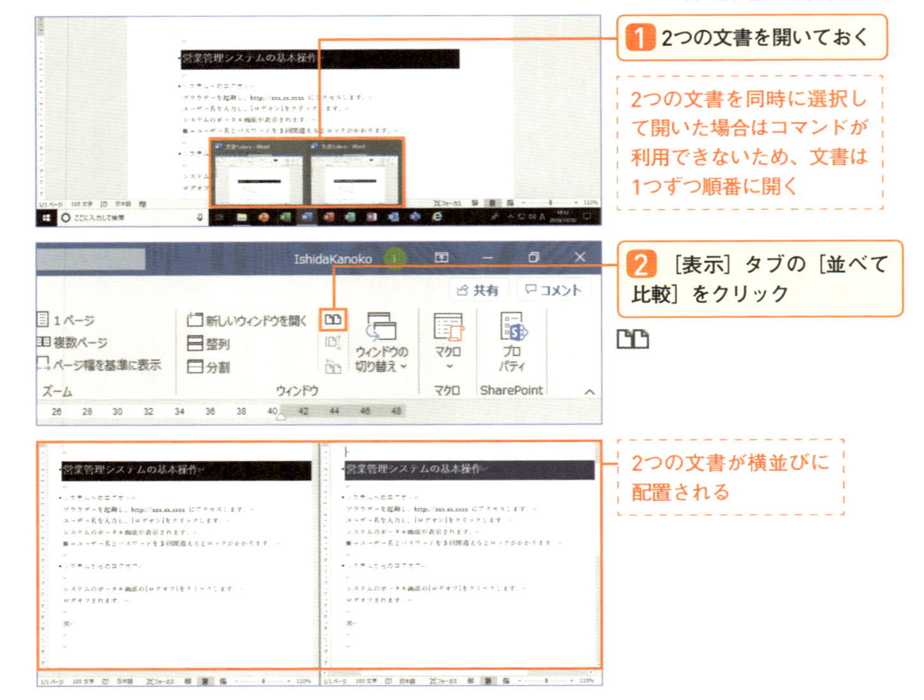
1 2つの文書を開いておく
2つの文書を同時に選択して開いた場合はコマンドが利用できないため、文書は1つずつ順番に開く
2 [表示] タブの [並べて比較] をクリック
2つの文書が横並びに配置される
営業管理システムの基本操作
IshidaKanoko
共有
コメント
1 ページ
複数ページ
ページ幅を基準に表示
ズーム
新しいウィンドウを開く
整列
分割
ウィンドウ
ウィンドウの切り替え
マクロ
プロパティ
SharePoint

［同時にスクロール］が有効になる

［同時にスクロール］をクリックしてオフにすると、左右のウィンドウが個別にスクロールされるようになる

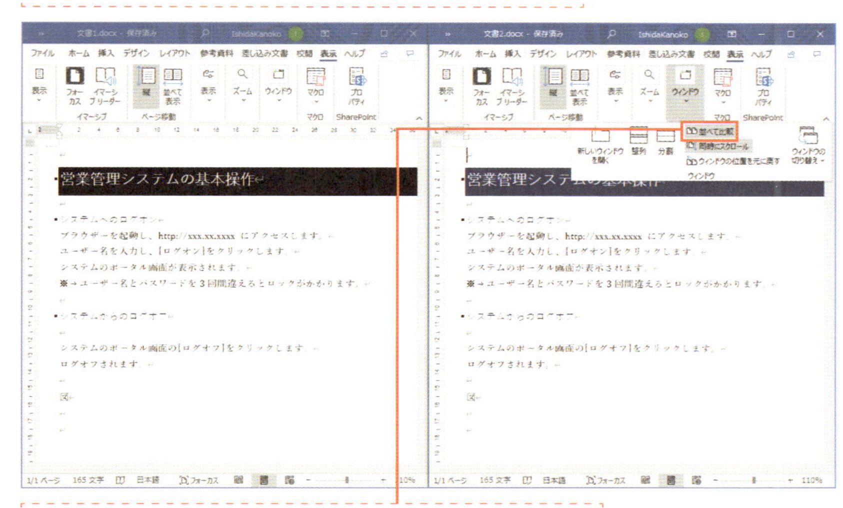
文書1.docx - 保存済み
文書2.docx - 保存済み
ファイル ホーム 挿入 デザイン レイアウト 参考資料 差し込み文書 校閲 表示 ヘルプ
並べて比較
同時にスクロール
ウィンドウの位置を元に戻す
新しいウィンドウを開く
整列
分割
ウィンドウの切り替え
営業管理システムの基本操作
1/1 ページ 165 文字 日本語 フォーカス

［並べて比較］を解除するには、［表示］タブ［ウィンドウ］グループの［並べて比較］をクリックして機能をオフにする

ここもポイント｜2つのウィンドウを均等に表示し直すには

編集中に個別にウィンドウの位置やサイズを変更してしまったというようなときに、画面上に2つのウィンドウが均等に表示されるように戻すには、リボンの［表示］タブの［ウィンドウ］グループの［ウィンドウの位置を元に戻す］をクリックします。

ここもポイント｜［整列］との違い

リボンの［表示］タブには［整列］というコマンドボタンもあります。これと［並べて比較］は何が違うのでしょう？

［並べて比較］は2つの文書を左右に並べる（＋同時スクロールもできる）機能なのに対して、［整列］は開いているすべての文書（2つでも、3つでも、4つでも）が上下に配置される機能で、同時スクロールができません。

文書の比較

121 2つの文書の違いをチェックして表示するには

2つの文書をもとに変更履歴を含めた3つ目のファイルを作る

文書の［比較］は、どこが違うのかがわかりにくい2つの文書があるときに、その違いを変更履歴として出力する機能です。たとえば、元の文書（A）とそれをコピーして編集した文書（B）を比較して、その違いを変更履歴として残した新しい文書（C）を作成できます。

［比較］機能の使い方の大まかな流れは以下です。

① 変更前の文書（A）と、（Aをコピーして別名を付けたりした）編集後の文書（B）を準備する。
② Wordを起動して変更前の文書（A）と変更後の文書（B）を比較する。
③ AとBの差異が変更履歴として含まれるファイル（C）が作成される。（必要なら）Cを保存する。

2つの文書を比較する

08-121-文書の比較1.docx
08-121-文書の比較2.docx

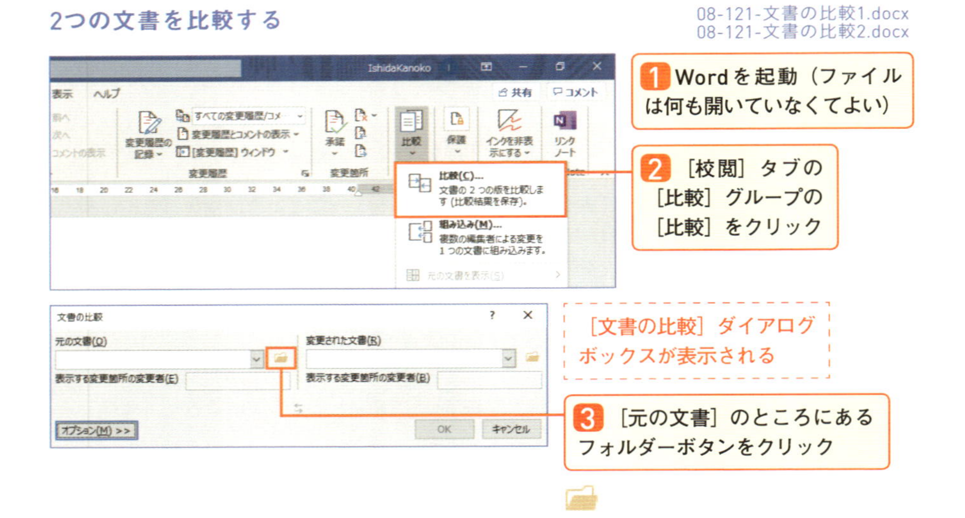
1 Wordを起動（ファイルは何も開いていなくてよい）
2 ［校閲］タブの［比較］グループの［比較］をクリック
［文書の比較］ダイアログボックスが表示される
3 ［元の文書］のところにあるフォルダーボタンをクリック
比較(C)...
文書の 2 つの版を比較します (比較結果を保存)。
組み込み(M)...
複数の編集者による変更を 1 つの文書に組み込みます。
文書の比較
元の文書(O)
変更された文書(R)
表示する変更箇所の変更者(E)
表示する変更箇所の変更者(B)
オプション(M) >>
OK
キャンセル

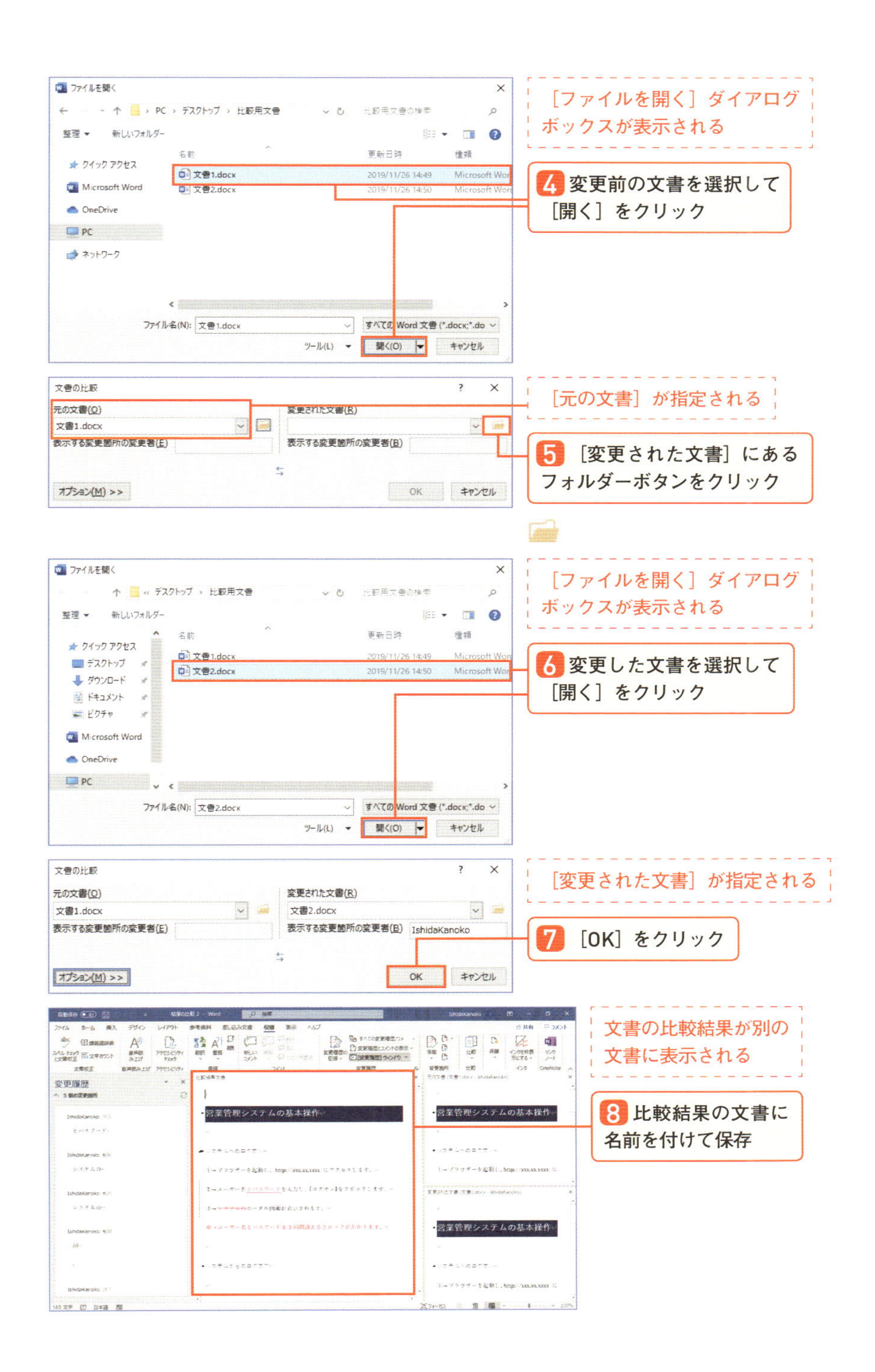
ファイルを開く
PC › デスクトップ › 比較用文書
整理
新しいフォルダー
名前
更新日時
種類
クイック アクセス
Microsoft Word
OneDrive
PC
ネットワーク
文書1.docx
2019/11/26 14:49
文書2.docx
2019/11/26 14:50
ファイル名(N):
ツール(L)
開く(O)
キャンセル
［ファイルを開く］ダイアログボックスが表示される
4 変更前の文書を選択して［開く］をクリック
文書の比較
元の文書(O)
変更された文書(R)
表示する変更箇所の変更者(E)
表示する変更箇所の変更者(B)
オプション(M) >>
OK
キャンセル
［元の文書］が指定される
5 ［変更された文書］にあるフォルダーボタンをクリック
［ファイルを開く］ダイアログボックスが表示される
デスクトップ
ダウンロード
ドキュメント
ピクチャ
6 変更した文書を選択して［開く］をクリック
IshidaKanoko
［変更された文書］が指定される
7 ［OK］をクリック
変更履歴
営業管理システムの基本操作
文書の比較結果が別の文書に表示される
8 比較結果の文書に名前を付けて保存

8
履歴やコメントを残しながら文書を編集する

比較の結果、できあがるのは中央の文書

比較結果の画面は4つに分割されて表示されます。

右側の2つのウィンドウや、左側の一覧のウィンドウが邪魔な場合は、右上の［閉じる］(［×］) をクリックして閉じましょう。

比較して作成したのは、中央に表示されている比較結果の文書です。この画面のまま編集を続けるより、結果の文書 (C) に名前を付けて保存し、そのファイルを開いて結果を確認し、さらなる編集を加えるほうが使いやすいでしょう。

比較結果の画面

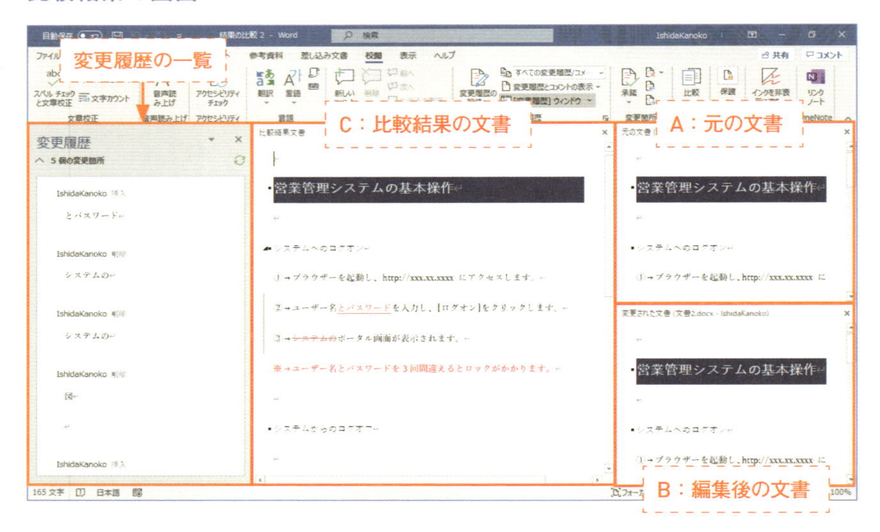

変更履歴の一覧
C：比較結果の文書
A：元の文書
B：編集後の文書
変更履歴
営業管理システムの基本操作

ここもポイント | 閉じたウィンドウを表示するには

リボンの［校閲］タブの［比較］グループの［比較］をクリックし、［元の文書を表示］をクリックして、［両方の文書を表示］のチェックマークをオンにすると、画面右側に表示されていた2つのウィンドウが再表示されます。

画面左側に表示されていた［変更履歴］ウィンドウは、リボンの［校閲］タブの［変更履歴］グループの［変更履歴ウィンドウ］をオンにして表示できます。

Chapter

9

データを活用した文書作成をする

差し込み文書機能の概要

122 「差し込み文書」「差し込み印刷」とはなにか

データから文書を作る、という流れ

文書の枠組みを**Word文書**で、部分的に変えるデータ部分を**Excelブックなど**で用意して、この2つを組み合わせて文書を作成できるのが「**差し込み文書**」または「**差し込み印刷**」と呼ばれる機能です。

たとえば、たくさんの顧客に送る送付状の作成やハガキの宛名印刷、宛名ラベルのシール作成などでこの機能を活用できます。

しかし、差し込み文書は宛名ラベルを作るための機能だ、と限定してしまうのは早計です。**差し込み文書は「一覧（データ）→文書」**という流れで書類を作成できる、といえます。これに対して、たとえばExcelの1シートが1ページになるような書類を作成していて、あとで一覧表にまとめたい！という作業は「文書 → 一覧（データ）」という流れです。後者の流れで作業を進める場合は標準機能だけではとても手間がかかるため、頻繁に更新するためにマクロで対応をしている方もいらっしゃいます。マクロがダメだといっているわけではないし、後者のやり方が適切なケースがあるのも承知の上ですが、もしかしたら差し込み文書を使って「データから書類を作る」という流れで対応できる文書作成もあるのではないか、という提案だと受け取っていただき、使える場面を検討していただきたいのです。

データと差し込み文書

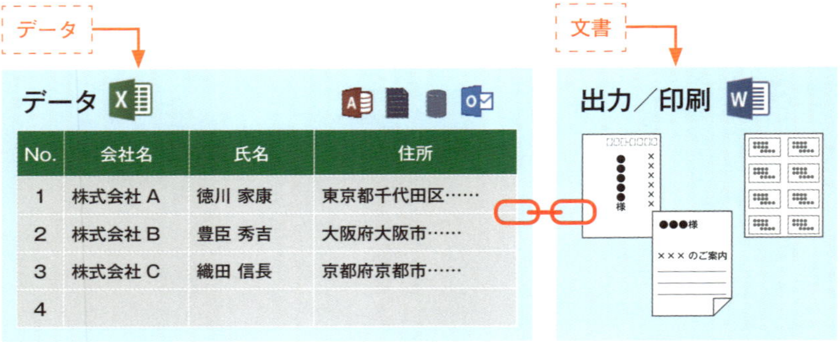

データ

文書

データ

No.	会社名	氏名	住所
1	株式会社A	徳川 家康	東京都千代田区……
2	株式会社B	豊臣 秀吉	大阪府大阪市……
3	株式会社C	織田 信長	京都府京都市……
4			

出力／印刷

●●●様

×××のご案内

◩ 差し込み文書で準備するモノ／知っておきたい言葉

下図のようにデータがまとめられている「**データファイル**」(Excelブックが手軽) と、文書の枠組みとなるWordの「**メイン文書**」を用意します。データファイルは、基本的には、テーブル形式で1件分のデータが1行にまとめられ、きちんと列名が配置された表を準備します。

データファイルとメイン文書

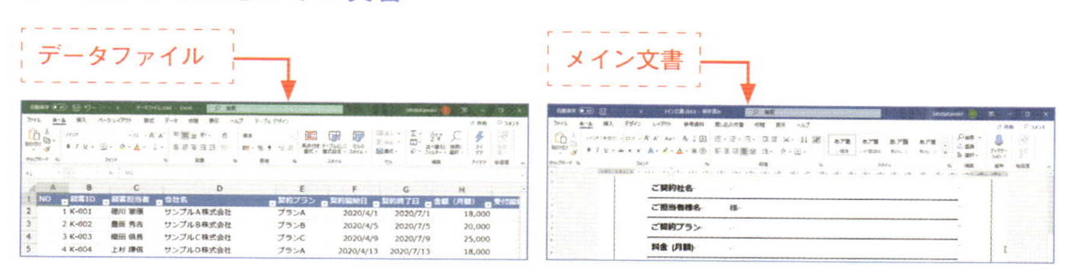
データファイル
メイン文書

◩ 差し込むデータは列名で指定する

たとえば下図（左）では、Excelブックの「氏名」列を「様」という文字の前に差し込むため、「<<氏名>>」のように、文書に**データファイルの表の列名**が指定されています。

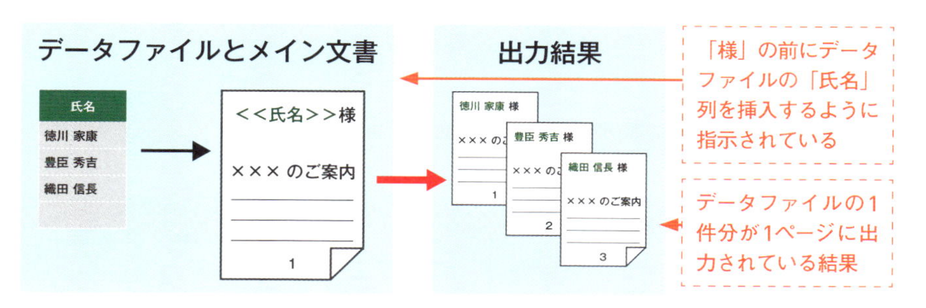
データファイルとメイン文書
氏名
徳川 家康
豊臣 秀吉
織田 信長
<<氏名>>様
××× のご案内
1
出力結果
徳川 家康 様
豊臣 秀吉 様
織田 信長 様
××× のご案内
1
2
3
「様」の前にデータファイルの「氏名」列を挿入するように指示されている
データファイルの1件分が1ページに出力されている結果

ここもポイント ｜ メイン文書とデータファイルの保存場所

メイン文書となるWord文書と、データファイルとなるExcelブックなどは、1つのフォルダー内など、固定された場所に保存して操作をすることをおすすめします。データファイルのファイル名が変更されたり、保存場所が変更されたりすると、更新の際にもう一度、どの列を挿入するのかなどを設定し直さなければならないことがあり、結構手間がかかります。

123 差し込みの機能を使って文書を作成する

1レコード1ページにしたいなら「レター」を使う

差し込み文書にはいくつかの種類がありますが、通知書や送付状など、1つの顧客に1枚ずつお手紙を書くように書類を印刷して送付したいのなら「レター」という種類の差し込み文書の形態を使います。

ここでは例として、データファイルとメイン文書としてP.285に掲載されている内容のファイルを使って差し込み文書を作成します。データファイルもメイン文書も、名前を付けて1つのフォルダーの中に保存してあります。

データファイルは閉じた状態で作業を開始してください。

差し込み文書の種類

種類	状態	使用例
レター	1ページに1レコード分のデータを差し込む	送付状など
名簿	1ページに全レコード分のデータを順番に差し込む	会員名簿など
ラベル	1つの枠に1レコード分のデータを差し込む	宛名ラベルなど

差し込み文書の準備をする

09-123-メイン文書.docx
09-123-データファイル.xlsx

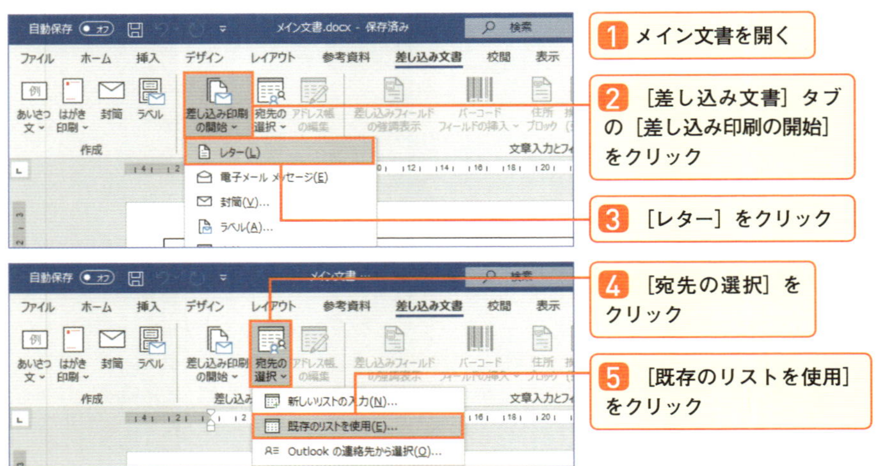

1 メイン文書を開く
2 ［差し込み文書］タブの［差し込み印刷の開始］をクリック
3 ［レター］をクリック
4 ［宛先の選択］をクリック
5 ［既存のリストを使用］をクリック
差し込み印刷の開始
レター(L)
電子メール メッセージ(E)
封筒(V)...
ラベル(A)...
宛先の選択
新しいリストの入力(N)...
既存のリストを使用(E)...
Outlook の連絡先から選択(O)...

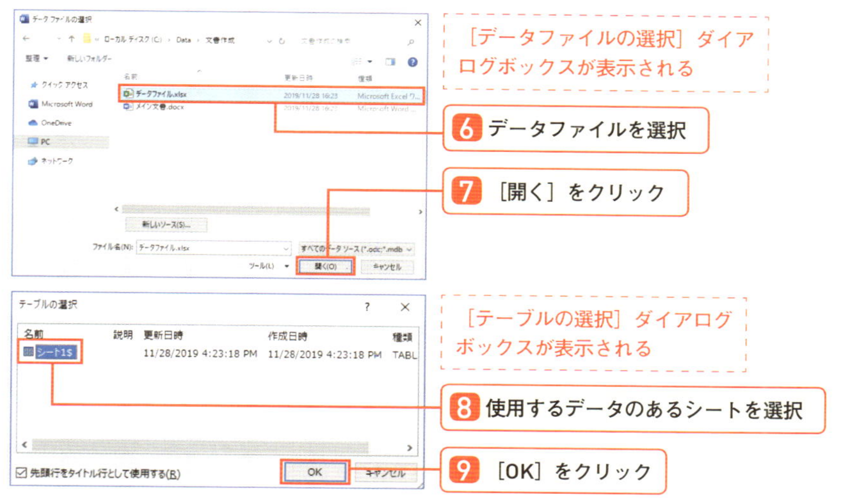
［データファイルの選択］ダイアログボックスが表示される
6 データファイルを選択
7 ［開く］をクリック
［テーブルの選択］ダイアログボックスが表示される
8 使用するデータのあるシートを選択
9 ［OK］をクリック

差し込むデータのフィールド（列）を挿入する

09-123-メイン文書.docx
09-123-データファイル.xlsx

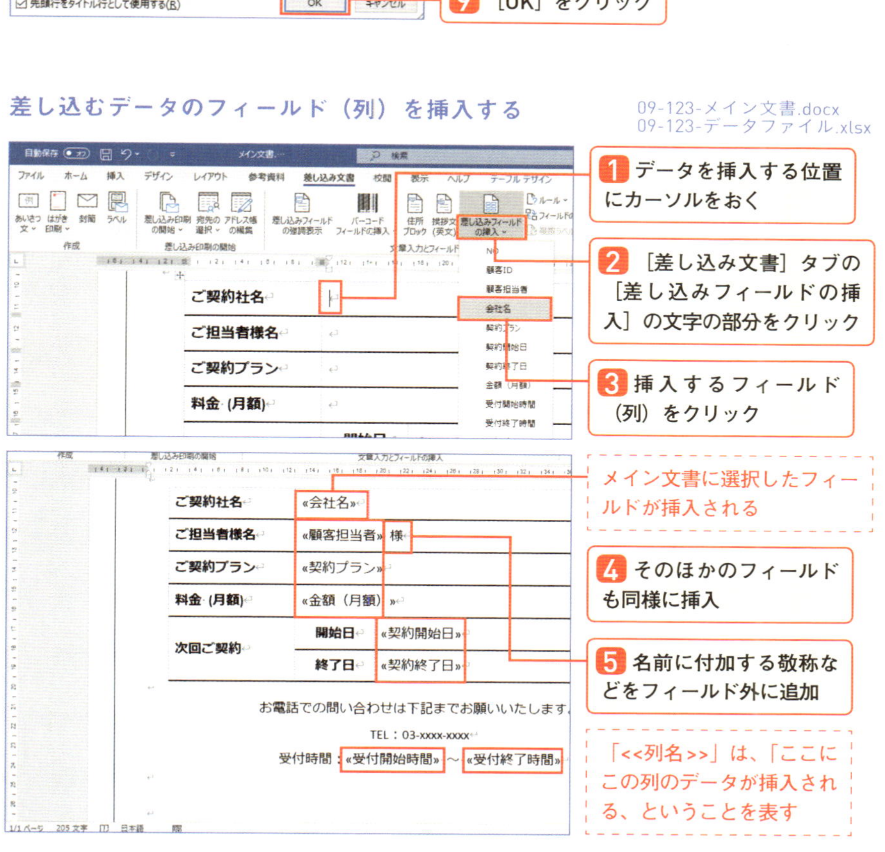
1 データを挿入する位置にカーソルをおく
2 ［差し込み文書］タブの［差し込みフィールドの挿入］の文字の部分をクリック
3 挿入するフィールド（列）をクリック
メイン文書に選択したフィールドが挿入される
4 そのほかのフィールドも同様に挿入
5 名前に付加する敬称などをフィールド外に追加
「<<列名>>」は、「ここにこの列のデータが挿入される」ということを表す

差し込んだ結果をプレビューで確認する

09-123-メイン文書.docx
09-123-データファイル.xlsx

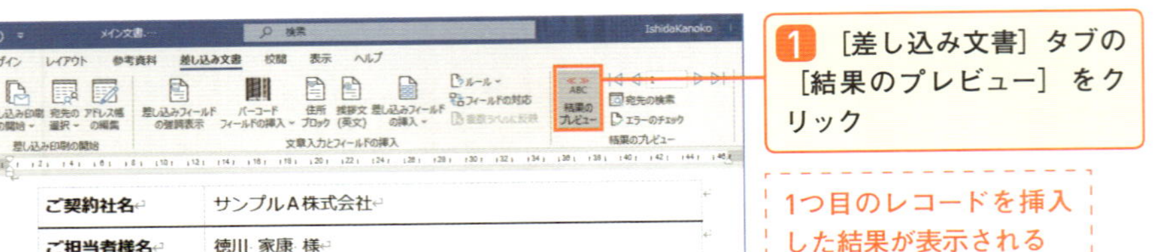

1 ［差し込み文書］タブの［結果のプレビュー］をクリック
1つ目のレコードを挿入した結果が表示される
ご契約社名 サンプルA株式会社
ご担当者様名 徳川 家康 様
ご契約プラン プランA
料金（月額） 18000

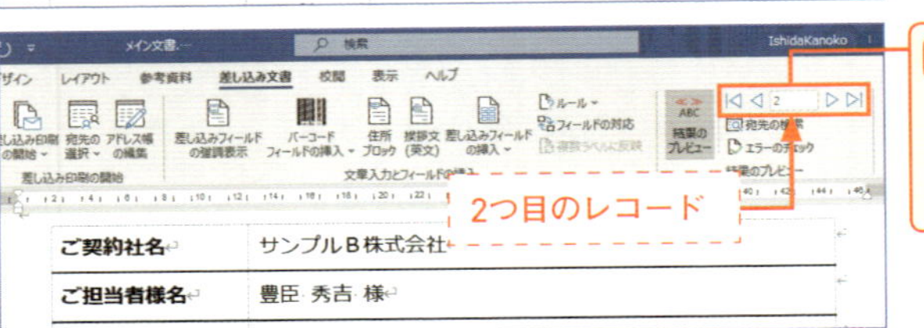

2 ［差し込み文書］タブの［結果のプレビュー］グループの［次のレコード］などの移動ボタンをクリック
2つ目のレコード
ご契約社名 サンプルB株式会社
ご担当者様名 豊臣 秀吉 様

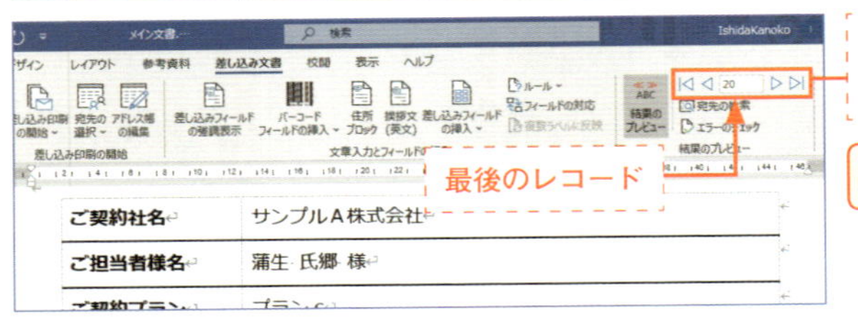

2つ目以降のレコードを挿入した結果を確認する
3 メイン文書を上書き保存
最後のレコード
ご契約社名 サンプルA株式会社
ご担当者様名 蒲生 氏郷 様

ここもポイント | **表示するレコードの移動**

差し込むレコードをフィルターしている場合は、該当レコード間でのみレコードが移動します。たとえば5つ目のレコードがフィルターで除外されている場合、4つ目のレコードが表示されているときに［次のレコード］をクリックすると6つ目のレコードが表示されます。番号が飛んだ？という場合は、リボンの［差し込み文書］タブの［差し込み印刷の開始］グループの［アドレス帳の編集］をクリックしてフィルターの状況を確認し、修正してください。レコードのフィルターについては、P.291の「ここもポイント」を参照してください。
なお、［宛先の検索］をクリックすると［エントリの検索］ダイアログボックスでフィールドを指定して［エントリ］に文字列を指定して検索できます。

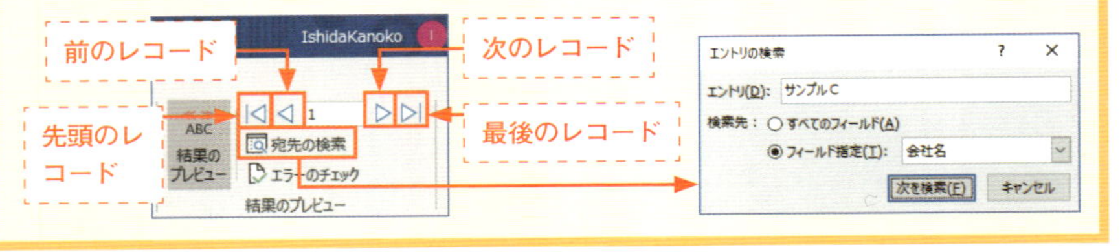

前のレコード
次のレコード
先頭のレコード
最後のレコード
IshidaKanoko
結果のプレビュー
宛先の検索
エラーのチェック
エントリの検索
エントリ(D): サンプルC
検索先： すべてのフィールド(A)
フィールド指定(T): 会社名
次を検索(F)
キャンセル

出力結果を別のファイルとして保存する

09-123-メイン文書.docx
09-123-データファイル.xlsx

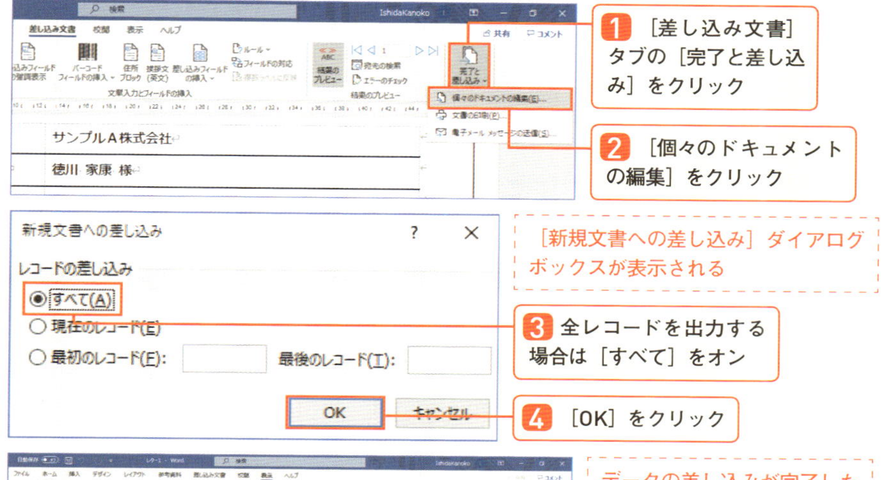

1 ［差し込み文書］タブの［完了と差し込み］をクリック
2 ［個々のドキュメントの編集］をクリック
サンプルA株式会社
徳川 家康 様
新規文書への差し込み
レコードの差し込み
すべて(A)
現在のレコード(E)
最初のレコード(F):
最後のレコード(T):
OK
キャンセル
［新規文書への差し込み］ダイアログボックスが表示される
3 全レコードを出力する場合は［すべて］をオン
4 ［OK］をクリック

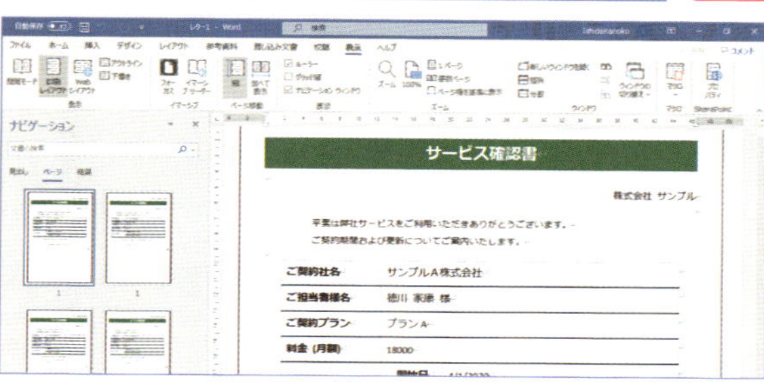

サービス確認書
ナビゲーション
データの差し込みが完了した「レターx」というタイトルの新しい文書ファイルが作成される
5 出力結果のファイルを残しておく場合は名前を付けて保存

ここもポイント ［完了と差し込み］の種類について

- **［個々のドキュメントの編集］**

  データを挿入した結果を別の新しい文書（Wordのファイル）に出力します。現在のデータを差し込んだ状態を保存したり、ページごとに少しだけ編集を加えたりしたいときに利用します。

- **［文書の印刷］**

  データを挿入した結果をプリンターに送信して出力（印刷）します。

- **［電子メールメッセージの送信］**

  データファイル内のメールアドレスを使用して複数の宛先にメールを送信するときに使用します。なお、組織のメールシステムによっては［下書き］フォルダーなどには保存されずに即座に送信されることがあるため、利用をする際には注意してください（いきなり大切な顧客情報でやるのは絶対にNGです）。

124 差し込み文書のデータを更新するには

データ部分はExcelなどのデータファイル側で行う

差し込み文書のメイン文書には、すべてのレコードで使用する枠組みが用意され、どこにどのようなデータを挿入するのか、といった指示だけが設定、保存されています。そのため、たとえば顧客の担当者が変更になったとか、新しい顧客の情報を追加して印刷したいなどという場合は、Excelブックなどの**データファイル側で編集や追加**を行います。

データの編集や追加を行ったあとでメイン文書を開くと、メッセージに従ってデータファイルにアクセスして、最新のデータを取得して更新できます。

データファイルとメイン文書を更新する

09-124-メイン文書.docx
09-124-データファイル.xlsx

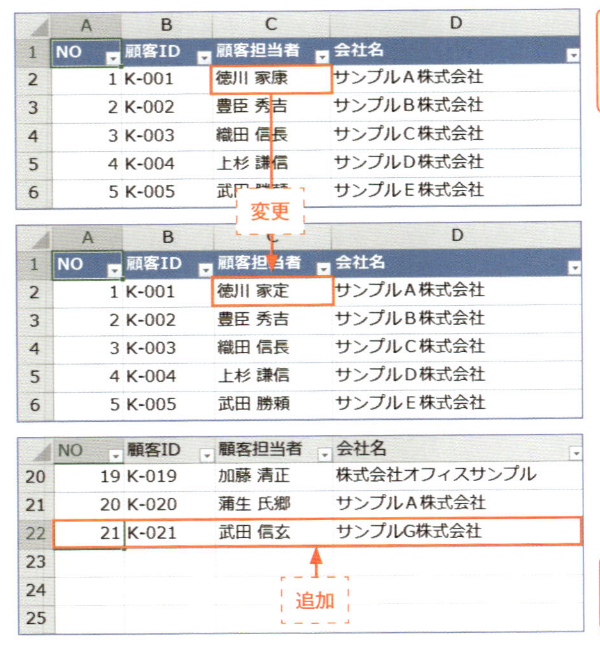

	A	B	C	D
1	NO	顧客ID	顧客担当者	会社名
2	1	K-001	徳川 家康	サンプルA株式会社
3	2	K-002	豊臣 秀吉	サンプルB株式会社
4	3	K-003	織田 信長	サンプルC株式会社
5	4	K-004	上杉 謙信	サンプルD株式会社
6	5	K-005	武田 勝頼	サンプルE株式会社

変更

	A	B	C	D
1	NO	顧客ID	顧客担当者	会社名
2	1	K-001	徳川 家定	サンプルA株式会社
3	2	K-002	豊臣 秀吉	サンプルB株式会社
4	3	K-003	織田 信長	サンプルC株式会社
5	4	K-004	上杉 謙信	サンプルD株式会社
6	5	K-005	武田 勝頼	サンプルE株式会社

	NO	顧客ID	顧客担当者	会社名
20	19	K-019	加藤 清正	株式会社オフィスサンプル
21	20	K-020	蒲生 氏郷	サンプルA株式会社
22	21	K-021	武田 信玄	サンプルG株式会社
23				
24				
25				

追加

1 データファイルのデータを変更したり、追加したりする

2 ブックを上書き保存して閉じる

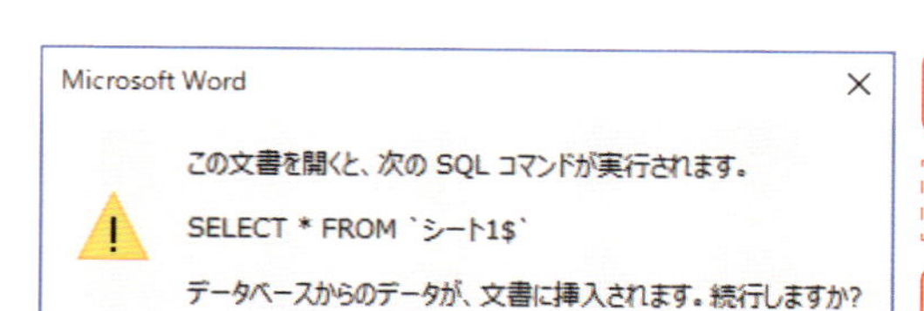
Microsoft Word
この文書を開くと、次の SQL コマンドが実行されます。
SELECT * FROM `シート1$`
データベースからのデータが、文書に挿入されます。続行しますか?
はい(Y)
いいえ(N)

3 メイン文書を開く

メッセージが表示される

4 データファイルに確実にアクセスできる場合は［はい］をクリック

データファイルの存在に関して不安がある場合は安易に［はい］はクリックせず、［いいえ］で進め、内容を確認する

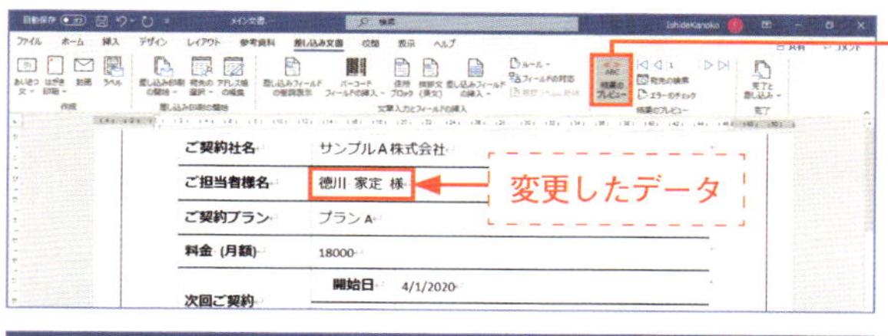
ご契約社名
サンプルA株式会社
ご担当者様名
徳川 家定 様
ご契約プラン
プランA
料金（月額）
18000
開始日
4/1/2020
次回ご契約
変更したデータ

5 ［差し込み文書］タブの［結果のプレビュー］をクリック

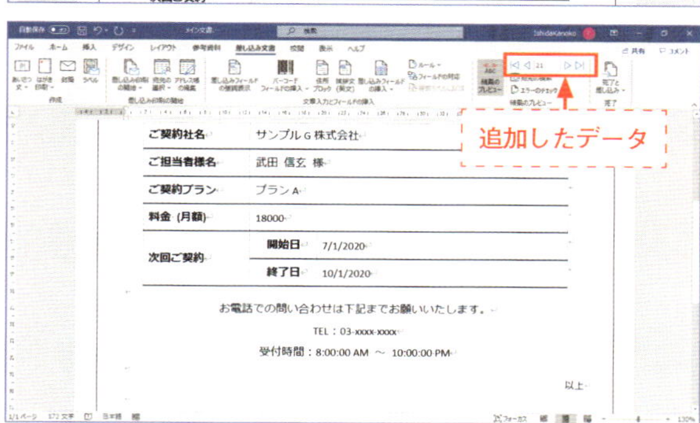
ご契約社名
サンプルG株式会社
ご担当者様名
武田 信玄 様
ご契約プラン
プランA
料金（月額）
18000
次回ご契約
開始日
7/1/2020
終了日
10/1/2020
お電話での問い合わせは下記までお願いいたします。
TEL：03-xxxx-xxxx
受付時間：8:00:00 AM 〜 10:00:00 PM
以上
追加したデータ

データファイルに加えた変更や、データの追加がメイン文書に反映される

6 メイン文書を上書き保存して閉じる

ここもポイント ｜ 変更や追加をしたファイルだけを出力するには

リボンの［差し込み文書］タブの［差し込み印刷の開始］グループの［アドレス帳の編集］をクリックすると、［差し込み印刷の宛先］ダイアログボックスが表示されます。

［差し込み印刷の宛先］ダイアログボックスでは、レコードの絞り込みや並べ替えができます。出力時に［すべて］を選択したときに対象とするレコードを絞り込む、ということです。

［差し込み印刷の宛先］ダイアログボックスで、フィールド（列）名のところをクリックして絞り込みをしたり、チェックボックスのオン／オフによってレコードを選択したりできます。

なお、フィルターをかけた場合は、必ずフィルターを解除（すべてのレコードを選択）した状態にしてから、メイン文書を保存して閉じておくことをおすすめします（未来の自分が戸惑わないために）。

125 数値や日付が思い通りに表示されないときに

スイッチを追加して表示形式を指定する

データファイルとなるExcelブック側で日付や時刻、数値に対して表示形式を設定していても、Wordの差し込み文書で挿入されたフィールドの結果では適用されません。たとえば**Excelで数値に3桁の区切りカンマをつけていてもそれは文書では表示されません**し、日付を差し込みフィールドで挿入すると「月／日／年」という形式で表示されます。

挿入した差し込みフィールドに表示形式を適用するには、フィールド コードを編集して、表示形式を設定する**スイッチを追加**します。

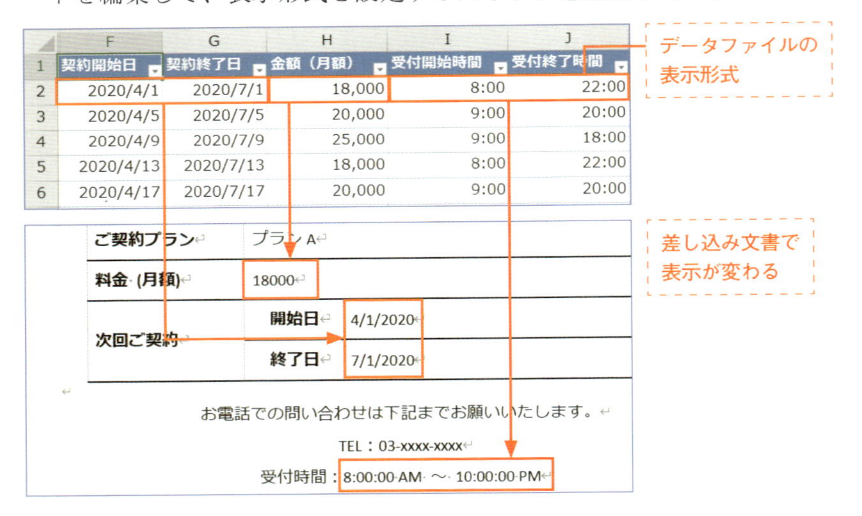

データファイルの表示形式
差し込み文書で表示が変わる
F G H I J
1 契約開始日 契約終了日 金額（月額） 受付開始時間 受付終了時間
2 2020/4/1 2020/7/1 18,000 8:00 22:00
3 2020/4/5 2020/7/5 20,000 9:00 20:00
4 2020/4/9 2020/7/9 25,000 9:00 18:00
5 2020/4/13 2020/7/13 18,000 8:00 22:00
6 2020/4/17 2020/7/17 20,000 9:00 20:00
ご契約プラン プラン A
料金 (月額) 18000
次回ご契約 開始日 4/1/2020
終了日 7/1/2020
お電話での問い合わせは下記までお願いいたします。
TEL：03-xxxx-xxxx
受付時間：8:00:00 AM ～ 10:00:00 PM

一般書式のスイッチ

ここでは使用していませんが、一般書式スイッチには、「a、b、c」や「1、2、3」といった半角英数を全角英数に変更する「¥* dbchar」や「word」を「Word」に変更する「¥* Firstcap」などがあります。

いずれも**「¥*」**の後ろに詳細を記述します。

◪ 数値に対する書式スイッチ

「1000」を「1,000」といった3桁の区切りカンマ付きで表示したり、「1,000円」のように任意の文字列を追加して数値を表示したりするには、下表のような数値書式スイッチを使用します。

数値書式スイッチは**「¥#」**の後ろに詳細を記述します。

元データ	スイッチ	結果	備考
1234	¥# #,##0	1,234	桁区切りカンマの追加
	¥# ¥¥#,##0	¥1,234	「¥」と桁区切りカンマの追加
	¥# "#,##0 円"	1,234 円	桁区切りカンマと「円」の追加 ※二重引用符は半角
	¥# "金額 #,##0 円"	金額 1,234 円	「金額」と「円」を追加して桁区切りカンマを追加 ※二重引用符は半角

◪ 時刻や日付に対する書式スイッチ

下表のような時刻日付書式スイッチを使用して「8/10/2020」と表示されている日付を「2020/8/10」という表示に変更したり、和暦表記に変更したりできます。

なお、**「月」は大文字のMを、時間の「分」は小文字のmを使用**します。

時刻日付書式スイッチは**「¥@」**の後ろに詳細を記述します。

データ	スイッチ	結果	備考
2020/8/10	¥@ yyyy/MM/dd	2020/08/10	西暦を先頭に表示する表記
	¥@ "ggge年M月d日"	令和2年8月10日	和暦の表記 ※二重引用符は半角
	¥@ "aaa曜日"	土曜日	「aaa」で日本語1文字で曜日を表記
8:00 20:00	¥@ "am/pm h:mm"	AM 8:00 PM 8:00	「am/pm」を指定する ※二重引用符は半角
8:00 20:00	¥@ "AMPM h:mm"	午前 8:00 午後 8:00	「AMPM」を指定する ※二重引用符は半角
8:00 20:00	¥@ H:mm	8:00 20:00	Hを大文字で指定する

フィールドは表示と非表示を切り替えて確認や編集をする

メイン文書には、データファイルの文字列が入力されているのではなく、**「どの列の値を表示するのか」が指定**されており、その結果が表示されています。このようなほかの場所や指定したデータを参照する仕組みを**フィールド**といい、詳細はフィールド コードで記述されていて、編集が可能です。

メイン文書に列名を指定して挿入した差し込みフィールドをクリックすると背景色が灰色になります。逆にいうと、クリックしたときに灰色になったらそれはただの文字列ではない、ということです。

フィールド コードの表示と非表示を切り替える

09-125-メイン文書.docx
09-125-データファイル.xlsx

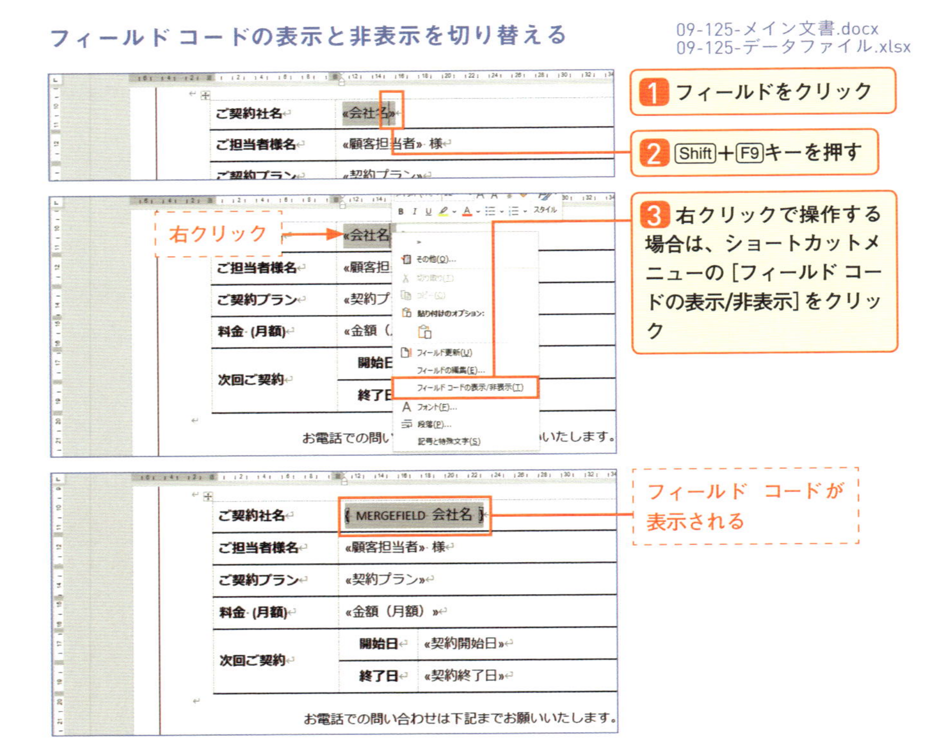

1 フィールドをクリック
2 Shift+F9キーを押す
3 右クリックで操作する場合は、ショートカットメニューの［フィールド コードの表示/非表示］をクリック
右クリック
フィールド コードが表示される
ご契約社名
«会社名»
ご担当者様名
«顧客担当者» 様
ご契約プラン
«契約プラン»
料金（月額）
«金額（月額）»
次回ご契約
開始日
«契約開始日»
終了日
«契約終了日»
{ MERGEFIELD 会社名 }
お電話での問い合わせは下記までお願いいたします。
フィールド コードの表示/非表示(T)

ここもポイント | MERGEFIELDとは

差し込み文書でデータファイルの列のデータを挿入する、という意味です。たとえば、{MERGEFIELD 日付} は、データファイルの［日付］列のデータを挿入する、ということが記述されているフィールド コードです。

フィールド コードにスイッチを追加する（数値の例） 09-125-メイン文書.docx

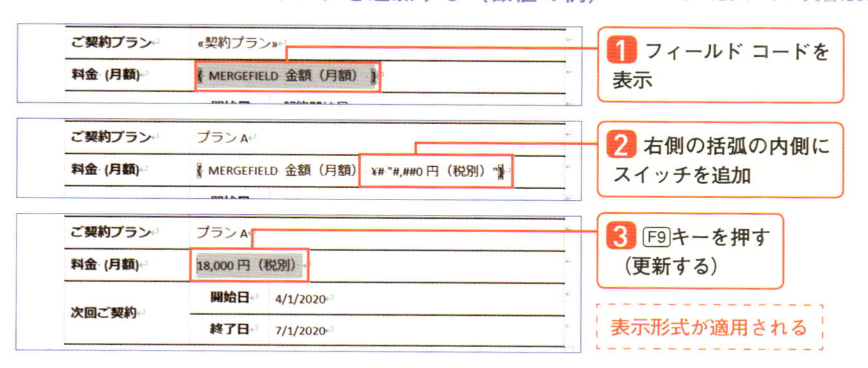
ご契約プラン
«契約プラン»
料金（月額）
{ MERGEFIELD 金額（月額） }
1 フィールド コードを表示
ご契約プラン
プランA
料金（月額）
{ MERGEFIELD 金額（月額） \# "#,##0 円（税別）" }
2 右側の括弧の内側にスイッチを追加
ご契約プラン
プランA
料金（月額）
18,000 円（税別）
次回ご契約
開始日
4/1/2020
終了日
7/1/2020
3 F9キーを押す（更新する）
表示形式が適用される

フィールド コードにスイッチを追加する（日付の例） 09-125-メイン文書.docx

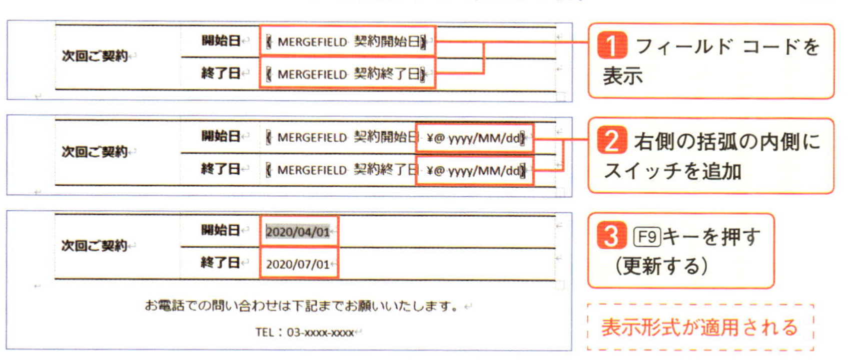
次回ご契約
開始日
{ MERGEFIELD 契約開始日 }
終了日
{ MERGEFIELD 契約終了日 }
1 フィールド コードを表示
次回ご契約
開始日
{ MERGEFIELD 契約開始日 \@ yyyy/MM/dd }
終了日
{ MERGEFIELD 契約終了日 \@ yyyy/MM/dd }
2 右側の括弧の内側にスイッチを追加
次回ご契約
開始日
2020/04/01
終了日
2020/07/01
お電話での問い合わせは下記までお願いいたします。
TEL：03-xxxx-xxxx
3 F9キーを押す（更新する）
表示形式が適用される

フィールド コードにスイッチを追加する（時刻の例） 09-125-メイン文書.docx

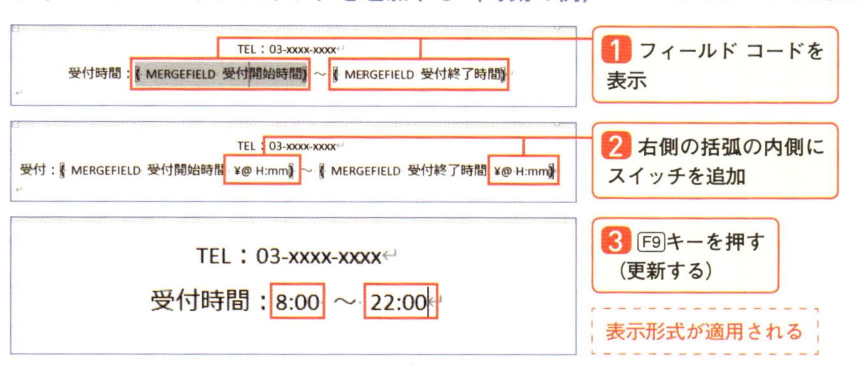
TEL：03-xxxx-xxxx
受付時間：{ MERGEFIELD 受付開始時間 }～{ MERGEFIELD 受付終了時間 }
1 フィールド コードを表示
TEL：03-xxxx-xxxx
受付：{ MERGEFIELD 受付開始時間 \@ H:mm }～{ MERGEFIELD 受付終了時間 \@ H:mm }
2 右側の括弧の内側にスイッチを追加
TEL：03-xxxx-xxxx
受付時間：8:00 ～ 22:00
3 F9キーを押す（更新する）
表示形式が適用される

126 宛名ラベルのシールを作るには

使うラベルによって異なるのでメイン文書は事前に準備しなくてOK

宛名ラベルに複数の宛先を印字するときに、差し込み文書の機能を利用できます。**型番を選択してメイン文書を新規作成**し、Excelブックなどで用意したデータファイルから宛先を差し込みます。

ラベルシールは、メーカーなどによって用紙のサイズやシール1枚1枚のサイズが異なります。作成時に任意のサイズを指定することもできますが、Wordにあらかじめ準備されているメーカーのラベル情報から該当するラベルの種類を選択してサイズ等を決定できます。

使用するラベルシールのメーカーや型番を事前に調べておき、データファイルを準備してから作業しましょう。

ラベルのメイン文書を準備する

09-126-データファイル.xlsx

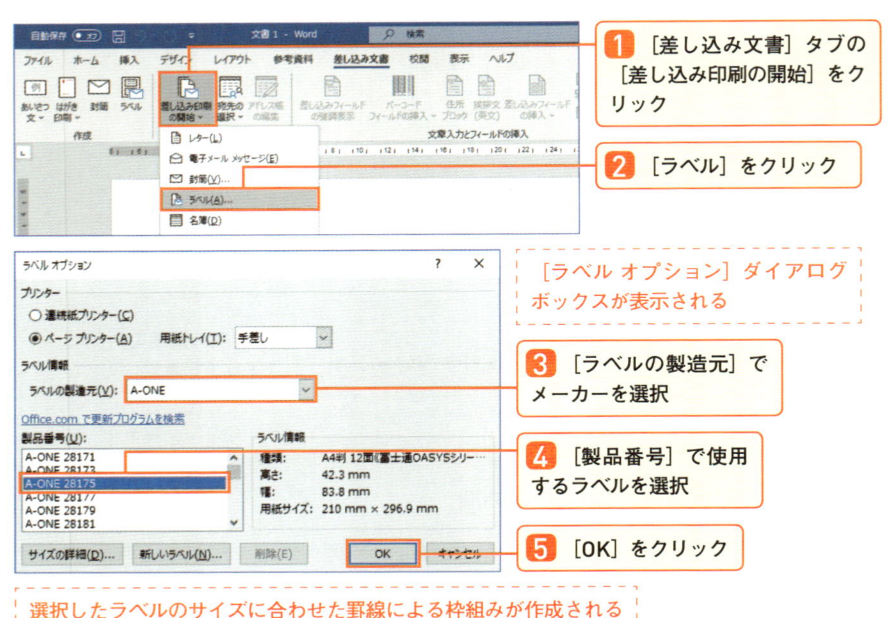
1 ［差し込み文書］タブの［差し込み印刷の開始］をクリック
2 ［ラベル］をクリック
［ラベル オプション］ダイアログボックスが表示される
3 ［ラベルの製造元］でメーカーを選択
4 ［製品番号］で使用するラベルを選択
5 ［OK］をクリック
ラベル オプション
プリンター
連続紙プリンター(C)
ページ プリンター(A)
用紙トレイ(T): 手差し
ラベル情報
ラベルの製造元(V): A-ONE
Office.com で更新プログラムを検索
製品番号(U):
A-ONE 28171
A-ONE 28175
A-ONE 28179
A-ONE 28181
種類: A4判 12面(富士通OASYSシリー…
高さ: 42.3 mm
幅: 83.8 mm
用紙サイズ: 210 mm × 296.9 mm
サイズの詳細(D)...
新しいラベル(N)...
削除(E)
OK
キャンセル

選択したラベルのサイズに合わせた罫線による枠組みが作成される

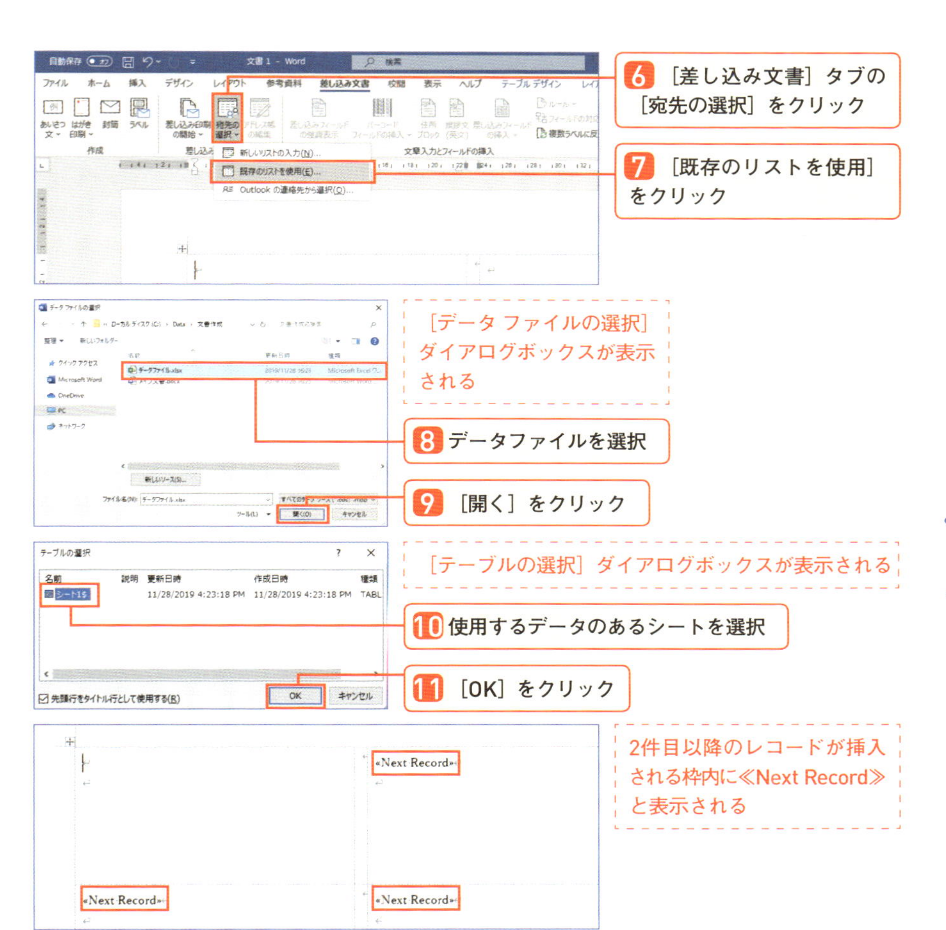
6 ［差し込み文書］タブの［宛先の選択］をクリック
7 ［既存のリストを使用］をクリック
［データ ファイルの選択］ダイアログボックスが表示される
8 データファイルを選択
9 ［開く］をクリック
［テーブルの選択］ダイアログボックスが表示される
10 使用するデータのあるシートを選択
11 ［OK］をクリック
2件目以降のレコードが挿入される枠内に≪Next Record≫と表示される
«Next Record»
«Next Record»
«Next Record»

ここもポイント｜ラベルサイズの調整

選択したラベルの余白サイズなどを確認、調整する場合は、［ラベル オプション］ダイアログボックスで製品番号を選択して［サイズの詳細］をクリックし、次に表示されるダイアログボックスで設定します。

ここもポイント｜≪Next Record≫フィールドとは

1ページの中に複数のレコードを挿入するときに、2つ目以降のレコードの位置を指定するためのフィールド コードです。ラベルを使用しているときは自動的に表示されます。表示されていないけれど使用したい場合は［複数ラベルに反映］を利用して≪Next Record≫フィールドを挿入できます。

差し込むデータを選択して挿入する

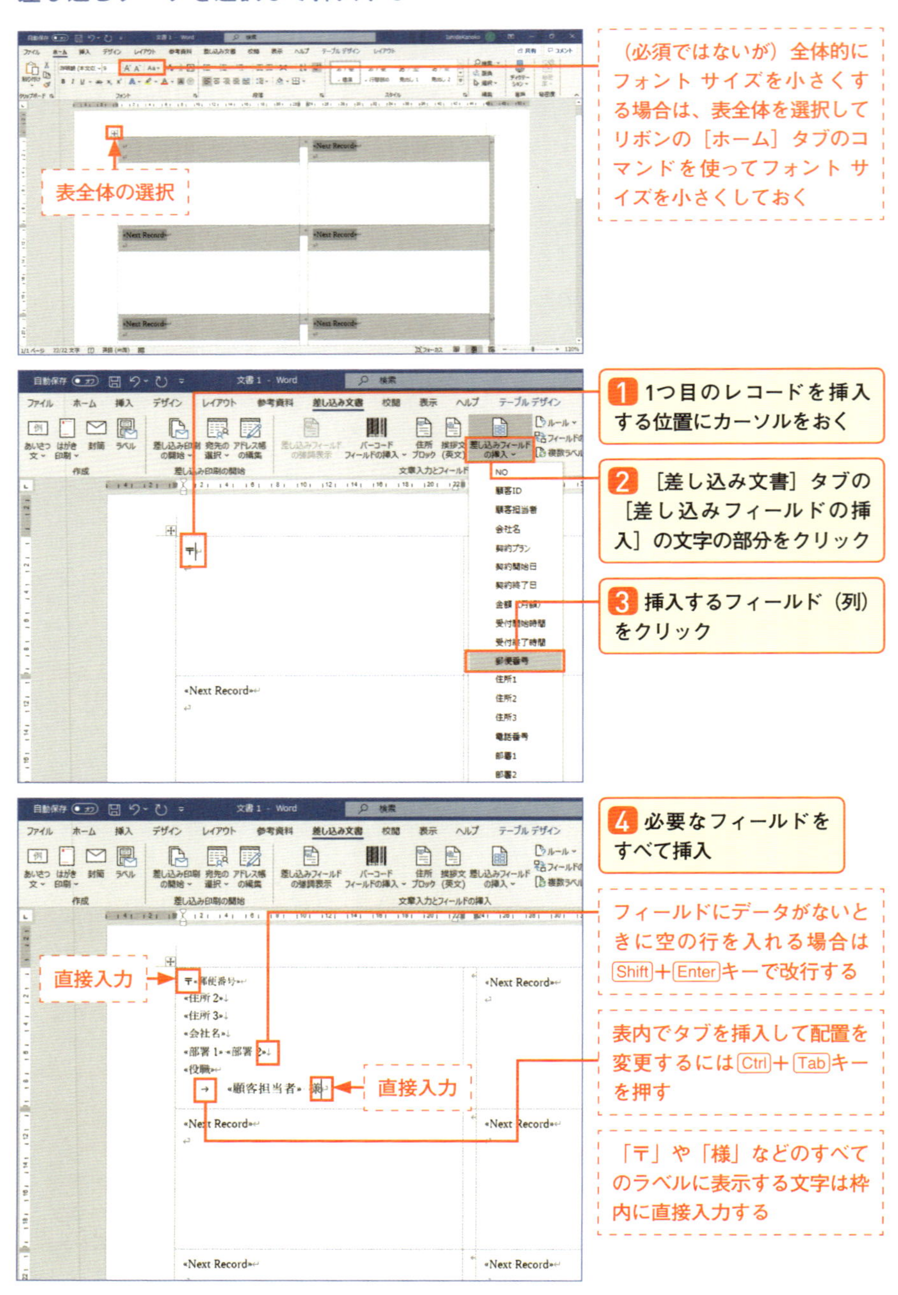

（必須ではないが）全体的にフォント サイズを小さくする場合は、表全体を選択してリボンの［ホーム］タブのコマンドを使ってフォント サイズを小さくしておく
表全体の選択
1 1つ目のレコードを挿入する位置にカーソルをおく
2 ［差し込み文書］タブの［差し込みフィールドの挿入］の文字の部分をクリック
3 挿入するフィールド（列）をクリック
4 必要なフィールドをすべて挿入
フィールドにデータがないときに空の行を入れる場合はShift＋Enterキーで改行する
表内でタブを挿入して配置を変更するにはCtrl＋Tabキーを押す
「〒」や「様」などのすべてのラベルに表示する文字は枠内に直接入力する
直接入力
直接入力

2つ目以降のラベルに反映する

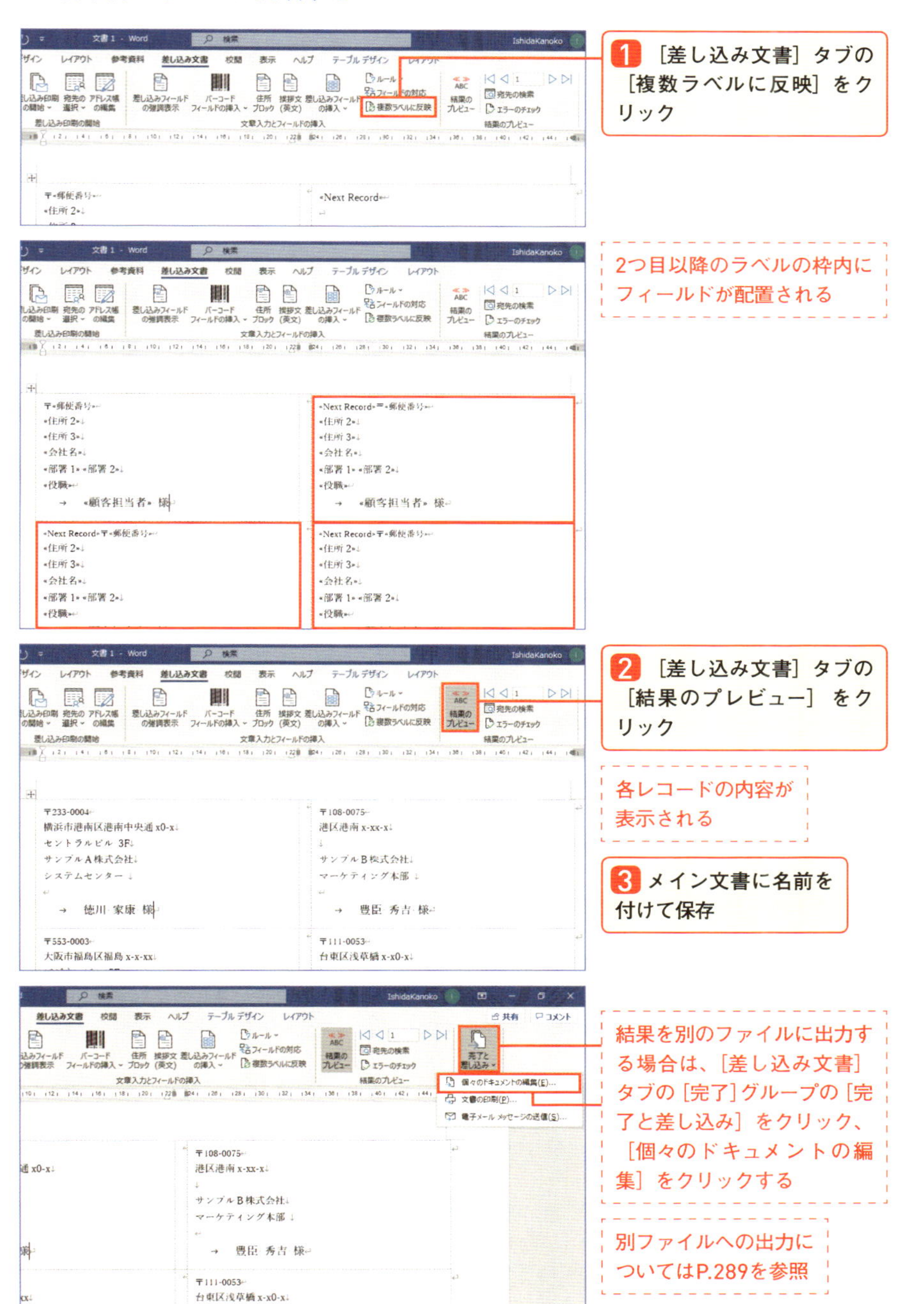
1 ［差し込み文書］タブの［複数ラベルに反映］をクリック
2つ目以降のラベルの枠内にフィールドが配置される
2 ［差し込み文書］タブの［結果のプレビュー］をクリック
各レコードの内容が表示される
3 メイン文書に名前を付けて保存
結果を別のファイルに出力する場合は、［差し込み文書］タブの［完了］グループの［完了と差し込み］をクリック、［個々のドキュメントの編集］をクリックする
別ファイルへの出力についてはP.289を参照

127 差し込むデータによって表示する内容を変えるには

IFはExcelだけじゃない

たとえば下図のデータファイルのように、差し込み文書で使用する顧客の情報に［会社名］列と［担当者］列があるとして、差し込み文書側では、担当者が存在しなければ会社名に「御中」を付け、担当者が存在する宛先の場合は会社名に「御中」は付けずに担当者名の後ろに「様」を表示したいという場合は、1つの方法として、差し込み文書のルールにある「If...Then...Else」（If文）を使った分岐処理で対応できます。

データファイルの例

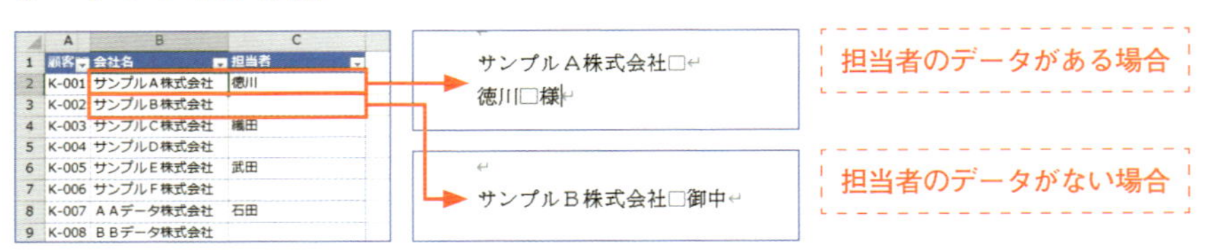

顧客
会社名
担当者
K-001 サンプルA株式会社 徳川
K-002 サンプルB株式会社
K-003 サンプルC株式会社 織田
K-004 サンプルD株式会社
K-005 サンプルE株式会社 武田
K-006 サンプルF株式会社
K-007 AAデータ株式会社 石田
K-008 BBデータ株式会社
サンプルＡ株式会社□
徳川□様
サンプルＢ株式会社□御中
担当者のデータがある場合
担当者のデータがない場合

ダイアログボックスで条件を指定する（「御中」の表示）

09-127-メイン文書.docx
09-127-データファイル.xlsx

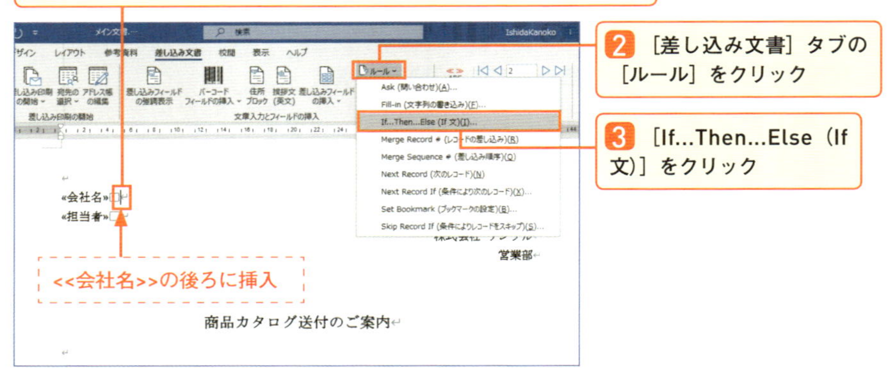

使用する差し込みフィールドを挿入しておく
1 フィールドの後ろなど、文字を表示したい位置にカーソルをおく
2 ［差し込み文書］タブの［ルール］をクリック
3 ［If...Then...Else（If文）］をクリック
Ask (問い合わせ)(A)...
Fill-in (文字列の書き込み)(F)...
If...Then...Else (If 文)(I)...
Merge Record # (レコードの差し込み)(R)
Merge Sequence # (差し込み順序)(Q)
Next Record (次のレコード)(N)
Next Record If (条件により次のレコード)(X)...
Set Bookmark (ブックマークの設定)(B)...
Skip Record If (条件によりレコードをスキップ)(S)...
«会社名»
«担当者»
営業部
<<会社名>>の後ろに挿入
商品カタログ送付のご案内

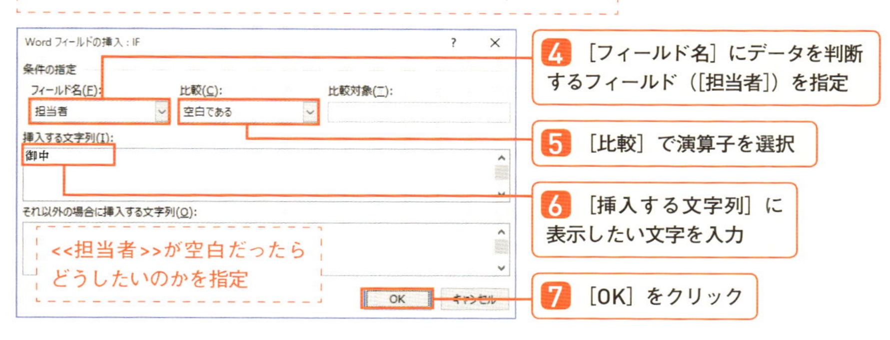
［Wordフィールドの挿入:IF］ダイアログボックスが表示される
Word フィールドの挿入：IF
条件の指定
フィールド名(F):
担当者
比較(C):
空白である
比較対象(T):
挿入する文字列(I):
御中
それ以外の場合に挿入する文字列(O):
<<担当者>>が空白だったらどうしたいのかを指定
OK
キャンセル
4 ［フィールド名］にデータを判断するフィールド（［担当者］）を指定
5 ［比較］で演算子を選択
6 ［挿入する文字列］に表示したい文字を入力
7 ［OK］をクリック

追加したルールを確認する

09-127-メイン文書.docx

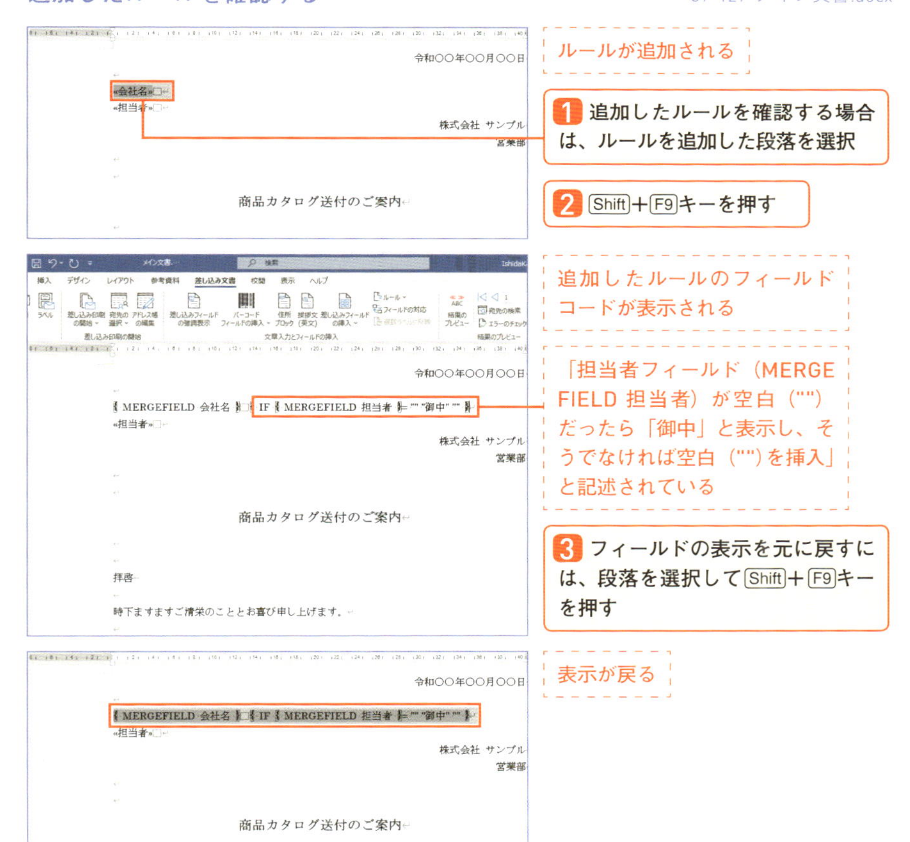
令和○○年○○月○○日
«会社名»
«担当者»
株式会社 サンプル
営業部
商品カタログ送付のご案内
ルールが追加される
1 追加したルールを確認する場合は、ルールを追加した段落を選択
2 Shift＋F9キーを押す
{ MERGEFIELD 会社名 } { IF { MERGEFIELD 担当者 } = "" "御中" "" }
拝啓
時下ますますご清栄のこととお喜び申し上げます。
追加したルールのフィールドコードが表示される
「担当者フィールド（MERGEFIELD 担当者）が空白（""）だったら「御中」と表示し、そうでなければ空白（""）を挿入」と記述されている
3 フィールドの表示を元に戻すには、段落を選択してShift＋F9キーを押す
表示が戻る

ダイアログボックスで条件を指定する（「様」の表示）

09-127-メイン文書.docx

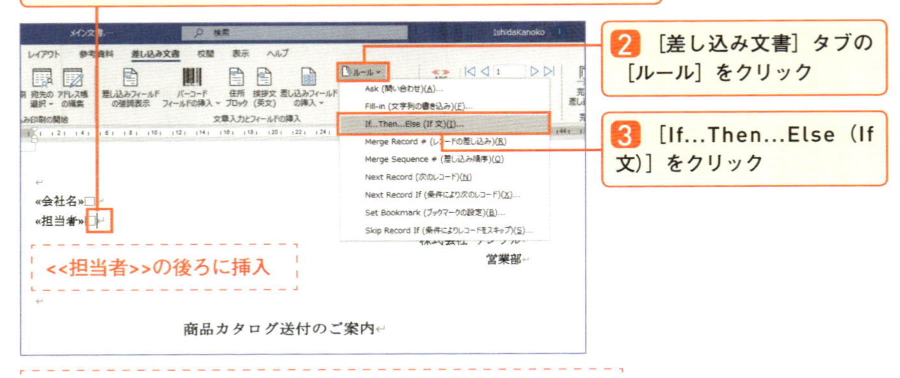
使用する差し込みフィールドを挿入しておく
1 フィールドの後ろなど、文字を表示したい位置にカーソルをおく
2 ［差し込み文書］タブの［ルール］をクリック
3 ［If...Then...Else（If文)］をクリック
<<担当者>>の後ろに挿入
«会社名»
«担当者»
営業部
商品カタログ送付のご案内

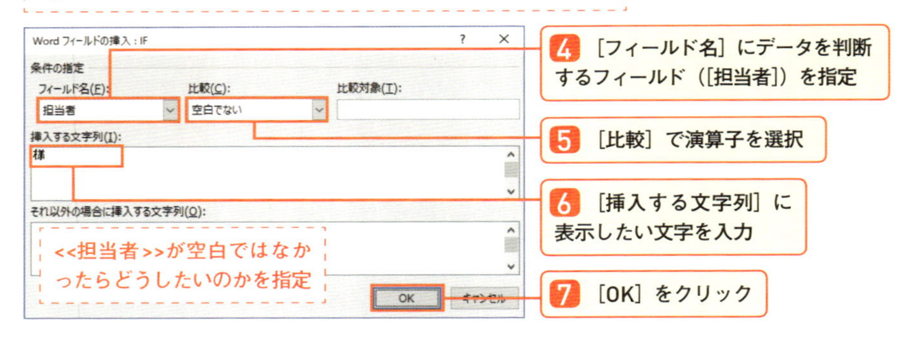
［Wordフィールドの挿入:IF］ダイアログボックスが表示される
Word フィールドの挿入 : IF
条件の指定
フィールド名(F):
担当者
比較(C):
空白でない
比較対象(T):
挿入する文字列(I):
様
それ以外の場合に挿入する文字列(O):
OK
キャンセル
4 ［フィールド名］にデータを判断するフィールド（[担当者]）を指定
5 ［比較］で演算子を選択
6 ［挿入する文字列］に表示したい文字を入力
7 ［OK］をクリック
<<担当者>>が空白ではなかったらどうしたいのかを指定

追加したルールを確認する

09-127-メイン文書.docx

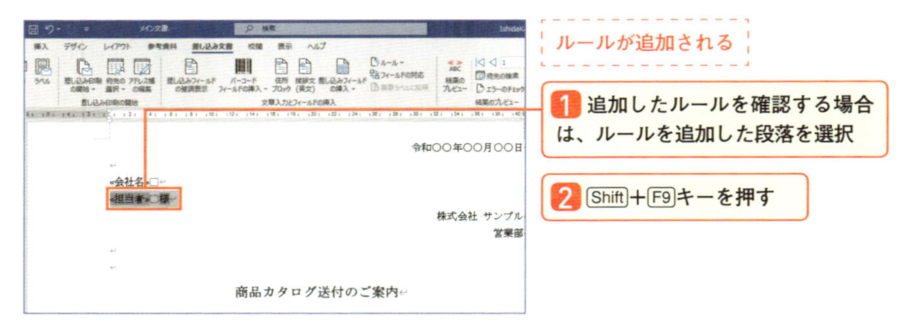
ルールが追加される
1 追加したルールを確認する場合は、ルールを追加した段落を選択
2 Shift＋F9キーを押す
令和〇〇年〇〇月〇〇日
«会社名»
«担当者» 様
株式会社 サンプル
営業部
商品カタログ送付のご案内

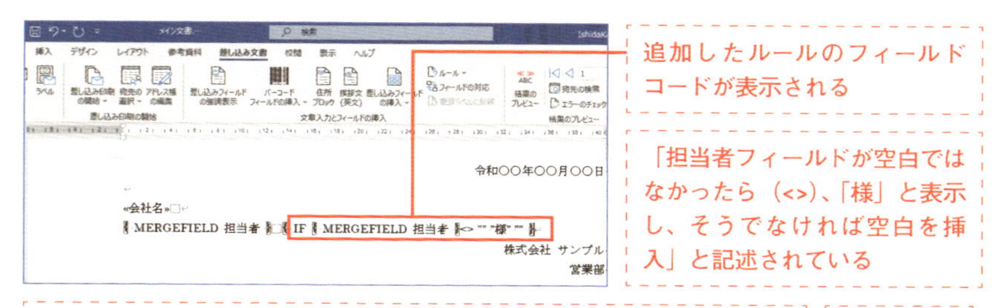
令和〇〇年〇〇月〇〇日
«会社名»
MERGEFIELD 担当者 IF MERGEFIELD 担当者 <> "" "様" ""
株式会社 サンプル
営業部

追加したルールのフィールドコードが表示される

「担当者フィールドが空白ではなかったら（<>）、「様」と表示し、そうでなければ空白を挿入」と記述されている

フィールドの表示を元に戻すには、段落を選択して Shift + F9 キーを押す

表示が戻る

ルールによる分岐処理を確認する

09-127-メイン文書.docx

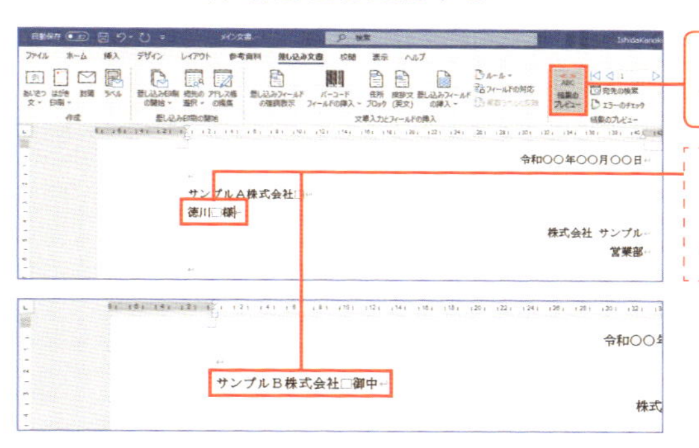
令和〇〇年〇〇月〇〇日
サンプルA株式会社
徳川 様
株式会社 サンプル
営業部
サンプルB株式会社 御中

［差し込み文書］タブの［結果のプレビュー］をクリック

1つ目は担当者名があるので「様」が表示され、2つ目は担当者名がないので「御中」が表示されている

ここもポイント ｜ If文による処理の記述を確認するには

差し込みフィールドの段落を選択して Shift + F9 キーを押してフィールド コードを表示して確認できます。確認が終わったら、フィールドを選択している状態で再度 Shift + F9 キーを押すとフィールド コードが非表示になります。

ここもポイント ｜ 手入力でIf文による処理の記述をするには

フィールド コードを記述する際に利用する括弧は、Ctrl + F9 キーで挿入できます。［Wordフィールドの挿入:IF］ダイアログボックスを使用せずに、Excelの関数による数式のように処理を記述（入力）したい場合は、括弧を準備してから括弧の内側に処理を正しく記述します。

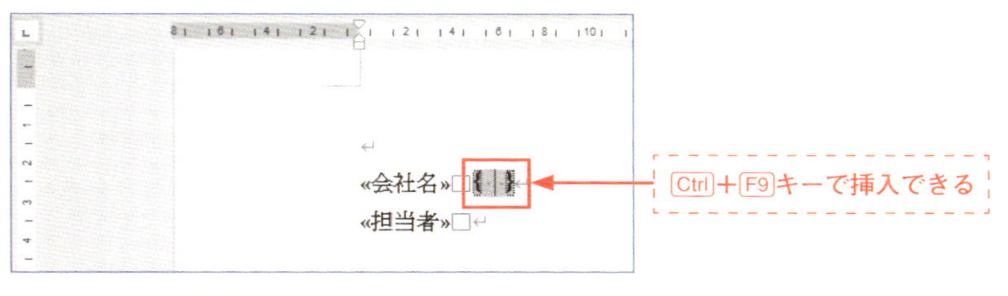
«会社名» { }
«担当者»

Ctrl + F9 キーで挿入できる

128 図を差し込み文書に挿入するには

IncludePictureフィールドと差し込みフィールドを組み合わせる

Wordでは、保存されている画像ファイルを、**IncludePictureフィールド**を使って文書に挿入して表示できます。しかし、レコードごとに画像ファイルの名前は異なります。そのため、IncludePictureフィールドと差し込みフィールドの挿入を組み合わせて対応します。

ここでは画像以外の差し込みフィールドの挿入手順は記載していませんので、画像以外のフィールドの挿入までの手順はP.286を参照してください。

準備するモノ

① **画像ファイル** 09-128-Photo

挿入する画像ファイルを1つのフォルダーに格納し、場所（パス）を控えておく。

② **データファイル（Excel）** 09-128-データファイル.xlsx

1件分が1行になるようにテーブル形式の表でデータをまとめる。画像のファイル名の列には、画像のファイル名を拡張子も含めて記載しておくこと。

③ **メイン文書** 09-128-メイン文書.docx

画像などの差し込み先となるWord文書を用意し、すべてのレコードで共通で利用する枠組みやラベル名を配置して、保存しておく。

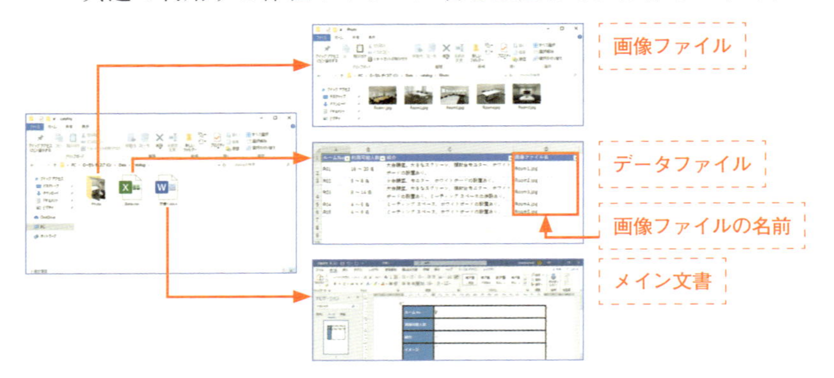
画像ファイル
データファイル
画像ファイルの名前
メイン文書

差し込み文書フィールドを挿入する

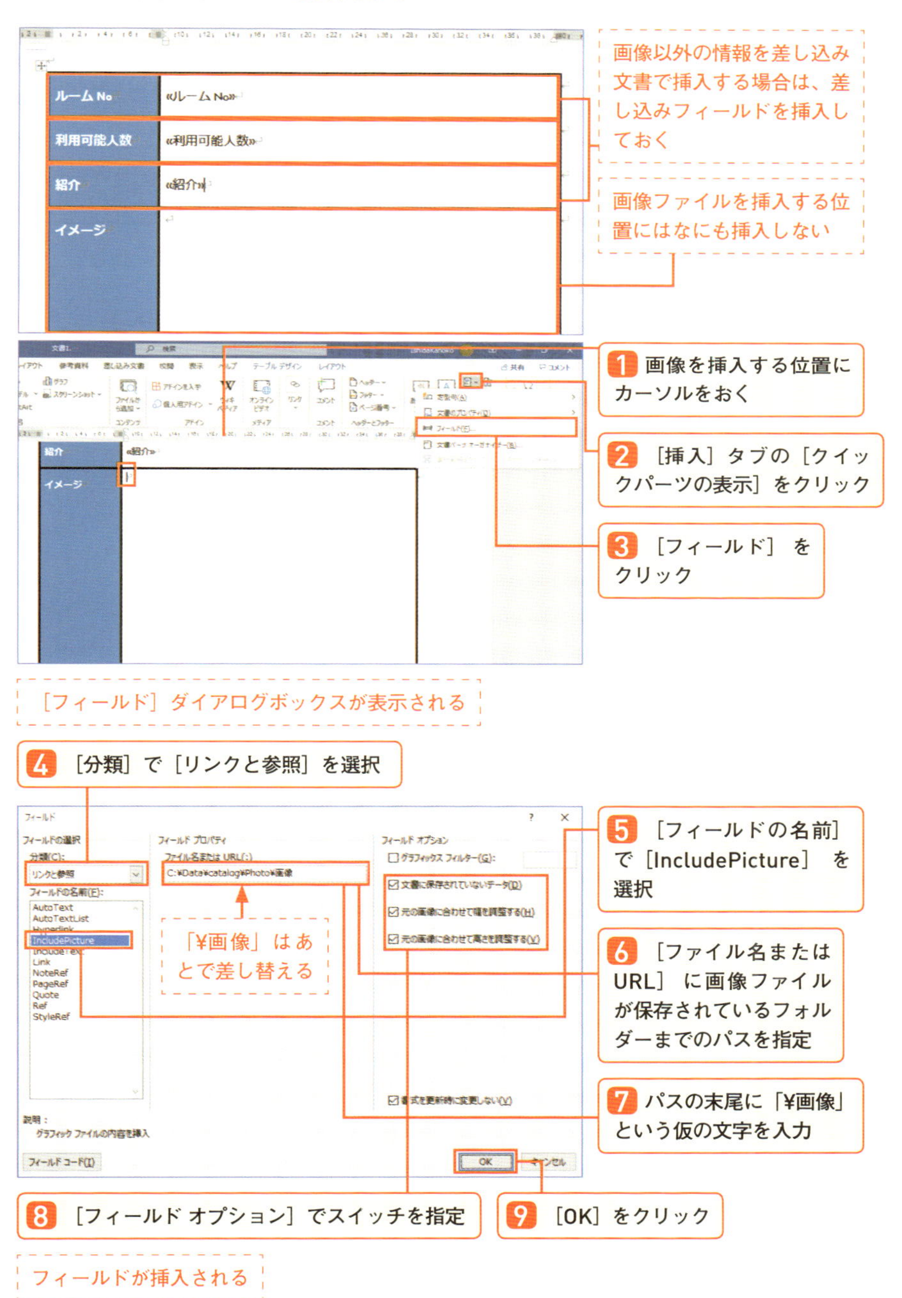

画像以外の情報を差し込み文書で挿入する場合は、差し込みフィールドを挿入しておく
画像ファイルを挿入する位置にはなにも挿入しない
1 画像を挿入する位置にカーソルをおく
2 ［挿入］タブの［クイックパーツの表示］をクリック
3 ［フィールド］をクリック
［フィールド］ダイアログボックスが表示される
4 ［分類］で［リンクと参照］を選択
5 ［フィールドの名前］で［IncludePicture］を選択
6 ［ファイル名またはURL］に画像ファイルが保存されているフォルダーまでのパスを指定
「¥画像」はあとで差し替える
7 パスの末尾に「¥画像」という仮の文字を入力
8 ［フィールド オプション］でスイッチを指定
9 ［OK］をクリック
フィールドが挿入される
ルーム No
«ルーム No»
利用可能人数
«利用可能人数»
紹介
«紹介»
イメージ
C:¥Data¥catalog¥Photo¥画像

フィールドを編集する

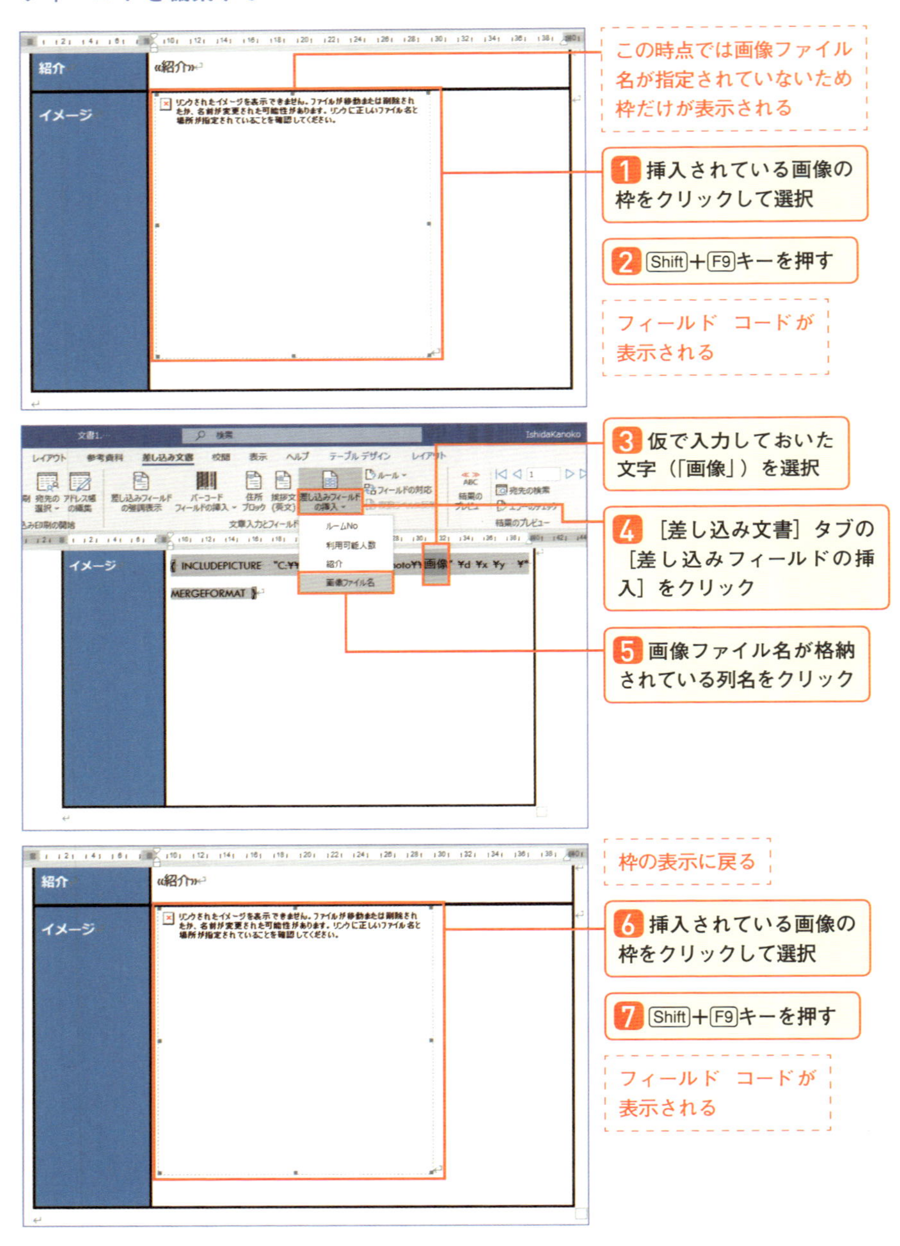
紹介
«紹介»
イメージ
リンクされたイメージを表示できません。ファイルが移動または削除されたか、名前が変更された可能性があります。リンクに正しいファイル名と場所が指定されていることを確認してください。
この時点では画像ファイル名が指定されていないため枠だけが表示される
1 挿入されている画像の枠をクリックして選択
2 Shift+F9キーを押す
フィールド コードが表示される
3 仮で入力しておいた文字（「画像」）を選択
4 ［差し込み文書］タブの［差し込みフィールドの挿入］をクリック
5 画像ファイル名が格納されている列名をクリック
差し込み文書
差し込みフィールドの挿入
ルームNo
利用可能人数
紹介
画像ファイル名
{ INCLUDEPICTURE "C:¥¥ 画像" ¥d ¥x ¥y ¥* MERGEFORMAT }
枠の表示に戻る
6 挿入されている画像の枠をクリックして選択
7 Shift+F9キーを押す
フィールド コードが表示される

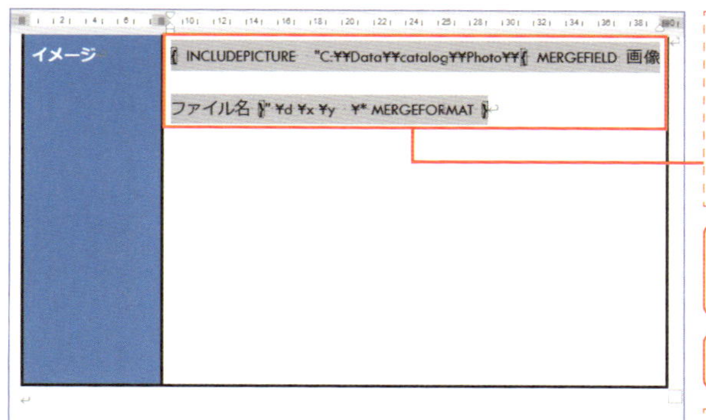
イメージ
{ INCLUDEPICTURE "C:¥¥Data¥¥catalog¥¥Photo¥¥{ MERGEFIELD 画像ファイル名 }" ¥d ¥x ¥y ¥* MERGEFORMAT }

「画像」という文字列だった部分に「{MERGEFIELD 画像ファイル名}」のように差し込みフィールドが指定されている

8 フィールド コードの上をクリックして選択

9 Shift + F9 キーを押す

該当するレコードの画像が表示される

差し込み文書
結果のプレビュー
イメージ

10 ［差し込み文書］タブの［結果のプレビュー］をオン

画像だけではなく、該当するレコードの文字情報も表示される

レコードを移動したとき、画像は自動的には更新されないため、確認するには画像を選択して F9 キーを押して更新する

ここもポイント ｜ 3つのスイッチについて

- **［文書に保存されていないデータ］(¥d)**

オンにすると画像そのものは挿入されず、パスをもとにリンク形式で図が表示されます。参照先から画像ファイルが削除されたり、画像ファイルの名前が変更されたりすると、文書に図が表示されなくなりますが、図が挿入されていないため、ファイルサイズを抑えられます。
オフにすると［リンク挿入］形式となり、参照先から画像ファイルが削除されたり、画像ファイルの名前が変更されたりしても、更新を実行するまでは文書に図が表示されます。ただし図が挿入されているため、オフの場合よりもファイルサイズが大きくなります。

- **［元の画像に合わせて幅を調整する］(¥x)と［元の画像に合わせて高さを調整する］(¥y)**

挿入する位置（段落）の書式等にもよりますが、図の縦横比を維持して挿入したい場合に2つともオンにします。

別のファイルに出力して更新する

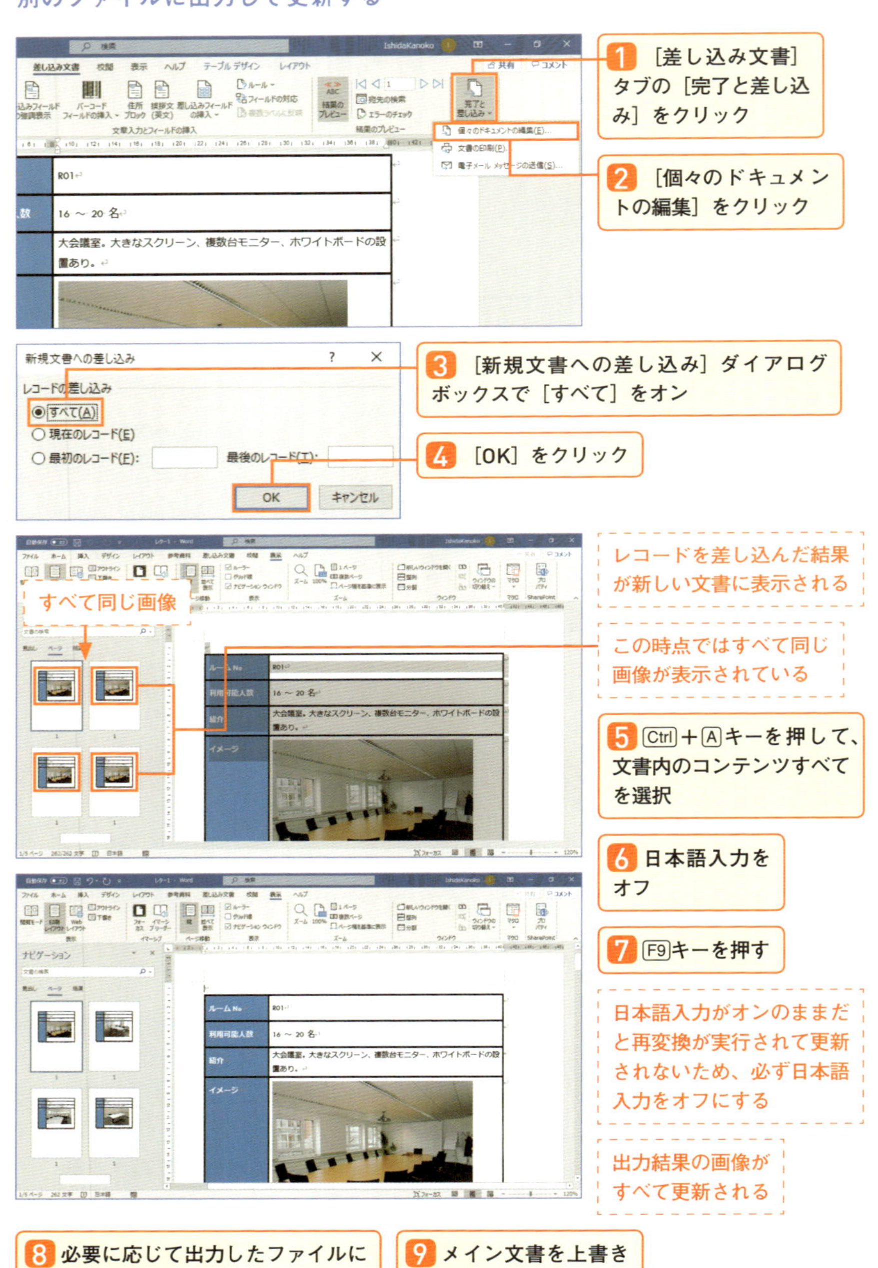

1 ［差し込み文書］タブの［完了と差し込み］をクリック
2 ［個々のドキュメントの編集］をクリック
3 ［新規文書への差し込み］ダイアログボックスで［すべて］をオン
4 ［OK］をクリック
すべて同じ画像
レコードを差し込んだ結果が新しい文書に表示される
この時点ではすべて同じ画像が表示されている
5 Ctrl＋Aキーを押して、文書内のコンテンツすべてを選択
6 日本語入力をオフ
7 F9キーを押す
日本語入力がオンのままだと再変換が実行されて更新されないため、必ず日本語入力をオフにする
出力結果の画像がすべて更新される
8 必要に応じて出力したファイルに名前を付けて保存
9 メイン文書を上書き保存して閉じる

Chapter

10

ファイルを仕上げて、印刷をするときに知っておきたいこと

印刷に関わる設定

129 印刷プレビューと印刷時の設定について

Office製品で共通なので難しいことはないけれど

すばやく印刷プレビューを表示したいのならCtrl+Pキーを覚えておくとよいでしょう。なお、印刷プレビューを表示する前に選択していたページがプレビューに表示されます。また、印刷したい範囲が部分的である、という場合は事前にその範囲を選択してからプレビューを表示し、印刷に関する設定領域で［選択した部分を印刷］を選んでください。

印刷プレビューを表示する

10-129-印刷プレビュー.docx

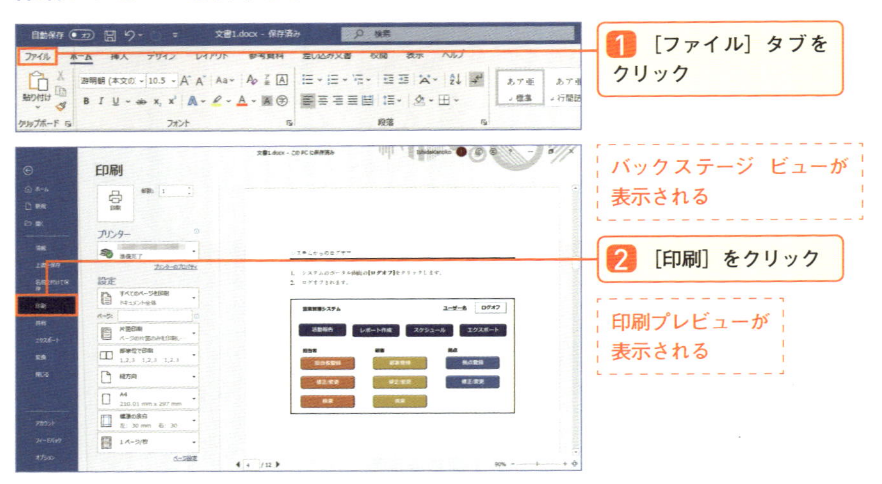
1 ［ファイル］タブをクリック
バックステージ ビューが表示される
2 ［印刷］をクリック
印刷プレビューが表示される

ここもポイント｜バックステージ ビューを閉じるには

左上に表示されている矢印のマークをクリックします。なお、キー操作で閉じるには、（印刷プレビューなどの）バックステージ ビューが表示されている状態でEscキーを押すか、Altキーを押してアクセスキーが表示されたら↑キーを何度か押して矢印のマークのところに点線が表示されたらEnterキーを押します。

バックステージ ビューの印刷プレビューの画面

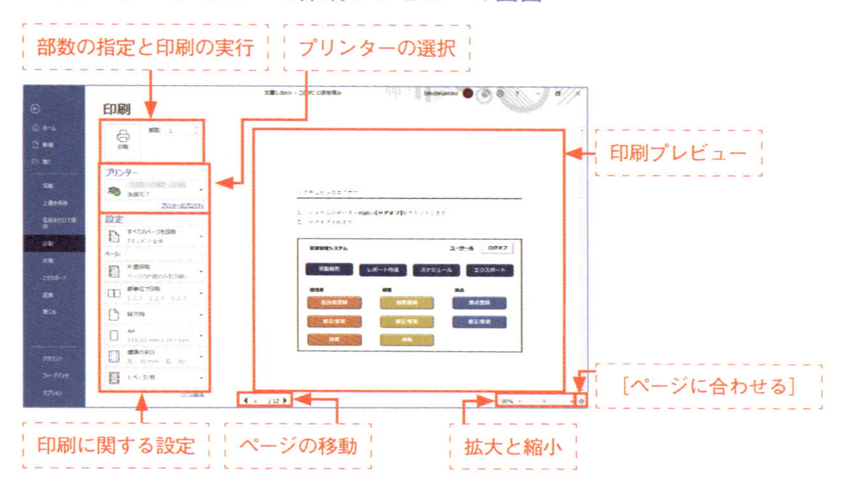
部数の指定と印刷の実行
プリンターの選択
印刷プレビュー
[ページに合わせる]
印刷に関する設定
ページの移動
拡大と縮小
印刷
プリンター
設定

推奨順序	図上の記載	意味
1	・プリンターの選択	選択しているプリンターによって設定できる項目に違いがあるため、先に選択します。
2	・印刷プレビュー（確認） ・ページの移動 ・[拡大と縮小／ページに合わせる]	ページを移動したり、表示倍率を変えたりして確認します。 [ページに合わせる] をクリックすると1ページ全体が表示されます。
3	・印刷に関する設定	印刷するページの指定、片面／両面の選択、1枚当たりの印刷ページ数の指定などができます。
4	・部数の指定と印刷の実行	2部以上の印刷を行う場合は部数を指定します。このとき、印刷に関する設定の [部単位で印刷] または [ページ単位で印刷] を選択できます。

◪ [ページ]ボックスにはページ番号を指定する

[ページ] ボックスに**ページ番号を指定**すると、[ユーザー指定の範囲]に切り替わり、印刷するページを絞ることができます。「4-7」のように範囲を指定したり「3,7,10」のように離れているページ番号を指定したりするだけでなく、「s2」(セクション2のすべてのページ) や「p1s2-p5s2」(セクション2の1から5ページ) のように指定したりできます。ページやセクションの指定方法は、[ページ] ボックスの右側に表示されるⓘのアイコンにマウスポインターを合わせて確認できます。

なお、[ページ] ボックスには「前から何枚目か」ではなく「ページ番号」を指定する、と覚えておきましょう。ページの開始番号は変えられるため注意が必要です。

印刷するページを指定する

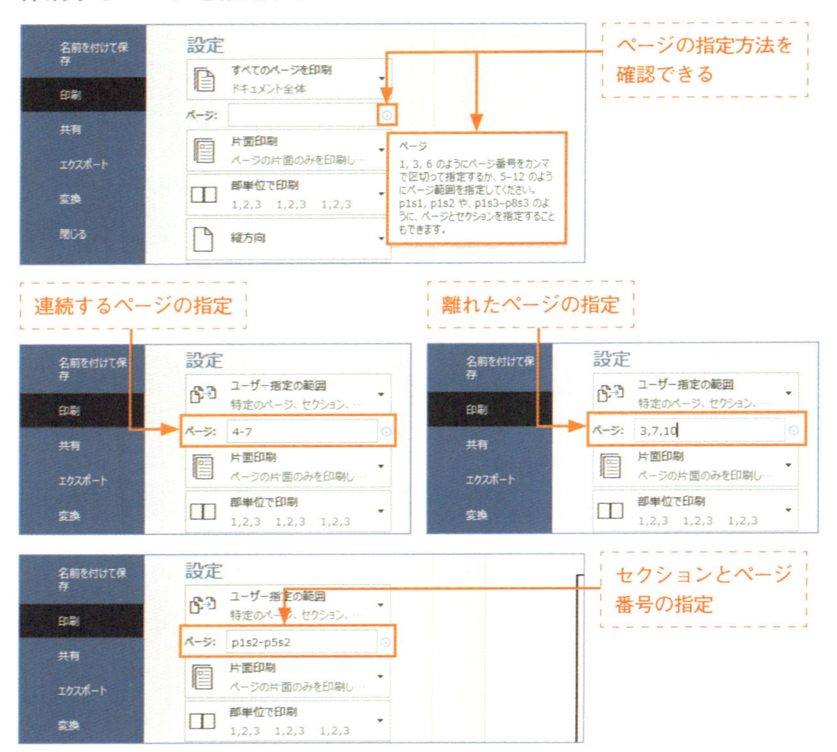
ページの指定方法を確認できる
ページ
1, 3, 6 のようにページ番号をカンマで区切って指定するか、5-12 のようにページ範囲を指定してください。p1s1, p1s2 や、p1s3-p8s3 のように、ページとセクションを指定することもできます。
連続するページの指定
離れたページの指定
セクションとページ番号の指定
設定
すべてのページを印刷
ドキュメント全体
ページ:
片面印刷
部単位で印刷
縦方向
ユーザー指定の範囲
4-7
3,7,10
p1s2-p5s2
名前を付けて保存
印刷
共有
エクスポート
変換
閉じる

印刷に関わる設定

130 プレビューで編集したい、あと1行を収めたいときに

印刷プレビューはもう1つある

バックステージ ビューに表示される通常の印刷プレビューでは文書の内容を編集できません。既定のリボンには表示されない **[印刷プレビューの編集モード]** というコマンドをクイック アクセス ツール バーなどに追加して利用できるようにすると、プレビューを確認しながら編集ができます。また、こちらの印刷プレビューのときに表示されるリボンの［1ページ分縮小］を使用すると、全体の文字サイズを自動調整して1ページに収めることができます。1行だけはみ出してしまっているというようなときに、自分で少しずつ調整するのではなくコマンドを実行して対応できます。ただし、気に入らないかもしれないので必ず保存をしてからやるとか、思うようにならなかったら「元に戻す」で対応するつもりで試してみてください。

クイック アクセス ツール バーにコマンドを追加して使う

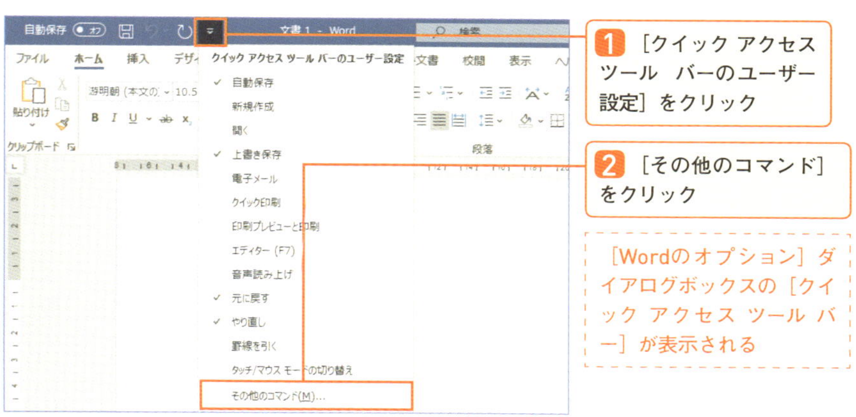
自動保存
文書 1 - Word
ファイル
ホーム
挿入
クイック アクセス ツール バーのユーザー設定
自動保存
新規作成
開く
上書き保存
電子メール
クイック印刷
印刷プレビューと印刷
エディター (F7)
音声読み上げ
元に戻す
やり直し
罫線を引く
タッチ/マウス モードの切り替え
その他のコマンド(M)...
校閲
表示
段落
クリップボード
貼り付け
1 ［クイック アクセス ツール バーのユーザー設定］をクリック
2 ［その他のコマンド］をクリック
［Wordのオプション］ダイアログボックスの［クイック アクセス ツール バー］が表示される

ここもポイント | クイック アクセス ツール バーとは

既定でWordの画面の左上に表示されるツール バーです。［上書き保存］や［元に戻す］などのコマンドボタン以外に、頻繁に利用するコマンドを追加するなどの編集ができます。

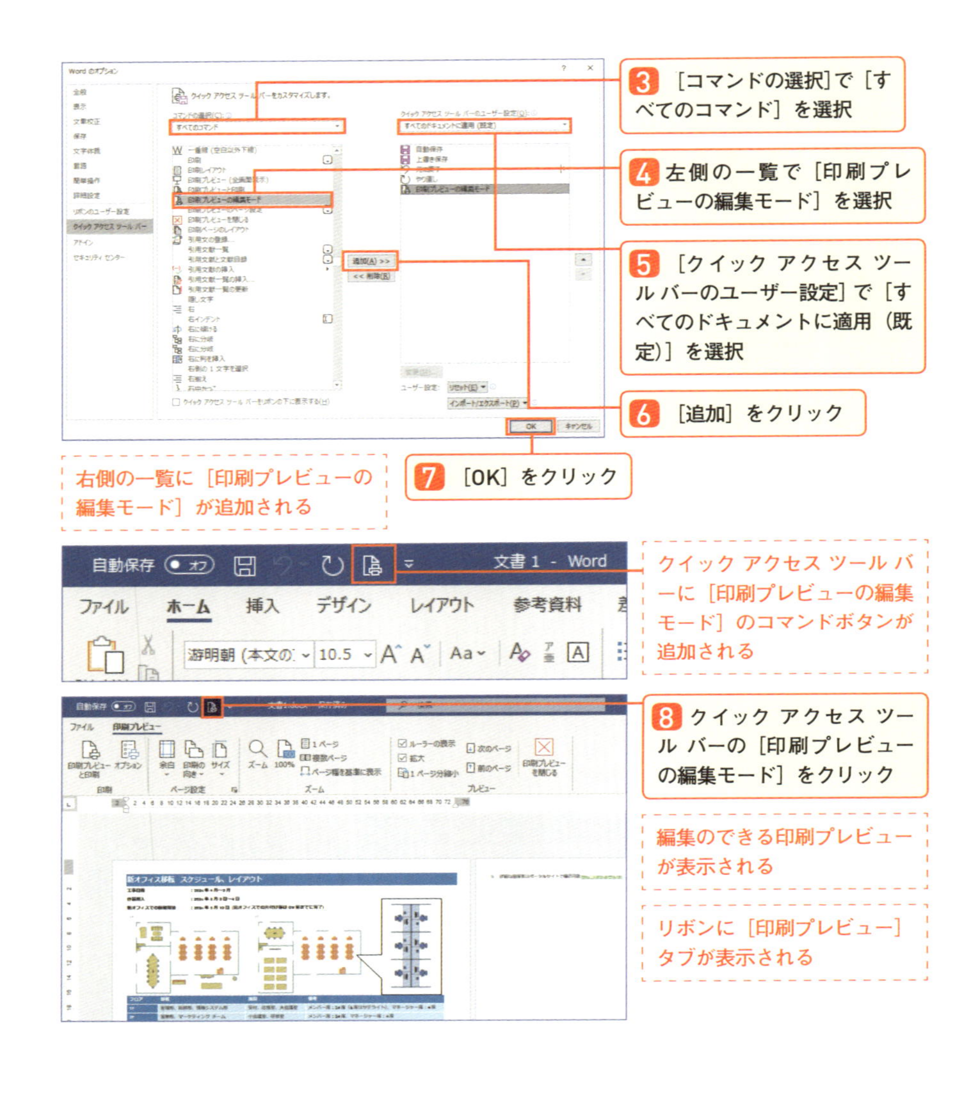
3 ［コマンドの選択］で［すべてのコマンド］を選択
4 左側の一覧で［印刷プレビューの編集モード］を選択
5 ［クイック アクセス ツール バーのユーザー設定］で［すべてのドキュメントに適用（既定）］を選択
6 ［追加］をクリック
7 ［OK］をクリック
右側の一覧に［印刷プレビューの編集モード］が追加される
クイック アクセス ツール バーに［印刷プレビューの編集モード］のコマンドボタンが追加される
8 クイック アクセス ツール バーの［印刷プレビューの編集モード］をクリック
編集のできる印刷プレビューが表示される
リボンに［印刷プレビュー］タブが表示される
自動保存
文書 1 - Word
ファイル
ホーム
挿入
デザイン
レイアウト
参考資料
游明朝 (本文の
10.5

ここもポイント | **既定では［拡大］がオンになっている**

［印刷プレビューの編集モード］でページ上にマウスポインターを移動すると、虫眼鏡の形になり、クリックした位置を拡大して表示できます。

印刷プレビューで編集する

10-130-印刷プレビュー.docx

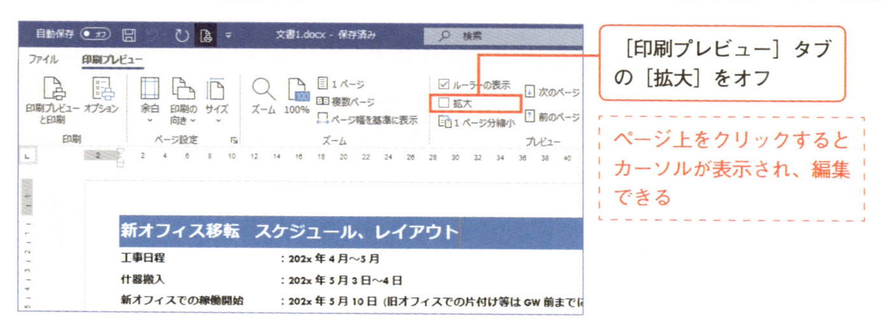
自動保存
文書1.docx - 保存済み
検索
ファイル
印刷プレビュー
印刷プレビューと印刷
オプション
余白
印刷の向き
サイズ
ズーム
100%
1ページ
複数ページ
ページ幅を基準に表示
ルーラーの表示
拡大
1ページ分縮小
次のページ
前のページ
印刷
ページ設定
ズーム
プレビュー
新オフィス移転　スケジュール、レイアウト
工事日程
：202x 年 4 月～5 月
什器搬入
：202x 年 5 月 3 日～4 日
新オフィスでの稼働開始
：202x 年 5 月 10 日（旧オフィスでの片付け等は GW 前までに

［印刷プレビュー］タブの［拡大］をオフ

ページ上をクリックするとカーソルが表示され、編集できる

［1ページ分縮小］を実行する

10-130-印刷プレビュー.docx

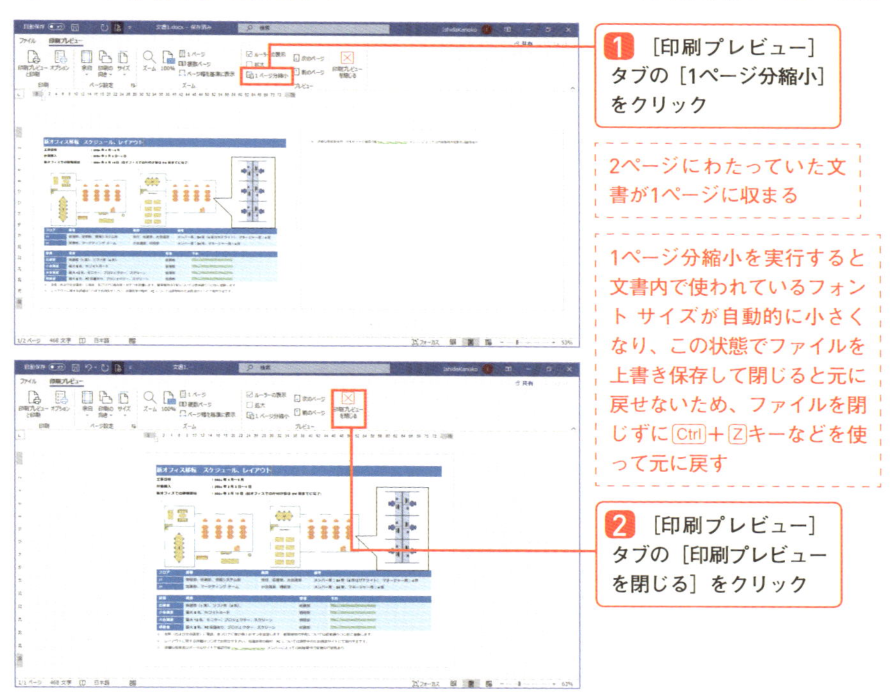
新オフィス移転　スケジュール、レイアウト

1 ［印刷プレビュー］タブの［1ページ分縮小］をクリック

2ページにわたっていた文書が1ページに収まる

1ページ分縮小を実行すると文書内で使われているフォント サイズが自動的に小さくなり、この状態でファイルを上書き保存して閉じると元に戻せないため、ファイルを閉じずにCtrl+Zキーなどを使って元に戻す

2 ［印刷プレビュー］タブの［印刷プレビューを閉じる］をクリック

ここもポイント | クイック アクセス ツール バーからボタンを削除するには

削除するコマンドボタンを右クリックして［クイック アクセス ツール バーから削除］をクリックします。

index

索引

た行

本書サンプルプログラムのダウンロードについて

本書で使用しているサンプルプログラムは、下記の本書サポートページからダウンロードできます。zip形式で圧縮しているので、展開してからご利用ください。

【本書サポートページ】

https://book.impress.co.jp/books/1119101114

インプレスブックス
できる Word思い通り 全部入り。イライラ解消！わかればスッキリ！

1 **上記URLを入力してサポートページを表示**

2 **［ダウンロード］をクリック**

画面の指示にしたがってファイルをダウンロードしてください。

※Webページのデザインやレイアウトは変更になる場合があります。

staff list スタッフリスト

カバー・本文デザイン	米倉英弘（株式会社細山田デザイン事務所）
DTP制作／編集協力	株式会社トップスタジオ
デザイン制作室	今津幸弘
	鈴木 薫
制作担当デスク	柏倉真理子
編集	渡辺彩子
編集長	柳沼俊宏

本書の内容に関するご質問については、該当するページや質問の内容をインプレスブックスのお問い合わせフォームより入力してください。電話やFAXなどのご質問には対応しておりません。なお、インプレスブックス（https://book.impress.co.jp/）では、本書を含めインプレスの出版物に関するサポート情報などを提供しております。そちらもご覧ください。
本書発行後に仕様が変更されたソフトウェアやサービスの内容に関するご質問にはお答えできない場合があります。
該当書籍の奥付に記載されている初版発行日から3年が経過した場合、もしくは該当書籍で紹介している製品やサービスの提供会社によるサポートが終了した場合は、ご質問にお答えしかねる場合があります。また、以下のご質問にはお答えできませんのでご了承ください。

・書籍に掲載している手順以外のご質問
・ソフトウェア、サービス自体の不具合に関するご質問

本書の利用によって生じる直接的または間接的被害について、著者ならびに弊社では一切の責任を負いかねます。あらかじめご了承ください。

■商品に関するお問い合わせ先

インプレスブックスのお問い合わせフォーム
https://book.impress.co.jp/info/
上記フォームがご利用いただけない場合のメールでの問い合わせ先
info@impress.co.jp

■落丁・乱丁本などのお問い合わせ先

TEL 03-6837-5016 FAX 03-6837-5023
service@impress.co.jp
受付時間 10:00～12:00 ／ 13:00～17:30
（土日・祝祭日を除く）
●古書店で購入されたものについてはお取り替えできません。

■書店／販売店の窓口

株式会社インプレス 受注センター
TEL 048-449-8040 FAX 048-449-8041

株式会社インプレス 出版営業部
TEL 03-6837-4635

できるWord思い通り 全部入り。イライラ解消! わかればスッキリ!

2020年3月11日 初版発行
2020年6月11日 第1版第2刷発行

著者 石田かのこ
発行人 小川 亨
編集人 高橋隆志
発行所 株式会社 インプレス
〒101-0051 東京都千代田区神田神保町一丁目105番地
ホームページ https://book.impress.co.jp/

印刷所 音羽印刷株式会社
ISBN978-4-295-00846-0 C3055
Printed in Japan

できる
シリーズ
25th
ANNIVERSARY